《中国茶全书》总主编　王德安

中國茶全書

四川瓦屋春雪卷

罗学平　主编

中国林业出版社

图书在版编目(CIP)数据

中国茶全书 . 四川瓦屋春雪卷 / 罗学平主编 . --
北京 : 中国林业出版社 , 2024. 8. -- ISBN 978-7-
5219-2853-2

Ⅰ . TS971.21

中国国家版本馆CIP数据核字第2024G0V348号

责任编辑:杜 娟 马吉萍

出版发行:中国林业出版社
　　　　　(100009,北京市西城区刘海胡同7号,电话83143595)
电子邮箱:cfphzbs@163.com
网　　址:https://www.cfph.net
印　　刷:北京博海升彩色印刷有限公司
版　　次:2024年8月第1版
印　　次:2024年8月第1次印刷
开　　本:787mm×1092mm 1/16
印　　张:30
字　　数:600千字
定　　价:298元

《中国茶全书》总编纂委员会

总 顾 问：陈宗懋　刘仲华　王　庆

顾　　问：周国富　江用文　禄智明　王裕晏　孙忠焕　周重旺

主　　任：李凤波

常务副主任：王德安

总 主 编：王德安

总 策 划：杜　娟

执行主编：朱　旗　覃中显

副 主 编：王　云　蒋跃登　李　杰　丁云国　刘新安　陈大华
　　　　　　李茂盛　杨普龙　张达伟　宛晓春　龚　华　高超君
　　　　　　曹天军　熊莉莎　毛立民　罗列万　孙状云　王丽军
　　　　　　王　准　周红杰　陈　栋　王如良　陈昌辉　刁学刚

编　　委：王立雄　王　凯　包太洋　谌孙武　匡　新　朱海燕
　　　　　　孙淑艳　刘贵芳　汤青峰　黎朝晖　刘开文　唐金长
　　　　　　刘德祥　何青高　余少尧　向雪贵　张式成　陈先枢
　　　　　　张莉莉　陈建明　幸克坚　辜甲红　易祖强　周长树
　　　　　　胡启明　袁若宁　张干发　何　斌　陈开义　陈书谦
　　　　　　徐中华　冯　林　万长铭　唐　彬　刘　刚　孙道伦
　　　　　　刘　俊　刘　琪　王剑箫　侯春霞　李明红　罗学平
　　　　　　杨　谦　徐盛祥　黄昌凌　王　辉　左　松　阮仕君
　　　　　　王有强　汪云刚　聂宗顺　王存良　徐俊昌　温顺位
　　　　　　李亚莉　李廷学　龚自明　高士伟　曾维超　郑鹏程
　　　　　　李细桃　胡卫华　曾永强　李　巧　李　荣　吴华玲
　　　　　　钟国林　吴　曲　李　志　廖长力　黄秋成　张冬川
　　　　　　罗雪辉　饶原生　吴华玲

副总策划：赵玉平　伍崇岳　肖益平　张辉兵　王广德　康建平
　　　　　刘爱廷　罗　克　陈志达　喻清龙　吴浩人　樊思亮
　　　　　梁计朝　郭晓康
策　　划：周　宇　饶　佩　施　海　廖美华　吴德华　陈建春
　　　　　王晓丽　郝志强　程真勇　牟益民　陈　娜　欧阳文亮
　　　　　敬多均　高敏玲　文国伟　邓　云　宋加兴　陈绍祥
　　　　　熊志伟　李　锐　王　瑾　张学龙　邓孝维　彭望球
　　　　　李思杨　秦艳丽
秘书长：王德安
副秘书长：杜　娟　覃中显　黄迎宏　曹天军　丁云国　郭晓康
　　　　　王广德　高敏玲　王艳辉
秘书处：陈　慧　马吉萍　徐思康　李　锐　杨小英　袁忠义
　　　　向　巍　林宗南　周　强　姚雄辉　邹文然　李伯承
　　　　罗斌湘　张笑冰　黎怀鸿
编辑部：杜　娟　陈　慧　马吉萍　薛瑞琦　陈　惠　樊　菲
　　　　李　鹏

《中国茶全书·四川瓦屋春雪卷》编纂委员会

顾　　问：王　云　段新友　覃中显　陈昌辉　李春华　陈书谦
　　　　　孙道伦　陈开义
主　　任：宋良勇　严明宇　周代军　李忠云
副 主 任：白海涛　钟　涛　史　历　杨传华　陈天容
委　　员：余能武　陈　剑　袁爱丽　苏　涛　白小华　伍仕波　苏　洪
　　　　　彭　刚　杨　刚　徐海涛　李红燕　江　川　曹　洪　李杨霞
　　　　　余　平　许　进　杨　迎
策　　划：刘　伟　任建宏
主　　编：罗学平
副 主 编：钟向荣　何泽琼　陈春秀　何　勇
编　　辑：朱小根　李华勇　王小萍　张　厅　刘　晓　马伟伟　陈　燕
　　　　　王　继　袁　聆　沈　萍　王仿生　王德跃　王　丹　黄栖浩
　　　　　宋家才　邬艾利　缪丹丹　刘寿岚　李业超　荣馨韵　黄智轶
　　　　　邓明雪　杜　飞　徐　培　罗红萍　李　倩　殷尚勤　何玉琪
　　　　　夏　蓉　周　兵　刘川丽　刘梦琴　沈卫超　曾小丹　李世洪
审　　核：许　剑　余　平
校　　对：周秀桃　吴晓军
摄　　影：康志立　钟向荣　何泽琼　尹霜林　朱小根　江帮富　张锐红
　　　　　杨　晗　孙玉明　何玉洪　黄　伟　赵兴权　张正祥　杨德明
　　　　　卢　亮　杨晓川　葛小洁　李华勇　唐　洪　颜其梁　朱　浩
　　　　　赵晓进　张佳豪　何　勇　詹　跃　吴华羽　彭泽亮　向庆淼

2022年6月,《中国茶全书·四川瓦屋春雪卷》部分编委调研洪雅县原新建公社集体茶场情况

2022年11月,洪雅组织召开《中国茶全书·四川瓦屋春雪卷》编纂工作推进会

出版说明

2008年,《茶全书》构思于江西省萍乡市上栗县。

2009—2015年,本人对茶的有关著作、中央及地方对茶行业相关文件进行深入研究和学习。

2015年5月,项目在中国林业出版社正式立项,经过整3年时间,项目团队对全国18个产茶省的茶区调研和组织工作,得到了各地人民政府、农业农村局、供销社、茶产业办和茶行业协会的大力支持与肯定,并基本完成了《茶全书》的组织结构和框架设计。

2017年6月,定名为《中国茶全书》。

2020年3月,《中国茶全书》获中宣部国家出版基金项目资助。

《中国茶全书》定位为大型公益性著作,各卷册内容由基层组织编写,相关资料都来源于地方多渠道的调研和组织。本套全书可以说是迄今为止最大型的茶类主题的集体著作。

《中国茶全书》体系设定为总卷、省卷、地市卷等系列,预计出版180卷左右,计划历时20年,在2030年前完成。

把茶文化、茶产业、茶科技统筹起来,将茶产业推动成为乡村振兴的支柱产业,我们将为之不懈努力。

王德安

2021年6月7日于长沙

序

千载诗书城,佳(好)人品佳茗。中国是诗的国度、茶之故乡,博大精深、源远流长的中国茶文化,几千年来一直深深植根于中华文明丰厚的沃土,如缕缕春风,似清清山泉,滋养、陶冶和影响着中国人民美好的性灵和情操。纵观中华茶文化浩如烟海之历史,有过灿烂辉煌,亦有平淡寂寞,不论风云如何变幻还是时空沧桑变迁,一切尽在一杯淡雅清茶之中。笑看人生春秋,淡泊名利沉浮;做人难免小糊涂,喝茶愈喝愈清醒,清醒后,不待扬鞭自奋蹄,不忘初心、继续勇毅前行者,方为真茶人也。也许,这就是茶文化的永恒魅力。

眉山古称"眉州",乃千古大文豪苏东坡之故乡,为历代仁人志士心弛神往之地。眉山茶叶历史悠久,自古盛产好茶,有着深厚的茶叶历史文化底蕴。眉山是世界上产好茶最早的地区之一,据中国最早的地方志《华阳国志》(晋·常璩)记述:"南安、武阳皆出名茶。"洪雅(时属南安)、武阳(彭山江口镇)都在总岗山区域,总岗山至今仍是眉山重要的产茶基地。又据中国最早的茶文化著作《僮约》(西汉·王褒)记载,武阳在西汉时就有茶叶市场,这是中国最早的茶叶市场。众所周知,苏东坡是一位不折不扣的顶级茶叶大师,素有"茶仙"之美誉,只是他的茶艺才华掩映在其文学光环之下。"戏作小诗君一笑,从来佳茗似佳人""日高人渴漫思茶,敲门试问野人家""活水还须活火烹,自临钓石取深清"等脍炙人口的千古茗句,均出自其妙手。如今眉山正轰轰烈烈打造的茶叶区域公用品牌"瓦屋春雪",就是源于苏东坡《寄黎眉州》中的诗句"瓦屋寒堆春后雪"。

党和国家历来重视茶叶发展,早在1958年毛泽东主席就发出了"以后山坡上要多多开辟茶园"的伟大号召;1981年国务院专门印发了《国务院关于加强茶叶工作的通知》;2021年习近平总书记又提出"要把茶文化、茶产业、茶科技统筹起来……成为乡村振兴的支柱产业"重要指示。眉山茶产业是四川茶产业的重要组成部分,是眉山市最稳定的产业之一,20多年连续稳增。截至2022年底,全市茶叶面积达42万亩[①],综合产值超60亿元。近年来,全市茶业成果接踵而至——洪雅县茶叶(有机茶)进入四川省特色农产品优势区;洪雅县前锋茶叶主题公园被认定为省级农业主题公园;洪雅县连续4年获得"中国茶业百强县"称号;洪雅县荣获"中国十大生态产茶县"称号;洪雅县成为全国茶业科技助农示范县;洪雅县中山镇强势跻身全国农业产业强镇序列;丹棱县成为四川

---

① 1亩=1/15hm^2,全书同。

首个中高端绿茶出口县；四川省雅雨露茶业有限责任公司荣获"中国茶业百强企业"和"四川省级龙头企业"荣誉称号；三苏祠"茗香轩"茶馆在中国首届星级茶馆评选中被评为四星级茶馆；"碧雅仙"奶白茶被评为四川名茶；眉山市首批茶树新品种天府5号、天府6号选育成功；眉山市第一个茶叶区域公用品牌"瓦屋春雪"顺利诞生。

新时代的眉山茶人也十分优秀，四川省雅雨露茶业董事长付志洪因发展茶叶助村脱贫，被党中央、国务院授予"全国脱贫攻坚先进个人"称号，被国家人力资源和社会保障部和农业部联合评为"全国农业农村劳动模范"称号；茶艺大师、眉山职业技术学院副教授李倩用英语向全球几十个国家和地区持续输出东坡茶文化，荣获全国五一劳动奖章；洪雅县碧雅仙茶业董事长任建宏荣获"四川省茶业优秀工作者"称号、精制川茶市场开拓奖以及中国农业大学项目策划大赛总冠军；眉山青衣文旅公司茶艺部经理王柳琳荣获"四川省首届川茶金花"称号；洪雅县川种雅茶制作非遗传承人童云祥荣获"四川省农村手工艺大师"称号和四川省农村乡土人才创新创业大赛金奖。

目前，眉山茶产业正在习近平总书记"三茶统筹"发展理念的指引下、在市委和市政府的坚强领导下，立足国家生态县产业基地优势，依托我领衔的技术团队的科技赋能，引进国内最先进、高端的茶叶加工生产线，应用新型经济运营模式，以东坡茶文化为引领、以现代茶叶科技作支撑、以绿色有机茶产业建设为核心，全面高质量发展眉山茶产业，铸强唱响"瓦屋春雪"品牌，使眉山茶产业向现代化、规模化、标准化、智能化、国际化迈进，眉山茶叶的春天已经到来。

我相信，《中国茶全书·四川瓦屋春雪卷》的问世，将会为眉山茶产业赋能加力，眉山茶业如鱼得水，如虎添翼。该书全方位、多维度、多角度地详细阐释了眉山茶业古今状况以及未来发展目标，是眉山茶产业软实力的具体硬核体现，是眉山茶叶又一张新的名片。书籍是人类进步的阶梯，永远鞭策和激励着我们奋勇向前，在《中国茶全书·四川瓦屋春雪卷》编纂出版之际，希望眉山茶人继续发扬"励志拼搏、包容奉献、匠心创新、淡泊名利"的东坡茶人精神，对该书认真阅读，仔细研究，借鉴参考，切实结合自身实际加以灵活运用，把《中国茶全书·四川瓦屋春雪卷》的真正价值发挥到最大化，为全市茶产业发展服务，为全市乡村振兴建设贡献出茶叶力量！

与子同袍，岂曰无衣？与君共茗，岂无佳茗？借此机会，衷心祝愿眉山茶产业发展得越来越好，欢迎天下广大朋友光临眉山投资发展、旅游观光、共叙友谊，与千年东坡对话，和眉州佳人共茗。让我们共品瓦屋春雪，共享美好春天的茶山，徜徉在迷人的绿色诗行。

中国工程院院士 刘仲华

2024年5月

前 言

茶业是眉山农业的特色产业，是洪雅农业的主导产业，在带动农民持续增收、助力脱贫攻坚与乡村振兴中发挥了重要作用。眉山市委、市政府对茶产业发展越来越重视，眉山茶业也取得了不少的成果和荣誉。眉山茶企连续13次成功参加四川省国际茶业博览会；2011年"洪雅绿茶"获批实施全国农产品地理标志登记保护；2018年市委提出了打造"一杯茶"工程，每年投资上千万元支持茶产业发展；2019年洪雅县茶叶（有机茶）进入四川省第二批特色农产品优势区名单；2019—2022年，洪雅县连续4年荣获"中国茶业百强县"称号；2021年全市第一个茶叶区域公用品牌"瓦屋春雪"诞生；2022年洪雅县荣获"全国茶业科技助农示范县"称号；2022年丹棱县成为四川首个中高端绿茶出口县；2022年洪雅县茶叶大镇中山镇成为全国农业产业强镇。2023年洪雅县止戈镇青杠坪荣获"四川十大最美茶乡"称号；2023年洪雅老川茶制作技艺成功申报为眉山市市级非物质文化遗产代表性项目。

尽管如此，眉山历史上还从未对当地茶历史文化、茶工艺科技、茶艺、茶旅、茶企、茶人等进行过系统整理。借此全国茶区开展编纂《中国茶全书》工作之难得机遇，眉山市委、市政府高度重视，研究决定必要单独成卷编纂《中国茶全书·四川瓦屋春雪卷》（含东坡、丹棱、青神），填补眉山茶产业空白，形成眉山首部茶产业百科全书，指导和促进眉山茶产业发展。这不仅是对全市茶产业资源的一次系统大梳理，也是全方位建设提升"瓦屋春雪"品牌和眉山茶产业的需要，更是为今后眉山茶叶界提供可查阅参考、为政府高质量发展茶业提供决策咨询的重要资料。

需要特别说明的是，该书最初书名为《中国茶全书·四川洪雅卷》，因为洪雅县是眉山茶叶的主产区，全市70%以上的茶叶面积都集中在洪雅；后来考虑到洪雅县正在打造茶叶区域公用品牌"瓦屋春雪"，为了以此为契机加快茶叶品牌发展，扩大眉山茶叶知名度和影响力，促进眉山乡村振兴，上报并经中国茶全书四川省编纂委员会的同意，把此书更名为《中国茶全书·四川瓦屋春雪卷》，立足洪雅，面向眉山，突出重点，扩大影响。

在洪雅县人民政府、眉山市农业农村局、四川省茶叶行业协会等大力支持与关怀下，洪雅县茶叶产业服务中心与洪雅县茶叶流通协会共同精心策划、认真组织、稳步推进、科学实施，成立《中国茶全书·四川瓦屋春雪卷》编纂委员会，召开专题会研究，邀请雅安市农业农村局、乐山市茶叶产业中心的茶学专家、茶文化学者亲临洪雅指导，积极推进编纂工作的顺利开展。编纂人员通过走访老茶人、调研老茶区、查阅档案库、收集大数据等多种途径，充分利用业余时间和节假日，克服疫情影响、时间仓促、人手不够等困难，历时两年的艰苦努力终于完成。

《中国茶全书·四川瓦屋春雪卷》是一部全面反映眉山茶产业和东坡茶文化的茶叶百科全书。本书详细记述了以洪雅为主的眉山茶叶历史、文化、科技和产业情况，形式多样、内容丰富、记载翔实，具有较好的参考和实用价值。为了增强此书的可读性和拓展性，少量引用了一些其他地方的资料。本书基本实现了编委会的初衷：要把《中国茶全书·四川瓦屋春雪卷》努力编成一本"政府的参考书，茶农的工具书，茶企的经济书，茶人的励志书"。阅读此卷，可以从中重温沧桑曲折、艰苦创业的茶叶历史；感受源远流长、博大精深的茶叶文化；学习奋进励志、包容奉献的茶人精神；激励我们积极干好惠泽万民、振兴乡村的茶叶事业。

由于编纂时间紧、任务重，个别事件年代久远，无法查证，加之编写水平有限，书中肯定还存在一些不足之处，敬请读者谅解。

最后，还要特别致谢洪雅县档案局、洪雅县市场监督管理局、洪雅县党史和地方志编纂中心、中共洪雅县委宣传部、洪雅县国有林场、洪雅县供销社、洪雅县社会科学界联合会、洪雅县科学技术协会、洪雅县统计局、洪雅县文化广播电视和旅游局、洪雅县散文学会、洪雅县作家协会、洪雅县茶文化研究学会、洪雅县摄影家协会以及丹棱县、东坡区、青神县农业农村局等单位对本书编纂工作的积极支持与良好建议。

《中国茶全书·四川瓦屋春雪卷》编委会
2024 年 5 月

凡 例

一、本书定名为《中国茶全书·四川瓦屋春雪卷》(以下简称《瓦屋春雪卷》)。

二、《瓦屋春雪卷》以马克思列宁主义、毛泽东思想、邓小平理论、"三个代表"重要思想、科学发展观、习近平新时代中国特色社会主义思想为指导,运用辩证唯物主义和历史唯物主义的立场、观点和方法,实事求是地记述以洪雅县为重点的眉山茶产业古今状况。

三、《瓦屋春雪卷》史实,上限自事类的发端时间,下限至2024年。

四、《瓦屋春雪卷》总体架构按《中国茶全书》编纂委员会印发的编写大纲要求执行,并结合本地实际情况进行了适度微调。

五、《瓦屋春雪卷》属茶叶综合类专著,在文章体裁上,以记叙文和说明文为主(文学类除外);为使文章富有文采,部分地方加入了作者少量述评。

六、《瓦屋春雪卷》"茶人选录"章节中,眉州当代知名茶人排名不分先后;其余部分按历史年代从古至今排序。眉州当代知名茶人选录条件:在眉山长期从事茶产业(5年以上)且具较高知名度和影响力的眉山人。

七、《瓦屋春雪卷》中的茶叶企业选录条件:具有较大规模、较高知名度和影响力的眉山茶叶企业。

八、《瓦屋春雪卷》中文章的选用,优先考虑已在国家正规刊物上发表过的文章。未发表过的文章,代表性强、质量高的优先录用。

九、《瓦屋春雪卷》所涉及地名,按历史记载,首次出现时括号注明今名;单位称谓,首次出现时作全称并括号注明简称,以后均用简称。

十、《瓦屋春雪卷》资料主要来源于洪雅县档案馆、中共洪雅县委宣传部、洪雅县党史和地方志编纂中心、洪雅县农业农村局、洪雅县茶叶产业服务中心、洪雅县供销社、洪雅县散文学会、洪雅县作家协会、洪雅县茶文化研究学会、洪雅县摄影家协会、东坡区农业农村局、丹棱县农业农村局、青神县农业农村局;数据源于市、县(区)统计部门和茶叶行业部门。

十一、《瓦屋春雪卷》中有些数据并非完全固定不变,如茶叶的内含物含量、茶树品种的开采日期和产量等,一般取其平均值。

十二、考虑到该书要面对广大茶农,《瓦屋春雪卷》中"度、量、衡"单位,部分采用了现实中行业常用单位,以更通俗易懂。如:亩、斤、吨、米、公里、元。

目 录

序 9
前　言 11
凡　例 13

第一章　茶史沿革 001
　　第一节　古代茶史 003
　　第二节　近代茶史 008
　　第三节　现代茶史 011
　　第四节　管理机构与茶叶组织 015

第二章　茶叶产区 019
　　第一节　自然环境 021
　　第二节　茶区分布 023
　　第三节　生产方式 025
　　第四节　品种繁育推广 037
　　第五节　现代茶叶基地 043

第三章　茶叶科技 049
　　第一节　科技发展 050

第二节　科技支撑 ··· 052

　　第三节　标准和专利 ··· 054

　　第四节　创新技术 ·· 055

　　第五节　培训指导 ·· 084

第四章　茶叶加工 ··· 089

　　第一节　制茶演进 ·· 091

　　第二节　绿茶加工 ·· 093

　　第三节　黑茶加工 ·· 095

　　第四节　白茶加工 ·· 096

　　第五节　红茶加工 ·· 098

　　第六节　洪雅特色花茶 ··· 100

　　第七节　林之茶 ·· 102

　　第八节　养生茶 ·· 102

　　第九节　茶叶机械 ·· 104

　　第十节　包装与仓储 ··· 108

第五章　茶叶贸易 ··· 111

　　第一节　贸易历史 ·· 112

　　第二节　边　茶 ·· 114

　　第三节　交易市场 ·· 116

　　第四节　出口茶 ·· 118

第五节　现代营销 ·· 119

第六章　茶叶品牌 ·· 127
　　第一节　区域公用品牌 ······································ 128
　　第二节　茶　企 ·· 131
　　第三节　老字号 ·· 144

第七章　茶人选录 ·· 147
　　第一节　洪雅古今茶人 ······································ 148
　　第二节　眉州当代知名茶人 ·································· 153

第八章　茶文化 ·· 169
　　第一节　茶艺演进 ·· 170
　　第二节　品茶基本知识 ······································ 178
　　第三节　茶文化与三教 ······································ 181
　　第四节　茶非遗 ·· 188
　　第五节　茶文学 ·· 191

第九章　茶旅相融 ·· 279
　　第一节　名山胜水 ·· 280
　　第二节　精品线路 ·· 287
　　第三节　茶事活动 ·· 290

参考文献 ·· 297

附录一　大事记 ·· 298
附录二　茶产业发展重要文件 ·· 305
附录三　茶叶标准、规范及管理办法 ·· 335
附录四　茶史研究文选 ·· 364
附录五　茶产业相关统计表 ·· 389

后　记 ·· 406

眉山风景

眉州东坡湖畔远景楼

洪雅瓦屋山水

领 导 关 怀

2012年4月4日，全国政协原副主席杨汝岱（最前者）莅临洪雅视察茶产业

2021年3月30日，四川省委书记彭清华（左一，现全国人大常委会副委员长）调研眉山茶产业

2008年5月8日,四川省副省长张作哈(最前)视察洪雅青杠坪茶园

2021年7月8日,四川省政协副主席祝春秀(左一)在洪雅青杠坪茶园调研并听取汇报

2020年9月18日，中国工程院院士刘仲华（中）莅临洪雅指导茶产业

2014年12月17日，眉山市委书记李静（前排左三，现重庆市政协副主席）视察青神白茶基地

2014年10月27日,国家农业综合开发办公室主任卢贵敏(左二)在茶叶种植区向村民了解循环经济的好处

2021年7月,中共眉山市委书记胡元坤视察省级示范农业主题公园洪雅前锋茶叶主题公园

2022年11月,眉山市副市长宋良勇(中)莅临四川第11届国际茶博会"瓦屋春雪"馆指导

2019年5月,眉山市农业农村局局长熊英(右二,现眉山市政协副主席)在第八届四川国际茶博会上了解洪雅参展茶企雅雨露情况

2023年5月,中共洪雅县委书记周代军在"瓦屋春雪"产品发布会上致欢迎辞

2022年3月,洪雅县人民政府县长李忠云调研西庙山茶企

2022年7月,洪雅县委常委、常务副县长白海涛(中)主持召开"一杯茶"产业发展工作调度会

2022年3月,眉山市农业农村局副局长钟涛主持召开《中国茶全书·四川瓦屋春雪卷》编纂筹备会

2023年3月,洪雅县政法委书记史历在瓦屋山采茶节开幕式上讲话

2023年8月,洪雅县委常委姜定波在"中国最美茶山"落成典礼上致辞

文化引领

洪雅汉王茶马古道

总岗山蔡丫口保护茶园石碑

山不凡 茶非凡（王亮/书）

洪雅柳江祁山茶马驿站

洪雅柳江祁山茶马驿站古井

举杯邀明月　共饮春后雪（王德跃／书）

天赐雅茶　韵香千年（徐炜／书）

制雅茶 做雅人（沈萍/书）

茶禅

洪雅茶人表演宋代点茶

洪雅茶艺舞蹈——伞耀洪雅绿茶

丹棱老峨山茶艺——竹林雅韵

青神非遗手工传承——瓷胎竹编茶具

眉山茶艺大师（右）手把手传授茶艺

瓦屋山茶园
瓦屋飞泉三百丈，翡翠螺髻绕诗行。
茶园雾漫犹仙境，森林人家飘茶香。
（李洪泰／绘 罗学平／书）

产业发展

茶之韵

中山汉王总岗山谢岩茶园

八面山止戈青杠坪茶客空间

碧浪逐峰

丹棱县张场镇万年茶园

青神县生态茶园

20世纪80年代洪雅茶农采茶(刘柏岭/提供)

洪雅现代茶叶开拓者刘定海老师工作笔记(刘柏岭/提供)

20世纪80年代洪雅青衣江茶厂制茶滚炒机

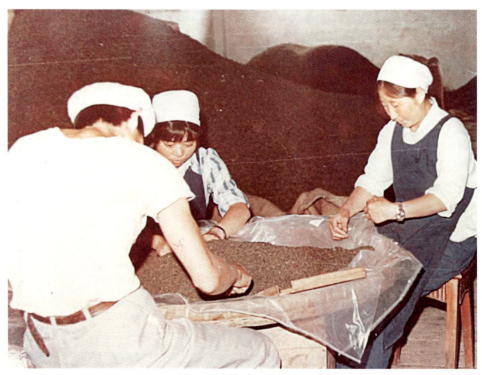

20世纪80年代洪雅青衣江茶厂工人精选干茶

20世纪80年代洪雅青衣江茶厂员工合影

瓦屋春雪茶叶智能加工园区

瓦屋春雪茶叶智能生产线

眉山匠茗茶叶生产车间

四川雅雨露茶企外貌

四川雅雨露茶企绿茶加工

洪雅西庙山农业开发有限责任公司的茶厂

眉山市洪雅县千担山农业开发有限责任公司

瓦屋春雪四川眉山旗舰店

瓦屋春雪四川洪雅旗舰店

瓦屋春雪产品——无峰

四川云中花岭产品——云中红

洪雅碧雅仙茶业文创茶品——田锡状元红

丹棱县茶叶企业产品

2021年2月28日,央视新闻在洪雅县止戈镇青杠坪直播洪雅茶叶

2022年3月,洪雅县茶产业联合党委专职副书记朱小根接受央视CCTV13专访

洪雅茶农接受央视采访

学生假期研习茶艺

洪雅止戈青杠坪游客采茶体验

四川手工茶大师童云祥正在制茶

科技支撑

洪雅茶叶技术老前辈刘定海老师指导茶农

2020年9月，茶叶院士团队召开洪雅茶产业发展座谈会

2021年7月19日,茶叶院士团队成员、湖南农业大学教授萧力争为洪雅青年干部授课

2021年9月23日,四川省茶叶创新团队深入洪雅高山茶园指导生产

2020年6月,兰州交通大学教授、博士生导师沈彤(右)在洪雅中山镇茶园检查中药农药示范效果

四川省茶叶创新团队在洪雅茶树新品种天府5号试验基地

茶叶绿色防控技术培训

茶叶质量安全检测

茶园机械化采摘

茶园机械化松土施肥

茶园套种油菜及安装智能性诱灯诱杀茶叶害虫

茶园自动喷灌

农业技术推广研究员罗学平在茶园授课

茶园养鹅生态除草

新型职业茶农培训

可降解、护天敌环保型茶叶害虫诱粘板

成果荣誉

洪雅荣获"天府旅游名县"称号

洪雅被评为国家生态文明建设示范县

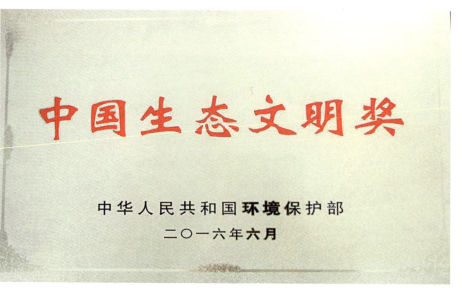

洪雅荣获中国生态文明奖

洪雅被评为国家农产品质量安全县

洪雅县农业局因推广茶叶成绩显著被评为全国农业技术推广先进单位

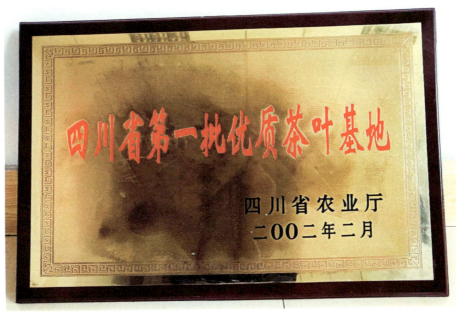

洪雅县被评为四川省第一批优质茶基地

洪雅被评为四川省优势特色效益农业茶叶基地

洪雅被评为四川现代农业产业基地强县（茶叶）

2011年3月7日,洪雅荣获最佳生态茶园品牌与金芽奖

2011年12月20日,"洪雅绿茶"获得国家农产品地理标志保护登记证书

洪雅茶树新品种天府 5 号、6 号获得登记证书

洪雅被评为 2022 年度茶业科技助农示范县域

洪雅县荣获"2019中国茶业百强县"和"2019中国十大生态产茶县"称号

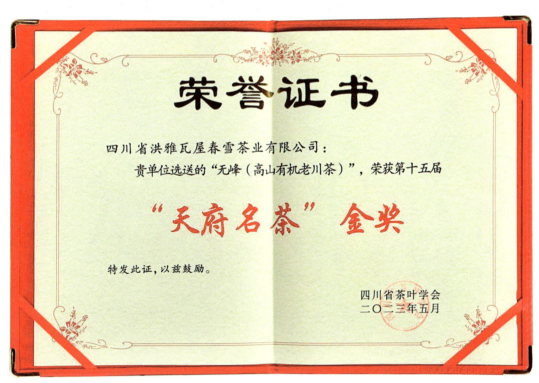

瓦屋春雪产品无峰（高山有机老川茶）荣誉"天府名茶"金奖

瓦屋春雪产品所获荣誉

瓦屋春雪产品荣获金熊猫奖

四川省雅雨露茶业有限责任公司被评为农业产业化省级重点龙头企业

洪雅县碧雅仙茶业有限责任公司及其产品所获荣誉

洪雅西庙山农业开发有限责任公司　　四川云中花岭茶业有限公司所获荣誉
产品荣获金奖

洪雅县止戈镇青杠坪村被评为全国文明村镇

洪雅止戈镇青杠坪被评为四川十大最美茶乡

2016年5月15日，三苏祠"茗香轩"茶馆被评为四星级茶馆

2021年12月29日，丹棱出口中高端绿茶发车仪式

四川省丹棱县中高端绿茶出口发车

授予 付志洪 同志：

全国农业劳动模范

人力资源和社会保障部　　农业部

二〇一七年十二月

授予：付志洪

全国脱贫攻坚先进个人

二〇二一年二月

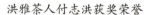

洪雅茶人付志洪获奖荣誉

眉山茶人李倩获奖荣誉

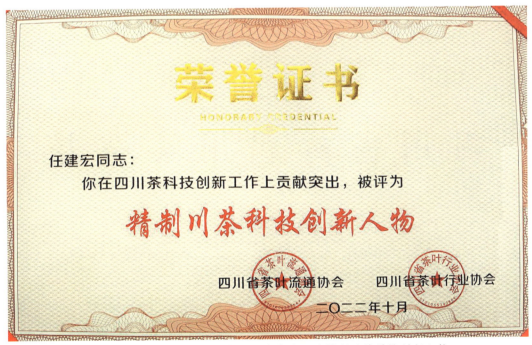

2022 年 11 月 1 日，洪雅茶人任建宏被评为精制川茶科技创新人物

洪雅茶人童云祥获奖荣誉

四川省首届川茶金花

授 予

王柳琳

ORGANIZING COMMITTEE OF THE FIRST SICHUAN CAMELLIA AWARD

四川省茶艺术研究会
主办单位

二〇二〇年七月

洪雅茶人王柳琳被评为四川省首届川茶金花

洪雅县参加茶叶学会各种会议的代表证和出席证

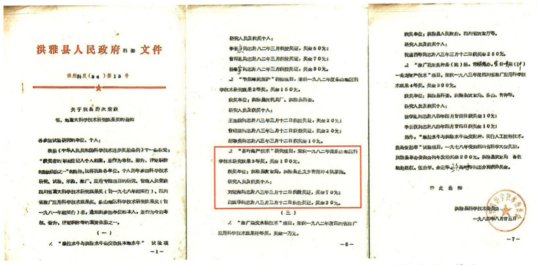

洪雅县"茶叶高产技术"研究项目荣获1982年度乐山地区科技成果三等奖

第一章 茶史沿革

眉山古称眉州，位于成都平原西南部，岷江中游和青衣江下游的扇形地带，成都—乐山黄金走廊中段，北靠成都，南瞰乐山，东临资阳，西望雅安，是成都平原通联川南、川西南、川西地区及云南的咽喉要地和南大门，辖东坡、彭山两区和仁寿、洪雅、丹棱、青神4县，辖区面积7140km²。眉山位于东经102°49′~104°30′、北纬29°24′~30°16′，山峦纵横，丘陵起伏，地势呈西高东低，最高海拔3172m，最低海拔335m。东部龙泉山两翼，西部丹棱、彭山、洪雅境内大部分地区皆为低山丘陵，海拔大部分处于500~800m，中生代红色岩层分布广泛，丹霞地貌发育，生态环境优良，宜茶区广阔。

眉山所辖区县在西汉时期分属犍为郡武阳①、南安②及汉嘉郡严道③三县地，蜀、晋时期沿袭。

南齐建武三年（496年），于武阳县地置齐通左郡和齐通县，郡县同治于今东坡区太和镇，为眉山建置之始；南梁太清二年（548年），废齐乐郡、齐乐县，置青州（以汉青衣县得名）；梁承圣二年即西魏废帝元钦二年（553年），改青州为眉州。据明嘉靖《洪雅县志》记载："玄宗开元七年，置义州，以獠户置南安、平乡二县。八年州废，省二县为洪雅县，属眉州。"又据民国十七年（1928年）《荥经县志》记载："唐高祖武德三年，始析严道，改置荥经县（县有荥、经二水，故名），属雅州。"综合洪雅、荥经两地县志记载，洪雅西南山区归入时间为唐初。此时眉州辖通义（今东坡区、彭山）、丹棱、洪雅、南安（今夹江）和青神5县。宋太平兴国元年（976年），改通义县为眉山县，眉山定名。

眉山辖区种茶历史可追溯到西汉年间，距今2000多年，其中彭山区（西汉时为武阳县）为今四川茶叶交易最早记录之地。《华阳国志》中可查到的眉山产茶之地有洪雅、丹棱、彭山。洪雅、丹棱地方文献载明：洪雅茶主产于花溪、总岗一带；丹棱茶主产于西山总岗至盘陀数十里之地。两县产地与蒙山接壤，因而唐陆羽《茶经》、五代蜀人毛文锡《茶谱》在记载洪雅、丹棱茶叶制法、形态时，以"用蒙顶制饼茶法，其散者叶大而黄，味颇甘苦，亦片甲、蝉翼之次也"加以描述。

宋神宗熙宁七年（1074年）改革蜀茶法，在丹棱、洪雅设置卖茶场，规范和推进边茶的管理与交易，促进洪雅、丹棱边茶发展。同时，黄庭坚一首《玉泉铭》、明朝名臣余子俊一首《中岩》将青神"玉泉""石笋"品牌脱颖而出。

明清时期，洪雅、丹棱主产边茶，依托荥经、雅安、天全、名山等地边引销售。民国时期，国民政府实行"以茶治边"，导致消费市场萎缩，供茶区茶园荒芜，茶园面积大幅缩小。新中国成立初期，按照中央有关要求，各县对茶园面积进行清理登记，派专业

---

① 周慎靓王五年（公元前316年），建县，辖今彭山、东坡、仁寿、新津、井研等县及双流南部。
② 秦时建县，两汉时属犍为郡，下辖今乐山市中区、青神、丹棱、洪雅、夹江、峨眉、犍为、沐川、荣县等县地。
③ 秦惠文王更元之十三年（公元前312年）建县，两汉时属汉嘉郡，辖荥经和雅安市的青衣江以南及洪雅县西南山区。

人员指导，茶园面积逐步恢复，茶产业迅速发展。到2022年，眉山在地茶园面积42万亩，其中洪雅30万亩、丹棱5万亩、青神4.8万亩、东坡2.2万亩。

第一节　古代茶史

神农尝百草，常食用植物的果、叶、芽、秆和根块等部位。相传神农在尝百草中多次中毒，常以茶解毒，因而，他在《神农食经》中写道："荼茗久服，令人有力，悦志。"因此，陆羽在《茶经》中确认："茶之为饮，发乎神农氏。"对于茶的出处，陆羽认为："茶者，南方之嘉木也，一尺、二尺乃至数十尺。其巴山峡川，有两人合抱者，伐而掇之。其树如瓜芦，叶如栀子，花如白蔷薇，实如栟榈，蒂如丁香，根如胡桃。"

一、茶叶发展

眉山种茶、饮茶、贩茶历史悠久。西汉文学家王褒在《僮约》中描述："舍中有客，提壶行酤，汲水作哺。涤杯整案，园中拔蒜，斫苏切脯。筑肉臛芋，脍鱼炰鳖，烹茶尽具，已而盖藏。"接着又写道："牵犬贩鹅，武阳买茶。"这证明眉山茶叶在王褒那个时期已从祭祀中脱离出来，作为待客之物和流通的商品了，武阳（今彭山区江口镇）就是交易市场。王褒在文中有"神爵三年正月十五日"的记录，神爵为汉宣帝年号，即公元前59年。有市场就有产地，东晋常璩任散骑常侍时掌著作《蜀史》，接触了大量的文献资料，于晋穆帝永和四年至永和十年（348—354年）编纂形成《华阳国志》，在《蜀志·犍为郡》中记载："南安、武阳皆出名茶。"四川大学历史系教授刘琳在校注（1984年7月，巴蜀书社出版）中注解："南安茶：主要产于今丹棱、洪雅一带，宋代设有卖茶场；武阳茶：当产于今彭山西境长丘（秋）山地，今双江公社仙女山（即古彭亡山、彭女山）顶亦有茶场。"孙敬之主编的《西南地区经济地理》（1960年2月，科学出版社出版）认为，四川茶叶主要产区为"自灌县经雅安、峨眉、马边、屏山至高县、筠连这一弧形地带相邻的各山区县；其次为东北部城口、万源等县。本省茶园多数海拔800m，坡度40°左右（少数1500m，坡度50°），主要产区有成片茶园分布。在海拔较低、坡度较缓的地区，茶园则较零星分布。"因此，眉山茶叶最早种植于西汉末年，主产于今洪雅、丹棱和彭山西部，东晋时期所产茶叶品质上乘，在西南地区（云南、贵州、四川）有一席之地。

《唐书》记载："太和七年（833年），罢吴蜀冬贡茶。太和九年（835年），王涯献茶，以涯为榷茶使，茶之有税自涯始。"其时，由政府收购民间茶园，派工制茶专卖，甚至强令茶农将茶树移植官营茶坊，焚弃民间私茶。不久又行税茶，对私卖、漏税的行为规定了杖脊甚至处死刑。同时开启与西北、西南地区少数民族以茶换马的茶马贸易，洪雅、丹棱是眉山茶叶的主产区，也是汇聚青衣江、岷江茶叶西去雅安的主要驿道；但因今眉山各区县所存无唐时期文献，暂无茶叶产量、交易、税收记录。

两宋时期仍实行榷茶制度，宋熙宁七年（1074年），宋神宗诏令三司勾当公事李杞到四川地区收购茶叶送到秦凤路、熙河路，与各少数民族交换马匹，同时还下令调拨银10万两、帛25000匹、度僧牒500道给李杞，使其可动用四川地区的常平钱物、坊场钱收购茶叶。李杞上任后，立即在四川产茶州县设置茶场，将每年茶税钱增加到40万贯，同时严禁园户私自买卖茶叶，违者严惩不贷，史称"李杞等人改革蜀茶法"。据南宋李心传《建炎以来朝野杂记》、沈括《梦溪笔谈》、乐史《太平寰宇记》、王存《元丰九域志》等资料记载，宋熙宁七年至元丰八年（1074—1085年）11年间，宋朝廷在四川总设卖茶场41个，其中眉州丹棱、嘉州（嘉定府）洪雅①各设1个。洪雅茶场汇聚乐山、峨眉、夹江、洪雅等地的茶叶；丹棱茶场汇聚眉山（今东坡区）、彭山、丹棱、青神4县的茶叶。

明嘉靖《洪雅县志》卷二《名宦列传》记载："牟子才，字荐叟，号存斋，井研人，学于魏了翁，嘉定十六年进士，对策诋史弥远，调嘉定府洪雅县尉，去监成都府榷茶司。""李杞等人改革蜀茶法"设置洪雅卖茶场，曾任洪雅县尉的牟子才任职成都府榷茶司。《宋史》卷九十二、清嘉庆《洪雅县志·职官志·宦绩》记载，宋庆历年间任洪雅知府的沈立②，因"茶禁害民，山场、榷场多在部内，岁抵罪者辄数万，而官仅得钱四万"，而著《茶法要览》，乞行通商法。两任知府的作为为推进洪雅边茶发展奠定了基础，促使其成为古蜀12个边茶主产县之一。

元朝废除了茶马贸易，统一实行茶引法。官府在产茶地区设置榷茶转运司、榷茶提举司、榷茶批验所和茶由局等机构，主管榷茶事宜。凡商人兴贩茶货，必须缴纳引税，并指定山场买茶，买卖零茶发给茶由。商人凭引、由运卖。洪雅、丹棱卖茶场发挥了与雅安、名山、荥经接壤优势，加快了茶叶的发展。

二、茶叶生产情况

陆羽在《茶经·茶之出·剑南》中记载："眉州、汉州又下（眉州丹棱县生铁山者，汉州绵竹县生竹山者，与润州同）。"根据陆羽编纂《茶经》的时间，当时的眉州辖今东坡区、丹棱、洪雅和青神等区县；丹棱县顺龙乡幸福村的铁山，又名铁桶山，位于今丹棱县顺龙乡幸福村，为唐代中后期产茶地确定具体位置。而根据洪雅县现存的文献资料得知，洪雅茶在西汉时期主产于花溪、总岗一带，主要品种为细叶茶，叶片细小，产量较低，但质量高，香味浓，耐寒，在海拔1000m以上的地区都能种植；还有另一种为白茶，嫩叶呈白色，有茸毛，味淡回口带甜，树高5~10m。

---

① 清嘉庆《洪雅县志·方舆志·古迹》记载，茶场：县西南六十里花溪。
② 字立之，历阳人，进士签书益州判官，累转知越州、杭州、审官西院、江宁府，从宣州，提举崇禧观，好著书，至数千卷。

继唐陆羽《茶经》之后，五代蜀人毛文锡①入蜀做翰林学士，承旨编著《茶谱》，文中记载："眉州洪雅、昌阖、丹棱，其茶如蒙顶制饼茶法。其散者叶大而黄，味颇甘苦，亦片甲、蝉翼之次也。"《茶谱》中记载："今蒙顶有露鋑芽、篯芽，皆云火前，言造于禁火之前也。""蒙山有压膏露牙、不压膏露牙、并冬芽，言隆冬甲坼也。""雅州蒙顶，其生最晚。春夏之交，有云雾覆其上，若有神物护持之者。""蒙顶有研膏茶，作片进之，亦作紫笋。"洪雅、丹棱的茶叶是否与蒙顶山茶共用品牌，史书没有明确记载。清陆廷灿在《续茶经·茶之事》中引用《石林燕语》故事，道明饼茶包装规格："建州岁贡大龙凤团茶二斤，以八饼为一斤。仁宗时蔡君谟知建州，始别择茶之精者为小龙团十斤以献，斤为十饼……熙宁中，贾清为福建运使，又取小团之精者为密云龙，以二十饼为斤……"但蒙顶及洪雅、丹棱茶叶的包装规格，是否也是如此，无文献可查证。

黄庭坚一首《玉泉铭》："玉泉坎坎，来自重险。发源无渐，龙窟琬琰。我行峡中，初酌蛙颔。龙湫百泉，莫与比甘。山僧拙赣，煮饼羹糁，我以浍茗，泉味不掩。行为白虹，止为方鉴，矢其明德，以靳苍厂。"明朝名臣余子俊一首《中岩》有："呼童扫尽维摩石，留客频煎石笋茶。"进士谢瑜在《三岩山》云："细雨莺声初出谷，春风雀舌欲抽茶。"这些诗词让青神"玉泉""石笋""雀舌"品牌脱颖而出，但产量无文献记录。

明初，朱元璋下令"罢造龙团"，改造芽茶以进，促进芽茶和叶茶（炒青散茶）的蓬勃发展。洪雅、丹棱主产边茶，但以叶茶腹引（内销茶）征课税，明嘉靖《洪雅县志》记载：年征叶茶340斤15两6钱，征银13两6钱7分4厘8毫8忽。又据民国十七年（1928年）《荥经县志》记载："明万历间，商人领南京户部引中茶。其中，边引者，有思经、龙兴之名。思经产雅州，龙兴产洪雅。"说明明代洪雅边茶在"打箭炉"（康定）有专门商号，且品质上乘。关于产量，民国十七年（1928年）《荥经县志》记载："始仅五千道，后增至八千有奇。"当然，这是整个荥经边茶的销售量，但洪雅产边茶的销量也应有3000~4000张，每张以100斤②计，产量应在30万斤以上。其他区县的茶叶产量，因文献短缺原因，不明。

三、茶叶运销

（一）细茶、叶茶交易市场

西汉文学家王褒的《僮约》是中国最早关于茶叶产地记录的文献，文中有"烹茶尽具""武阳买茶"的记述，说明在西汉末年，眉山产茶且作为商品买卖之地，武阳作为专门的茶叶交易市场，交易的茶多为细茶、叶茶，而且这些茶主要来自附近产茶区域。

---

① 字平珪，高阳即今属河北人。
② 1斤=500g，全书同。

（二）细茶、叶茶交易集聚的路径

路径主要有水路和陆路。一是水路。境内主要水系有岷江、青衣江、球溪河水路，都能汇聚到岷江边上彭山江口茶叶交易市场。二是古道。东坡区与彭山区、青神县、丹棱县，丹棱与洪雅接壤，县与县之间在古代有石板小道相通。

1. 洪雅古道

据1986年油印的《洪雅县交通邮电分志》记载的古道信息，洪雅境内有3条古道可辗转到达彭山江口地区，沿途均为产茶区域。一是洪雅县城往东驿道：由县城南坛渡青衣江进将军镇，经三宝入天池、经天池（金釜）过芦溪桥入夹江木城到夹江县城，或到青神，或到东坡。二是洪雅到丹棱大道：县城经洪雅坎、新庙、仁美、狮子坎，到达丹棱。三是洪雅到峨眉道路：高庙场镇经野猪池、脚盆坝、麻子坝、净水场、龙门洞、马路桥至峨眉，沿途均为石板小道（图1-1）。

图 1-1 洪雅古道

2. 丹棱古道

《丹棱县志·交通》记载，丹棱县城有3条道路可辗转到达彭山境内。一是往东到东坡区（眉山县）：从丹棱县城往东经广济、伏龙、东馆、白马、五里墩到达眉山县（今东坡区）。二是往南到夹江县城：出南门经杨家堰、中兴场、马村、茶房场到夹江县城。三是往北到蒲江，出北门经红石碑、龙鹄场、石桥到蒲江，往东便可进入彭山。

3. 青神古道

汉阳镇境内，起于汉阳新路口，一路上坡，过长坂坡（关子门）到达乐山板桥溪；全长约3km，用石板铺成，为古时青神至乐山的陆路交通驿站。长坂坡山坳是青神与乐山天然的分界线，坳北属青神，坳南归乐山。长坂坡两边山崖对峙形似一道门户，中有宽两三米的通道，有"一夫当关，万夫莫开"之势。因其地处山顶风口，俗称"凉风洞"，山崖上有无名氏题刻"凉风洞"3字。此地地势险要，附近无人居住，为土匪强盗出没之地，遗有强盗藏刀的"刀窝子"。

（三）边茶交易市场及古道

资料显示，边茶交易最早以汉藏之间茶马互易的形式进行，最初建于唐代，不过量不大。宋神宗熙宁六年（1073年），朝廷四川产茶区设置买茶场，在黎雅（今汉源、雅安）等地开辟茶马互市的市场；南宋绍兴二十四年（1154年）在碉门（今天全县）开茶马市场，使其成为元明时期汉藏杂居区交接上的要镇，市场也迅速发展起来。明永乐（1403年）年后，藏族僧俗头领利用朝贡、纳赋机会，将藏区土特畜产品带到沿途市场，换取边茶、绸缎、布匹等，从而刺激了沿途市场经济。洪雅、丹棱的卖茶场汇聚附近区县的边茶，以传统的背夫、马帮和牦牛运输到交易市场，获取经济利益。因往来以茶叶、马匹为主，1990年以后，人们称其为"茶马古道"。明代以前，中国的茶马古道由川藏线、滇藏线、唐蕃古道3条组成，这3条古道在西藏拉萨会合，经日喀则、阿里地区穿越喜马拉雅山脉的一系列山口，与南亚的印度、不丹、尼泊尔等地相通。

1. 川藏茶马古道

茶马古道中最有影响力的是川藏线。川藏茶马古道由南路和西路两条组成。市域茶马古道为南路，而南路分"大路"和"小路"。大路集聚成都平原西缘产茶山区的边茶，出邛崃、名山、雅安、天全、荥经、汉源等地，翻大相岭，经清溪、泥头、翻飞越岭，过化林坪，经沈村、冷碛，在泸定过大渡河到达打箭炉（康定）。小路由雅安出发向西，从宋村渡青衣江，经天全、甘溪、仙人桥、紫石关、大人烟、两路口，翻越二郎山，在冷街会合由化林坪过来的大路，再经泸定到打箭炉（康定），因山高路窄，开通时间较晚，流量规模相对较小，被称为小路。大路和小路在西康会合，西去雅江、理塘、巴塘、察雅到昌都；或经泸定、打箭炉（康定）、道孚、炉霍、甘孜、德格，由竹巴笼过金沙江到岗拖、江达、妥坝到昌都；到昌都后再由恩达或至洛隆宗、边坝、嘉黎、工布江达、墨竹工卡、达孜到拉萨；或北上类乌齐、丁青、巴青、索县和藏北重镇那曲，再南下当雄、林周到拉萨。再由拉萨到日喀则、阿里地区穿越喜马拉雅山脉的一系列山口，与南亚的印度、不丹、尼泊尔等地相通。市域洪雅、丹棱与雅安境内的荥经、雨城区、名山等区县接壤。

2. 洪雅古道

洪雅古道为川藏茶马古道主路的延伸区。秦汉时期，在今洪雅中山镇设置邛邮，作为传递公文的站点。据明嘉靖《洪雅县志》记载，洪雅境内有底塘铺（县署前）、马尾铺（县东20里）、芦溪铺（县东40里）、中保铺（县西30里）、竹箐铺（县西70里）等五大铺地，东接夹江，西连雅安（雨城区）水口。除此之外，洪雅还有3条古道分别往西通往接壤边茶集聚区县。一是洪雅至汉源的古道，由县城出南门过高岩渡经止戈、东岳、花溪、柳江、吴庄、回头转、核桃坪或大岩腔、梁山溪或大拐角至富林（汉源），或由张村经水桶山、皇木场、春平山与乐（山）西（昌）公路会合到富林。二是洪雅至名山的古道。由洪雅县城西过马湖渡、回龙渡，经中保场镇、汉王寺至名山县城。三是洪雅到雅安（雨城区）的古道。由柳江经双河口、晏场至雅安雨城区，或经双河口、严桥到雅安。这4条古道的县境内又辐射出许多长短、宽窄不一的古道，如瓦屋山到雅安望鱼、荥经，东岳观音到雅安，罗坝汪山到雅安等。有的路上至今还有脚马子的窝窝、稳子杵的凼凼、被踩凹进去的脚印子、马帮驼队的拴马桩……因常年无人行走，树木成长，蕨草丛生，加上地情发生变化，古道断断续续，行人不能顺畅通过。

3. 丹棱古道

丹棱县古有十大关隘，其中土地垭、蔡垭口、牛路口、岐山庙、岩屋子、江沟口、毛沟口7个关隘与洪雅、雅安、名山相通，呈扇形覆盖其县境产茶区。其中，从丹棱县城到张场，过岩屋子可到名山马岭；从张场经马河嘴到仁兴，过土地垭可到雅安或洪雅；过蔡垭口可到名山；经黄金峡过牛路口可到名山；从张场经马河嘴过三合桥到王场，过岐山庙可到名山车岭镇。2019年，丹棱县文史爱好者对唐盐铁古道进行考察，认为盐铁古道南起岷江眉山码头，经眉山古城、广济进入丹棱县城，再从城西北雁湖到龙鹄山、官厅埂至马岭（今雅安市名山区马岭镇）。古道在马岭一分为二，一路经雅安、甘孜入藏；另一路越秦岭向陕甘地区延伸。其中位于总岗山脉中段的龙鹄山上遗有数百级梯步组成的陡石梯和一块唐代石碑，石碑上刻有"上至秦陇，下达眉州"的文字。右道可运盐铁，亦可运茶。

第二节　近代茶史

清朝中后期至民国时期，由于战乱频繁，经济衰落，眉山茶产业和我国其他许多地方一样，发展受到严重阻碍，洪雅茶叶失去了清朝初年居蜀中之冠的辉煌。

清沿明制，分官茶和商茶。官茶行于陕西、甘肃，储边易马；商茶行于南方产茶地，市域茶叶为商茶区域。中央户部颁发茶引，分发至产茶州县发卖。在四川则有腹引、边引、土引之分。腹引行销内地，边引行销边地，土引行销土司。清代晚期，废引、厘、捐三票，改用税票以简化手续。清末，茶票渐代茶引。各地商贩凡纳税者都可领票运销。政府对茶利的垄断逐渐削弱，对私茶的惩处亦有所减轻。运销私茶，查出止于没官。民国时期继续实行票法，其后又废除引票制，改征营业税。

一、茶叶发展情况

清嘉庆后，道光时期洪雅县茶叶还持续兴旺了一段时间，但自鸦片战争后，由于印度、斯里兰卡和日本机制茶的兴起，国内茶叶市场严峻，销路不畅，茶园面积最少时茶叶产地只剩高庙乡了。民国时期，洪雅县茶叶主销西藏地区，以生产剪刀粗茶为主，且茶产量都不高。

清时，洪雅属嘉定府至清末。1913年，撤销眉州恢复眉山县，属上川南道。次年，改属建昌道。1928—1929年，撤销道制。1935年，置四川省第四行政督察区，专员公署设眉山县城，辖眉山、彭山、丹棱、青神、夹江、洪雅、大邑、邛崃、蒲江和名山10县。所辖10县均产茶，产量较大的有洪雅、名山、蒲江、邛崃、丹棱、青神；眉山县（东坡区)、彭山县(彭山区)有零星种植,无成片茶园。茶树同粮食作物共地种植,实行茶、粮同耕共管。地中种粮,茶树种在地角、地坎和石缝内,一亩几十至几百窝不等,最多也不过千窝,很少施肥、修剪,在挖玉米地时顺便除草。茶蓬生长不旺,产量低。

清政府重视茶叶生产,县级地方政府采取不同形式,明令公布一些保护茶叶生产的规定。总岗山蔡丫口存有清道光二十六年(1848年)七月十六日洪雅知县高理亨禁止偷割茶叶、偷砍树木的石碣;石碣的另一面还刻有明断有关茶地纠纷的诉讼案一件,以保护茶树。茶叶种植遍及全县,也引来了外籍客商来洪雅经营茶叶生产,传播种茶技术和制茶方法,兴办了黄茶坊、沈茶坊、牟茶坊等茶叶作坊,推动了洪雅茶叶的快速发展,当时年产细茶6500担。清嘉庆年一月,洪雅茶叶总产量(主要是细茶)居四川省第五名。清道光年间,茶叶的课税额仅次于田赋,年纳茶税银2737两,占当时田赋银的45%。鸦片战争后,特别是19世纪70年代后,受印度、锡兰(斯里兰卡)和日本机制茶叶的影响,国内茶叶价格下跌,市场严峻,茶叶销售受阻。据清宣统二年(1910年),洪雅参加成都第五次劝业会赛品册记载,茶叶产地只剩高庙乡(今高庙镇)。茶叶价格每斤仅200文,为国内茶叶史上最高时的1/40。民国时期,政府在藏区实行"以茶治边"政策,加之20世纪40年代正值抗战时期,河道闭塞,商路受阻,种茶利微,茶户大多弃茶务农,大片茶园荒芜,茶叶经济日趋没落。1949年,洪雅茶叶亩产174斤,其中细茶亩产19斤。

二、茶叶生产情况

(一)产 地

清嘉庆《洪雅县志》记载:"茶出花溪、总岗二处。"此处的花溪、总岗,泛指花溪河流域、总岗山区域,覆盖县境西南。清乾隆版《丹棱县志》记载:"茶俱产西山总岗至盘陀,蜿蜒数十里,民家僧舍,种植成园,用此致富。"根据黄庭坚、余子俊等对青神茶叶的描述,青神茶叶主产于三岩山一带,中岩最为有名。东坡区(眉山县)、彭山区(彭山县)有零星种植,市域区县在清代和民国时期文献中均无茶园面积记载。

(二)腹茶(绿茶、细茶、散茶)产量

据有关文献记载,市域在清代及民国时期的细茶、散茶行销内地,清时称为腹茶。据清嘉庆《洪雅县志·盐茶铁政》记载:"现额茶腹引4136张,每张征课银1钱2分5厘,税银2钱5分,羡余银9分8厘,截角银1钱2分,全县征收税银3701两7钱0分3厘,其中征收茶腹引课、税、羡、截银2730两6钱4分8厘。茶业税收占总税银的73.77%。"据县政府统计室资料记载:"民国三十五年(1946年)产绿茶45担,三十六年(1947年)产绿茶180担,三十八年(1949年)产细茶202担,亩产9.5公斤①。"清光绪《青神县志》卷二十九《茶法志》记载:"额销腹引40张,每张征正税银2钱5分,榷课银1钱2分5厘,

---

① 1公斤=1kg,全书同。

羡余银9分8厘，截角银1钱2分，共征银23两7钱2分。在丹棱县采买，本县行销。"按照一张腹引100斤茶叶计算，洪雅在清嘉庆时年产腹茶40万余斤，青神在光绪时年产腹茶4000斤。

（三）形 态

五代蜀人毛文锡在《茶谱》中记载："眉州洪雅、昌阖、丹棱，其茶如蒙顶制饼茶法。其散者叶大而黄，味颇甘苦，亦片甲、蝉翼之次也。"清嘉庆《洪雅县志》进行了补充："县西南诸山皆产茶，界峨眉者，其茶色青，味甘，如峨山所产；界荥经、雅安、名山，其茶色黄，味苦，制皆成颗，无制饼法。"这证明洪雅在明清时期已不再制作饼茶，而是颗粒。《洪雅文史》第一辑《蜀茶史上的一朵奇葩——洪雅茶叶简史》（杨廷楷）中记有，洪雅县制茶工艺从饼茶制法、蒸青制法到蒸青团茶、蒸青散茶再到炒青散茶、炒青绿茶。到清嘉庆时，出现了玉屏山（花溪）、宝子山（今将军镇保坪村）的工夫茶（银灰颗子），为绿茶中上乘佳品。其制法为：红锅杀青，快速翻抖，炒焖结合，不焦臭、不齐鱼眼，杀匀杀透，直至发出茶香，出锅揉捻，紧裹成条索，抖散摊凉。然后用木炭明火猛攻，进行辉锅，谓之"火中取宝"，迅即制成银灰闪光（火嫩则为蓝光）的"颗子茶"。由于茶叶烘制成形后为卷曲状，人称"颗子"。冲泡后，水青叶绿，茶香扑鼻，汤色不变，叶片还原，味美甘苦，银灰颗子茶的制法是绿茶制作中的一种独特工艺。

（四）边 茶

洪雅及丹棱县在清代和民国时期的制作均为手工操作，制法有两种：一是原庄茶。这种制法是将红苔茶叶割回，经大火、红锅炒熟后堆区发汗杀青，用太阳晒干。二是做庄茶。此制法是将晒干的茶叶用甑蒸熟后，用麻袋装好上溜板，人力踩踏揉搓，反复多次，将茶叶揉搓成卷筒形后，用太阳晒干。据文献记载，清代到民国时期，洪雅县境内有黄茶坊、沈茶坊、牟茶坊等家庭作坊从事边茶制作，但大多生产原庄茶，少量生产做庄茶。其中黄茶坊起源于清初，因一黄姓人家从湖北省迁到洪雅柳江镇黄坪村定居，专业从事种茶、制茶，茶坊起名为"黄茶坊"。沈茶坊起源于清中后期，沈氏家族从夹江歇马迁徙到总岗山（今中山镇谢岩村），起初在制茶作坊帮工开始资本积累，第五代起（约清嘉庆年间）建立茶坊，从事边茶制作和销售。牟茶坊位于槽渔滩镇龙溪村，由牟氏家族于清末民初建立，初名"牟茶坊"。

三、茶叶运销

清嘉庆《洪雅县志》记载："洪介山泽之间，因利乘便……其盐则取之犍为，茶则贩之他邑。"粗茶通过商业环节运销雅安，经雅安制成茶砖销往西藏或国外，称为边茶。细茶通过商业环节，一部分就地销售，一部分外销。民国及新中国成立初期由私营商业经营，行商、坐商及商贩皆有。行商和商贩主要收购外运销售，坐商收购后批发或零售。

据荣经《姜氏族谱》记载，清乾隆四十四年（1779年），洪雅县止戈一姜姓人家迁徙至荣经，从事边茶业贸易，并以洪雅茶叶为原料研制出适合藏族同胞饮用的藏茶配方，字号"裕兴"。清嘉庆二十五年（1820年），姜荣华以姜家茶叶老店成立华兴公司，到京城登记"请引"。因姜家茶叶原料精细，工艺精良，具有"熬头好，味醇和，汤色红亮，且带新茶香气"的特点，颇受高僧贵族赏识，在西藏寺庙饮购的雅茶中具有绝对垄断性，被布达拉宫、哲蚌寺、扎什伦布寺三大寺活佛联合颁发"仁真杜吉"铜板印章，汉语译为"智慧金刚，佛坐莲花"。民国时期，洪雅县茶叶主销西藏地区，以生产剪刀茶为主，细茶为辅。但由于军阀和国民党横征暴敛，搜刮民财，藏区消费能力下降。

据《洪雅县志》（1997年版）记载，1942—1949年全县茶馆业从18家增至30家，县城中较有名的有隐蒙茶园、三清茶园、畅园、志诚茶馆。

第三节　现代茶史

1950年1月，设眉山专区，辖眉山、彭山、丹棱、青神、夹江、洪雅、大邑、邛崃、蒲江、名山10县；1997年5月30日，成立眉山地区（1997年8月26日挂牌），与乐山市分置，辖眉山、仁寿、彭山、洪雅、丹棱、青神6县；2000年6月10日，撤销眉山地区，建立眉山地级市（2000年12月19日挂牌），原眉山县改为东坡区；2014年10月20日，撤彭山县设彭山区。洪雅、丹棱、青神、东坡为市域茶叶主产区，其中洪雅县茶园面积位居全省第二；2022年茶叶一产产值30亿元，加工产值42亿元。

一、茶园恢复发展

新中国成立初期，市域各区县对辖区茶园面积进行清理登记，落实专业技术人员进入乡村开展技术指导工作，茶园迅速发展。后随着农业生产合作社普遍成立，茶树随土入社集体经营。十一届三中全会后，实行土地承包责任制，茶园又随土地分到农户。20世纪80年代进行农村产业结构调整，市域茶园再次发展；20世纪90年代末期，实行坡耕地还林、还草、还茶等政策，茶园迅速发展；到2022年，全市茶园面积42万亩。

（一）洪雅县

1951年开展茶园登记清理工作，当年实有茶园面积1050亩，产细茶342担，产粗茶2064担；产茶乡有炳灵、柳江、花溪、罗坝、汉王、三宝。1954年，县建设科配备茶叶技术员，指导茶农改造茶树，进行茶树管理。1956年后，洪雅丘陵和山地区农业生产合作社普遍成立，茶树随土入社集体经营，茶园开始发展。1957年全县茶园面积达1800亩，产细茶507担，产粗茶4501担。1963年起，建设新式茶园，推行茶叶防病治虫，茶树不再与粮食混种。1964年春，从外地引进茶苗短穗扦插技术，实行无性繁殖，首先在花溪茶场和吴庄乡试验。1970年起，引进高产茶种种植，首先引进的是云南大叶茶，叶片比洪雅细叶茶大、厚、产量高，但不耐寒，只能在海拔500~800m的地区种植。1972年从福建引进中叶种茶，叶片比洪雅细叶种茶稍大，抗旱耐寒，产量比洪雅细叶茶高。1975年开始推行茶园深耕压肥。1978年开始推行茶叶根外追肥，全县茶叶亩产量比1949年增长2.5倍；细茶亩产量比1949年增长9倍以上。其中洪雅县茶园面积1969年有4170亩，1970年发展到5807亩。1970年后，贯彻中央提出的"以粮为纲，全面发展"方针，茶叶生产发展较快，1972年发展到7000亩，1974年发展到1.6万亩，1975年发展到2万亩，并成为四川省两个春季炒青茶的样茶产地之一。后经政府整治，淘汰了一些生长不良、茶蓬窝数太少、产量很低的老茶园。到1982年，茶园面积1.7万亩，年产细茶3020担，产粗茶7530担。1996年6月，洪雅县委、县政府正式将茶叶列为全县支柱产业，并确立了建设10万亩茶叶基地的产业发展目标。当年，洪雅县茶园面积从1993年的1.54万亩增至3.55万亩，茶叶从803t增至1638t，茶叶总收入3330万元。2001年，洪雅县政府制发《关于加快茶叶基地建设的通知》，进一步明确茶叶发展的扶持政策。当年，基地乡镇扩大到11个，全县茶园面积增至5.37万亩。2002年，洪雅县被四川省农业厅命名为全省优质茶叶基地县后，又配套出台了退耕还茶扶持政策，年底增加茶园2.18万亩。2003年，洪雅县被国家农业部列为全国无公害茶叶基地建设示范县。次年，全县茶园面积12.19万亩，茶叶总产4194t，总收入1.2亿元。2018年，洪雅县按照政府要求，实施"一杯茶"工程，先后成立茶叶专业机构、茶叶服务机构，开展专业技术人员下沉服务、现场指导等活动，促进茶叶的高质量发展。到2022年，洪雅县有云中花岭、雅雨露、碧雅仙、西庙山、匠茗、千担山上规模的茶企6家，以生产绿茶为主，少量生产红茶和黑茶（边茶）；全县茶园面积30万亩，综合产值达60亿元。

（二）东坡区

为贯彻"绝不放松粮食生产，积极发展多种经营"的方针，茶叶生产随集体经济的建立和发展而发展。以公社、大队、生产队3级集体茶场（也称"茶山"）为主要形式的茶叶种植、加工生产也得到一定程度发展。1987年有茶园约0.84万亩，但因管理粗放，低产茶园占60%以上，茶叶品质不高；当年从云南引进的大白茶和大叶茶（加工出口红茶），年总产茶叶611t。20世纪90年代，因资金、设备、价格、叶源等因素，修文镇（原龙兴乡、修文镇）、思蒙镇（原黄家乡、思蒙镇）、三苏镇（原三苏乡）、富牛镇（原土地乡）等重点产茶乡镇办茶厂相继停产，县外贸公司由产品统销改为随行就市。茶农认为种茶不如栽桑种果，因此茶园面积逐年减少。原眉山县城东门外王家渡和城南村成片种植供加工花茶的茉莉花园也衰败无存。2000年，东坡区茶园面积约0.21万亩，产茶128t。县内茶叶主要靠市场调进。21世纪后，随着成乐高速公路建成通车，乐山市夹江县、峨眉山市和眉山市洪雅县等邻近区域茶产业快速发展，带动东坡区思蒙镇（包括原思蒙镇、莲花乡、娴婆乡、黄家乡）、修文镇（原龙兴乡部分区域）、松江镇（邻近思蒙镇的部分区域）茶叶种植发展。2021年，全区茶园面积2.2万亩，干毛茶产量643t，产值1.5亿元。

（三）丹棱县

2003年，茶园面积0.6万亩。2015年，茶叶种植面积4.6万亩，并获无公害食品、绿色食品认证。2018年，丹棱县茶叶获有机食品认证，建成首个茶叶现代农业园区。2021年，丹棱县创建了茶叶现代农业园区，成功签下四川省首个中高端绿茶批量出口订单340t；四川（丹棱）中高端绿茶出口乌兹别克斯坦发车仪式在丹棱县张场镇万年村举行，实现全省中高端茶叶规模化直接出口零突破。到2022年，丹棱县建成中高端绿茶种植基地5万亩，其中茶叶出口备案基地1100亩，实现年产值近3.2亿元。

（四）青神县

1969年起，青神县依托社队发展茶叶生产，先后建成联办茶场32个、队办茶园118个。1990年，全县茶园面积1740亩。1991年后，茶叶基地主要集中在县域西部的观金、桂花、西龙等乡镇。2005年，全县茶园面积3.5万亩，茶叶产量达538t，收入6000多万元。2022年，全县茶叶面积4.8万亩，青神毛峰、青衣神茶等优质茶叶畅销省内外。

二、茶叶生产情况

（一）产　地

到2022年，市域"三县一区"（洪雅县、丹棱县、青神县、东坡区）为茶叶主产区。其中洪雅县解放初期产茶乡有炳灵、柳江、花溪、罗坝、汉王、三宝；后随着茶叶发展，到2022年全域产茶，12个镇均有万亩茶园基地。丹棱县茶叶主产于张场镇岐山村、廖店村、三合村、万年村、峨山村以及顺龙乡幸福村等6个村。青神县茶叶产区分布于青竹街道、白果乡、瑞峰镇、西龙镇，其中茶叶基地主要集中于西龙镇。东坡区主产于思蒙镇（包括原思蒙镇、莲花乡、娴婆乡、黄家乡）、修文镇（原龙兴乡部分区域）、松江镇（邻近思蒙镇的部分区域）。此外，仁寿县、彭山区有少量茶园。

（二）细　茶

1955年前，市域内茶叶均为手工制作，制法有两种：一是晒青。此种制法将嫩茶叶（芽）摘回，经大火、红锅杀青后，在木板上揉搓，将茶叶揉搓成麻绳形，用太阳晒干，称为青毛茶。二是炒青。这种制法将嫩茶叶（芽）经大火、红锅杀青揉搓后，再第二次杀青、揉搓，后用微火焙干。1956年，洪雅县引进木制手摇揉茶机，在炳灵、吴庄、赵河、花溪、柳江、高庙、桃源等地使用，杀青和焙干仍用铁锅炒。1972年，引进贴纸揉茶机和炒茶机，制茶由手工操作改为机械操作，配上柴油机和电动机动力，茶园面积大的乡、队用机器制茶。1980年，国家补助汉王公社1万元，汉王公社又集资2.59万元，贷款2万元，建起年产500担的精制茶厂，分粗茶和精制茶两个车间，用剪梗机、风送机、抖筛机、圆筛机、碎茶机、烘干机等机器采茶、制茶。1986年后，一些乡村企业和个体户加工精制茶叶，名优茶叶有玉岚茶、隐蒙茶等。2001年，道泉茶厂建成投产并开发茶元素等系列产品投放市场。2003年，峨眉竹叶青公司收购道泉茶厂，成为茶业的龙头产业。2011年，洪雅县茶叶协会申报"洪雅绿茶"的地理标志商标。2013年，峨眉雪芽进驻洪雅。2015年，县境内有若水、道泉、雅自天成、屏羌、芽集、蜀乡玉岚等8个品牌。2021年成功注册了洪雅县茶叶区域公用品牌"瓦屋春雪"。

青神县中岩花茶厂继承中岩茶传统制作工艺，运用现代先进设备和科学技术，选用优质茶叶和名花，开发研制成的"玉顶"牌中岩特种茉莉花茶，色、香、味、形各具特色，1989和1990年连续两年获四川省和乐山市乡镇企业系统优秀产品奖。

（三）粗 茶

粗茶即边茶，用夏秋季采摘的茶叶与茶梗混制，少量亦系春季采摘，质量较优的是芽细茶。1950年，洪雅县产粗茶1690担，1978年产粗茶5430担。洪雅县1980年开始用揉茶机揉制。1981—1984年生产粗茶5.5万kg。1994年生产粗茶505t。2002年，洪雅县松潘民族茶厂成立，从事边茶生产、销售等。2013年，洪雅县千担山农业开发有限责任公司成立；2013—2020年，该公司研制出瓶式杀青机自动喂料系统，开发黑茶系列产品。到2022年，洪雅县境内从事边茶生产的企业主要有汉王杨山茶厂、洪雅县千担山农业开发有限责任公司、洪雅县绿都茶业有限公司、四川省洪雅县松潘民族茶厂4家；传承边茶制作、销售的茶坊主要有4个，分别为沈茶坊、成国志茶坊、谭金华茶坊。

三、茶叶运销

（一）细茶销售

1952年后，洪雅县所产细茶由供销社收购，粗茶运销雅安；1954年供销社开始收购细茶，除供应县内一部分外，大部外销。1985年后主要由茶农集市销售和商贩运销。2015年后，洪雅县先后建立了中山、东岳两个茶叶交易市场，便利商家入驻。大部分茶叶还是经名山、峨眉双福、成都市场或者通过快递公司销往华东、华南、西南等地区的10多个省（自治区、直辖市）。而东坡区初级产品主要以原料形式销往乐山市夹江县、峨眉山市、雅安市、洪雅县等相邻地区和四川省外的浙江省、福建省等地。

（二）边茶销售

市域边茶为南路边茶。20世纪60年代，边茶大部分打包运销，也有部分压制成砖茶远运，主要销往甘孜藏族自治州和西藏地区。市域边茶以原庄茶的形态，通过船载、人背、马驮的形式，运到荥经、天全、雅安及雅安草坝的加工厂。20世纪60年代以后，随着交通和电子商务的发展，销售运输采用汽车、火车、飞机等交通工具。

第四节　管理机构与茶叶组织

一、管理机构

眉山市及各区县成立了相应的茶叶管理机构，除洪雅县单独成立茶叶中心外，其余区县茶叶管理机构均隶属于当地农业行政主管部门农业农村局。

洪雅是全省重点产茶县，茶叶管理机构一直都存在。新中国成立以来至2017年，洪雅茶叶由洪雅县农业局管理，具体由洪雅县农业局多种经营站（简称"多经站"）负责全县茶叶的生产技术指导。刘定海、彭大荣、夏蓉、宋兴洪、罗洪、张飞鹏、宋家才、李世洪、李云刚等人，先后负责或主持过多经站的工作。

2009年10月，洪雅县有机茶产业园区管理委员会（简称"茶管委"）成立，成为县政府正科级内设机构，负责全县有机茶生产和认证的管理指导。2014年12月机构改革撤销茶管委，新成立正科级事业单位洪雅县茶叶产业服务中心（简称"茶叶中心"），隶属县农业局管辖。

2015—2016年，张陆芬主持茶叶中心工作，这一时期工作仍以有机茶管理为主。2017年茶叶中心被正式明确为全县茶产业服务指导单位，彭远兴任主任，其后刘茂琴、刘川丽、周兵先后主持过茶叶中心工作。

2020年12月，茶叶中心正式成为县政府直属事业单位，周兵任主任。2021年4月，陈剑任主任，茶叶中心负责对全县茶叶产业的种植、加工、销售、品牌以及茶文化等进行全方位服务和指导。

二、茶叶组织

（一）洪雅县茶叶技术协会

该协会是洪雅县第一个茶叶组织，成立于1984年12月7日，由当时洪雅县科学技术协会牵头成立。第一届理事会理事长杨焕然，副理事长杨国祥、刘定海，秘书长周劲松，理事白成华、何永生、侯庭富、罗洪、任玉芬、杨廷禄、李李。该协会对洪雅茶叶种植与加工技术的提高，发挥了重要作用；理事们都是洪雅现代茶叶发展的开拓者，为洪雅茶产业发展做出了不可磨灭的贡献。该协会对全县比较集中成片的茶园进行了种植技术指导，对全县各茶叶加工厂进行了加工技术指导，在洪雅县茶叶组织成立之前，洪雅茶人也积极参加茶叶活动，1979年洪雅县派代表参加了四川省茶叶学会年会（图1-2）。

图1-2 洪雅县代表参加1979年四川省茶叶学会年会

（二）洪雅县茶叶协会

该协会成立于2010年，会长龚正礼，秘书长夏蓉。由于该协会会长是外省人、秘书长又是体制内人员（后因政策规定不允许担任），很多时候都不便开展协会工作，协会开展活动较少，组织一些茶企参加过四川国际茶博会和成都西博会。

（三）洪雅县茶业商会

该商会成立于2014年，会长陈世文，秘书长胡太宏。由于该商会会长自己的茶企经营不善，亏损负债，很少组织开展活动。

（四）洪雅县茶文化研究学会

该学会成立于2015年，会长王仕彬，秘书长朱小根。2021年，会长更换为任建宏，秘书长仍为朱小根。该研究学会在全县组织了多次茶叶历史文化调研活动，为挖掘洪雅茶文化进行了一些尝试和探索，曾到雅安、泸州、贵州等地进行茶文化交流与调研。

（五）洪雅县雅女茶艺协会

该协会成立于2020年，会长王柳琳，秘书长罗霞。该协会培训了茶艺师200多名，为洪雅县茶业、旅游、教学等行业培养了大量的茶艺人才。

（六）洪雅县茶叶流通协会

该协会成立于2022年8月25日，是在洪雅县政府的引导下和县茶叶中心的指导下成立的。第一届理事会会长付志洪，常务副会长任建宏，秘书长朱小根，副会长彭建军、沈卫超、余敏、陈平；理事共有17名。该协会主要职能具体如下。

1. 共塑公用品牌

在行业内积极宣传"瓦屋春雪"公用品牌，参与公用品牌日常监管工作，通过学习交流、科学引导、严格奖惩，共护、共塑公用品牌。

2. 加强行业管理

传达上级行业主管部门相关政策要求，反馈行业发展中存在的问题；开展行业调查研究，为政府决策和生产经营主体运营提供依据；制订本行业共同遵守的行规行约，协助建立完善茶叶标准体系和质量监督体系，保证本行业健康稳定发展。

3. 开展宣传交流

帮助生产经营主体做好宣传推广，拓宽销售市场；挖掘普及茶文化，将文化转化为产品价值，拉动大众消费；增进会员横向技术交流，加深县外纵向经营联系，提高茶叶种植加工能力和产品市场竞争力。

4. 壮大人才队伍

统筹全县行业人才，为产业发展提供技术支撑；开展专业技术培训，培养一批懂种植、精加工、善营销的专业人才。

第二章 茶叶产区

自古名山出好茶。纵观黄山毛峰、庐山云雾、武夷岩茶、蒙顶甘露、峨眉竹叶青、米仓山黄茶等中国各大名茶产地，都有一个共同的特点，就是与当地名山紧密相连，既有丰富的人文历史资源，又有优美的自然生态环境。产茶大县洪雅孕育的瓦屋春雪也不例外，其产茶区介于峨眉山、蒙顶山、瓦屋山三大世界生态名山之间。尤其是境内的总岗山，与茶的故乡——雅安市名山区境内的蒙顶山（蒙山）、雨城区的周公山（蔡山）相接，历史人文资源丰富，自然风光引人陶醉，其海拔、气候和土壤更是适宜茶树生长。据中国最早的地方志《华阳国志》记述："南安、武阳皆出名茶。"南安（时属洪雅）、武阳（时属彭山）均位于眉山境内的总岗山区域，因而，总岗山从古至今都是眉山的重要产茶基地（图2-1）。

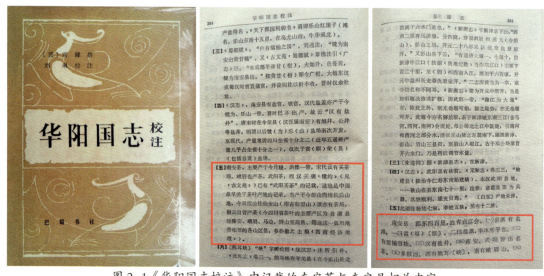

图 2-1《华阳国志校注》中记载的南安茶与南安县相关内容

眉山古称眉州，是世界上产茶较早的地区之一，距今有2000多年的历史。中国最早的茶文化著作《僮约》（西汉·王褒）记载："烹茶尽具，武阳买茶"，证明彭山在西汉时期就已有茶叶交易市场。据有关专业人士分析，此地为中国最早的茶叶市场。眉山是唐宋八大文豪苏洵、苏轼、苏辙的故乡，黄庭坚、杨慎等文人雅士留下了丰厚的人文历史，素有"千载诗书城""人文第一州"之称。眉山是张陵创道（仁寿，古为陵州）之地，更是悟达、诺矩罗、法泰等一批释家高僧的修身悟理之地，他们为眉山"禅茶一味"集聚了丰厚的底蕴。

2022年，眉山辖东坡区、彭山区、仁寿县、洪雅县、丹棱县和青神县"二区四县"，辖区面积7140km²，人口超过350万人。2022年，全市农业生产总值242亿元，其中茶叶产值35亿元，占14.5%。产茶区域主要集中在洪雅县、丹棱县、青神县、东坡区。其中，洪雅县茶叶种植面积最大，稳定在30万亩左右，占全市茶园面积的70%；其种植面积仅次于茶之故乡雅安市名山区，位列全省第二。洪雅县是全国的重点产茶县。

第一节 自然环境

一、地理位置

眉山介于东经102°49′~104°30′、北纬29°24′~30°16′，位于四川盆地成都平原西南边缘，岷江中游和青衣江下游的扇形地带，成都—乐山黄金走廊中段，北靠成都，南瞰乐山，东临资阳，西望雅安，是成都平原通联川南、川西南、川西、云南的咽喉要地和南大门。眉山市产茶区县为洪雅县、丹棱县、青神县、东坡区，各区县地理位置如下。

洪雅县位于东经102°49′~103°32′、北纬29°24′~30°00′；地处四川盆地西南边缘，青衣江中游；东与夹江县、峨眉山市交界，南与金口河区、荥经县、汉源县接壤，西与雨城区、名山区毗邻，北与丹棱县相连，辖区面积1896.49km^2。

丹棱县位于东经103°30′~103°34′、北纬30°00′~30°01′；地处四川盆地西南边缘，岷江以西，青衣江以东，与成都市蒲江县，眉山市东坡区、洪雅县，乐山市夹江县和雅安市名山区相邻，辖区面积450km^2。

青神县位于东经103°41′~103°59′、北纬29°42′~29°55′；地处川西平原西南边缘，属川西平原与川西丘陵接壤的过渡带；北以鸿化山口为前门，南以平羌三峡作后户，东倚龙泉山脉，西抵金牛河岸，辖区面积386.8km^2。

东坡区位于东经103°50′~103°54′、北纬30°04′~33°65′；地处四川盆地成都平原西南边缘，岷江中游；东邻仁寿县，西接丹棱县，北接邛崃市和彭山区，南连青神县和夹江县，西北与蒲江县接壤，辖区面积1330.81km^2。

二、地形地貌

眉山境内山峦纵横，丘陵起伏，地势呈西高东低，最高海拔3172m，最低海拔335m。瓦屋山、总岗山、玉屏山、八面山、二峨山、中岩等名胜山脉，其中总岗山绵延洪雅、丹棱、彭山，为境内主要产茶基地之一。岷江、青衣江、球溪河等大小河流条，其中岷江和青衣江贯穿境内，两岸以平原和河流冲积平坝为主，东部位于龙泉山两翼，西部丹棱、彭山、洪雅境内大部分地区为低山丘陵，海拔大部分处于500~800m，中生代红色岩层分布广泛，丹霞地貌发育，生态环境优良。

洪雅县位于全国地形的青藏高原第一阶梯向成都平原第二阶梯过渡的地区，也是四川盆地与康滇横断山脉平行岭谷交接部位，辖区面积1896km^2。境内山脉属邛崃山系，大部分为南北走向，仅南边为东西走向，最高处为瓦屋山南天宝山（老汞山）主峰光胴胴山，海拔3172m。境内西南部山势陡峭，悬崖绝壁，沟壑纵横，山高谷深，多有飞瀑流泉，有大小河流330条，其中北有青衣江和花溪河沿河宽广的河谷冲积平原，平原与低中山之间，丘陵高低交错，沟谷纵横。

丹棱县地势西北高、东南低，逐渐斜低，全县山区、丘区、坝区面积各占1/3。

青神县以县城为中心，呈盆地状，有明显的坝丘之分。东部以龙泉山脉为主体，山岭连绵起伏，称为"东山"；西部以眉山向斜南东翼延伸部分为主体，丘陵逶迤相续，称为"西山"。两山隔江环峙，形成盆地。中部为岷江冲积平坝，地势平坦开阔。县内江河纵横、溪流交错，有"一江五河三十二溪流"之称。

东坡区是成都平原经济圈的重要组成部分，是连通川南、川西的重要枢纽和物资集散地，辖区面积1330km^2。境内地势平坦，河流密布。

三、气候特征

眉山全域海陆季风交替更迭，夏季受西太平洋副热带高压控制，冬季受西伯利亚和蒙古冷空气影响，加之受太阳辐射的周年变化，形成区内多种气候类型。由于受地形、地势影响，年平均气温呈东高西低趋势，年平均气温16.6~17.4℃，全年无霜期302~314天。降水量丰沛，但时空分布不均匀，随地域不同而呈东北向西南递减，年平均降水量983~1490mm。年日照时数1060~1202小时，较同纬度的地方偏少，属全国低日照区域之一。市域西南地区随着海拔高度的增加，分布有亚热带—暖温带—寒温带—亚寒温带的完整气候带谱，立体气候明显。其中：

洪雅县属中亚热带湿润气候，年平均气温16.6℃，全年无霜期307天，年平均降水量1435.5mm，年日照时数1006.1小时。

丹棱县属亚热带湿润区季风气候，冬无严寒，夏无酷暑，四季温和，年平均气温16.7℃，全年无霜期315天，年平均降水量1232mm，年日照时数1140小时。

青神县属亚热带湿润气候区，气候温和，四季分明，冬迟春早，无霜期长，年平均气温17.1℃，全年无霜期313天，年平均降水量1132mm，年日照时数1181.7小时。

东坡区属亚热带湿润气候区，四季分明，冬无严寒，夏无酷暑，霜雪少见，雨量丰沛，光温资源丰富。年平均气温17.2℃，无霜期318天，年平均降水量1057.5mm，年日照时数1193.8小时。

四、自然资源

洪雅县距成都属120km，属"成都1小时"经济圈。全县森林覆盖率71.4%，负氧离子平均浓度达国家Ⅰ级标准，青衣江贯穿全境，水质常年达Ⅱ类水质标准，土壤有机质含量高，被誉为"绿海明珠""天然氧吧"，成为眉山生态的代名词，撷取了国家生态县、国家生态文明建设示范县、国家农产品质量安全县、中国十大生态产茶县、中国茶业百强县、天府旅游名县等殊荣，囊获"中国最佳生态茶园"的美称。2020年被认定为四川省第二批特色农产品优势区，"洪雅绿茶"获国家农产品地理标志登记保护，荣获首届中国生态文明奖，是一杯好茶"瓦屋春雪"的天然温床，茶区主要分布于峨眉山、蒙顶山、瓦屋山三大世界生态名山怀抱。

丹棱县是全国村庄清洁行动先进县、中国民间艺术（唢呐）之乡，空气、土壤、水体等相关指标均达到生态县环境指标，森林覆盖率56.46%。茶区土壤偏酸性，以砂质壤土为主，具备发展无公害、绿色和有机茶叶的良好条件。

青神县是蚕虫故里，被誉为"南方丝绸之路""岷江古航道小峨眉""苏轼第二故乡""中国椪柑之乡""中国竹编艺术之乡"。森林覆盖率48.8%，土地肥沃，中性土壤居多，碱性、酸性兼备，宜种性强。

东坡区是成都平原经济圈的重要组成部分，是连通川南、川西的重要枢纽和物资集散地，是政治、经济、文化中心和对外开放的窗口。该区地势平坦，交通方便；土壤属冲积性沙壤土，肥力较好；河流、鱼塘密布，生产、生活用水方便。

第二节 茶区分布

一、洪雅茶区分布

根据洪雅的地形地貌和山脉走势，可以将洪雅茶区大致分为四大茶区：瓦屋山茶区、玉屏山茶区、总岗山茶区、八面山茶区。洪雅30万亩茶园在这几大茶区的分布情况，简要介绍如下。

（一）瓦屋山茶区

它位于洪雅县南部，故又称"南部茶区"，该茶区尚有部分荒野老川茶（图2-2）。区域涉及瓦屋山镇、高庙镇、七里坪镇、柳江镇。茶区土质

图 2-2 洪雅瓦屋山荒野老川茶

结构大部分为山地紫褐色和黄色酸性壤土。茶区面积大约3万亩，茶树主要品种为老川茶、福鼎大白、名山131和少量的福选9号。该茶区茶园集中分布在海拔800~1200m的山区，属高山茶区；海拔最高的茶园为皇甲山茶园，茶园最高处海拔超过1600m。

（二）玉屏山茶区

该茶区位于洪雅县中部，是洪雅最大的茶区。区域涉及柳江镇大部、东岳镇、槽渔滩镇。茶区土质结构大部分为山地紫褐色和黄色酸性砂壤土。茶区面积大约12万亩，茶树主要品种为老川茶、福鼎大白、福选9号、名山131、蒙山9号以及系列变异茶（安吉白茶、黄金芽、奶白茶等）。该茶区茶园集中分布在海拔700~1000m的深丘山区，属次高

山茶区；海拔最高的茶园为百果园茶园，茶园最高处海拔超过1100m。

（三）总岗山茶区

该茶区它位于洪雅县北部，区域涉及中山镇、中保镇。茶区土质结构大部分为红色酸性砂壤和黄色酸性壤土。茶区面积大约8万亩，茶树主要品种为老川茶、福鼎大白、福选9号、名山131、蒙山9号以及少量的福鼎大毫（洪雅茶农俗称"大白4号"）。该茶区茶园集中分布在海拔600~900m的深丘山区，属次高山茶区；海拔最高的茶园为汉王谢岩茶园，茶园最高处（摩尔顶）海拔达1050m。

（四）八面山茶区

该茶区位于洪雅县东北部，区域涉及东岳镇（部分）、止戈镇、将军镇、余坪镇（图2-3）。茶区土质结构大部分为黄色酸性土壤，茶区面积大约7万亩，茶树主要品种为福鼎大毫、福鼎大白、福选9号、名山131以及变异茶。该茶区茶园集中分布在海拔500~700m的坝丘区，属坝丘茶区；海拔最高的茶园为将军镇清凉村苟王寨茶园，海拔900m左右。

图2-3 农业农村部法规司司长宗锦耀（前排中）在八面山茶区调研

二、其他茶区分布

（一）丹棱茶区

丹棱茶区土壤偏酸，以砂壤土为主。空气、土壤、水体的相关指标均达到生态县环境标准,具备发展无公害、绿色和有机茶叶的良好条件,是得天独厚的宜茶产区。丹棱县茶叶主产区分布在海拔550~1100m的山区,主要覆盖张场镇岐山村、廖店村、三合村、万年村、峨山村和顺龙乡幸福村6个村,产业基地面积达5万亩;主要茶树品种为福选9号、福鼎大白、名山131以及部分安吉白茶、黄金芽和少量的老川茶。

(二)青神茶区

青神县茶叶产区分布于青竹街道、白果乡、瑞峰镇、西龙镇,其中茶叶基地主要集中于西龙镇。全县茶园面积4.8万亩,主要品种为福选9号、福鼎大白、安吉白茶和黄金芽。其中西龙镇的万沟村"茶语原乡"千亩生态茶园非常出名,很有特色,地处省级农业生态示范园区,是AAA级景区。

(三)东坡茶区

东坡区茶园主要分布在思蒙镇,修文、松江等镇有零星种植;主要以福选9号、福鼎大白、福鼎大毫、蒙山9号、名山131、黄金芽、安吉白茶等特色品种为主。全区茶园面积2.2万亩。

第三节 生产方式

一、野生采集

吴理真,是有文字记载的最早种茶人,被茶业界认定为"植茶始祖",许多史书均有记载。宋代王象之《舆地纪胜》、明代杨慎《杨慎记》、清代雍正《天下大蒙山》碑、清代刘喜海辑录《金石苑·宋》、清代雍正版及嘉庆版《四川通志》、清代光绪版《名山县志》、民国版《名山县志》均有记载:吴理真为西汉严道(即今雅安名山区)人,西汉甘露年间,在蒙顶山上寻得野生茶树,亲手植于蒙顶山上清峰。

在吴理真人工种茶之前,茶叶生产方式为野生采集,最早为神农发现茶叶当作药用,距今约有5000年的历史。野生采集茶叶是人类最早的茶叶生产方式,一直沿用至今,只是现在野生茶树越来越少,仅我国西南地区的原始森林里尚有部分野生大茶树(云南相对较多),已被列入国家重点保护野生植物名录。

眉山茶区仅洪雅高山森林里有极少数零星的野生茶,当地人称野生老川茶(属四川中小叶群体种),无人看管,自生自灭。由于这些野生老川茶数量太少,形成不了规模,所以除用作茶树育种资源参考外,无大的经济利用价值,每年仅有少许村民上山采集后自行手工制作自饮。

二、传统种植

西汉甘露年间,"植茶始祖"吴理真人工种茶成功。之后,茶树种植便从我国西南地区沿长江流域自上而下扩散发展。据明嘉靖《洪雅县志》、清嘉庆《洪雅县志》等历代县志记载：洪雅县内总岗山与蔡山（即周公山）、蒙顶山二山相接，也就是说，洪雅、丹棱、彭山是仅晚于蒙顶山开展人工种植茶叶之地。严格意义上讲，从吴理真种茶到我国20世纪大集体经济时代，这2000年来，茶叶生产方式都属于传统种植。

新中国成立之前，农民很少有自己的土地，大部分是雇农，土地一般都掌握在官员或是地主阶级的人手中。新中国成立后，我国农村合作经济组织在土地统一经营后，分配给社员少量土地（即自留地），这部分土地多用于种植蔬菜，也有种植少量的茶树，这一时期的茶叶生产方式属典型的传统种植模式。

茶树传统种植最大的特点，主要表现在两个方面：一是种植面积小且比较零星分散，二是没有使用化学农药和化肥。种植面积小而散，这是由当时土地性质决定的，古代农民很少有土地，即使有点土地也几乎不可能用来种茶树，而地主官员的土地则以种粮食为主，茶树种植也很少。新中国成立后的农民，虽然有点自留地，但面积很小，平均每户只有几分地，除了种些生活必需的蔬菜外，很少种茶。

传统种植茶树未使用化学农药和化肥，是因为当时很多地方还没有这些东西。我国最早使用化肥是从1963年开始，最开始主要使用氮肥，主要品种是硫酸铵和尿素；当时我国并不具备大批量工业化生产硫酸铵和尿素的能力，主要从日本和欧洲进口。而化学农药也是从20世纪60年代以后才开始逐渐使用的。

在漫长的茶树传统种植历史长河中，有一个永远也绕不开的话题，既神秘又传奇，历来为世人所津津乐道——贡茶。贡茶是我国古代专门进贡皇室享用的茶叶，在原料上优中选优、精中选精，在制作上一丝不苟、精益求精。直到现在，仍有不少曾经鼎盛一时的贡茶园依然茶事繁荣，充满活力。在茶文化高度普及和发达的今天，它们仍然发挥着积极重要的作用。现整理并介绍我国历史上著名的十大贡茶园，供大家了解。

（一）杭州西湖老龙井御茶园

唐代陆羽《茶经》记载，杭州天竺寺和灵隐寺产茶。到了宋代，有3款茶（香林茶、宝云茶、白云茶）被列为贡品。清代康熙皇帝在杭州创设行宫，把龙井茶列为贡茶。据说乾隆皇帝更钦点杭州狮峰山下胡公庙前的18株茶树为御茶，自此茶因龙井得名，声誉远播，名冠天下。

（二）四川雅安蒙顶山皇茶园

"扬子江心水，蒙山顶上茶"。蒙顶山产茶历史已久，西汉时，吴理真在蒙顶山五峰之间（今皇茶园）驯化了7株野生茶树，开创了世界上有文字记载的最早人工种茶的历史先河。东汉起，蒙顶茶就是供给地方官员的上等茶；到了唐代，蒙顶茶开始作为贡茶并一直延续至清代。采制蒙顶贡茶极为讲究，每年春芽发出，地方官员便会着朝服，率领僚胞和寺院的和尚们上山祭拜；礼毕后开始采摘，只允许采摘360叶，之后送给茶僧们制作；制茶时，僧人们需盘坐诵经，成品贮藏在银盒之中送往京城。这种贡茶叫正贡，专供皇帝享用，每年仅此一次。正贡制作之后采摘的茶，才是给其他皇室成员享用的贡茶。

（三）福建建瓯市东峰镇凤凰山北苑御茶园

"气候温润，露浓风柔"，宜茶之地的北苑茶园，产茶历史悠久，茶叶品质上乘。五代十国时期，种茶富户张延晖将凤凰山周围方圆30里的自家茶园献给闽王，他因此被封为闽国的阁门使。闽王则将这片茶园建成御茶园，史称北苑御茶园。当时为了取悦圣心，张延晖开创了以龙凤团茶为代表的精制茶，宋代欧阳修曾在《归田录》中记载："其品精绝，谓小团，凡二十饼重一斤，其价值金二两，然金可有而茶不可得。"更有龙团胜雪最为奢侈——取茶芽中最嫩的一芽做成团茶。

（四）福建武夷山御茶园

武夷御茶园是元、明两代官府督制贡茶的地方。元十六年（1279年），浙江省平章高兴路过武夷山，监制石乳茶数斤献与朝廷，深得皇帝赏识。后在武夷山九曲溪四曲溪畔的平坂设立了皇家贡焙局，遂称其为御茶园，武夷岩茶正式成为朝廷贡品。园内设了一个喊山台，山上又建了喊山寺，供奉茶神。每年惊蛰时节，县令都要在此举行隆重的开山仪式，拈香跪拜，祭文击鼓，高喊"茶发芽了！茶发芽了！"方可开山采茶。后因皇室需求过大，茶农们负担极重，明嘉靖官府下令停办；直到清初，武夷山御茶园才又重新恢复运作。

（五）浙江长兴县大唐贡茶院

大唐贡茶院位于浙江省长兴县顾渚山侧的虎头岩。它始建于唐大历五年（770年），是督造唐代贡茶顾渚紫笋的场所，中国历史上首座茶叶加工厂。"茶圣"陆羽便是在长兴完成了《茶经》的撰写。贡茶院鼎盛时，顾渚山制茶工匠超过6000人，采茶工近3万人，需要劳累整整一个月才能满足皇家规定的茶叶进贡数量。由于顾渚紫笋品质异佳，深得唐代上层社会喜爱，白居易曾经受邀参加茶会，因坠马损腰不能赴宴，还曾作诗一首表达自己内心惋惜之情。顾渚紫笋自唐朝广德年间开始进贡，直到明洪武八年（1375年）罢贡，整整持续了600余年。

（六）浙江绍兴会稽山

日铸雪芽始盛于宋朝，欧阳修、晏殊、陆游都曾作诗记录此贡茶。到了清代，皇家更钦定采制日铸雪芽之处为专供朝廷御用的茶产地，称为御茶湾。

（七）云南普洱市困鹿山皇家古茶园

《世界茶乡 普洱茶都》记载，神农氏在普洱困鹿山发现、驯化了野茶。普洱茶非常早，唐代称其为"普茶"，清代则被列为皇家贡茶。史料记载，清雍正七年（1729年），困鹿山茶园被清政府定为皇家御用茶园，贡茶的采摘和制作均由官府派兵监制，秘而不宣，外人难以知晓贡茶制作方法。

（八）云南澜沧县景迈山古茶园

景迈山古茶园位于云南省澜沧县，系当地布朗族、傣族先民所驯化栽培。明代起，景迈山所产的茶叶便是皇室贡品。景迈普洱茶，仅嗅茶饼就能闻到十分明显的兰香味，极为耐泡，杯底留香浓郁，深受茶客追捧。

（九）云南倚邦象明乡曼松皇家古茶园

茶园位于六大古茶山倚邦象明乡内，古代皇帝指定曼松茶叶为贡茶。曼松茶叶质厚味美，其味甘香可口，饮后神志清醒。曼松贡茶区因茶叶品质内涵丰富，加之产量"年解贡茶100担"而闻名。

（十）云南新抚迷帝古茶园

"迷帝者，帝迷之"。迷帝古茶园共300亩，保存完好，被当地人称为皇家古茶园。因当年深受乾隆喜爱而得名，其品后赞曰："朕品茗无数，唯他色香俱佳。"自此年年上贡，获御笔岁俸京师。咸丰年间因战乱衰败，当地赵氏家族曾保留有皇家所赐"岁俸京师"牌匾，后来遗失。

三、集体茶场

市域内，大部分集体茶场是在20世纪六七十年代大力发展多种经营的背景形势下建成，是20世纪我国在特定历史时期的产物。集体茶场分为3个层级：公社集体茶场、大队集体茶场、生产队集体茶场，都为茶叶生产发展和农村集体经济建设做出了历史性贡献。

当年洪雅县涌现出了著名的新建公社茶场（观音山茶场）、汉王公社茶场（东风茶场）、花溪公社茶场（飞水岩茶场）、三宝公社茶场（保子山茶场）等四大公社茶场和红山新光茶场（瓦屋山复兴村茶园）、中保公社冲锋大队茶场（茨楸垭茶场）、中保公社丰收大队知青茶园（图2-4）止戈公社青岗坪4队茶场（青岗坪茶场）等一大批公社、大队和生产队的集体茶场。茶场的茶叶产品由供销社收购，供销社根据收购的茶叶数量按一定比例返还给茶场粮食，时称"返销粮"，以解决茶场工人的口粮问题。这些茶场奠定了现代规模茶场发展基础，下面简要介绍几个。

（一）汉王公社茶场

此茶场又名"东风茶场"，属公社集体茶场，位于洪雅县中山镇谢岩村2组"沈茶坊"，面积500余亩，茶树品种为云南大叶种和四川中小叶群体种。1958年时任大队长的沈荣华与社员曾启明等与汉王公社供销社领导谢德宽和职工李明华一起，从云南引进了2000斤茶籽播种了30亩；后又利用本地野生老川茶在汉王曾繁育茶苗圃20亩，成功移栽建成了500多亩的公社茶场，由李明华任首任场长。1965年，县供销社成立外贸公司，谢德宽调到外贸公司工作，其子谢贵洲（茶叶技术员）继续加强对茶场茶叶生产技术的指导。1970年刘德生调任汉王公社党委书记，提出了"山顶戴帽子（保林）、山腰拴带

图 2-4 20 世纪 70 年代洪雅县中保公社丰收大队知青建设茶园

子（种茶）、山下栽秧子（种粮）"这个"以粮为本、发展经济、保护生态"的号召，带领汉王人民大力发展茶叶生产。为了生产用水需要，汉王人民于 1976 年修建了团结洞隧洞，并有一首气壮山河之诗刻石为证："总岗干群英雄胆，绘出蓝图敢登攀；愚公移山创世纪，潺潺流水穿过山。"同年，茶场部分被收归公社集体林场。1980 年土地到户，茶场平分给 30 户农户。2003 年本地村民沈登代承包茶场。2020 年沈茶坊返乡青年企业家沈卫超承包茶场至今，并将茶园面积扩展到 5000 亩。（沈卫超口述）

（二）新建公社茶场

此茶场又名观音山茶场。20 世纪 90 年代，四川茶界流行一句话："洪雅茶叶在柳新，柳新茶叶在观音。"此处"观音"，就是指新建公社（后改名柳新乡）茶场，属公社集体茶场。由此可见，新建公社茶场在洪雅茶叶发展历史中占据着重要地位。

1959 年，县供销社派技术员李昌禄到新建公社观音山宣传成立公社茶场，当时的观音山是一片荒山。新建公社迅速抽调了翠峰、观音 2 个大队 4 个生产队中 30 多名人员，组建了新建公社茶场。在县供销社干部、全县公社茶场技术总顾问谢德宽的技术指导下，余文学、何瑞丰、余文贵等骨干分子带领茶场工人，砍荒挖地，播种茶籽 10 亩（茶籽是县供销社从福建调回来的群体种），并四处寻找山中野生茶树，取其穗条扦插繁育茶苗，工人曾发现 1 株当时就有 70 年以上树龄的老茶树。育苗工作非常精细，土地平整松软，保证规格匀整，扦插后盖蕨萁草。当时没有化肥，只用了些农家肥，苗子长得很慢，要隔年才能移栽；移栽时分双沟、单沟两种栽植方式。茶苗开始栽得很密，每窝栽 7 株，然后减少到 5 株，后来定为 3~4 株，故现在的老川茶园的茶树看起来都是一丛一丛的。

1960—1962年，3年自然灾害，茶叶生产不停，继续扦插繁殖，最后茶场面积发展到260亩。1966年，自贡、洪雅两地60多名知识青年下放到观音山茶场劳动锻炼，茶场一时热闹非凡，超过100人。为此，公社还专门修建了2栋知青房。

进入20世纪70年代，观音山茶场工人师傅用一芽二叶制作出的卷曲型、带少量毫的手工炒青茶，汤色黄绿明亮、香气栗香浓郁、滋味鲜醇回甘，深得茶叶界好评，被省供销社指定为全省炒青茶收购的制作样板。当时全省只有洪雅和屏山两个县被列为炒青茶收购样板制作县。20世纪70年代中期，茶场开始使用重庆永川生产的制茶机，然后又用洪雅机械厂生产的制茶机，效果均不理想。当时，茶场已有自己制作的木制揉茶机。20世纪80年代初，茶场使用夹江县生产的40型、2m长的制茶机，效果不错，后来逐渐出现了70~120不同型号的制茶机。当时的观音山茶场，不只做炒青茶，而且还做藏茶。做好的藏茶经人工背过竹箐关后到雅安草坝去卖，负重100多斤，步行30多公里，翻山越岭、过河蹚水，酷暑季节常遇烈日暴雨，艰难程度可想而知。1982年土地下户，茶场被分到15户农户手中。2013年，茶场又被集体收回，重新流转了出去。此后几易其主，目前仍在经营。

（三）红山新光茶场

此茶场为20世纪70年代洪雅县两个连界的生产队集体茶场，分别是炳灵公社红山4队茶场和吴庄公社新光1队茶场，现已整合成一个茶场——瓦屋山复兴村茶园。茶园海拔1500m，面积600亩，茶树品种全为老川茶，树龄半个多世纪。1969—1971年，原炳灵公社红山大队4生产队（今瓦屋山镇桌山社区），分到由县供销社从云南调回的茶籽6000斤，播种茶园面积300亩。1971—1973年，与炳灵红山4队连界的吴庄公社新光大队1生产队（今瓦屋山镇复兴村），同样也分到由县供销社从福建调回的小叶群体种茶籽6000斤，播种茶园面积300亩。两个茶场连成一片，形成气势恢宏的600亩高山茶园。红山新光茶场建设艰苦，茶园海拔落差400m，从山底到山顶全靠人工挥锄开挖而成，之前全是野竹林，土地"瘦""硬"不好整理。两队社员大力发扬大寨精神，利用农闲时节修建茶园。家家户户积极投劳，老人给子女送饭上山、公婆背婴儿上山吃奶的场景，令人难忘。顶风冒雪、战天斗地，前后奋战6个冬天，人们终于建成了这片风景如画的茶园。至今，当地村民都还享受着茶园带来的红利——土地流转费，享受着当年茶园建设的劳动成果。

（四）止戈公社青杠坪4生产队茶场

1973年，洪雅县止戈公社青杠坪大队4生产队白成华等人，在县供销社外贸公司技术指导下，开荒种茶，兴办了止戈公社青杠坪4生产队集体茶场，简称"青杠坪茶场"（图2-5）。青杠坪茶场最初只有6人，后来增加到13人；茶场面积也由起初的13亩，发展到后来的30亩。当时茶场所用的茶树种子，绝大部分是县供销社从福建调运回来的小叶群体种茶籽，品种很混杂；只有极少部分云南大叶种，迅速被淘汰。1980年，外贸公司经理孙锦文，要求青杠坪茶场迎战洪雅县炳灵公社红山4生产队茶场，争夺高产，结

图 2-5 温润茶乡（洪雅县止戈镇青杠坪茶场）

果青杠坪茶场以每亩生产干茶300多斤的骄人战绩而取胜。茶农白成华于20世纪60年代毕业于洪雅师范学校（速成），教过小学，后从事茶叶生产管理。白成华与洪雅县农业局茶叶技术指导员刘定海，共同荣获1982年乐山地区科学技术研究成果三等奖，这是新中国成立后洪雅在茶叶上首次获得地市级重大科学技术研究成果奖。1982年，白成华用该茶场一芽一二叶茶叶原料制作的手工茶，被刘定海带到四川省农牧厅参加全省100多个茶样的评比大赛，荣获第三名。

四、家庭茶园

1982年实行家庭联产承包责任制，农村土地下户，极大地调动了农民的生产积极性；加之当时农业科学技术的进步，特别是袁隆平发明的杂交水稻技术被广泛推广应用，粮食产量得到空前增长，让农民迅速解决了长期困扰的温饱问题。

农民的温饱问题解决后，大家都在思考如何让农民的经济收入增加，让农民的腰包鼓起来。随着农村经济的发展，有条件的部分农民承包了以前的集体茶场，实现了集体茶场向家庭茶园的过渡。

后来，许多农户看到承包集体茶场的农户富起来了，发现种茶经济收入比种粮食更加划算，效益更加可观，便将自己家承包的土地拿一部分来种茶。当他们尝到种茶的甜头后，就逐渐将自己的承包地全部种上了茶树。家庭茶园应运而生，如雨后春笋，与日俱增。

洪雅的自然条件，无论是土壤还是气候，都非常适宜种茶。宜茶土地面积很大。全县现有茶园30万亩，种茶农户约3万户，平均每户茶园面积10亩左右。家家户户茶农都有属于自己的小茶园，即家庭茶园。家庭茶园的种植管理是当代洪雅茶农的主要生产方式，以家庭茶园为生产经营方式的洪雅茶园面积大约有25万亩，占全县茶园总面积的80%以上。

实践证明，茶叶生产是洪雅农业最稳定的产业。在发展茶叶生产之前，洪雅也和全国许多地方一样，尝试发展过很多其他农业产业，但基本都失败了。而茶叶产业，无论社会大环境怎么变化，洪雅茶叶都在稳步向前发展。自2000年全县开始大面积发展茶叶生产以来，茶叶价格平均以每年12%的速度递增，持续增长了20多年，使家庭茶园经济得到了长期稳固的发展。截至2021年底，洪雅茶农人均茶叶年纯收入达2.1万元，生产效益十分可观。广大茶农有车有小洋房，过上了幸福的小康生活。

五、规模经营茶园

随着农村经济的发展以及国家农业政策的激励，2006年以来，诞生了许多新型农业经营主体，种植大户、农民专业合作社、家庭农场、农业企业等遍地开花，发展迅猛。全市规模经营茶园面积6万多亩，并且还在逐年递增。这些新型农业经营主体，突破了相对传统的家庭茶园经营模式，而是以规模化的生产成为新的生产方式，是茶园生产经营的高级阶段。

规模经营茶园与家庭茶园的最大区别在于：规模经营茶园的面积比家庭茶园大得多，一般家庭茶园面积就10亩左右，而规模经营茶园面积至少都在30亩以上。眉山市面积最大的规模经营茶园是洪雅县中山镇谢岩村洪雅县盛邦种植专业合作社的总岗山汉王谢岩茶园，茶园面积达3600亩，海拔千米，场面壮观，气势恢宏。另外，规模经营茶园所处地理位置都比较高，平均海拔在1100m左右，比家庭茶园海拔高很多。规模经营茶园的设施配置也比家庭茶园先进，基本上都安装了茶园生产全程监控质量安全可追溯系统，有的还安装了水肥一体化自动喷灌系统，有效解决了茶园的干旱问题。

眉山市的规模经营茶园主要集中在洪雅县，下面介绍几个比较著名、富有特色的规模经营茶园。

（一）总岗山汉王谢岩茶园

该茶园位于洪雅县中山镇谢岩村总岗山茶马古道上，是眉山市最大的规模经营茶园，也是四川省面积最大的茶园之一。茶园面积达3600亩，茶园海拔898~1050m，茶园前身为洪雅县汉王乡集体茶场——东风茶场，现经当地返乡创业青年企业家沈卫超流转扩展，由300多个大大小小的山头茶园组成。茶园内，可鸟瞰汉王湖，远眺洪雅城、峨眉山、瓦屋山、贡嘎山、青衣江等名山大川，风景无限，蔚为壮观。茶园茶树主要品种为老川茶、蒙山9号、福鼎大白、名山131以及变异特色品种安吉白茶和奶白茶。特别是老川茶，为1958年汉王公社茶场所植，目前尚有500余亩，已列入保护品种。另外，还有20余亩茶树新品种天府5号、天府6号的母本繁殖园。

（二）柳江皇甲山茶园

该茶园位于洪雅县柳江镇赵河皇甲山，是眉山市海拔最高的茶园，海拔1450~1820m，也是全市面积最大的有机茶园，面积1200亩。该茶园由全国劳模、全国"双创"先进个人、全国扶贫先进个人的付志洪（洪雅县中山镇人）于2010年流转荒山，从峨眉黑宝山引进茶籽繁育建成，流转前的植被全是剑竹和杂树。茶园内可近看瓦屋山，远眺大雪山，景观壮美。茶园茶树品种全部为老川茶，是从峨眉黑宝山采集野生老川茶籽运回繁育而成的实生苗茶树。

（三）瓦屋山复兴村茶园

该茶园地处瓦屋山下、雅女湖畔，位于国家森林乡村——洪雅县瓦屋山镇复兴村茶马古道上。茶园海拔1100~1500m，茶树品种全为老川茶，均由老川茶树种子实生繁育而成，面积600多亩（图2-6）。复兴村茶园建于20世纪60年代末至70年代初，距今已有半个多世纪。复兴村茶园周围群山环抱，森林围绕。茶行自山底到海拔400m的山顶间，蜿蜒平行、层层排列，似翡翠螺髻、若绿色诗行、如碧波荡漾，十分美丽动人，令人无限向往。这里也成为摄影家、书画家、作家、诗人等艺术家再度创作的一片热土，入选四川100个最美景点，被评为全国最美茶园之一。该茶园由洪雅著名企业家余敏于2017年从山东茶人孙中文手中流转过来，然后对茶园基础设施进行了改造，并将全部600亩老川茶进行了有机认证。因此，"美丽的高山有机老川茶园"是对此茶园的高度浓缩与概括。

图2-6 瓦屋山复兴生态茶园（洪雅县瓦屋山镇复兴村）

（四）槽渔滩碧雅仙奶白茶园

该茶园位于四川省级风景名胜区洪雅槽渔滩的高山茶马古道旁（"天下正人"田锡故里），是眉山市面积最大的奶白茶规模经营茶园，也是四川省面积最大的奶白茶园之一。茶园面积1000亩，茶园平均海拔800m，为奶白茶最适生长的海拔高度。茶园业主是四川著名茶叶企业家任建宏，2010年，任建宏怀着一颗对家乡茶叶情怀满满的赤子之心，毅然辞去深圳龙翔通讯西南地区销售总监高管职务，返回家乡建设奶白茶园。站在茶园，远看峨眉山金顶佛光闪耀，近观玉屏山倒映青衣江，碧波荡漾、水天一色；乐雅高速犹如一条蜿蜒的巨龙，穿山跨江，呼啸而过。茶园风光甚是壮观，令人驻足忘返，感叹不已。该茶园除了成林的奶白茶树外，还有50亩特色茶苗圃，种植有安吉白茶、黄金芽、黄金叶、中黄1~3号、白玉仙、水晶芽、极白等10多个特色茶树品种，琳琅满目，是我国西部地区特色茶树品种最多的茶园。该茶园满足了洪雅县及周边地区特色茶叶种植户的需求，解决了长期以来特色茶苗需从江浙一带远距离运回来的"老大难"问题。此外，茶园还为100多户贫困户提供了长期务工的就业岗位。

（五）洪雅观音山岩茶园

该茶园位于洪雅县东岳镇观音山茶马古道上，是一个高山有机老川岩茶园。茶园海拔900~1020m，面积508亩，园内茶树品种皆为树龄60多年的老川茶。茶园前身为新建公社茶场（又名"观音山茶场"）。在茶园，可遥看蜿蜒的青衣江宛若一条银色巨龙，缠绕在广袤无垠的洪州大地上，滚滚东流；满目苍翠的巍巍总岗山，绵延百里、气势恢宏；园内岩石千姿百态、奇形怪状，似千军万马散落茶园。茶园景观异常奇特，蔚为壮观。该茶园是眉山市岩石最多的茶园，一丛一丛的老川茶树，大部分都长在石缝中，形成了一道独特的风景，成为名副其实的岩茶园。该茶园茶叶制成的成品茶，呈现"汤色黄绿明亮、香气栗香浓郁、滋味鲜醇回甘、持久耐泡"等显著特点。20世纪70年代，由该茶园茶叶原料制作的炒青茶，光荣成为四川省炒青茶收购的样板茶（标准对照样茶），实属难得。

（六）洪雅高庙老龙山川茶园

该茶园是一个高山有机荒野川茶园，位于四川省洪雅县高庙镇丛林村，与七里坪连界，在地理位置上属于峨眉山二半山区。该茶园海拔比较高，茶地海拔都在1200m以上，平均海拔1268m；茶园面积较大，有1200亩；茶树品种全部为20世纪70年代村集体种植的老川茶。该茶园由于山区交通不便，人口稀少，加之茶园面积大，管理粗放，除了每年春茶采摘完后修剪1次外，不再对茶园采取任何措施进行管理。茶园不仅没有施用化学农药和化学肥料，连生物农药和有机肥都很少施用，茶园处于半野生栽培状态。因此，该茶园十分荒野，非常生态。茶叶产量虽然很低，但茶叶品质很好。由该茶园茶叶原料制作的绿茶和红茶，香气浓、滋味醇、口感佳，长期以来深受成都、重庆等地客人喜爱。

图 2-7 茶园如诗（洪雅青杠坪两山云雾茶园）

（七）洪雅青杠坪两山云雾茶园

该茶园是一个三星级旅游景点（图2-7），位于洪雅县青衣江畔、八面山下的止戈镇青杠坪村，瓦屋峨眉尽收眼底，青衣玉屏历历在目。该茶园是眉山青衣文旅发展有限公司依托青杠坪万亩生态茶叶基地精心打造的洪雅茶旅融合示范园，也是全市人气最高的网红茶园。两山云雾茶园集茶叶、旅游、文化、科普、研习等于一体，具有很强的综合示范作用。"两山云雾"寓言深刻，名字源于"金山银山"和洪雅境内的八面山、玉屏山。2021年，眉山青衣文旅发展有限公司充分利用青杠坪茶叶资源，成功流转出了120亩位置绝佳的茶园来进行产业融合并包装打造。茶园内改造了9户农户作为茶园特色民宿；茶园空余地带种植了紫薇、杜鹃、樱花、桂花、玫瑰、菊花等绿化、美化植物；茶地里安装了生物诱虫灯、环保粘虫板来控制茶园害虫；茶园内4m宽的多彩休闲步道，四通八达。另外，茶园中还修建了游泳池、茶叶生命艺术馆、茶叶产品展示馆、品茗茶艺大厅以及茶叶教学讲堂等场所。两山云雾茶园成了城里人和当地村民散步休闲、自拍游玩的好地方，每天都有来自全国各地的客人。网红茶园，名不虚传。

（八）青神茶语原乡生态园

青神县西龙镇万沟村茶语原乡生态园，占地千余亩。该园地处省级农业生态示范园区，东临思蒙河，西依成乐高速，南靠青神高铁站，北倚四川省道103线，于2011年由四川省金兴食品有限责任公司和青神县茶叶专业合作社按AAA级景区标准共同规划打造。茶语原乡生态园集农业、观光、旅游于一体，属近郊型现代农业产业园。园内主要种植金兴白茶、黄金茶及牡丹和蓝莓，可观花赏景、采茶品茗、垂钓娱乐，是广大民众与外来游客休闲游玩的理想场所。

(九)青神万沟白茶观光园

万沟白茶观光园紧邻万沟水库,依山傍水,风景秀丽(图2-8)。基地位于青神县西龙镇万沟村万沟河两岸,种植优质白茶3000km,距县城10km、高铁站2km,是青神县现代农业旅游观光园。观光园以白茶示范基地为核心区,打造了辐射近3km²的现代农业旅游观光环线。园区内除种植白茶树苗外,还种植了10多万株金桂、桢楠、紫薇、黄花槐和银杏等多种珍贵花木,还建有文化休闲广场。观光园内,沟渠环绕,道路纵横;观光园旁,水库波光粼粼,山坡林木葱茏。万沟白茶观光园是一处集白茶采摘体验、垂钓休闲、旅游观光的田园风光特色景区。

图2-8 万沟村茶园(青神县西龙镇万沟村)

(十)东坡思蒙万亩茶叶基地

东坡区思蒙镇的茶树种植基地,丘陵连绵起伏,清新的空气中混杂着淡淡茶香,给思蒙镇带来了财富,也助推着思蒙乃至东坡区的乡村振兴。基地主要种植高端绿茶品种,以黄金茶、安吉白茶、奶白茶、极白茶、福鼎九号茶为主。其中极白茶年均总产量11.25t、奶白茶年均总产量130t、黄金茶年均总产量300t、安吉白茶年均总产量82.5t、九号茶年均总产量1125t。

(十一)丹棱现代茶叶产业园区

该园区覆盖岐山村、廖店村、三合村等6个村,园区面积4万亩,地处北回归线附近。园区茶叶生长环境优良,气温适宜,海拔600~1000m,土壤为酸性适中、富含养分、透气性好的油砂土。目前,产业园区带动了中高端绿茶种植基地5万亩的发展,其中茶叶出口备案基地1100亩,实现年产值近3.2亿元。

第四节 品种繁育推广

眉山市茶树品种的繁育推广，在20世纪80年代以前，以老川茶树种子播种和穗条扦插繁殖为主；2000年以后，基本采用直接调运茶苗来栽植的繁殖方式，发展速度非常快。除了引进福鼎大白、福选9号、名山131等主栽品种外，还引进了安吉白茶、黄金茶、奶白茶等特色品种。

截至2022年底，眉山市茶叶面积42万亩，其中老川茶2.5万亩，主栽品种34万亩，特色品种5.5万亩。

一、品种类型

茶树是多年生常绿木本植物，在茶园可以看到自然杂交的茶树新品种，有的颜色奇特，茶叶呈黄色、白色或紫色等。但是，这种天然杂交后的茶树大多不具商业价值，可能出现发芽太迟、产量偏低、香气滋味不佳等问题。生产上选用繁育的茶树都是有针对性选育成功的品种，如具有发芽早、产量高、品质优、抗病虫、抗干旱、抗冻害力强等特点或优点。茶树品种按树型、叶片大小和发芽时间这3个主要性状，分为3个分类等级，作为茶树品种分类系统。按茶树自然生长情况下植株高度和分枝习性，将茶树分为乔木型、小乔木型、灌木型3种类型。

（一）乔木型

此类是较原始的茶树类型，分布于与茶树原产地自然条件较接近的自然区域，即国内热带或亚热带地区，云南地区种植较多。此类型植株高大，从植株基部到上部，均有明显的主干，呈总状分枝，分枝部位高，枝叶稀疏；叶片大，叶片长度的变异范围为10~26cm，多数品种叶长在14cm以上，叶片栅栏组织多为1层。此类茶叶茶多酚含量高，适宜制作红茶。

（二）小乔木型

此类属进化类型，抗逆性较乔木类强，分布于亚热带或热带茶区，此类茶树在福建、广东一带种植较多。其植株较高大，从植株基部至中部主干明显，植株上部主干则不明显，分枝较稀；大多数品种叶片长度为10~14cm，叶片栅栏组织多为2层。此类茶叶茶多酚含量适中，适宜制作乌龙茶。

（三）灌木型

此类亦属进化类型，包括的品种最多，主要分布于亚热带茶区，我国大多数茶区均有分布，也非常适宜在洪雅茶区种植。此类型植株低矮，无明显主干，从植株基部分枝，分枝密；叶片较小，叶片长度变异范围为2.2~14cm，大多数品种叶片长度在10cm以下，叶片栅栏组织2~3层。此类茶叶氨基酸含量较高，适宜制作绿茶。

二、老川茶

老川茶是以中小叶群体种为主的茶树杂交品种,是宝贵的茶树种质资源,许多茶树新品种都是从老川茶中选育出来的(图2-9)。市域90%以上的老川茶都分布在洪雅县的丘陵山区,以洪雅老川茶为例进行介绍。

图 2-9 洪雅观音山老川茶

(一)洪雅老川茶的来源

1. 老川茶的种类

(1)本地纯自然野生的古川茶

20世纪50年代大量人工繁育茶苗之前的老川茶,即土生土长的本地老川茶,是最正宗的洪雅老川茶。本地老川茶现存数量极少,难以估计。这部分老川茶散落分布于瓦屋山、玉屏山、总岗山、八面山的荒野山林中,树龄至少都在70年,有的甚至上百年或数百年,被称为"古川茶"。到2022年底,洪雅将军镇八面山尾翼的保子山尚分布有部分此树。

(2)集体茶场遗留下来的老川茶

① 从云南引种的老川茶:1958年,洪雅县以人民公社为载体大力兴办集体茶场,县供销社从云南调运回来茶籽(大中叶群体种)在汉王公社等地进行播种繁育。同时,为了扩大茶树种植面积,茶场工人又在总岗山的荒山老林中采集野生茶树种子进行繁育,这部分老川茶的繁育以汉王总岗山谢岩的东风茶场为代表。1969—1971年,县供销社又从云南引进了一批茶籽进行繁育,如瓦屋山复兴村茶园部分采用了这批茶籽。这批从云南引进的茶籽到洪雅繁育后,由于长期适应了本地土壤气候,其叶形、色泽等形态特征也随之发生了相应的变化,成为具有洪雅特色又保持原有特性的老川茶。

② 从福建引种的老川茶:1959年,洪雅县供销社从福建调运回来茶籽(中小叶群体种,品种混杂)在新建公社等地进行播种繁育。同时,茶场工人又当地玉屏山中采集野生茶树种子进行繁育,扩大种植面积,主要以东岳的观音山茶场为代表。1973年,县供销社又从福建调运回来茶籽(中小叶群体种,品种混杂)在止戈公社等地(主要以止戈青杠坪茶场、瓦屋山复兴村茶场为代表)进行播种繁育。

③ 从峨边、沐川引种的老川茶:1967—1968年,洪雅县供销社从乐山专区的峨边、沐川两县调进一批老川茶籽到洪雅繁育,主要在原桃源公社、高庙公社等地种植(有待进一步考证)。

（3）利用集体茶场的老川茶籽繁育的新川茶

21世纪以来，洪雅县大力调整农业产业结构，茶叶种植发展迅猛，部分茶农利用以前集体茶场老川茶树的种子进行播种繁育，又新植了许多老川茶。这部分老川茶以柳江赵河黄家山茶园为代表，由雅雨露茶业于2010年从峨眉黑宝山引进茶籽繁育。

2. 老川茶的分布

老川茶基本都分布在洪雅境内海拔800m以上的山区。到2022年底，全县老川茶面积大约2万亩。其中，成片有规模的老川茶面积近1万亩，尚有1万多亩分散种植于全县各镇丘山区。

（二）洪雅老川茶的特点和品质

1. 历史悠久分布散

老川茶有2000多年的种植历史，西汉时，洪雅就大量生产茶叶并出好茶了。现大多零星分布于瓦屋山、玉屏山、总岗山、八面山等茶区，海拔都在800m以上，也有个别分布在丘区，种植很分散。

2. 抗逆偏迟产量低

老川茶大多由种子繁殖而成，根深叶茂，抗逆性强，特别是抗旱抗涝性强，并对茶树日灼病、茶饼病等具有明显抗性。老川茶大多在春季3月中旬才发芽，比全国标准对照茶树良种福鼎大白晚半个多月。老川茶产量较低，春茶平均亩产鲜叶70kg左右，比普通良种茶产量低近一半。

3. 耐泡香浓滋味醇

老川茶富含多种营养保健成分，非常耐泡。老川茶香气浓、滋味醇、口感爽，茶韵芬芳，这是其他茶树品种所不可比拟与替代的。

三、主栽品种

眉山市域茶树主栽品种大部分都是2000年以来从雅安市名山区引进的，也有少量从蒲江县引进。

（一）福鼎大白

福鼎大白属小乔木，中叶类，早生种，为全国茶树优良品种。福鼎大白茶，芽叶生育力、持嫩性强，是全国许多茶树品种的标准参照品种。其大面积开采时间一般出现在3月上旬；一芽三叶百芽重63g，每亩产量可超过200kg；约含氨基酸4.3%、茶多酚16.2%、咖啡碱4.4%，产品适制性强，适制白茶、绿茶和红茶。

（二）福选9号

福选9号属小乔木，中叶类，特早品系，有利茶叶早上市，从福鼎大白中选育而得名。其抗寒、抗旱性强，但是易被小绿叶蝉和螨类为害。其大面积开采时间一般出现在2

月下旬，比福鼎大白早7天左右；约含氨基酸3%、茶多酚25.2%、咖啡碱2.5%，产品适制性强，红绿茶兼制，尤其适制名茶，色、香、味、形均优。

（三）名山131

名山131属灌木，中叶类，早芽种；发芽整齐，茸毛特多、持嫩性强，其适应性和抗旱性较强。其植株生长旺，发枝力强，分枝密度大，叶缘呈轻微的波纹状，不宜高密度种植；产量比福鼎大白茶高，品质优良。其大面积开采时间一般出现在3月上旬；约含氨基酸4%、茶多酚3%、咖啡碱3.7%。其春茶单芽形状略弯、色泽翠绿，特别适制四川扁形名优绿茶，产品外观非常漂亮。

（四）福鼎大毫

福鼎大毫属小乔木，大叶类；树势高大，树姿较直立，主干明显，分枝部位较高，分枝尚密，枝条粗壮；叶片水平或下垂状着生，叶形椭圆或近长椭圆形，叶尖渐尖下垂，叶缘面卷，叶面略隆起，叶色浓绿具有光泽，锯齿深明而钝，侧脉较明显。它是早生种，发芽尚密，芽梢粗壮，色淡绿，白毫多而长。其大面积开采时间一般出现在2月下旬；氨基酸含量为3.5%、茶多酚含量为25.7%，适制红茶、绿茶和白茶，抗逆性强。

（五）蒙山9号

蒙山9号属灌木，大叶类，芽头特大，非常适宜老茶农采摘。其植株适中，树势半开张，分枝较密，叶片稍上斜状着生；叶椭圆形，叶色深绿，有光泽，叶面隆起，叶质较厚。其大面积开采时间一般出现在2月下旬，与福鼎大毫相当；约含氨基酸2.8%、茶多酚32.9%、咖啡碱5.5%，适制红茶和白茶。

四、特色品种

茶树特色品种，基本都是2010年以来从浙江、福建一带引进的。

（一）安吉白茶

安吉白茶属灌木，小叶类、白化变异型特色茶树品种，是浙江省安吉县的地方主要品种。其大面积开采时间一般在3月中旬。安吉白茶的氨基酸含量高，约为普通茶的2倍，平均6.5%左右；但茶多酚含量较低，约10.7%。安吉白茶最适制作绿茶，产品滋味鲜爽。

（二）黄金茶

黄金茶属灌木，小叶类、黄化变异型特色茶树品，叶片不同程度的黄化，主要有黄金叶、黄金芽，且发芽迟、芽头小、氨基酸含量很高。其大面积开采时间一般在3月下旬，与老川茶相当；氨基酸含量8%左右。黄金茶最适制作绿茶，产品滋味鲜爽。

（三）奶白茶

奶白茶属灌木，小叶类、白化变异型特色茶树品种，又名皇金芽。奶白茶发芽迟、芽头小、氨基酸含量超高。其大面积开采时间一般在3月下旬，与老川茶相当；氨基酸含量大多10%以上。奶白茶最适制作绿茶，产品滋味很鲜爽。

（四）金牡丹

金牡丹是福建省农业科学院茶叶研究所于1978—2002年以铁观音为母本，黄棪为父本，采用杂交育种法育成。2001年金牡丹被评为"九五"科技攻关农作物一级优异种质。该品种最适宜制作乌龙茶和红茶，具有浓郁的水蜜桃香（有的地方显兰桂香），香气沉稳，滋味醇厚。

五、新品种

目前，在眉山市内本地选育的茶树新品种为天府5号和天府6号（图2-10、图2-11），是由四川省茶叶创新团队首席专家李春华研究员牵头组织实施选育、洪雅县农业农村局和洪雅县观音茶叶专业合作社共同协助完成。天府5号和天府6号的选育工作2014年就开始实施，从洪雅高山老川茶群体中单株优选，历经7年时间，于2021年3月12日获得农业农村部登记，实现了眉山茶树新品种零的突破。

图2-10 天府5号示范园

图2-11 天府6号种植半年后的生长情况

（一）天府5号

天府5号属灌木，生长势强，树势半开张，分枝密度高。叶片椭圆形，向上着生，叶色绿，叶面微隆，叶尖渐尖，叶基楔形。春茶发芽早，在2月下旬至3月上旬，比福鼎大白茶提前10~15天。它的氨基酸含量5.13%，茶多酚含量20.2%，咖啡碱含量3.3%，适制绿茶、红茶。其抗寒性强，可抗病虫害，适应性强。

（二）天府6号

天府6号属灌木，生长势强，树势半开张，分枝密度高。叶片窄椭圆形，向上着生，叶色中等（绿），叶面上表面隆起，叶片先端钝尖至急尖，叶片基部楔形。春茶发芽早，在2月下旬至3月上旬，比福鼎大白茶提前10~14天。它的氨基酸含量5.3%，茶多酚含量18.8%，咖啡碱含量3.41%，适制绿茶、红茶。其抗寒性强，可抗病虫害，适应性强。

六、茶苗繁育

茶苗繁育主要有两种方法：扦插繁殖和种子繁殖，由于茶树扦插繁殖成活率高、繁育速度快、品种特性稳定，故在生产上被广泛采用。扦插繁殖是茶树繁育最主要的方法，现将此法简介如下。

茶树扦插通常由一个叶片带一个节间，构成一个插穗，又称短穗扦插，是我国茶农独创的繁育技术。茶树短穗扦插的成活率与出圃率，主要取决于扦插技术和管理措施，故应注意以下事项。

（一）培养母穗

选择穗条产量多的青壮年茶树作母穗园。母穗园在上一年冬季前施足有机肥和茶树专用复合肥，亩施商品有机肥250公斤、茶树专用复合肥60公斤；早春亩施氮肥20公斤，促进穗条多发、壮发。

（二）做好苗床

翻耕整地，拣净石头杂草；每亩用辛硫磷颗粒剂5公斤、商品有机肥250公斤，整地做畦。要求畦面宽1m、畦沟宽0.6m、畦沟深0.4m，畦面上铺酸性黄壤心土，厚5~6cm。

（三）夏秋扦插

理论上南方茶区一年四季都可扦插，但以夏季或秋季扦插效果较好。夏季扦插正值高温干旱季节，要注意抗旱；秋季扦插管理周期短，成本较低，但要注意蓄留好健壮秋梢。

扦插要求选用茎皮红棕色或黄绿色的穗条，穗长3cm左右，茎粗2.5~3mm，须具完整腋芽和叶片。扦插株距2.5cm，行距8~10cm。

（四）加强管理

1. 浇水

扦插初期，每天浇水2次，发根后减为1次，苗高5~10cm不再多浇，但遇久旱天气仍须不定期浇水。

2. 保暖遮阴

就地取材，采用简易竹拱大棚育苗，减少育苗成本。冬季盖薄膜保暖，如果气温太低，还可加盖草帘；春季气温回升后揭膜；进入夏季高温，须盖上1/3~1/2透光率的黑色遮阳网。

3. 施肥

春夏之交，可以开始薄施有机营养液，促进茶苗健壮生长。

4. 除草

早期除草不能用手扯，只能用刀割除杂草，否则易扯伤、扯松茶苗根系；待后期茶苗根系稳固了，视具体情况可结合手扯除草。

5. 病虫防治

同普通茶园一样。

第五节　现代茶叶基地

现代茶叶基地无论是从地理环境、基础设施还是品种布局、种植管理等方面，都充分体现出先进性、标准性和示范性。眉山茶叶基地以洪雅为主，东坡、丹棱、青神为辅，重点围绕西南片区总岗山、八面山、玉屏山、瓦屋山四大高山茶区进行打造，并建设好这些片区的有机茶基地；同步建设青神县西龙镇—东坡区思蒙镇南部茶产业带，引领眉山茶产业基地建设发展。

一、现代茶叶基地的特点

（一）环境生态化

现代茶叶基地要求环境优美，生态良好，尽量远离高速公路、工矿企业、养殖场等土壤、空气和水源质量较差的地方，有利于茶叶正常健壮生长，不受环境污染影响。

（二）设施配套化

现代茶叶基地要求茶园的园网、路网、水网、电网、讯网等基础设施系统配套完善，有利于茶园的高效生产。

（三）品种特色化

当今茶市和其他行业一样，产品同质化现象严重，竞争异常激烈。根据当地实际条件，结合市场前景分析，现代茶叶基地布局种植特色茶树品种，有利于降低市场风险，增加经济效益，提升茶叶产品竞争力。

（四）种植标准化

我国老龄化现象日益突出，农村劳动力越来越紧张，茶叶要发展，必须大力推广机械化生产，减少劳动成本，这就要求现代茶叶基地种植茶树的规格必须标准，满足适合机械到茶园进行农事操作。

（五）管理科学化

在病虫害防治上，采用绿色防控措施，提高病虫防治效果，降低茶叶农药残留，提高茶叶品质口感。在施肥方面，采用有机肥和无机肥相结合的方式，改善土壤保水保肥和持续供水供肥的能力，满足茶树肥水需求，同时提高茶叶品质。在抗旱方面，采用滴灌和喷灌等高效节水灌溉方式。在除草方面，积极推广茶园行间种植绿肥，控制草害，提高茶园土壤肥力。在茶树的修剪和茶叶采摘方面，实行机修机采，减小劳动强度，提高生产效率。

二、眉山现代茶叶基地

（一）中山片区茶叶基地

原洪雅县中山乡茶区，面积4万亩，主要茶树品种为良种茶福选9号、福鼎大白、名山131以及部分大白4号和蒙山9号。

（二）谢岩片区茶叶基地

原洪雅县汉王乡总岗山茶区，面积3万亩，主要茶树品种为良种茶福鼎大白、名山131、蒙山9号和洪雅老川茶。

（三）止戈镇青杠坪片区茶叶基地

面积2万亩，主要茶树品种为良种茶福选9号、福鼎大白、名山131以及少量的大白4号和蒙山9号。

（四）东岳镇团结片区茶叶基地

面积1.5万亩，主要茶树品种为福选9号、福鼎大白、名山131以及特色品种黄金芽、奶白茶、安吉白茶。

（五）槽渔滩镇青江片区茶叶基地

面积1万亩，主要茶树品种为福选9号、蒙山9号以及特色品种安吉白茶、黄金芽、奶白茶。

（六）东岳镇观音片区茶叶基地

面积1万亩，主要茶树品种洪雅老川茶岩茶、福选9号以及特色品种安吉白茶、黄金芽、奶白茶。

（七）瓦屋山镇复兴片区茶叶基地

面积1万亩，主要茶树品种洪雅高山老川茶和福鼎大白茶。

（八）柳江镇侯家山片区茶叶基地

面积1万亩，主要茶树品种为洪雅老川茶和福选9号、福鼎大白、名山131。

（九）桃源片区茶叶基地

原洪雅县桃源乡茶区，面积1万亩，主要茶树品种福鼎大白、福选9号、名山131以及少量的老川茶。

（十）余坪镇桐梓片区茶叶基地

面积2万亩，主要茶树品种大白4号、福鼎大白、福选9号、名山131以及少量的安吉白茶。

（十一）东坡思蒙镇茶叶基地

面积2万亩，主要茶树品种为福鼎大白、福选9号、名山131以及少量的黄金芽。

（十二）丹棱老峨山茶叶基地

面积2万亩，主要茶树品种福鼎大白、福选9号、名山131以及少量的老川茶。

（十三）青神西龙镇金星茶叶基地

面积1万亩，主要茶树品种为安吉白茶以及少量的福选9号。

三、洪雅有机茶

（一）发展概况

2002年8月，洪雅县第一个有机茶（包括基地、加工、产品、标识）通过中国农业科学院有机茶认证与发展中心认证；认证主体为四川省洪雅道泉茶业有限公司，当时基地认证面积为296亩（袁山）。

2003年，四川省农业厅、四川省农业科学院、中国农业科学院茶叶研究所指导开展了一系列现场培训，后经检测，东岳观音山白果园全面通过，增加了1000亩认证，2003年达1296亩的基地获得有机认证。

2004年，雅自天成茶业有限公司获认证（括基地、加工、产品、标识），基地（汉王）认证面积220亩；眉山十点利茶业公司瓦屋山关帝295亩基地获得认证，2004年达1811亩的基地获得认证。

2005年，瓦屋山茶业公司龙圣村基地300亩开始转换认证。2007年因茶园分给各农户放弃认证。

2006年，四川省雅雨露茶业有限公司新认证基地（中山西庙山）400亩开始转换认证。

2008年4月，洪雅屏羌农产品有限公司取得有机认证290亩。同年，洪雅县委、县人民政府便将茶产业作为洪雅县一大支柱产业来发展，特别注重其安全、卫生、质量的保证，并将有机茶生产作为茶产业的工作重心，落实了一系列扶持政策，包括报销认证费、对规模规范企业予以农业项目的优先支持等。茂冠茶叶专业合作社、高匡岩茶叶专业合作社、山园茶叶专业合作社、观音合作社、华平合作社、汉王湖合作社等12家企业开始规范化；逐一开始基地转换认证。期间，屏羌公司2009年4月获认证（括基地、加工、产品、标识）；2009年认证前十点利茶业公司因加工不规范，在瓦屋山认证的295亩基地一并放弃认证；雅雨露公司中山西庙山基地400亩，也因管理不规范放弃认证。

2010年9月批准成立洪雅县有机茶产业园区管委会，截至2010年11月8日，实际认证（包括有机与转换）基地总量为20473.8亩。

2011年12月，国家新的《认证管理办法》出台。2012年初所有获证13家企业（包括合作社）参加了杭州的培训，一部分不符合新标准的茶企自然放弃认证。其他有认证基地的仅有：屏羌290亩、雅自天成295亩、雅天合作社（集体茶园）290亩，共875亩。同年9月，四川峨眉半山生态农业科技股份有限公司在七里坪争取到认证2008亩，同时接管了祁山的1500亩。这样，眉山共有4383亩的总认证面积。

2013年，雅雨露茶业有限公司皇甲山基地1200亩开始转换认证，引进峨眉春茶业有限公司在七里坪认证基地800亩。

2016年，雅雨露茶业有限公司新认证黄家山中山高山庙基地600亩。

2018年，四川峨眉半山生态农业科技股份有限公司在七里坪认证2008亩，因建筑占用与污染，放弃认证；同时，将祁山基地转由祁山茶厂认证。

2019年，在县政府对乡镇压实目标任务的情况下，新转换认证5005亩。

2021年，雅雨露茶业有限公司放弃中山高山庙基地600亩认证。

2022年，洪雅总认证面积9500亩，其中，有机茶企业认证面积6495亩。

（二）有机基地

洪雅的有机茶基地很多，主要分布在瓦屋山、总岗山、八面山、玉屏山四大高山茶区，且茶树品种多为20世纪六七十年代从外省引进的混合茶籽。有机茶基地主要有以下这些。

① 瓦屋山复兴村有机老川茶基地：面积600亩，茶树品种为20世纪70年代从福建引进的混合茶籽，茶园海拔达1500m。

② 柳江赵河皇甲山有机茶基地：面积1200亩，茶树品种为2010年从峨眉黑宝山引进的老川茶籽，茶园海拔达1820m。

③ 柳江祈山有机茶基地：面积1500亩，茶树品种为20世纪70年代从福建引进的混合茶籽，茶园海拔超过1300m。

④ 柳江侯家山有机茶基地：面积500亩，茶树品种为20世纪70年代从福建引进的混合茶籽，茶园海拔超过800m。

⑤ 柳江余沟有机茶基地：面积300亩，茶树品种为2006年从浙江引进的平阳特早茶籽，茶园海拔超过900m。

⑥ 东岳八面山有机茶基地：面积300亩，茶树品种为20世纪70年代从福建引进的混合茶籽，茶园海拔超过800m。

⑦ 东岳观音山有机茶基地：面积1500亩，茶树品种为20世纪70年代从福建引进的混合茶籽，茶园海拔超过800m。

⑧ 中山谢岩有机茶基地：面积3000亩，茶树品种为20世纪60年代从云南、福建等地引进的混合茶籽，茶园海拔超过1000m。

⑨ 中山西庙山有机茶基地：面积600亩，茶树品种为老川茶、福选9号、福鼎大白茶，茶园海拔超过800m。

（三）奖补办法

2020年10月9日，洪雅县农业农村局、洪雅县财政局联合发文《关于印发洪雅县农业产业扶持政策的通知》，扶持政策中内容包括支持开展绿色有机认证，对已取得绿色认证的茶叶基地按每三年实施奖补，每亩奖补50元；对已取得有机认证的茶叶基地连续奖补三年，每年每亩奖补100元；新开展绿色、有机认证的茶叶基地，分别一次性享受每亩的100元、200元奖补；对新取得绿色、有机茶叶产品认证的茶叶经营主体，分别一次性给予每个产品2万元和3万元的奖励。

第三章 茶叶科技

茶产业是一个产业链条很长、产业系统完整的农业特色产业，茶叶科技在茶叶的生产、加工、销售和茶文化等方面，都扮演着非常重要的角色。正是由于茶叶科技的有力支撑，茶叶科技成果的快速转化，才促进了茶产业的飞速发展。

茶叶科技的每一次进步，都对茶产业发展产生了巨大的影响。茶树品种的改良使茶叶产量成倍地增加，满足了大众用茶的需求。绿色生产技术措施的运用，从根本上降低了茶叶中农药、重金属和有毒有害物质的残留，保障茶叶产品质量安全。制茶机械的改进，解放了繁重的劳动力，不仅提高了生产效率，而且提高了产品质量。销售方面的改变也大，21世纪初的茶叶销售，基本都是以实体店销售为主，这种销售方式成本高，除去销售人员工资和门市租金，利润很小。2010年以来，特别是近几年，销售模式发生了根本性转变，茶叶销售充分利用网络科技手段，逐步减少实体销售，增加网络销售。茶文化发展也越来越多元化了，不只是单纯的传统茶艺文化，而是与时俱进，将古代与现代融合、国外与国内结合，巧妙应用各种文化艺术，将茶艺文化发挥得淋漓尽致。茶艺文化成为引流消费的重要手段，极大地促进了茶叶产品的销售。

近年来，随着一系列茶叶标准的制定、茶叶专利的发明、茶叶技术的创新、茶叶检测手段的提高以及茶产业人才的培养等，茶叶科技生机勃发、日新月异，更是多方位服务支撑茶产业，为新时期茶产业的高质量发展，发挥了重要作用。

第一节　科技发展

一、茶树种植

眉山市种植的茶树品种比较多，主栽品种有十多个。2000年以前，主要以本地老川茶为主。2000—2012年，全市茶树品种以福鼎大白、福选9号、名山131三大良种当家，形成了茶树品种"三驾马车"并驾齐驱的格局，后来福鼎大毫、蒙山9号大叶型品种也被广泛种植。2012—2020年，江浙一带一些色泽鲜艳、黄化或白化变异的高氨基酸含量特色品种安吉白茶、黄金茶、奶白茶、极白等被陆续成功引入眉山种植。近年来，茶树新品种川茶2号、川茶3号也在洪雅种植，特别是天府5号、天府6号的成功选育，更是实现了眉山本地茶树新品种零的突破。

茶树种植技术取得了一系列进步。2000年左右，眉山市大力调整农业产业结构发展特色经济，洪雅县因地制宜大力发展茶叶生产。当时成功心切，为了使茶苗及早形成蓬面，种植过密，亩植茶苗4000株左右，有的高达6000株。实践证明，种植过密导致病虫加重，管理也不方便。2015年以后，许多茶园在更新种植茶苗时，科学降低了种植密度，加大了行距和窝距，方便茶园机械化操作管理，亩植茶苗数控制在了2000株左右（图3-1）。

图 3-1 20世纪80年代洪雅茶农正在栽种老川茶茶苗

茶树修剪机械化得到普及。2005年以前，基本都是用普通水平剪来修剪。2005年以后，茶园逐渐普及采用修剪机进行修剪，还有不少茶农购置了从日本进口的修剪机，取得了很好的修剪效果。

茶园施肥更趋于科学合理。2000年以前，茶园施肥基本以碳铵、尿素等单质化肥为主，2000—2008年，很少使用单质化肥，而以复合肥为主，茶农开始应用茶树专用复合肥。2008—2017年，茶农施肥普遍使用茶树专用复合肥。2017年以来，茶树用肥更加科学合理，除使用茶树专用复合肥外，还结合使用各种有机肥，特别是富含微生物的商品有机肥，既改良了土壤，提高了茶叶品质，同时又增加了茶叶的产量，提高了茶叶经济效益。

大力推广茶树病虫绿色防控。2008年以前，茶园病虫防治基本都是以化学防治为主。2008年以后，绿色防控得到大力推广，绿色防控材料的科技含量也越来越高，更加生态环保和科学高效。近年来人们又大胆探索应用中药农药进行病虫防控，取得了不错的预期效果。

二、茶叶加工

茶叶加工制作的科技进步，更多体现在加工设备的更新应用上。20世纪90年代以前，基本都是手工茶加工，加工全凭一双巧手，加工数量十分有限，产品标准也不统一。进入21世纪，茶叶加工进入了机械化时代，茶叶机械设备层出不穷，日新月异，每3~5年就有新功能茶叶机械问世。以绿茶加工设备杀青机为例，最初以滚筒杀青机为主，后来蒸汽杀青机逐渐增多，再后来出现了红外线杀青机，特别是微波杀青机的问世和广泛应用，将茶叶产品外观品质提高了许多。而从日本进口的提香机，更进一步提高了茶叶的内在品质。目前，茶叶生产已成功应用十分先进的茶叶智能化加工生产线，洪雅茶叶加工智能化产业园区就是很好的例证，从茶叶的鲜叶原料入厂，经系列加工程序，到最后茶叶包装，茶叶加工全程智能化，大大提高了茶叶的生产效率与产品品质。

三、茶产品销售

进入21世纪，网络科技飞速发展，促进了茶叶的销售。2010年以前，茶叶销售基本靠实体经营，有少量通过QQ进行网络交易。随着微信的问世，在微信上进行茶叶的交易逐渐增多。淘宝、天猫、京东等网络销售平台的出现，又为茶叶销售提供了更加广阔的途径。近年来，快手、抖音、拼多多等平台，特别是抖音的"群集效应"，使茶叶的网络销售进入了一个崭新的时代。

第二节　科技支撑

眉山市茶产业充分依托茶叶科技资源，加强科技支撑，与中国农业科学院茶叶研究所、四川省农业科学院茶叶研究所、四川农业大学园艺学院茶学系、西南大学食品科学学院茶学系等国内顶尖茶叶科研院所、大专院校建立了长期友好的战略合作关系，实现"产、学、研、推"一条龙发展模式，共商茶计、共谋茶业、共同发展。现将科技合作的一些单位情况简介于下。

一、茶叶院士团队

茶叶院士团队隶属于中国茶业商学院，集结了中国茶叶流通协会、中国食品土畜进出口商会、中国茶叶学会、中国国际茶文化研究会、中国茶文化国际交流协会的优势资源，首任院长为中国茶界仅有的两个院士之一的刘仲华（图3-2）。

"洞察·创新·超越"，是中国茶业商学院发展的思想核心，学院集合行业优势资源，以"培养具有产业深度、商业高度和社会责任感的茶业领导者"为使命，助力服务中国茶产业。

图 3-2 茶叶院士团队在洪雅县召开茶产业发展座谈会

中国茶业商学院核心业务分为三大版块：中国茶产业可持续发展模式研究、茶行业中高层经营管理人员商学教育、茶行业内外资源整合及咨询服务。

二、中国农业科学院茶叶研究所

中国农业科学院茶叶研究所是中国唯一的国家级综合性茶叶科研机构，该机构位于浙江省杭州市西湖风景区，1958年5月经国务院批准成立。

研究所主要研究方向为茶树种质资源和育种、茶树栽培生理与生态、茶叶加工与质量控制、茶园有害生物综合治理、农业经济理论与政策、种植业经济等。

研究所拥有国家级科研平台5个、农业农村部科研平台2个、中国农业科学院科研平台1个、研究所研究中心7个；共有副高级以上职称人员近百名，其中正高23人；设有2个博士后流动站、1个二级学科博士点、2个二级学科硕士点、4个专业硕士学位点，研究所综合实力雄厚。

三、四川省农业科学院茶叶研究所

四川省农业科学院茶叶研究所原建于1951年2月，是四川省专门从事茶学科研、新技术新产品开发及生产技术指导的唯一省级研究所。该研究所主要从事茶树育种、栽培、植保、茶叶加工、生理生化、新产品开发及茶叶经济等方面研究，以茶叶应用和开发研究为主，同时有重点地开展茶学基础理论研究。

四川省农业科学院茶叶研究所现有人员63人，其中研究员5人，副研究员6人，博士生6人；主持和承担各级各类重大科研及开发项目，并具有较强的推广能力。研究所有一个分析仪器设备齐全、检测手段在全国各级茶科所中处于最先进的茶叶生化分析室，为各级各类科研项目的承担和完成创造了良好的物质基础和手段。

四、四川农业大学园艺学院茶学系

四川农业大学园艺学院茶学系是国家"双一流"建设高校四川农业大学园艺学院的一个专业，和浙江农业大学茶学系一样，是全国高等农业院校茶学专业的领跑者，具有很强的教学、科研和生产指导能力。

该系培养具有扎实的人文科学、经济管理、经营贸易等方面的基本知识，具备农业生物科学、食品科学和茶学等方面的基本理论与技能的应用复合型高级人才。

该系为行政管理部门、商品检验部门、食品加工企业、茶叶企业、茶艺馆、旅游业（包括旅行社、景区、饭店等）、高等院校、科研院所等单位培养从事生产、经营、管理、市场营销、推广与开发以及教学、科研等专业技术人才。

五、西南大学食品科学学院茶学系

西南大学食品科学学院茶学系茶叶研究所于20世纪50年代初期，在当时任农业部副部长、当代茶圣——吴觉农先生关怀下成立。在已故著名茶学家吕允福教授（1907—1990年）带领下，经历几代人的努力，现已成为具有博士、硕士、学士授予权的多层次、多方向的重点高等学院。茶文化专业已是教育部示范专业。

茶学系现有博士生导师2人，教授、副教授、副研究员11人，讲师、助教实验人员8人，拥有茶树栽培、茶树育种、茶叶加工、茶叶机械、茶叶审评与检验、茶叶化学、茶文化等实验室和多个教学实习基地。

该系成立以来，已先后招收博士、硕士研究生和外国留学生300余人，本专科学生2000余人，为我国茶叶科学进步和茶叶经济、文化繁荣贡献了力量，成为西部茶区茶叶科研、开发、示范和推广中心，我国西部历史文化研究基地。

第三节　标准和专利

截至2022年底，眉山茶叶有2个地方标准，分别是《洪雅茶叶生产加工技术规范》（DB 5114/T 28—2020）、《瓦屋春雪绿茶加工技术规程》（DB 5114/T 41—2022），由眉山市市场监督管理局发布。另外，眉山茶叶还获得了国家知识产权局颁布的茶叶生产技术专利9项。

《洪雅茶叶生产加工技术规范》是眉山茶叶的第一个标准，由洪雅县农业农村局、洪雅茗青源茶业有限公司、洪雅县雅天茶叶专业合作社共同起草，于2020年11月16日发布，2020年12月16日正式实施。该标准主要从茶园环境、基地建设、茶园管理、档案记录和包装贮运等方面，详细规范了技术要求。

《瓦屋春雪绿茶加工技术规程》由洪雅县茶叶产业服务中心、四川省洪雅瓦屋春雪茶业有限公司、眉山匠茗茶叶有限公司、四川省雅雨露茶业有限责任公司、洪雅县碧雅仙茶业有限责任公司、四川云中花岭茶业有限公司、洪雅县盛邦种养专业合作社共同起草，于2022年12月30日发布，2023年1月30日正式实施。该标准从瓦屋春雪的原料区域、产地环境、鲜叶质量、鲜叶等级、鲜叶贮运、加工场所、工艺流程、加工技术、标识标签、包装贮运、生产记录等方面进行了详细规范。其中，瓦屋春雪加工技术分为手工加工技术和机械加工技术。

眉山茶叶生产技术专利有9项，分别是《一种瓶式杀青机自动喂料系统》《一种喂料系统对接机构及杀青机自动喂料系统》《一种杀青机喂料系统推料机构及杀青机自动喂料系统》《杀青机自动喂料系统一级输送装置及杀青机自动喂料系统》《一种特色奶白茶种植用幼苗培育装置》《一种特色奶白茶种植用茶树苗支护结构》《一种用于奶白茶叶种植的茶园修剪装置》《一种奶白茶叶种植用地面水肥供给装置》《一种奶白茶种植用根茎精准施肥装置》。

以上标准和技术专利具体内容，详见附录。

第四节　创新技术

一、茶园建设

（一）标准化建园

1. 茶园选址

茶树是多年生木本经济作物，也是最适宜旅游观光的园艺作物之一。茶树在一次种植之后，生产有效期一般有30~50年。因此，茶园选址对今后能否生产出高产、优质、高效的茶叶产品至关重要。茶园选址应认真参考以下自然条件因子，以利于茶树的苗壮成长。

① 温度：栽培茶树要选择年平均气温16~20℃，活动积温在3500℃以上的地域。

② 湿度：在茶树生长期，大气湿度以80%~90%最适；大气湿度在50%以下，茶树生长就会受到影响。

③ 水分：茶树生长最适宜的降水量约为1500mm，生长期间的月降水量应在100mm以上。

④ pH值：茶树生长要求土壤的pH值在4~6.5，以4.5~5.5最适宜。地面可生长映山红、蕨其草、杉树、油茶、马尾松等植物的土壤，皆适宜茶树生长。

⑤ 嫌钙：茶树是嫌钙植物，当土壤中游离碳酸钙的浓度超过0.5%时，茶树生长就会受到危害，所以，石灰性土壤不适宜种茶。

⑥ 坡度：西北向坡地或深谷低地，易受冻害；南坡高山茶园、砂质壤土茶园易受干

旱。坡度在25°的山坡或丘陵地都可种茶，坡度在10°~20°的起伏较小的地块种茶非常理想，有利于茶园生产管理。

⑦ 海拔：海拔600~1200m的山地酸性土茶园，气候湿润、云雾缭绕，是茶树生长的最佳海拔范围，产茶品质优异。

以上是建造普通茶园选址需要考虑的常规条件，如果是有机茶园选址，除上述必要条件外，还需要按有机茶园特定的标准来进行选址。

2. 茶园规划

（1）交通顺畅

① 茶园公路：茶园内要有与外界主干公路相通的茶园公路。茶园公路应贯穿整个茶园，宽度不低于4.5m，保证大货车能顺利通行，使采摘茶叶鲜叶能及时装载运出茶园，方便茶叶加工生产。

② 生产便道：茶园中要合理布置生产便道，方便生产操作。生产便道与茶园公路相连，沿茶园公路100m左右距离应设置1条生产便道，宽度不低于3m，保证农用三轮车能顺利通过。

③ 人行步道：在茶园及周边要因地制宜适当设置一些人行步道，宽度约2m，便于游客进入茶园体验或参观，充分发挥出茶园的多功能作用，有利于提高茶园的综合效益。

（2）水源保证

山地茶园以及茶龄3年以内的幼林茶园，很容易遭受夏干或伏旱，一般要求每30亩左右面积的茶园，配备一个蓄水抗旱池；条件允许的情况下，可在茶园顶端高处修建大型蓄水池，以保证整个茶园干旱时补充用水需要。若地势受限，也可从低处水源进行机器抽水提灌，或者因地制宜地修建一些小型的蓄水池（洪雅茶农俗称"山毛坑"），有很好的抗干旱效果。

另外，为了方便灌溉，茶园里还可建立茶园喷灌设施系统和水肥一体化系统，既节约用水，抗旱效果也很好。

（3）沟坎牢固

茶园是由一块块茶地构成，自然形成了许多田边地坎，山区坡度大的茶园要特别注意加固这些茶园坡坎，以防山洪冲毁或因地震波及受到破坏。加固时可用石块砌牢，有的地方甚至需用水泥固定。茶园排水沟设置应合理，既保证畅通走水，能排能灌，又不影响茶园采摘、施肥等田间管理。

（4）茶树行向

茶树的种植行向，应垂直于山坡水流方向，以保持茶园水土，防止土壤、水分、肥水流失，同时利于茶园机械操作，并且具有视觉很美的景观效应，层层绿浪，碧波蜿蜒，绕山流转，为茶旅游融合打下基础。

（5）种遮阴树

在茶园适当种植的一些遮阴树，既能避免强光大面积直晒茶园，又增加了茶园内的生物多样性，增强茶树抵抗病虫和抗干旱的能力，提高茶叶的口感品质。一般每亩茶园种植10棵左右的遮阴树为宜，有些干性强的树种可间种20株左右，如黄柏。树种可选用银杏、柿树、桂花树、香樟、黄柏、杜仲、紫薇等，既美化了茶园，又增加了经济收入。洪雅县中山镇谢岩村总岗山茶园，在茶园间种了2000多亩黄柏，是四川省间种药材最多的茶园，茶树和黄柏的长势都非常好。

（二）标准化种植

1. 依据和原则

茶树的标准化种植，主要是指茶树种植密度规格的标准化。而规格的标准化，必须依据不同茶树的品种生长特性和土壤环境具体确定。

茶树的种植密度非常重要，种植过密，既增加了种植成本，同时随着茶树往后生长，茶树蓬内通透性会越来越差，不仅容易滋生病虫，而且茶树生长不健壮，芽叶细弱，影响茶叶的产量和品质。种植过稀，虽然茶树病虫害有可能减轻，但亩产太低，更达不到高产。

不同类型的茶树品种，由于分枝习性、树姿树势等各方面的差别，其种植密度也有所不同。例如，乔木型的大叶种，其行距、窝距要适当放宽，行距应放宽至1.6~1.8m，窝距0.4m左右，每窝定苗1株为宜；灌木型的中小叶种，行距1.5m、窝距0.3m为宜，每窝定苗1株为宜。分枝角度大的开展型茶树品种，其行距、窝距可适当加大，如名山131就比福鼎大白和福选9号的树势更开张，种植密度相应就要小些。

不同地势、土壤和管理水平的茶园，其种植密度也不一样。坡度小、土层深厚肥沃、结构良好的土壤，管理水平较高的平地茶园，其行距1.5m、窝距0.3m为宜；坡度较大、土层浅薄、土质结构较差的山地茶园，行距可缩小到1.3m左右，窝距可缩小到0.25m左右。

2. 常用栽植规格

①老川茶：采用单行（等行）多颗窝播，行距1.5m，窝距0.3m，"丁"字形错窝播种，每窝点播茶籽3颗，亩播1500窝（4500颗茶籽）左右。

②主栽品种：采用双行（宽窄行）单株条植，大行距1.5m，小行距0.4m，窝距0.3~0.4m，"丁"字形错窝栽茶苗，每窝栽植茶苗1株，亩植2000~2500株。

③特色品种：采用双行（宽窄行）单株条植，大行距1.3m，小行距0.3m，窝距0.25m，"丁"字形错窝栽茶苗，每窝栽植茶苗1株，亩植3500株左右。

3. 茶树品种栽植密度参考

① 老川茶（中小叶种），每亩播1500窝（4500颗茶籽）左右。

② 福鼎大毫（大叶种），每亩栽植2000株左右。

③ 蒙山9号（大叶种），每亩栽植2000株左右。

④ 名山131（中叶种），每亩栽植2000株左右。

⑤ 福鼎大白（中叶种），每亩栽植2500株左右。

⑥ 福选9号（中叶种），每亩栽植2500株左右。

⑦ 安吉白茶（小叶种），每亩栽植3500株左右。

⑧ 黄金茶（小叶种），每亩栽植3500株左右。

⑨ 奶白茶（小叶种），每亩栽植3500株左右。

⑩ 天府5号（中叶种），每亩栽植2500株左右。

⑪ 天府6号（中叶种），每亩栽植2500株左右。

由此看出，近年茶树种植密度与2000年刚刚大面积发展种植茶叶时比较，总体呈现密度减小的趋势，主要是方便机械化管理和茶园田间操作，有利于提高劳动生产效率。以前由于缺乏种植经验，眉山市茶园大多种植密度偏大，影响了采摘、修剪、施肥、除草、病虫防治等生产操作，导致现在仍然还有不少茶园管理存在着一定的困难。

4. 茶苗栽植方法

（1）开排水沟

① 围边沟：宽60cm，深60cm。

② 十字沟：宽60cm，深50cm。

③ 排水沟：宽50cm，深40cm（每隔10m开1条）。

（2）开施肥沟

每隔2m开1条施肥沟，其中沟宽50cm，深40cm。

（3）施肥回土

在施肥沟底，撒施混合肥（每亩200~300公斤有机肥加40公斤茶树专用复合肥，两肥混匀后撒）；撒完肥后，把土回填完。

（4）铺防草膜

根据洪雅的经验，用黑色透气的防草膜效果好，铺盖在施肥沟的回填土上后再栽茶苗。

（5）栽植茶苗

在回填土上栽茶苗：双行、单株、错窝栽（剪刀剪开防草膜口子，用竹片撬窝栽稳茶苗），行距40cm，株距30cm。

（6）茶苗打顶

在茶苗离地15~20cm处打顶，低于15cm的茶苗不打顶。

（7）浇定根水

边栽茶苗，边浇定根水。根据洪雅栽种茶苗经验，栽完茶苗后，随即用富泰克兑水浇定根水，茶苗成活率更高且长势好。

（三）茶叶采摘

1. 适时分批采摘

采摘茶叶要适时，不能过早也不能太迟，过早达不到标准，太迟茶叶过老质量差。俗话说，"及时采是宝，采老变成草"，就是这个道理。并且，要分批次进行采摘，以提高茶叶的采摘效率。

2. 采摘方式

每次采摘都要把达到标准的芽叶尽量采摘干净，这样才能使下一批茶叶发出来整齐好采。采摘方法要正确，千万不能用手指掐，如果这样，手指掐伤的茶叶部分，就会受到细菌感染发黑变质，影响茶叶的加工品质。

采摘名优绿茶（小茶）原料，大多采用"提手采"手法，即用拇指和食指的指尖，捏住芽叶的基部"颈把子"处，快速轻轻向上提动，即可将芽叶采摘下来。生产上，熟练者多用双手进行提采。

如果是采大茶（一芽二、三叶以上），为了提高采摘效率，可以使用单人电动采茶机或双人电动采茶机，实行机采。特别是单人电动采茶机，又称小型采茶机（背负式、电动、无集叶袋），取消了集叶袋，用手持竹篓集料，一人即可操作，非常轻巧灵便，电池驱动，绿色环保，得到茶农及行业专家的普遍认可，已在2018年迅速推广应用。

3. 根据市场采摘

茶叶商贩收购什么鲜叶，茶农就采什么样的鲜叶；茶叶厂家收购什么产品，茶农就采相应鲜叶原料。比如厂家要做竹叶青，就只能采独芽，一芽一叶不符合要求；厂家要生产大宗炒青，就不能采成独芽。总之，茶叶采摘就是要根据市场的需求，有针对性地进行采摘。

4. 竹器布袋盛放

装运鲜叶的器具，要保持清洁干净，通气良好。这样既可防止细菌繁殖而产生异味，又能流通空气，防止鲜叶发热变红。实践表明，目前洪雅广泛采用的竹编网眼篓筐和布袋，最好不要用塑料筛筐来盛鲜叶，那样有异味，不环保；盛装鲜叶时，切忌紧压；堆放鲜叶也要使用竹垫类器物，如簸箕、晒垫等。

5. 分类采摘堆放

鲜叶采下后，做到分类按级归堆，同一品种和同一等级放在一堆；老叶与嫩叶分开、上午与下午采的叶分开。这些鲜叶如果混在一起，由于老嫩不一，不仅给茶叶加工带来麻烦，而且会降低成品茶品质。同时，堆放不宜太厚，以免发热引起氧化反应。

6. 做到"三不采"

在生产上，如果不是做名贵的高端绿茶，一般只要做到"三不采"就差不多了，即：

雨水叶不采，病虫叶不采，过老叶不采。但是，有些茶叶产品对原料要求十分严格，还要求紫芽不采、对夹叶不采、空心芽不采等，视具体要求而定。

（四）茶树修剪

1. 定植时修剪

首先应掌握茶苗定植时间。根据多年来洪雅县茶叶生产栽培实际，洪雅茶苗定植时间以秋季（9—10月）为宜，特别是9月栽植效果最佳，容易在当年产生部分新根，增强茶苗的越冬抗寒能力，提高茶苗栽植成活率。

栽植茶苗还应看天气情况，雨天不宜栽植茶苗，成活率低；晴天栽植成活率高。如果栽植茶苗时天气干旱，土壤干燥，还应浇适量的清水，避免茶苗干旱脱水致死。

茶苗栽好后，马上进行第1次修剪，即距地面20cm处将顶梢剪除，减少水分蒸发；并在茶园行间覆盖稻草或其他农作物秸秆，保持土壤水分，增加茶苗存活率。在定植当年的茶苗生长期间，任其自然生长，切忌施用任何肥料，否则极易遭受肥害。来年茶苗发芽时，禁止采摘，此时摘芽会造成茶树以后生长势弱，影响发育。

2. 幼龄茶园修剪

定植后的茶苗生长1年后（第2年冬季），对茶苗进行第2次修剪。修剪高度标准为：在第1次剪口（定干）的基础上，提高约15cm，进行平剪。

定植后的茶苗生长2年后（第3年冬季），对茶苗进行第3次修剪。修剪高度标准为：在第2次（上一年）修剪的基础上，再提高10cm，进行平剪。

以后每年秋季，都在上一年基础上，修剪高度提高5~10cm，进行平剪。按照上述修剪方法，如果茶园管理科学，一般在茶苗定植后的第4年，也就是茶树修剪3次以后，茶树的树冠基本已经扩大成型，可以开始采茶了。

3. 成龄茶园修剪

茶苗定植后第5年起，茶树蓬面已经形成，甚至走道都已经封行，此时茶树就开始进入成年茶树期，茶园成为成龄茶园。对于成龄茶园的修剪，一般只在每年秋冬季节进行一次轻修剪，即在10—11月用茶树修剪机将茶树蓬面修剪成平头形或弧形（也称瓦背形），一般剪掉10cm左右厚度的蓬面；同时，将茶树行间走道也要修剪亮出来，便于施肥、喷药、采制等田间管理。

要提高成龄茶园的修剪质量，还应将茶树丛内的细弱枝、病虫枝、干枯枝等，一并剪除，并统一带出茶园外进行集中处理，以降低来年茶树病虫害发生的概率。根据洪雅成龄茶园修剪经验，如果病虫害较少，可将修剪的茶枝叶撒在茶树行间，日晒雨淋后会慢慢转化成有机肥。

4. 衰老茶树的更新修剪

（1）深修剪和重修剪

一般茶树的树龄达10年以后，茶树蓬面的鸡爪枝（细弱枝）会逐渐增多；这些枝条发出的茶芽又细又小，遇到气候干旱，鸡爪枝还易干枯，影响采摘，使茶叶的产量和品质严重下降。此时，如果还是进行轻修剪，就起不到修剪的作用了。因此，对于此类茶树，应进行深修剪或重修剪，一般在每年春茶采摘结束后，进行修剪，剪去整个茶树蓬面（大约30cm厚度），只留茶树几股主枝和少量侧枝，让茶树在夏季重新萌发出新的枝条，健壮生长。

（2）台刈

当茶树的鸡爪枝多时，茶树生长势弱，枝叶抽发困难，需要及时进行枝干更新。此时，茶树枝干已很粗大，可用锯刀将茶树离地面10cm以下处切断，进行台刈（只留主干，不留分枝），彻底更新茶树的枝条，使茶树新抽发的枝条更加健壮。台刈时间一般也在春茶采摘结束后的五六月份，同时注意补充磷、钾肥，促进茶树迅速抽枝。注意不要在炎热的夏季进行台刈，否则，有可能致根系较弱的茶树失水干枯；也不要在寒冷的冬季进行台刈，不利于重新形成树冠。

（五）茶园间作

1. 茶园间作的优点

（1）**减少茶树病虫虫口**

茶树是多年生密集型种植植物，病虫害种类很多，常见的就有茶黄螨、小绿叶蝉、茶尺蠖、蚧壳虫、炭疽病、茶饼病等十多种。在茶园里适当间作其他植物（图3-3），可以充分利用生物多样性原理，发挥生物之间病虫害相生相克的作用，达到生态平衡，从而有效减轻茶树病虫害。实践证明，间作茶园比净作茶园的病虫害程度轻20%左右。

图3-3 眉山丹棱茶园间作果树

（2）**增加经济收入**

茶园间作其他植物，可以增加茶农的经济收入，尤其是幼龄茶园，茶园中的行距比较宽，茶叶没有收入，此时就可充分利用茶地空间，适当种些蔬菜、玉米或其他作物，增加收入。

（3）**保持水土抗旱**

间作植物的茶园，能增强茶园的水土保持能力，同时抗干旱能力也比较强，尤其是幼龄茶园，如果不间作其他植物，裸露地表容易造成水土流失，干旱严重还易导致茶树死亡。成龄茶园有其他植物适当遮阴，可以有效抵御严重的干旱天气，确保茶树正常生长。

（4）美化茶园风景

现代茶园再也不能单纯依靠卖鲜叶来维持运行。随着各项产业的发展，整合资源使产业相融合显得更加重要。茶叶既是经济作物，又是园艺植物，经济观赏性很强，最适合发展茶旅文化经济，在茶园间作一些具有美化效果的植物，如桂花、银杏、紫薇等，能让茶园增色不少，吸引游客眼球。

2. 茶园间作的模式

茶园间作的模式类型很多，具体有以下间作类型。

① 茶粮间作：茶叶–粮食（玉米、土豆、红苕等）。
② 茶菜间作：茶叶–蔬菜（茄子、辣椒、白菜、萝卜、姜、葱、蒜等）。
③ 茶果间作：茶叶–水果（桃子、李子、柿子、柑橘、梨树等）。
④ 茶药间作：茶叶–药材（杜仲、黄柏、厚朴、黄精、重楼等）。
⑤ 茶肥间作：茶叶–绿肥植物（紫云英、三叶草等）。
⑥ 茶与绿化植物间作：茶叶–银杏、紫薇、桂花、玫瑰等。

3. 茶园间作应注意的问题

（1）不宜间作太杂

茶园间作植物虽好，但具体到每一块茶地时，间作植物的种类不宜太杂，一般一块茶地间作1~2种植物即可，否则不利于生产管理。

（2）不宜间作过密

茶园间作植物的种植密度，要视植物的生长习性而定，一定不能太密。一般情况下，对于干性强的植物，如黄柏，每亩地不超过20株；对于干性弱、分枝力强的植物，如桂花树，更要注意种植密度，每亩茶地间作不能超过10株。

（3）幼龄茶园间作矮秆植物为宜

幼龄茶园不要种植过高的植物，以免影响茶苗生长。种植蔬菜、绿肥植物、土豆、红苕等矮型植物比较合适。

（4）成龄茶园间作干性强植物为宜

在成龄茶园间作植物，最好以干性强的植物为宜，如银杏、黄柏等；如果是种植干性弱、分枝力强的植物，应加强修剪枝条，以免枝条生长太多，影响茶树的生长。

（六）绿色防控

绿色防控是指从农田生态系统整体出发，以农业防治为基础，积极保护利用自然天敌，恶化病虫的生存条件，提高农作物抗虫能力，在必要时合理地使用化肥、农药，将病虫危害造成的损失降到最低。它是持续控制病虫灾害，保障农业生产安全的重要手段（图3–4）。

绿色防控，可以大大减少化肥、农药的用量，是实现农业农村部提出的"双减"计

图 3-4 洪雅茶园绿色防控

划的重要途径。绿色防控既可保证农作物的产量，又提高了农产品的品质。

1. 生物多样性

在茶园，最能体现生物多样性的栽培模式就是茶园间作。需要补充说明一点，山区有许多茶园都是开荒建造的，种茶时应适当保留一些原有的较大的树木，这样既增强了茶园田边地坎的牢固性，同时也增加了茶园的生物多样性。

2. 中药农药

中药农药属生物农药范畴，是生物农药中的植物源农药。中药农药利用某些中草药对植物具有防病控虫的机理来进行植物病虫害防控。中药农药可以是一种中草药有效成分的提取物，也可以是多种中草药的提取物配方。目前，国内研究中药农药的机构并不多，比较有名的是兰州交通大学天然药物开发研究所，洪雅是与该研究所合作较早的茶叶县。

该研究所创制的中药农药"世创植丰宁"，获得了甘肃省科技进步一等奖。其在农业生产中的优异表现以及将中药的应用拓展到农业上的示范意义，先后被新华社、人民日报、中央人民政府网站、甘肃日报、农业科技报等权威媒体进行了广泛报道。该产品主要在甘肃陇南和四川洪雅进行了广泛的试验示范和推广，洪雅自2018年以来连续5年在茶树上应用世创植丰宁，推广面积5000多亩，取得了比较好的应用效果，特别是对茶小绿叶蝉的发生能起到较好的控制作用。

中药农药除了能有效防控植物许多病虫害外，还具有以下几大显著特点。

① 非常生态环保：中药农药来源于中草药，所以对环境很友好，对人畜相当安全，是一类非常生态环保的具有先进性和创新性的高级生物农药。

② 不易产生抗药性：与化学农药相比，中药农药性能更加稳定，不易使病虫产生抗药性。

③ 增加作物产量：中药农药应用作物比较广泛，蔬菜、中药材、马铃薯、茶叶等几乎所有粮经作物都能应用。实践证明，应用中药农药能增加作物产量15%左右。

④ 提高作物品质：中药农药本身就是一种有机营养物质，能增加作物有效成分的含量。在茶叶上使用中药农药，能使茶叶内含物明显增加，改善茶叶的品质口感。

⑤ 增强作物抗逆力：中药农药能显著增强作物的抗逆力。近年来，洪雅县茶树上使用中药农药植丰宁后，茶叶抗日灼病的效果非常明显。

另外，由于茶叶对中药农药的吸收速度比化学农药相对慢些，所以在使用中药农药时，如果喷施后4个小时内遇降水，一定要适时补施中药农药，确保防治效果。

3. 以螨治螨

捕食螨是指一类专门捕食害螨、蚜虫、蚧壳虫、蓟马等小型害虫和害螨的益螨总称，为害螨的捕食性天敌。捕食螨属蜱螨亚纲寄螨目，其主要种类包括：尼氏纯绥螨、东方钝绥螨、胡瓜钝绥螨等捕食性螨类。

最早应用捕食螨是在21世纪初，当时由四川省植保站从福建省农业科学院植物保护所引进并应用于彭山、青神的柑橘树上，防治柑橘害螨红、黄蜘蛛，取得了非常好的效果。2008年，洪雅是四川省内首次将捕食螨拓展应用于茶树上的县，用捕食螨对茶树害螨茶跗线螨（亦称"茶黄螨"）进行防控，取得了良好的效果。

从外地引进的捕食螨在洪雅茶树上应用几年后，也发现了一些问题：由于福建气候属于南方沿海气候，和西部四川内地气候差别很大，引进的捕食螨，抗寒能力弱，在冬天大多都死亡了。好在近年来，针对这一实际问题，市场上终于有了能在本地过冬的捕食螨。

4. 生物农药

（1）生物农药的概念

生物农药是指利用生物活体（真菌、细菌、昆虫病毒、转基因生物、天敌等）或其代谢产物（信息素、生长素、萘乙酸、2,4-D等）针对农业有害生物进行杀灭或抑制的制剂。

（2）生物农药的优点

① 选择性强，对人畜安全：市场开发并大范围应用成功的生物农药产品，它们只对病虫害有作用，一般对人、畜及各种有益生物（包括动物天敌、昆虫天敌、蜜蜂、传粉昆虫及鱼、虾等水生生物）比较安全，对非靶标生物的影响也比较小。

② 对生态环境影响小：生物农药控制有害生物的作用，主要是利用某些特殊微生物或微生物的代谢产物所具有的杀虫、防病、促生功能。其有效活性成分完全存在和来源于自然生态系统，它的最大特点是极易被日光、植物或各种土壤微生物分解，是一种来

于自然、归于自然的正常物质循环方式，对自然生态环境安全、无污染。

③ 诱发害虫患病：一些生物农药品种（昆虫病原真菌、昆虫病毒、昆虫微孢子虫、昆虫病原线虫等），不但可以诱发当年当代的有害生物患病，而且对其后代或者翌年的有害生物种群起到一定的抑制作用，即后效作用明显。

④ 有效利用农副产品：生产生物农药主要利用天然可再生资源（如农副产品的玉米、豆饼、鱼粉、麦麸或某些植物体等），原材料的来源十分广泛，不会消耗不可再生资源（如石油、煤、天然气等）。

（3）生物农药的类型

根据生物农药的来源，可以将生物农药分为植物源农药、动物源农药、微生物源农药三大类型。

① 植物源农药：植物源农药凭借在自然环境中易降解、无公害的优势，现已成为绿色生物农药首选之一。它主要包括植物源杀虫剂、植物源杀菌剂、植物源除草剂、植物源光活化毒素等。自然界已发现的具有农药活性的植物源杀虫剂有博落回杀虫杀菌系列、除虫菊素、烟碱和鱼藤酮等。

② 动物源农药：动物源农药主要包括动物毒素（蜘蛛毒素、黄蜂毒素、沙蚕毒素等）、昆虫激素（保幼激素、蜕皮激素等）、昆虫信息素（性诱剂等）和害虫天敌（草蛉、瓢虫、赤眼蜂等）。

动物源农药主要分为两类：一种是直接利用人工繁殖培养的活动物体，如寄生蜂、草蛉、食虫食菌瓢虫及某些专食害草的昆虫，以杀死农作物上的病虫害；另一种是利用动物体的代谢物或其体内所含有的具有特殊功能的生物活性物质，如昆虫所产生的各种内、外激素。这些昆虫激素可以调节昆虫的各种生理过程，以此来杀死害虫或使其丧失生殖能力、危害能力等。

③ 微生物源农药：微生物源农药是利用微生物或其代谢物作为防治农业有害生物的生物制剂。其中，苏云金菌属于芽孢杆菌类，是目前世界上用途最广、开发时间最长、产量最大、应用最成功的细菌生物杀虫剂；昆虫病源真菌、昆虫病源病毒杀虫剂也在生产上大量应用。

（4）生物农药的典型品种

① 病毒类：蟑螂病毒、斜纹夜蛾核型多角体病毒、甜菜夜蛾核型多角体病毒、菜青虫颗粒体病毒、苜蓿银纹夜蛾核型多角体病毒、棉铃虫核型多角体病毒、茶尺蠖核型多角体病毒、松毛虫质型多角体病毒、油尺蠖核型多角体病毒。

② 细菌类：球形芽孢杆菌、苏云金杆菌、地衣芽孢杆菌、枯草芽孢杆菌、蜡质芽孢杆菌、荧光假单胞杆菌。

③ 真菌类：白僵菌、绿僵菌、淡紫拟青霉菌、蜡蚧轮枝菌、韦伯虫座孢菌、木霉菌。

④ 微生物代谢物：阿维菌素、伊维菌素、氨基寡糖素、菇类蛋白多糖、多抗霉素、

井冈霉素、嘧啶核苷类抗菌素、宁南霉素、浏阳霉素、农抗120、C型肉毒素。

⑤植物提取物：苦参碱、藜芦碱、蛇床子素、小檗碱、烟碱、印楝素。

⑥昆虫代谢物：蟑螂信息素、诱虫烯、诱蝇酮。

⑦复方制剂：苏云金杆菌+昆虫病毒、蟑螂病毒+蟑螂信息素、井冈霉素+蜡质芽孢杆菌。

（5）生物农药在茶叶上的应用

使用多抗霉素（多氧清、多氧霉素），防控茶树褐色叶斑病、云纹叶枯病、炭疽病、茶饼病；使用苦参碱、藜芦碱、印楝素、鱼藤酮，防控茶蚜、小绿叶蝉等；使用核型多角体病毒制剂、BT乳剂、白僵菌粉剂，防控茶尺蠖、茶毛虫、茶蓑蛾等鳞翅目害虫；使用浏阳霉素、捕食螨，防控茶黄螨；使用植丰宁、捕食螨，防控茶小绿叶蝉、茶蓟马。

此外，洪雅县在茶园养鹅除草、放鸡吃虫，针对减轻茶园病虫害探索出了一些比较成功的经验。特别是养鹅除草这一技术经验，是洪雅在四川省有机茶园害虫防控中的首创。

（6）生物农药使用注意事项

生物农药既不污染环境、不毒害人畜、不伤害天敌，也不易诱发抗药性的产生，是目前大力推广的高效、低毒、低残留的绿色生态环保型农药。但是，使用生物农药必须注意温度、湿度、太阳光和雨水四大气候因素。

①掌握温度，及时喷施，提高防治效果：生物农药的活性成分主要由蛋白质晶体和有生命的芽孢组成，对温度要求较高。因此，生物农药使用时务必将温度控制在20℃以上，一旦低于最佳温度喷施生物农药，芽孢在害虫机体内的繁殖速度十分缓慢，而且蛋白质晶体也很难发挥其作用，往往难以达到最佳防治效果。试验证明，在温度20~30℃条件下，生物农药防治效果比在10~15℃时高1~2倍。为此，务必掌握最佳温度，确保喷施生物农药防治效果。

②把握湿度，选时喷施，保证防治质量：生物农药对湿度的要求极为敏感。农田环境湿度越大，药效越明显，特别是粉状生物农药更是如此。因此，在喷施细菌粉剂时务必牢牢抓住早晚露水未干的时候，在蔬菜、瓜果等食用农产品上使用时，务必使便药剂能很好地黏附在茎叶上，使芽孢快速繁殖，害虫只要一食到叶子，立即产生药效，起到很好的防治效果。

③避免强光，增强芽孢活力，充分发挥药效：太阳光中的紫外线对芽孢有着致命的杀伤作用。科学实验证明，在太阳直接照射30分钟和60分钟，芽孢死亡率竟会达到50%和80%以上，而且紫外线的辐射对伴孢晶体还能产生变形降效作用。因此，避免强的太阳光，增强芽孢活力，才能发挥芽孢治虫效果。

④避免暴雨冲刷，适时用药，确保杀灭害虫：芽孢最怕暴雨冲刷，暴雨会将蔬菜、

瓜果等作物上喷施的菌液冲刷掉，影响对害虫的杀伤力。如果喷施后遇到小雨，则有利芽孢的发芽，害虫食后将加速其死亡，可提高防治效果。为此，要求各地农业技术人员指导农民使用生物农药时，要根据当地天气预报，适时用好生物农药，严禁在暴雨期间用药，确保其杀虫效果。

5. 黄色粘虫板

黄色粘虫板是利用某些害虫对黄色的趋性，从而起到诱集粘杀的作用。黄色粘虫板在茶园里对茶蚜、小绿叶蝉、黑刺粉虱等一系列小型害虫，诱集粘杀效果非常显著，现已广泛应用。

（1）黄粘板的类型

① 原始黄粘板：茶园应用黄粘虫板已有15年的历史。最早是在2008年夏季，当时由洪雅县农业局植保站用土办法制作了一批来试验：购买装饰材料用的三层胶合板，锯成30cm×20cm的小块，然后在板块两面先刷一层黄色油漆，待油漆干后再刷一层黄油，最原始的黄粘板就做成了。这种黄粘板虽然能粘到一些害虫，但缺点太多，如生产复杂、太笨重、粘虫不多，并且太阳一晒黄油就化了。后来，这种自制的原始黄粘板就迅速停用了，但洪雅对原始黄粘板的研究为以后黄板粘虫的推广应用进行了建设性探索。

② 塑料黄粘板：2008年秋，茶园开始应用工厂化生产的塑料黄粘板。这种黄粘板非常轻便，粘虫也比较多，效果比原始自制的黄粘板好多了。但它粘虫没有选择性，许多瓢虫、草蛉等益虫也被粘杀了，并且塑料也不环保。

③ 性诱黄粘板：2010年，茶园开始应用改良型的塑料黄粘板，也就是在原有黄粘板的基础上，添加了性诱剂，也称性诱黄粘板。这种黄粘板粘虫具有选择性，诱杀效果精准，但没有解决塑料的环保问题。

④ 三诱黄粘板：2012年，三诱黄粘板问世了。茶园开始应用具有色诱、性诱、食诱的三诱黄粘板。这种黄粘板是在性诱黄粘板的基础上，人工添加了茶叶害虫的食诱物质，增加了诱粘害虫的效果，但仍未解决塑料的降解问题。

⑤ 环保选择性黄粘板：2015年，茶园开始应用高科技黄粘板防控茶园害虫，这类黄粘板以中国工程院院士陈宗懋茶叶团队研发的产品为代表，既具有三诱性，同时又在黄粘板选材上使用降解性的材料来制作，解决了黄粘板的降解问题，且粘虫效果好，具有选怪性，即只粘害虫，不粘益虫。这类黄粘板被称为环保选择性黄粘板。

由此可见，黄色粘虫板经历了"原始黄粘板—塑料黄粘板—性诱黄粘板—三诱黄粘板—环保选择性黄粘板"的发展历程。

（2）黄粘板使用要领

① 视茶园害虫发生程度而定，亩用黄粘板20~30张，以30cm×20cm规格较好，过大易被风吹对折，过小粘虫数量减少。

②插黄粘板时,黄粘板下沿一定要高出茶树蓬面15cm左右,且黄粘板的板面应垂直于茶树行向。

③宜在春、秋两季各插一次,粘虫效果更好(3月份一次,8月份一次)。

6. 诱虫灯

诱虫灯的应用历史更长,在20世纪70年代就开始应用于稻田,那时叫作紫光灯,主要诱杀水稻螟虫。在茶园上的应用,最早出现在21世纪初,当时用的是人工有线电源,连诱虫灯的开关都需要人工亲自操作,每天跑来跑去,十分不方便,也不安全。

2005年,茶园开始应用有线电源的频振式杀虫灯,并采用智能开关,解决了每天人工操作的麻烦问题。

2007年,茶园开始应用太阳能杀虫灯,不需要有线电源,采用太阳能板白天吸收光能转化为电能并贮存,晚上智能开关一开,灯亮开始工作。太阳能诱虫灯使用方便、安全性好、防控效果佳,特别是对鳞翅目害虫(茶尺蠖、茶毛虫、茶蓑蛾等)的成虫,具有十分显著的诱杀效果。

安装太阳能诱虫灯需要注意一些问题:如果是独立的一个茶园,最好把太阳能灯安装在茶园的外围,以便将茶园内的害虫吸引出来;否则,很容易将茶园周围的害虫反引到茶园,反而加重了对茶园的为害,这是洪雅最早的有机茶企业之一屏羌有机茶厂在2010年总结出来的经验。

如果是大面积连片的散户茶园,应按太阳能诱虫灯规格的大小和需要防控茶园的面积,具体确定安装太阳能诱虫灯的数量,以达到有效防控。

(七)冬管封园

1. 茶树封园作用

冬管茶树封园可以有效降低茶园病虫越冬基数,减轻来年病虫的发生为害程度,降低农药的使用次数和数量,增强茶树的抗逆力,促进茶叶健壮生长,使来年茶芽早发、快发、多发、壮发,提高茶叶的产量和品质。茶界有句行话"一年之计在于冬",足以道出茶树冬管封园对茶叶生产的重要性。

2. 茶树封园时间

一般在10—11月,当日平均气温在15℃左右,即可开始进行封园。

3. 茶树封园方法

茶树封园历经"修剪—施肥—喷药"三步,逐项实施完毕,顺序不能混乱,否则极不利于操作。

第一步:修剪,将茶树蓬面进行轻修剪,修剪要求整齐,通风,长透光,并修剪出宽30cm左右的茶行走道,以利于茶园的生产管理操作。

第二步:施肥,重施有机肥,结合施用含氮量高的化肥。有几种基肥施肥方案可供参考,任选其中一种即可。

①亩施腐熟的油枯200斤+尿素20斤。

②亩施商品有机肥、茶树专用复合肥,各1包。

③亩施超浓缩有机肥绿泰克20斤+尿素20斤。

上述施肥方案中,两种肥料混匀后,均匀撒在滴水线附近,如有条件开沟施后进行覆盖,减少肥分的损耗,提高肥料利用率,效果会更佳。

第三步:喷药,可以使用石硫合剂,也可以使用松碱合剂,现以石硫合剂为例来说明。

用1:2:10比例(石灰:硫黄:水)熬制石硫合剂,过滤、冷却后兑水喷雾。每亩喷3桶药水,每桶用石硫合剂0.5斤,加满水搅拌后均匀喷雾。

4. 封园注意事项

①太早温高发芽易冻死;太迟温低防治病虫差,茶树不能吸肥料过冬。

②石硫合剂与松碱合剂都属强碱性农药,不能与其他农药混用;采茶季节禁止使用,否则茶叶易受药害且硫含量超标。

③做到喷雾均匀,千万不留死角。

(八)茶树追肥

1. 催芽肥

春茶萌芽前(立春前后),亩用有机富泰克1斤+尿素30斤(或茶树专用复合肥80斤),均匀施肥(冬干春旱则兑水浇施更好);叶面兑水喷施修泰克40mL。

2. 产后肥

春茶生产结束后(立夏前后),亩用有机富泰克1斤+茶树专用复合肥120斤,均匀施肥(或兑水浇施);叶面兑水喷施舒泰克50g。

3. 稳树肥

夏茶生产结束后(立秋前后),亩用有机富泰克1斤+茶树专用复合肥80斤,均匀施肥(或兑水浇施)。

(九)茶树开花现象

茶树开花一直是广大茶农非常关心的问题。茶树开花到底对茶树有没有影响?答案是肯定的:有影响,但不大。因为现在的茶树绝大部分都是无性繁殖而成的良种茶树,其开花后是结不了果实的,简称"花而不实"。茶树开花对树体的营养消耗,并非人们想象那么大。茶树开花原因众多,情况复杂,归纳起来大致有以下几类。

1. 品种因素

不同茶树品种,其开花程度不一样。如安吉白茶开花很多,一到冬季,安吉白茶的茶园就成了花园。福选9号也易开花,福鼎大白、名山131等开花相对少些。

2. 土壤因素

土壤过湿，茶树容易开花，特别是在九十月份；如果雨日多，茶园田间湿度大，茶树就很容易开花。当然，在过于干燥的山坡地带茶园，茶树要适应其比较恶劣的干旱环境，为了完成其世代生长发育，也容易开花。还有，土壤中磷元素含量较高，也易使茶树开花。

3. 肥料因素

长期大量使用复合肥（化肥）的茶树，容易开花。如果在茶园增施有机肥，特别是生物有机肥，可以有效减少茶树开花的数量。茶园用肥中，如果含磷量比较大，茶树容易开花。所以，施用低磷或无磷的生物有机肥，或补充氮肥，或施用溶磷菌肥液，对控制茶树开花效果好。

4. 激素因素

如果长期频繁施用茶叶催芽素，会使茶叶生长过快，茶叶生长发育过度，茶树也易开花。

（十）茶树鸡爪枝

一般来说，管理好的茶园，茶树的树龄要在12年以上才开始形成鸡爪枝。但是，有些茶园管理不善，其茶树的树龄还不到10年，甚至只有七八年，就已经产生了很多的鸡爪枝。究其原因，主要还是因为施肥不当。在春茶采摘结束后，对鸡爪枝多的茶地，进行深修剪或重修剪，将鸡爪枝剪除。

1. 施肥种类不当

生产中，很多茶农长期大量施用复合肥，忽视了有机肥的使用，对生物有机肥了解更少，在施肥种类上就选择不当，是非常不科学的。

复合肥与碳铵、尿素等单质化肥相比，只是营养元素更多些而已，但它毕竟还是属于化肥。所以，长期大量使用复合肥，就会使土壤越来越板结，土壤的保肥保水和供肥供水能力就大大减弱，土壤结构受到严重破坏；有的茶地pH值已经降到了4以下，酸化到了种茶极限；茶树很难吸收到所需养分，导致茶树枝条细弱，鸡爪枝增多。

2. 施肥方法不当

在茶叶施肥上，绝大多数茶农不习惯开沟覆土施肥，觉得麻烦费工，都喜欢将肥料直接撒施在茶地里。这样的施肥方式导致肥料利用率特别低，经过日晒雨淋、流失挥发后，土壤对肥料的利用率还不到30%，大部分都损耗了，这也是鸡爪枝增多的主要原因。

3. 改变茶农施肥习惯

要改变茶农不好的施肥习惯，最好的办法就是在茶地开沟覆土施肥，这样才能减少肥料的损耗，提高茶树对肥料的利用率。即在茶树滴水线附近开浅沟（10cm左右），然后把肥料施入沟内，再用土覆盖。这样可以把土壤的肥料利用率提高到70%以上，与传统施肥的效果存在着很大的差别。

人工开沟施肥是有点困难，但现在茶园松土施肥机正在推广，能极大地减轻劳动强度。

（十一）有机茶园管理

有机茶园的管理非常特殊，不能施用任何化学农药和化学肥料，即使要用农药与肥料，也只能使用经过有机认证的生物农药和有机肥。

虽然有机茶园在管理上不使用化学农药和化学肥料，但是并不意味着有机茶园的生产成本比普通茶园低。现实中，有机茶园的生产管理成本反而远远大于普通茶园，几乎是普通茶园的3倍。有机茶园高昂的生产成本来自人工除草费用巨大。据洪雅县茶叶中心2021年开展的有机茶调查显示，平均每亩有机茶园人工除草成本在6000~8000元。另外，有机茶园的产量较低，一是由于有机茶园一般都在海拔千米左右的高山上，日照少、气温低，茶叶生长期短且生长非常缓慢。二是许多有机茶园连生物农药和有机肥都没有使用，完全属于掠夺式生产，产量必然逐年下降。因此，人工除草成本巨大、有机茶叶产量很低，成为制约有机茶发展最主要的因素。

那么，有没有办法让有机茶生产成本降低、产量得到提升呢？现提供一些有机茶园管理的技术措施，供有机茶生产基地参考。

1. 有机茶园草害的控制

控制有机茶园的草害，可因地制宜在茶园行间适当种植一些其他作物，如油菜、大豆、绿肥、蔬菜等；可以铺盖降解环保型防草膜控制草害；可以使用生物除草剂控制草害；可以将修剪掉的茶树枝叶，铺在茶树行间，减少茶园草害的发生。

2. 有机茶园病虫害控制

有机茶园一般都处在高山上，病虫害相对坝丘区茶园少许多，因茶园湿度很大，茶饼病相对比较突出。防控茶饼病，可使用经过有机认证的生物杀菌剂。

3. 有机茶园的施肥问题

如果有机茶园不施用任何肥料，茶叶产量就会逐年下降，最后导致茶企亏损，显然这不是我们做有机茶的目的。发展有机茶，既要满足社会上的这部分高端需求，同时也要让有机茶生产者获得应有的利益。只要我们认真选好了适用于有机茶生产的肥料（经过有机认证的有机肥），按照茶叶生长的需肥规律进行科学施肥，就一定能够在以前的基础上大幅度提高有机茶的产量，从而获得更高的经济效益。

（十二）种养循环

种养循环是生态农业的一种形式，也叫"生态循环种养"。它是利用生物链原理，提高投入品经济效益和生态效益的现代农业生产方式。种养循环有两大特点：首先就是"零排放"，即不排放污染物，对环境非常友好；其次就是"高效率"，让原本为废物、污染物的物质变成了有价值的农业生产资料。

2015年，农业部首次提出农药化肥"双减"计划，以提质增效为目的，促进农民增收致富。"双减"计划中的减肥行动，就是要减少化学肥料的使用量。从理论上讲，减少化学肥料用量，肯定会影响作物的产量，但我们通过先进的施肥方法，提高化肥的利用率，同时增施有机肥；用有机肥替代部分化肥，最终实现减少化肥而产量不减并提升茶叶质量的目标。

1. 种养循环的利用途径

（1）建有机肥厂

利用畜禽养殖场产生的大量粪便，通过干湿分离、除臭、发酵、干燥等技术手段，生产有机肥。

（2）养鸡放鹅

在茶园放养鸡鹅，养鹅除草、放鸡吃虫，同时鸡鹅排出的粪便又回到茶园，肥沃了茶园土壤。

（3）沼液灌溉茶园

在养殖场修建沼液池，处理大量畜禽粪便；在茶园铺设沼液运输管道，需要施肥或抗旱时，打开阀门，对茶园进行沼液灌溉。

2. 洪雅茶园种养循环模式的应用

洪雅县内有一家年产上万吨的有机肥厂，消化了养殖场大量的畜禽粪便，所产的有机肥不仅用于本县茶园，还广泛用于县内外的其他粮经作物。另外，洪雅县东岳镇境内的蒙牛养殖场的粪便处理后，经过青衣江底过江管道，灌溉茶果粮经作物上万亩，这一经验央视曾经报道过。

在茶园放养鸡鹅，特别是养鹅除草是洪雅茶叶的创新技术。早在2010年，这项技术就在洪雅平羌有机茶基地（柳江镇余沟村）开始实施。鹅主要取食茶园的杂草，茶园养鹅既控制了茶园的草害，同时养出的鹅非常生态，肉质鲜美、口感极佳，也增加了茶园的经济效益。

沼液灌溉在洪雅个别茶园已经应用十多年了，正容白茶基地和青杠坪茶客空间都是应用较早的地方。但也有一些问题不太好解决，主要是因为动物饲料中含有盐分，而随着茶园使用沼液的增多，动物粪便中盐分的不断累积，会对茶叶生长产生影响，致使茶叶生长缓慢。在茶园生产实践中，茶农反映，在沼液中添加一些微量元素肥料，会起到一定的缓解作用。

（十三）茶园机械化管理

茶园机械化管理内容广泛，一般包括机器采摘、机器修剪、机器施肥、机器喷药、机器除草和机器灌溉等。随着农村劳动力越来越紧张，茶园管理的人工成本也越来越高，推广应用茶园的机械化管理就显得更加迫切和重要。

1. 机器采摘

目前生产上普遍使用的是采摘大茶（三叶以上）的机器，采摘的茶叶主要用于黑茶和出口茶的生产。市场上也有一些可以采摘独芽的可供单人操作的小型机械，但采茶速度慢，有的还没有采茶能手采得快，推广不出去。随着科技的发展，相信在不久的将来，会出现高效独芽采摘机器。

2. 机器修剪

21世纪初，茶农大部分还使用的是园艺水平剪来进行茶树修剪。2005年以后，国内许多厂家生产了茶树修剪机器，机器修剪逐渐开始推广应用；到2010年茶园就基本实现了全部机器修剪，极大地提高了生产效率。茶树修剪机的种类也多，有单人修剪机、双人修剪机，有国产的，还有进口的。特别是日本生产的修剪机，虽然价格高（几乎是国产的2倍），但电机不易发热，刀片锋利耐用，修剪质量非常高，被茶农广泛应用。

3. 机器施肥

该项技术早在20世纪就已出现，但在茶园上使用是在21世纪初。理论上讲，机器施肥具有综合功能，除施肥外，还可以除草和松土，并对肥料进行了深施和覆盖，减少了肥料的损耗，促进了茶树根系的吸收，提高了肥料的利用率，效果非常好。但生产中，由于大部分茶园都是2000年左右发展起来的，当时的种植密度普遍太高，很不适宜机械操作。所以，机器施肥这项很好的技术，并没有在茶园得到更好的推广应用。2015年以后，凡是更新或新发展的茶园，在栽种密度上都进行了调整，就是考虑到要利于机械化操作。

根据目前茶园的状况，单人操作的小型松土施肥除草机，非常适用于茶园机器施肥，有很好的市场前景。

4. 机器喷药

机器喷药效率非常高，特别适用于大面积成片茶园的操作。机器喷药的方式也很多，常见的有以下种类。

（1）静电电动喷雾机

使用时只需要打开开关就可以直接喷雾，不像手动喷雾器那样用手不停地摇动，非常省力，但缺点是作业速度较慢，每人每天作业5亩左右，适用于散户作业。

（2）机动喷雾器

作业速度较快，每人每天可作业20亩左右。机动喷雾器气流冲击力量大，对茶树中下部病虫防治比较到位；适用于茶树种植面积在10亩以上的家庭作业。

（3）自走式喷雾器

作业速度很快，每人每天可操作50亩以上。由于机械体积较大，适宜于交通方便，特别是生产便道标准的茶园进行操作。

（4）无人机喷雾

又叫"飞机防治"，简称"飞防"。飞防需要专业技术人员操作，且要求茶园里没有太多高大的树木、电线杆等。飞防的防治速度相当快，每天可防治面积有上百亩，对茶园大面积发生的叶面病虫，如小绿叶蝉、蚜虫、茶尺蠖等尤为适用。飞防是目前最先进的机器防治，近年来在许多地方开始应用。

5. 机器除草

幼龄茶园由于裸露地表面积大，杂草生长较多，如果采用人工扯草，很容易损伤茶苗根系，一旦遇上干旱天气，极易造成茶苗死亡。为避免以上问题可以采用园艺除草机进行除草，但使用时要注意防止伤到茶苗。

6. 机器灌溉

有条件的大型茶园可以安装水肥一体化设施，实行机械灌溉。实践证明，水肥一体化设施结合自动喷灌，解决茶园抗干旱和合理用水需求非常高效。

（十四）极端天气应急防控与补救措施

近年来，极端天气对洪雅县茶叶生产确实造成了不小的影响，特别是低温冻害、高温干旱等极端天气表现突出。春季高温出现"白茶不白、黄茶不黄"的现象；夏旱或伏旱导致夏、秋茶产量下降，并对树势造成一定的损伤。

1. 茶园低温应急防控及补救措施

（1）覆盖防冻

用无纺布、地膜或遮阳网等材料，直接覆盖到茶树蓬面。覆盖时要高出蓬面10~20cm，待气温回升后，及时拆除覆盖物。

（2）排水防冻

理通茶园围边沟、十字沟、厢沟，及时排除茶园中积水，防止土壤根系因结冰而受伤。

（3）行间铺草

在茶树行间，铺上稻草、玉米秆、茶枝、绿肥等，起到保暖土壤、提高土温的作用。

（4）培土施肥

幼龄茶树根系不发达，应加强对幼龄茶树根部覆土，保护好根系。茶树封园时要重施基肥，并且增施有机肥，改良土壤，使土壤更加疏松；增加土壤的保水保肥性能，提高茶树的抗寒能力。

（5）加固苗棚

加固茶棚支架，寒潮来前盖膜保护茶苗，避免下大雪压坏茶棚；同时还可以防冰雹。若茶树根系受冻，要等根系恢复后，才能进行追肥。根系恢复的标志就是茶树长出新叶片，并完全展开成熟。受冻后的茶园，要及时修剪掉茶树枯枝叶，并补栽因冻损坏的茶苗。

2. 茶园春旱应对措施

根据茶树生长时期，茶园分为幼龄茶园和成龄茶园。两类茶园春季抗旱管理有所不同。判断土壤是否干旱的方法：用手抓一把土，捏紧后松开不能成团则为干旱。

（1）幼龄茶园应对措施

3年以内的茶园都称为"幼龄茶园"。幼龄茶园又分两种情况：一种是新植的茶园，另一种是2年或3年生茶园。

① 新植茶园：该类茶园根系很弱或尚未形成新根，极易受天气干旱影响脱水死苗，应加强抗旱管理，勤于浇水（只浇清水），保持土壤湿润。

② 2年或3年生茶园：该类茶园一般根系不是很发达，也要注意加强抗旱管理。春茶萌芽前（立春前后），亩用富泰克0.5斤+尿素15斤（或茶树专用复合肥40斤）兑水浇施；若再结合叶面兑水喷施修泰克20mL，效果更好。

（2）成龄茶园应对措施

春茶萌芽前（立春前后），亩用富泰克1斤+尿素30斤（或茶树专用复合肥80斤）均匀撒施后，浇水浸灌；若再结合叶面兑水喷施修泰克40mL，效果更好。该方法能促进茶芽早发、多发、壮发，同时起到茶园抗旱作用。

3. 茶园高温干旱应急防控及补救措施

（1）高温干旱应急防控

① 植物抗旱：在茶园适当间作其他树种，如银杏、黄柏、桂花等；还可以在茶树行间秋季撒菜籽，春季待油菜谢花后播种大豆。

② 物理抗旱：给茶园盖上遮阳网，降低茶园温度；早晚对茶园进行喷水散热，在茶树行间铺上秸秆放水灌溉。

③ 施肥抗旱：待旱情缓解后，在茶园喷施高浓缩的有机营养液富泰克、植丰宁等，增强茶树的抗旱能力。

（2）补救措施

干旱缓解后，适当修剪受旱重的茶树，剪到干枯处下2cm。待茶树恢复生长后，亩施平衡型复合肥30斤左右，幼龄茶园减半。封园时，亩用200斤油枯+20斤尿素，或商品有机肥、茶树专用复合肥各1包，或20斤绿泰克+20斤尿素。

（十五）绿色茶园综合管理技术措施

1. 冬季封园

茶树冬季封园能有效控制来年茶叶病虫害发生，并提高茶叶的品质，具体作用体现在：减少茶叶病虫害发生数量，降低病虫害发生程度；减少用药次数和用药量，降低茶叶农药残留和用药成本。因此，冬季封园是确保茶叶质量安全、提高茶叶经济效益的一项费省效宏的茶园管理重要技术。

茶树冬季封园一般在立冬前后，日平均气温15℃左右进行。封园可全面防治茶叶螨类、蚧类、黑刺粉虱、小绿叶蝉、炭疽病、茶饼病、煤烟病等多种越冬病虫害，大量减少来年病虫发生基数。基本可以实现茶园在清明节前不施任何农药，全年用药量减少三分之一左右，从而有效控制茶叶农药残留，提高茶叶品质和确保茶叶质量安全。冬季封园可按以下步骤操作。

（1）修剪清园

茶叶多种病虫害在茶叶的枯枝落叶、病虫枝叶上越冬。结合茶园冬季修剪措施，剪出茶园30cm左右宽度的走道，剪掉茶树蓬面15cm左右厚度的枝叶，剪除病虫害严重枝，将园内枯枝落叶以及修剪下来的枝叶全部清理出茶园，并集中妥善处理。

（2）施足底肥

施底肥时以有机肥为主，结合施用茶树专用复合肥。亩施绿泰克10公斤（或油枯100公斤，或商品有机肥80公斤）加茶树专用复合肥40公斤，翻土后沟施或穴施。

（3）喷药封园

喷药封园时使用松脂酸钠可溶粉剂（或晶体石硫合剂）产品，兑水200倍喷雾封园，重点喷施茶树的中下部；若用熬制的石硫合剂，则兑水50倍喷雾。10天后再喷一次，封园效果更好。

2. 茶园春管

（1）勤采春茶

春茶要采得勤才发得好，勤采春茶可使茶叶产量增加。勤采春茶还可直接带走茶叶上的部分害虫。

（2）追头道肥

在2月份，亩用尿素15公斤、硫酸钾约5公斤，将上述肥料混匀后，兑水500公斤，灌根浇施。若遇春季干旱，结合使用富泰克会效果更佳。

（3）病虫防治

茶树褐色叶斑病发病初期，用多抗霉素（多氧清）或甲基托布津防治。茶蚜致茶树百芽受害率达5%时，选用苦参碱、藜芦碱、印楝素、鱼藤酮中任一药剂防治。3月份防治茶尺蠖，4月份防治茶毛虫；对这些鳞翅目害虫的幼虫，均可使用病毒、细菌、真菌生物制剂，如核型多角体病毒制剂、BT乳剂、白僵菌粉剂等，防效很好。

（4）绿色防控

在3月份安插环保型黄板，诱集粘杀茶树有翅蚜虫、黑刺粉虱成虫；每亩地插25张（规格20cm×30cm），板面垂直于茶树行向，板下沿应高出茶树蓬面15cm左右。此外，绿色防控也可以使用太阳能杀虫灯或糖酒醋药液，诱杀茶尺蠖、茶毛虫等害虫的成虫。

3. 茶园夏管

（1）夏季重剪

树龄长、生长弱、鸡爪枝多的茶园，应采取夏季重修剪，剪掉蓬面以下30cm茶树部分，只留茶树几根主枝，使其重新生长发出侧枝以更新蓬面。此法还能有效防除茶树蚧壳虫和茶树煤烟病。

（2）及时追肥

第二次追肥在春茶采摘结束后的5月份，每亩用尿素约15公斤，兑水500公斤，灌根浇施。第三次追肥在秋季8月，每亩施尿素约15公斤，兑水500公斤，灌根浇施。若遇夏旱和伏旱，结合使用富泰克效果更佳。

此外，一般茶园比较缺乏中微量元素，追肥时添加含镁、铜、铁、锰、硼、锌、钼等元素的肥料，更利于茶树健壮生长。

（3）病虫防治

在茶树炭疽病发病初期（一般在春夏之交，6月份），用世高（苯醚甲环唑）防治。在夏季云纹叶枯病发病初期，用多抗霉素（多氧清）或甲基托布津防治。在五六月份，分别抓好茶树黑刺粉虱、小绿叶蝉的防治，可用苗虫葳、帕力特（虫螨腈）、阿克泰（噻虫嗪）、扑虱灵（噻嗪酮）、啶虫脒、吡蚜酮中任一药剂进行防治。另外，5月份还应加强茶黄螨的防治，可使用螨危、哒螨灵、帕力特中任一种药剂防治。

（4）绿色防控

在五六月份，安插环保型黄板，诱集粘杀茶树小绿叶蝉的成虫和若虫。

4. 茶园秋管

8月中上旬，正值茶树蚧壳虫幼蚧盛孵期，茶农应及时施药防治蚧壳虫，防治药剂与防治黑刺粉虱、小绿叶蝉的相同。8月中下旬是小绿叶蝉发生的第二高峰期，当平均百叶虫量达12头时，应及时施药进行防治并用黄粘板诱杀。9月，分别使用多氧清、螨危、白僵菌，兑水喷雾防治茶饼病、茶黄螨、茶尺蠖。

此外，绿色防控可利用生物多样性改善茶园生态环境（适当间种林、果、花、菜、药、桑、草、庄稼），还可通过以及养鹅除草、放鸡吃虫等措施，减轻茶园病虫害发生。

二、特色工艺

（一）瓦屋春雪

瓦屋春雪绿茶指以瓦屋山区域（地理坐标为东经102°49′~103°32′，北纬29°24′~30°00′）内的鲜叶为原料加工生产，经该品牌管理机构审定，许可使用瓦屋春雪品牌标识的绿茶产品。该产品的生产加工在《瓦屋春雪绿茶加工技术规程》中有明确的规定和要求。瓦屋春雪产品的制作工艺流程分手工加工工艺流程和机械加工工艺流程，手工加工工艺流程：鲜叶摊放—杀青—清风—揉捻—炒二青—复揉—理条—提毫—摊凉—足干；机械加工工艺流程：鲜叶摊放—杀青—揉捻—初烘—复揉—理条—整形提毫—摊凉—烘焙。

（二）洪雅黑茶

洪雅黑茶的前身为洪雅藏茶，又叫洪雅边茶，它与雅安藏茶的制作是一脉相承的。因为洪雅是茶马古道的重要分支，与藏茶之都雅安一衣带水，紧密相连，生态环境也有许多相似之处。

随着社会历史的发展，制茶工艺不断演变，消费者对藏茶的口感要求也产生了一些变化，特别是藏茶汉饮的推广，在传统藏茶制作的基础上，衍生出了许多系列的藏茶，洪雅黑茶就是其中的典型例子。

洪雅黑茶主要采用老川茶为原料，利用老川茶春茶采摘后新发出的初夏茶和处暑后的白露秋分茶，取其5叶左右老川茶枝叶，经过杀青、渥堆、发酵、烘干、成型等36道工序制作而成。

1. 企业概况

目前，在洪雅县境内主要有3家黑茶企业，都集中在交通方便的县城附近。3家黑茶企业分别是：洪雅县松潘藏茶厂（在洪雅县工业园区生态食品加工区）、洪雅县绿都茶业有限公司（在洪雅县工业园区生态食品加工区）、洪雅县千担山农业开发有限责任公司（在洪雅县余坪镇桐梓村）。

这三家黑茶企业都比较规范，有一定规模和产量。松潘和绿都两家茶企都有食品生产许可证（SC证），千担山黑茶企业的厂房标准化升级改造已经完成。全县大约还有20家生产量相对较小的黑茶加工作坊，分布在除洪川、瓦屋山、高庙镇外的9个镇。

2. 产销情况

洪雅县每年黑茶产量大约在6000t，其中，以上3家黑茶企业占了1/3。全县年产黑茶最多的企业为松潘藏茶厂，平均每年生产黑茶1300t左右，接近全县黑茶总产量的1/5。全县每年黑茶产值大约为6000万元，其中最多的也是松潘藏茶厂，年产值在1300万左右。

黑茶产品加工工艺复杂而特殊，保质期长，贮存较久，品质更好。洪雅县每年都有较大数量的黑茶库存，年库存量约1500t。

洪雅黑茶产品，主要为传统的紧压茶（康砖茶、金尖茶两大类）；另外，也有一小部分创新黑茶产品。

洪雅黑茶销售区域为西藏、青海、甘孜、西昌，主要为康藏地区，每年有5000t以上洪雅黑茶销往康藏；还有少量则销往湖南、广东一带。

3. 创新做法

非常值得一提的是，洪雅本地黑茶企业洪雅县千担山农业开发有限责任公司（简称"千担山公司"）。在黑茶的降氟、原料的选择以及新产品研发、加工设备的改进上均有不少新的建树。

千担山公司选用生态环境好的茶园和相对较嫩的原料,结合自己独特的制作工艺,对降氟起到了明显作用,产品氟含量稳定控制在了国家规定的300mg/kg以内;他们还选用高山有机老川茶为原料,做出了品质极佳的黑茶。另外,该公司在洪雅县茶叶产业服务中心的指导下,与四川省茶叶创新团队、四川旅游学院等单位开展技术合作,研发出独具特色的黑茶产品,除具传统菌香外还有花香和滋味甜醇的特点,研制出了带有茶树油香味儿的黑茶和加花类型的黑茶,效果非常好。公司产品远销西藏、湖南、福建等地,深受客户喜爱。

在黑茶制作的加工设备上,该公司研制出了鲜叶自动上料机并获得国家发明专利4项,极大地减少了用工成本,降低了劳动强度,原来需要5个人干的活,现在1个人就可以轻松解决。

在经营上,公司坚持走产业化道路,与广大茶农利益机制有效连接,带动周边茶农致富,为农业可持续发展走出了一条新路子。公司每年销售收入2000多万元,带动周边茶农平均每亩增收近千元。

(三)花香红茶

红茶是我国生产和出口的主要茶类之一,我国红茶有小种红茶、工夫红茶和红碎茶3种。17世纪中叶,武夷山首创小种红茶制法,小种红茶成为历史上最早生产的一种红茶。

2020年中国农业科学院茶业研究所在武夷山举办第一届全国红茶加工与品质评鉴研修班,在郭雅玲教授和陈金水老师以及四川茶叶创新团队李春华教授等指导下,研修班研发出了——花香型田锡状元红茶。

花香型田锡状元红茶的品质特征:条索紧结匀直,叶色乌黑润泽;花果香、甜香高锐持久;滋味鲜醇;茶汤花香明显,汤色金黄明亮;叶底红黄软亮。其基本加工程序:鲜叶—日光萎凋—抖青或荡青—室内自然萎凋—揉捻—发酵—烘干—筛分—提香。

1. 鲜叶原料

花果香型红茶原料一般为天府5号、天府6号、金牡丹、梅占、奶白茶、老川茶品种鲜叶。宜选择晴天10:00—16:00采摘,以晴天下午采摘为最佳,此时的鲜叶含水量少,易"消水着香"。根据等级标准选择一芽一叶、一芽二三叶或小至中开面的鲜叶,原料嫩度力求一致。

2. 日光萎凋

日光萎凋使鲜叶散失部分水分,叶质变柔软、韧性增强,便于荡青(或抖青);萎凋过程中鲜叶细胞液浓度变高、细胞膜透性增强、酶活性提高、大分子化合物部分分解,青草气部分消退,芳香物质部分形成。

在较弱日光条件下或遮阳网下进行日光萎凋，每平方米摊青1kg左右，当减重率6%~8%时，移入室内薄摊，摊凉1h左右，再进行日光萎凋，减重率6%~8%（总减重率15%~19%）；再移至室内进行摊凉，将日光萎凋叶摊放在室内萎凋筛上，每平方米摊青1kg左右，1~2h待青叶还阳（恢复原态）后进入下一道工序。忌全程日光萎凋。日光萎凋还应根据季节、气候、茶树品种、鲜叶含水量等因素进行"看青萎凋"和"看天萎凋"。

3. 抖青或荡青

抖青或荡青的时间长短视原料的老嫩、日光萎凋的减重率、室内萎凋间的温湿度和品种的发酵难易程度而定。

（1）抖青

将日光萎凋的一芽一叶或一芽二三叶放置于抖青机上，开机抖动，抖动频率100次/min。第一次抖动时间4s左右，原料越幼嫩，时间越短。奶白茶属易发酵品种，时间最短；老川茶品种属最难发酵品种，时间宜长；其他品种在两者之间。第1次抖青结束，将在制品摊放在萎凋筛上，厚度1cm左右，摊叶时间1.5h左右。第2次抖青时间12s左右，第2次抖青结束，摊叶厚度1cm左右，摊叶时间2h。第3次采用荡青，将在制品倒入可变速的荡青机中，转速2r/min，荡青5~15min后，将在制品摊放在萎凋筛上，厚度2cm，进入室内自然萎凋。抖青适度为叶面由绿色转黄绿色。

（2）荡青

将日光萎凋摊凉后的小至中开面的原料倒入可变速的荡青机中，转速10r/min，荡青时间的长短视品种发酵的难易程度而定。第1次荡青时间2~3min，荡青结束，将在制品摊放在萎凋筛上，厚度1.5cm左右，摊放时间1~1.5h。第2次荡青机转速15r/min，荡青时间5~7min，下机摊放时间2h，厚度1.5cm左右。第3次荡青与否，视在制叶的颜色而定，叶色转黄绿，叶缘部分有红点，香气从青转清花香即荡青适度；如叶色偏青，可进行第3次荡青，荡青时间根据叶色情况而定；如叶缘红边较显，荡青过重，不宜进行第3次荡青。荡青下机后进入室内自然萎凋。抖青与荡青摊放环境要求与室内自然萎凋相同。

4. 室内自然萎凋

影响萎凋的外部条件为温度、湿度、通风与摊叶厚度。萎凋室应四面通风，设百叶窗，避免阳光直射；也可用凉青筛、凉青架进行萎凋作业。萎凋室适宜温度25~28℃，适宜相对湿度75%~85%，相对湿度的高低视品种而定。萎凋叶厚度1.5~2cm为宜，当萎凋叶服贴在筛面时应进行并筛，3筛并2筛，萎凋后期宜2筛并1筛。萎凋时间主要视萎凋程度、鲜叶老嫩度而定。萎凋程度以叶质柔软、梗折不断、手捏成团、松手不易散、青草气减退、愉悦的清花香透出为适度；萎凋叶含水率60%~65%，嫩叶重萎凋，老叶、难发酵品种轻萎凋。

5. 揉捻

（1）技术要求

长时慢揉，分次加压，嫩叶轻压，老叶重压，先轻后重，充分解块；卷曲成条达90%以上，叶细胞破碎率达80%以上。

（2）揉捻方法

揉捻时间视鲜叶嫩度而定，幼嫩原料宜轻压长揉，一芽一二叶40~55min；一芽二三叶85min，初揉60min；经解块筛分后的筛面茶要进行复揉，复揉时间30min。

① 一芽一二叶：空压5min—轻压15min—中压10~15min—松压5min—中压15~20min—松压10min。

② 一芽二三叶：初揉时空压5min—轻压5min—中压20min—松压5min—中压15min—重压10min—松压5min。复揉（经解块筛分后的筛面茶）时轻压5min—中压5min—重压20min—松压5min。

③ 小至中开面：初揉时空压3min—轻压5min—中压5min—重压15min—松压5min—轻压5min—中压5min—重压15min—松压5min。复揉（经解块筛分后的筛面茶）时轻压5min—中压5min—重压20min—松压5min。

（3）解块筛分

揉捻叶经解块，要求达到打散茶团，不含茶包。通过筛网的揉捻叶力求均匀，厚度1cm。

6. 发酵

（1）技术要求

发酵室温度26~28℃，湿度80%~90%，空气新鲜，发酵室发酵时间2~3h。自然环境发酵时，春茶3~6h，夏秋茶1~2h。发酵叶摊放厚度：幼嫩一芽一二叶4~6cm，一芽二三叶6~8cm，小至中开面10~12cm。自然环境发酵，春茶气温低，摊叶宜厚，夏、秋茶摊叶宜薄，每隔0.5h翻拌1次。

（2）适度发酵程度

适宜发酵程度应掌握：青草气适度消失，清新花果香呈现，叶色红变；春茶黄红色，夏茶红黄色，嫩叶红匀，老叶红里泛青，即发酵适度。花果香型工夫红茶发酵宜轻勿重。

7. 烘干

初烘，将发酵后的叶片均匀摊放在烘干机上，110℃烘15min。摊凉，室温下摊凉30min。复烘，90℃烘30min。

花香红茶制作特点：重萎凋，萎凋后摇青，轻发酵，低温烘。

三、质量安全

（一）质量安全监管

1. 农资监管

领导重视，认真部署。洪雅历来都对农资质量监管非常重视，早在2000年就率先在全国提出《绿色食品宣言》（图3–5），严禁销售高毒高残留农药，为子孙后代造福。眉山市、县农资质量安全主管部门领导，每年都要重点部署春、秋农资打假工作，明确目标任务职责；各级也相应制定印发《农资打假专项治理行动实施方案》，有计划、分步骤地扎实开展农资打假各项工作。

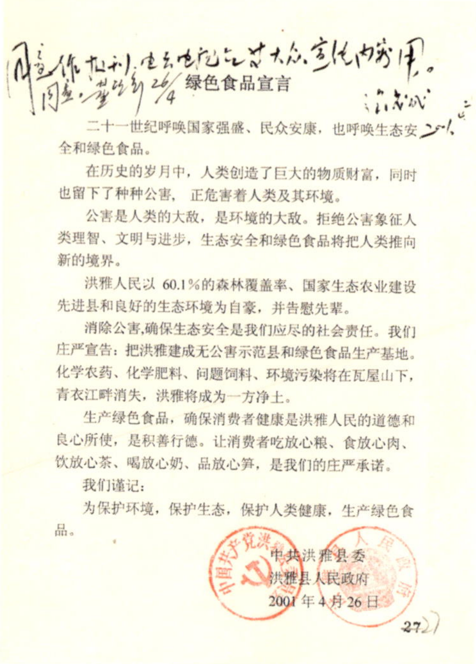
绿色食品宣言

二十一世纪呼唤国家强盛、民众安康，也呼唤生态安全和绿色食品。

在历史的岁月中，人类创造了巨大的物质财富，同时也留下了种种公害，正危害着人类及其环境。

公害是人类的大敌，是环境的大敌。拒绝公害象征人类理智、文明与进步，生态安全和绿色食品将把人类推向新的境界。

洪雅人民以 60.1%的森林覆盖率、国家生态农业建设先进县和良好的生态环境为自豪，并告慰先辈。

消除公害，确保生态安全是我们应尽的社会责任。我们庄严宣告：把洪雅建成无公害示范县和绿色食品生产基地。化学农药、化学肥料、问题饲料、环境污染将在瓦屋山下，青衣江畔消失，洪雅将成为一方净土。

生产绿色食品，确保消费者健康是洪雅人民的道德和良心所使，是积善行德。让消费者吃放心粮、食放心肉、饮放心茶、喝放心奶、品放心笋，是我们的庄严承诺。

我们谨记：

为保护环境，保护生态，保护人类健康，生产绿色食品。

中共洪雅县委
洪雅县人民政府
2001 年 4 月 26 日

27

图 3–5《绿色食品宣言》

加强宣传，营造氛围。洪雅县农业行政执法大队组织农资经营人员集中学习《农药管理条例》等规章制度，充分利用农资市场检查、“放心农资”下乡宣传周和“3·15”消费者权益日等活动，开展农资质量安全监管宣传活动，营造良好的氛围；充分利用媒体，大力宣传农资打假工作进展情况和取得的成效以及好的经验与做法，营造学法、知法、守法的良好社会氛围。加强农业技术指导，服务广大茶农。

周密安排，严格执法。洪雅县农业行政执法大队开展日常执法检查与专项整治行动相结合，突出监管重点，加大农资市场执法检查力度；开展农业投入品市场和生产基地监督检查，以农业投入品为检查对象，严格执行禁限用农药等有关规定；加大农业投入品的监管，做好日常巡查记录，及时了解掌握农资经营情况，排除风险隐患；严查一证多用和套用冒用登记证、制售假冒伪劣农资等违法违规经营行为，开展农资质量抽样送检和标签监督抽查。

加强放心农资推荐，提高服务监管能力。围绕“放心农资进乡村，质量兴农保安全”主题活动，洪雅县农业行政执法大队积极组织农业执法人员及农技专家现场讲解农资识假辨假、维权和科学使用等知识，帮助茶农树立正确的农资消费观念，指导茶农科学合理使用农资，提高茶农质量意识和维权意识；同时现场受理投诉举报，认真接待并处理茶农的投诉举报，现场解答或提出解决方案。

加大案件信息公开，提高社会监督能力。按照《农业行政处罚案件信息公开办法》有关案件信息公开的要求，洪雅县农业行政执法大队及时向社会公开我县农业行政处罚案件信息，主动接受社会监督，曝光典型案例，震慑违法犯罪分子；提高执法透明度，促进公平、公正、公开执法。

2. 基地巡查

（1）开展日常检查工作

重点检查茶农使用农药是否存在违规现象，购买的农药是否属假冒伪劣农药，使用药剂是否为茶树上禁用限用农药，用药次数和数量是否严重超标等；引导茶农正确科学使用农药，不乱用、不滥用农药。

（2）农业投入品的购买和使用

根据茶树病虫防治的需要，正确购买农药并对所购农药进行登记。茶农使用时一定要按照说明来科学施用，不得擅自加大用药剂量和增加用药次数，以免造成农药的残留超标。

（3）农产品生产记录

农产品的生产过程应该做好记录，以便农产品质量安全追溯。一旦出现质量安全问题，能够迅速追溯到源头，查清问题，有效解决。

（4）达标开具合格证

农产品质量安全主管部门应对业主生产的农产品加强质量安全检查，检查是否达到相关标准，对达标合格的农产品应开具生产质量合格证。

（5）质量检测

洪雅县农业行政执法大队应该加强农产品质量检测工作，定期和不定期地对农产品进行质量抽检，对不合格的农产品生产业主进行教育警告、限期整改、罚款销毁等处罚，促进农产品质量安全生产。

（二）检验检测机构简介

1. 农业农村部农产品质量安全监督检验测试中心

农业农村部农产品质量安全监督检验测试中心（以下简称"中心"）是按照农业农村部要求，由中国农业科学院农业质量标准与检测技术研究所承担筹建的部级质检机构。

该中心坚持"立足农业、面向社会、服务政府和市场"为宗旨，重点围绕农产品质量安全风险监测、检测方法研究与技术标准评定、未知风险筛查识别、已知风险精准检测、营养品质分析评价、实验室比对与能力验证、技术指导与培训、国内外检测技术交流等方面开展工作。该中心可对农药、兽药、添加物、重金属、生物毒素、环境污染物等6类1264项参数提供检测服务。

该中心先后承担国家重点研发计划项目等各类科技计划项目（课题）100余项，主持国家和行业标准制修订项目近30项。该中心开发了系列快速前处理及检测技术，相关高效样品前处理、筛查识别及定量确证检测技术、产品和设备，在农产品质量安全监管中得到了广泛应用。该中心受农业农村部委托,出色完成历年的国家农产品质量安全风险监测、风险评估、监督抽查、应急处置等各项工作,发挥了核心的技术支撑作用。中心将在农业农村部及中国农业科学院等各级主管部门的领导和大力支持下,按照高质量发展的要求,围绕乡村振兴战略实施,以推进农业供给侧结构性改革为主线,以"质量兴农、绿色兴农、品牌强农"为宗旨,进一步提高检测服务质量,创新研究内容,开拓服务领域,强化国际合作与交流,为保障和提升农产品质量安全水平,促进我国现代农业可持续发展做出更大贡献。

2. 四川省农业科学院分析测试中心

四川省农业科学院分析测试中心成立于1979年,是农业部和四川省政府联合投资建立的全国九大农业科研测试中心之一(以下简称"中心"),现为中国分析测试学会会员,四川省分析测试学会会员。中心拥有超过6000m^2的现代化实验大楼和300亩实验基地,拥有各类分析测试仪器400多台,固定资产4650多万元。中心现有在职职工57人,其中研究员6人、副研究员(副高职称)20人,有博士生6人,硕士生27人。

中心认证的检测产品包括:食品、农产品、农业产地环境、农业投入品、生活饮用水、饲料、三品一标等上千个产品。认证范围的检测参数包括:农药残留、兽药残留、生物毒素、元素、理化指标、微生物指标、转基因参数及功能性成分等近3000个参数。

3. 眉山农业质量检测中心

眉山农业质量检测中心为农业工作提供质量检测保障,负责全市农产品产地环境、生产流通过程、农业投入品、农产品质量的检测检验;定期对全市农产品质量进行监测并向社会公布;负责检测技术研究和培训等工作。

4. 洪雅县农产品质量安全检验检测站

洪雅县农产品质量安全检验检测站于2011年完成建设,2013年成立独立法人事业单位。目前有在职人员7名,配备有赛默飞液相色谱仪、安捷伦气相色谱仪、岛津原子吸收分光光度计、CEM微波消解仪、吉天原子荧光分光光度计、科华霉标仪等设备,全站设备资产价值400多万元。

洪雅县农检站于2015年4月通过中国计量认证(CMA认证)、农产品质量安全检测机构考核合格证书(CATL认证),2018年5月通过认证复评审,认证参数97项,检测产品覆盖畜禽水产品、种植业产品。洪雅县农检站主要承担省、市、县级农产品质量安全风险监测、监督抽检等任务,经费由省财政项目资金和县财政检测运行资金支持。

第五节 培训指导

茶叶培训指导形式多种多样,内容丰富多彩,涉及了从茶园到茶桌的整个茶产业链。茶叶培训指导有效推动了眉山市茶产业的发展,为脱贫攻坚奔小康发挥了积极重要的作用,在当前及今后相当长的乡村振兴工作中仍将发挥重大作用。茶叶培训指导是茶产业链中必不可少的重要一环,是茶产业持续、科学、健康发展的技术指南。

一、脱贫攻坚茶叶技术培训

这是专门针对贫困村中种植有茶叶的贫困户所开展的技术培训。众所周知,贫困户里有相当一部分农民由于知识文化少,缺乏科学的生产种植技术,生产的农产品产量低、品质差,卖不了好价钱。针对这种情况,农业技术部门专门组织开展了长期的种茶贫困户技术培训。2016—2020年,洪雅县农业农村局和茶叶中心先后组织了100多名农业技术人员,奔赴全县36个贫困村,根据茶叶生产季节及时开展了相应的茶叶病虫防治、茶树科学施肥、茶园冬管封园等茶叶种植技术培训;培训了上万人次,收到了很好的效果,深受群众欢迎与好评。

二、新型职业农民技能培训

新型职业农民是指以农业为职业,具有相应的专业技能,收入主要来自农业生产经营并达到相当水平的现代农业从业者。与传统农民相比,新型职业农民一般需要掌握专业技能,较少从事非农产业,其产品和服务集中于较小领域,有较大的经营规模,直接面向市场开展生产经营活动。

2012年中央1号文件提出大力培育新型职业农民,由此掀开新型职业农民培育的序幕。培育新型职业农民是农业现代化的重要保障。实践证明,以适度规模经营的家庭农场为核心,以合作化组织覆盖农业生产服务、产品与物资流通全过程为支撑,是农业现代化的基本产业经济形态。家庭农场主必须是在农业领域实现充分就业,掌握现代农业技术,参与农业市场分工体系的职业农民。由这种职业农民作为主体成员的农业合作社,才可能获得较高经营效率,也才有可能将农业产业链的高利润返还农民。职业农民或家庭农场主、农业合作社,都是现代农业经营组织的基本形态。

每年都在开展新型农民职业技能培训,茶叶技术培训是其中主要培训内容之一。洪雅县不仅每年组织本县有一定规模的新型茶农参加各种茶叶技术培训,同时还为省内外其他兄弟市县提供茶叶教学实践基地,并派出技术人员帮助指导,真正做到了技术分享。据不完全统计,多年来全市共开展新型茶农培训500多次,培训新型茶农2万余人。

三、茶产业人才培训

产业发展,人才先行;乡村要振兴,人才必振兴。茶产业人才的数量是衡量一个地方茶产业发展的重要指标。茶产业人才主要包括种茶能手、采茶能手、制茶师、评茶师、茶艺师、茶文化人、茶商和茶业管理者等。

眉山市农业局非常重视茶产业人才的培训,多次组织全市茶叶人才到江苏、浙江、福建等茶产业发达的地方以及茶产业发展迅速的地方，如贵州、湄潭等地参观、学习与考察。2020年市农业局还专门组织了全市各区县的茶产业人才到宜宾学院进行了为期一周的茶产业大培训。培训导师都是全国各地知名的茶叶教授、研究员以及茶产业领域某方面的技术大师，培训学员分成了管理班、技术班和生产班，做到了精准培训、有序高效。

四、国家茶产业体系建设培训

中国茶叶技术权威机构中国农业科学院茶叶研究所（简称"中茶所"）专门组织全国各地产茶大县的茶叶技术负责人进行培训，将前沿的茶叶科学技术传授给战斗在全国各地基层的茶叶技术工作者，通过这些茶叶科技人员再将这些茶叶新科技直接应用到茶叶生产上。"光电引诱+性诱剂引诱"复合型杀虫灯、降解环保型选择性黄色粘虫板、高浓缩有机营养液等都是茶叶新科技的代表。

洪雅县是国家茶产业体系建设示范点之一，每年均参加了此项培训。近年来虽受疫情影响，但都通过网络视频会议进行了参训，并将这些茶叶科技成果应用到了茶叶生产上，取得了比较理想的试验示范效果。

五、茶叶病虫绿色防控技术培训

茶叶病虫绿色防控技术早在2008年就开始应用并逐渐推广实施，农业植保部门每年还用绿色防控项目推动绿色防控的发展。截至2021年底，全市茶叶病虫害绿色防控面积已超过30万亩，茶叶病虫绿色防控应用率在70%左右。

茶叶病虫绿色防控减少了农药用量，提高了茶叶品质与质量安全。全市每年都要专门开展茶叶病虫绿色防控技术培训，重点培训茶叶种植大户、家庭农场、专业合作社等新型农民。受训学员又将所学的绿色防控技术应用于茶叶生产，进一步影响并带动茶农开展好茶叶病虫绿色防控；促进了茶叶病虫绿色防控技术的推广应用，为"双减"目标任务的完成做出了应有的贡献。

目前，绿色防控应用较多的还有茶园间作增强茶园生物多样性，选择性黄色粘虫板，生物农药。

六、有机茶培训

眉山市有机茶认证面积超过2万亩，有机茶基地基本都在洪雅县境内，其有机茶比例在四川省名列前茅。因此，有机茶培训工作也显得十分重要。

有机茶认证主要由中农质量认证中心指导实施，每年春秋两季，中农质量认证中心都要深入有机茶基地进行详细的调查，并结合当地实际情况指导开展有机茶认证工作；同时进行有机茶知识讲座、有机茶认证程序以及有机茶园的管理等技术培训，普及有机茶知识，可以让有条件的茶叶业主掌握有机茶技术，管好有机茶基地，做好有机茶产品。

七、农民夜校培训

农民夜校是脱贫攻坚于2015年提出之后，由组织部门专门牵头，组织农业技术部门开展实施农民技术培训为主要内容的培训，主要针对部分农民白天很忙、空闲时间少的情况，利用晚上适宜时间对农民开展农业技术培训。特别是茶农，一年四季中春、夏、秋三季他们白天都在茶园劳作，许多茶农在晚上还要制茶。因此，针对茶农的农民夜校培训基本都安排在冬季晚上进行。

2016年以来，眉山市茶叶方面共开展了农民夜校培训240多次，培训茶农12000多人，为脱贫攻坚做出了应有的贡献。

第四章 茶叶加工

眉山茶叶产品加工类别主要为绿茶、红茶、黑茶、白茶四大茶类，其中，绿茶加工产量最多、产值最大，另外还有少量而富有特色的洪雅花茶与养生茶。2011年，农业部批准对洪雅绿茶实施农产品地理标志登记保护；2020年，洪雅县被四川省农业农村厅认定为特色农产品（洪雅绿茶）优势生产区。

眉山茶叶加工历史悠久。魏朝时期，饼茶制法经青衣县（今雅安市名山区）蒙顶传至洪雅并一直沿袭至唐朝。五代毛文锡《茶谱》记载，洪雅在唐代开始出现散茶。后来由于受到南宋和元朝的战乱及自然灾害影响，洪雅茶叶日渐衰落，直至明朝炒青散茶的出现，洪雅茶叶才开始慢慢复苏。明万历年间，洪雅的龙兴边茶在雅安荥经一带非常著名。清乾隆时期，姜氏家族边茶"仁真杜吉"品牌享誉康藏200年。洪雅茶叶历经清代康熙、雍正、乾隆、嘉庆四世不衰，制茶工艺进一步提高。清嘉庆年间，洪雅炒青细茶居蜀中之冠，特别是玉屏山、宝子山的银灰颗子茶极富特色。20世纪六七十年代，洪雅被列为四川省12个边茶定点生产县，洪雅的炒青茶被作为四川省炒青茶收购标准样板。

20世纪80年代，全国发展乡镇企业，眉山洪雅出现过几个著名茶厂。由于历史原因，这些茶厂的结局都不太理想，但都为洪雅茶叶发展做出过特殊的贡献。茶厂列举如下。

一、洪雅县汉王公社精制茶厂

国家定点拨钱修建的公社茶厂，也是洪雅最早的集体茶厂，第一任厂长为杨国祥。茶厂于1979年底建成，1980年春季运行投产，产品主要以汉王总岗山上的本地老川茶一芽一二叶为原料，生产炒青茶和花茶精致茶胚，发往成都市场销售。同时还把部分茶胚发往福建的茶厂加工成花茶后销售，销量十分可观。1982年后因换厂长经营不善，茶厂负债累累。

二、四川省洪雅县青衣江茶厂

该茶厂（图4-1）开始为私人茶厂，是杨国祥于1982年下半年在止戈农场建成的，1983年春季投产，生意非常火爆，当年就赚了20多万元。1984年底杨国祥将私人茶厂转卖给了洪雅县农业局，同时县农业局添加了系列精制茶设备，青衣江茶厂正式成为洪雅县第一个国营茶厂，杨国祥继续担任厂长。当时茶厂云集了全县7个公社的茶厂厂长，全县各地茶叶鲜叶运到厂里集中加工销售。1985年下半年，青衣江茶厂又在中保农场设分厂，专做藏茶，生意红火了几年。1995年，

图4-1 20世纪80年代的青衣江茶厂

止戈修百花滩电站和中保农场接受三峡移民，占到茶厂地盘，青衣江茶厂历经10年宣告结束。

三、洪雅县罗坝玉岚茶厂

1984年底，由罗坝公社玉岚大队茶叶种植专业户杨廷禄私人建成。罗坝玉岚茶厂是洪雅县第一个农民专业户修建的茶厂，茶厂在县茶叶技术干部刘定海的指导下，研制、创立了洪雅县第一个茶叶品牌"玉岚春"。但因杨廷禄身患重病，英年早逝，加之其他原因，茶厂逐渐衰败。

四、洪雅县三宝公社三堰口茶厂

与青衣江茶厂和玉岚茶厂属于同一批修建的茶厂，当时由县武装部修建，后因技术与管理等问题，茶厂迅速倒闭。

如今，洪雅已是中国十大生态产茶县、中国茶业百强县、全国科技助农示范县，拥有10多家龙头企业，年产干茶3.6万t，加工产值突破40亿元。"瓦屋春雪"已成为洪雅茶叶区域公用品牌，"瓦屋春雪"的现代化加工工艺，更是将洪雅的制茶技术再次推向新的高峰。

第一节　制茶演进

茶发乎神农氏，闻于鲁周公，兴于唐而盛于宋，一直发展至今，成了中国的国饮。古代传说中的神农氏，"尝百草日遇七十二毒，得荼乃解"，其中"荼"即"茶"。可见在中国原始社会后期，茶即被发现和利用。当时，茶并非作为饮料，而是作药用和食用，有关文献资料记载，茶作为日常饮料大概应在秦汉时期，那时，人们把新鲜的茶叶摘下后煮汤做饮料，不经过任何加工。这样，茶汤中免不了有青草气和苦涩味，因此，常把茶和生姜、大葱、枣、盐等一起煮汤饮之。茶的发展经历了"药用—食用—饮用"的过程。

一、饼　茶

三国时期魏国张揖的《广雅》载："荆巴间采茶作饼"，这是中国关于饼茶的最早记载。饼茶在技术上和质量上有所突破是在唐代。《茶经》记载，唐代制作饼茶有"采""蒸""捣""拍""焙""穿""封"7道工序，最终拍制成饼茶，与现在的"采""晾""炒""揉""晒""拣""蒸""压""封"有异曲同工之处。唐、宋是中国饼茶生产鼎盛时期，时称"团饼茶"。唐代饼茶表面无纹饰或图案简单，宋代饼茶表面则极为讲究龙凤纹饰。

到了元代，散茶得到较快发展，团饼茶逐渐被淘汰。明代开国皇帝朱元璋"废青团，兴散茶"，但云南地处偏远地区，普洱团饼茶工艺得以幸存。清代，经典的饼茶再次盛行。新中国成立后茶产业有了全新发展，普洱茶饼的制作标准被国家重新制定，357g标准饼诞生，亦称"七两饼"。近年来，洪雅县中山镇汉王一茶厂，曾用老川茶作原料，生产过一种边缘厚度约0.5cm的饼形藏茶，很有特色。

二、砖 茶

砖茶又称蒸压茶，顾名思义，就是外形像砖一样的茶叶，是紧压茶中比较有代表性的一种，是以茶叶、茶茎或配以茶末压制成的砖块状茶。

根据原料和制作工艺的不同，砖茶可以分为青砖茶、米砖茶、黑砖茶、花砖茶、茯砖茶、康砖茶等。砖茶都是以优质黑毛茶或者晒青为原料。所有的砖茶都是蒸压成型，但具体成型方式又有所不同，如青砖茶、米砖茶、黑砖茶、花砖茶、茯砖茶是用机械加压成型；康砖茶则用棍锤筑打成型。

四川砖茶主要为茯砖、康砖。茯砖茶也是以黑毛茶为原料，经压制而成的方块砖形茶。由于茯砖茶的加工过程中有一个特殊的工序——发花，使得茯砖茶茂盛生长金黄色菌落，俗称"发金花"，金花越多，品质越好。康砖茶属南路边茶，是四川生产来专销藏族地区的一种紧压茶，过去分为毛尖、芽细、康砖、金玉、金仓6个花色，现在简化为康砖、金尖两个花色。康砖茶原产于四川雅安、宜宾、江津、万县等地的国营茶厂，蒸压成型，加工筑制。康砖茶为圆角枕形，大小规格为17cm×9cm×6cm，每块净重0.5kg。

四川省洪雅县松潘民族茶厂就是典型的以生产传统康砖藏茶为主的茶厂，该茶厂近年来在低氟藏茶的研制、生产上取得了突破性进展。

三、散 茶

又称"散叶茶"，据《茶史初探》记载，南宋末年开始，散茶就逐渐替代了饼茶的主导地位。宋末元初学者马端临《文献通考》载："茗，有片有散，片者即龙团旧法，散者则不蒸而干之，如今之茶也。始知南渡之后，茶渐以不蒸为贵矣。"

唐虽以团饼茶为主，但也有其他茶，陆羽《茶经·六之饮》载："饮有觕茶、散茶、末茶、饼茶者"，其中觕茶即粗茶。说明当时除饼茶外，尚有粗茶、散茶、末茶等。粗茶指用粗老鲜叶加工的散叶茶或饼茶；散茶指鲜叶经蒸后不捣碎直接烘干的散叶茶；末茶指经蒸茶、捣碎后烘干的碎末茶。

宋太宗时，已有腊面茶、散茶、片茶3类：腊面茶即龙凤团茶；散茶即蒸后烘干的散叶茶；片茶即饼茶。

到了明代，朱元璋下令改蒸青团茶为蒸青叶茶，这是散茶大量出现的时期。

到了清代，各类散茶不断发展，在贡茶技术精益求精的影响下，各种名茶散茶大量涌现，一直盛行到今天。

第二节 绿茶加工

一、发展历史

绿茶的加工发展历史，经历了从生饮到晒干收藏、从蒸青造形到龙团凤饼、从团饼茶到散叶茶、从蒸青到炒青的漫长过程。陆羽《茶经》载："茶之为饮，发乎神农氏"，说明茶的发现与利用至今已有5000年。

原始社会时期，人们将采集到的茶树新梢，先放在火上烤，然后放到水中煮，煮出的茶汤供人们解渴消暑，这种"烧烤鲜茶"的做法，就是最原始的绿茶加工。

现代绿茶的概念，就是茶叶鲜叶经过高温杀青以后制成的茶叶。杀青有蒸青、炒青等多种方式，利用高温抑制茶叶中酶的活性，保持清汤绿叶的绿茶特征。烧烤茶鲜叶，实际上也是杀青，只是未将茶制干而已。我国云南西双版纳的布朗族、傣族、拉祜族等，至今仍还保留着这种"烤鲜茶煮饮"的习俗。

二、加工类型与工艺

我国茶叶加工以绿茶最早。唐代便用蒸汽杀青方法制造蒸青团茶，宋代又改进为蒸青散茶。明代又发明了炒青制散茶，由于炒青制茶香气更浓、滋味更佳，比蒸青制茶优势更明显，此后便逐渐淘汰了蒸青。绿茶一般加工工艺流程：摊青—杀青—揉捻—干燥。

四川是我国茶叶大省之一，茶叶加工以生产芽形名优绿茶为主，素有"无芽不川茶"之说。四川比较著名的绿茶加工产品有：竹叶青、峨眉雪芽、天府龙芽、宜宾早白尖、蒙顶甘露、雅安毛峰、蒲江雀舌、广元皇茶、巴山雀舌、巴中云顶等。

四川眉山是千古大文豪苏东坡的故乡，自古盛产名优绿茶。雅雨露、云中花岭、碧雅仙、西庙山、屏羌、老峨山、东坡家手作茶等品牌的名优绿茶，产地环境好，茶园海拔高，茶树有特色，加工制作精，皆高品质的名优绿茶，且不少产品还是品质高端的有机茶。

雅雨露的瓦山瓜片，形状独特，滋味醇厚；云中花岭的甘露，在工艺基础上大胆创新，茶香浓长，滋味鲜爽；碧雅仙的奶白茶，滋味极其鲜爽，氨基酸含量高，超过10%，被评为"四川名茶"；西庙山碧螺春工艺绿茶，外形美观，翠绿披毫，香长味爽；茗青源的绿珠高山岩茶，香气悠长，滋味鲜醇；龙翔茶合社的卷曲型毛尖，滋味鲜醇，唇齿留香。还有许多，不再详述。

2021年以来，茶叶区域公用品牌"瓦屋春雪"的问世以及四川瓦屋春雪茶业有限公司成功引进国内先进的绿茶加工设备，标志着眉山茶叶的加工制作步入了一个崭新的时代。

三、瓦屋春雪加工

瓦屋春雪绿茶,是以洪雅县瓦屋山区产出的茶叶为原料,严格按照《洪雅瓦屋春雪绿茶加工标准》进行加工生产的绿茶。

瓦屋春雪绿茶的原料,要求芽叶完整、匀嫩新鲜、无污染、无病虫斑、无非茶类杂物。具体分为三个等级:特级原料为早春单芽及一芽一叶初展;一级原料为早春一芽一叶;二级原料为早春一芽二叶初展。

瓦屋春雪绿茶加工工艺分两种:手工加工工艺和机械加工工艺。

手工加工工艺流程为:鲜叶摊放—杀青—揉捻—炒二青—复揉—理条—提毫—摊凉—烘焙。

机械加工工艺流程为:鲜叶摊放—杀青—揉捻—初烘—复揉—理条—整形提毫—摊凉—烘焙。

四、手工技艺

一般来讲,从有茶叶加工到20世纪70年代国营茶企普遍使用茶叶加工机械,茶叶加工基本都属于手工制作(图4-2)。随着现代茶叶加工技术的飞速发展,手工茶加工所占比例已越来越小,渐成为历史记忆。许多地方为了保护前人留下的智慧成果,让后人继续传承和弘扬手工茶这一优秀的传统技艺,丰富茶叶加工产品,赋予茶产品更多的

图4-2 洪雅手工茶非遗传承人龚瑶正在制茶

文化内涵。2022年11月,"中国传统制茶技艺及其相关习俗"被列入联合国教科文组织人类非物质文化遗产代表作名录,这是对手工茶工艺和历史地位的高度认可。

手工茶工艺有其自身的特点:一是原料精挑细选,所用原料全部为人工采摘,且多采用春季高山幼嫩茶芽叶,纯净、无病虫、无杂质。二是做工精致,火候、力度、手感、方向等全凭师傅一双匠心巧手用心感觉,一切尽在"掌"控之中,这是机制茶无法比拟的。三是文化底蕴深厚,手工茶工艺历史悠久、人才辈出、文化浓厚,每一个产茶地区,都有优秀的手工茶传人和感人励志的手工茶故事,更有不少响当当的手工茶品牌,纵观当今众多知名茶叶品牌,最初也是因其手工茶制作技艺精湛而得名。

眉山是手工制茶比较早的地区,清代的银灰颗子茶,20世纪80年代的玉岚春,如今的童老幺牌卷曲型手工茶、老峨山手工茶、东坡家手作茶等,都在四川内小有名气,正

蓬勃发展，未来可期。

第三节　黑茶加工

一、发展历史

黑茶历史悠久，早期产在湖南、四川等地，直到明代才正式出现黑茶的制造。湖南黑茶可以追溯到秦汉时期生产的张良薄片，四川黑茶可追溯到唐宋代茶马交易中早期，主要是雅安人在运输茶叶的过程中形成的一种茶，又称藏茶，故藏茶又有"黑茶鼻祖"之美誉。

宋代官府曾在川西、西北等地设置茶马司，主管茶马交易。黑茶的雏形有此说法：绿茶散茶压成团块，由于路途遥远加之当时茶叶包装的防水性能较差，经长时间运输，日晒雨淋，水陆行进，绿茶由于湿热发生氧化作用，由绿色逐渐转为褐色，形成了与绿茶完全不同的品质风味。《茶谱》描述"其色如铁，而芳香异常"。

四川黑茶分为南路边茶、西路边茶。洪雅黑茶属于南路边茶，南路边茶一般为专销藏茶，有康砖和金尖两种花色。四川黑茶的鲜叶原料多选取一芽四叶以上。

二、加工类型与工艺

传统黑茶的加工，采取高温快炒，锅温280~320℃，每锅投叶量5kg，杀青时间约3min。采用直径80~90cm大口径斜锅，炒锅斜嵌入灶中呈30°左右倾斜，灶高70~100cm。火一面有75cm高的挡火板，防止火烟冲入锅中。备有杀青用的草把和油桐树枝丫制成的三叉状炒茶叉，三叉各长16~24cm，柄长约50cm。

（一）杀　青

1. 手工杀青

当叶片缠叉时，叶软带黏性，茶梗不易折断，叶色由青绿色转为暗绿色，并发出一定的清香，即为杀青适度。如叶色泛青绿，茶梗易断，则为杀青不足；如叶色发黄或焦灼，清香消失，则为杀青过度。

2. 机械杀青

采用滚筒式杀青机杀青，根据鲜叶含水量适量进行洒水灌浆，茶水比为10∶1。

（二）揉　捻

初揉选择中大型揉捻机，杀青后趁热揉捻15min，轻压、慢揉；复揉用中小型揉捻机，揉捻30min。

（三）渥　堆

场地选择背窗洁净地面，避免阳光直射，室温25℃，相对湿度85%，水分保持在

65%左右。堆高70~100cm，开始叶温30℃，时间为30天左右。当叶温达到45℃，叶色黄褐，带有酒糟气或酸辣气为适度。渥堆时间还要根据各地产品的客户需求而定，如洪雅黑茶渥堆时间就很长，一般45天左右。

（四）干燥

1. 传统干燥

先将黑茶在太阳下晒至含水量13%左右，然后用松木进行明火烘干至含水量10%左右。

2. 机械干燥

采用烘干机进行烘干，初烘温度130~140℃，复烘温度110~130℃，烘干至含水量12%左右。

以上为传统黑茶常规工艺，洪雅黑茶又在此基础上进行了创新，特别是在原料的选择、降氟的处理以及加工设备的改进方面，均有不少新的变化。

以洪雅县千担山农业开发有限公司为代表的黑茶加工企业，充分利用洪雅老川茶为原料，加工出了香气、滋味和口感十分突出的洪雅黑茶，除了具有常规传统黑茶的菌香味外，还有特殊的茶油香。洪雅黑茶产品在藏区销售外，还在内地备受广大消费者欢迎，知名度正逐渐提高。

第四节　白茶加工

一、发展历史

"白叶茶"一词最早出现在宋代宋子安《东溪试茶录》："茶之名有七，一曰白叶茶，民间大重，出于近岁……发不以社之先后，芽叶如纸，民间以为茶瑞。"

白茶发源于中国福鼎，不炒不揉，唐代时白茶指白茶树的茶叶，白茶的制作工艺在明代田艺蘅《煮泉小品》中有所提及："芽茶以火作者为次，生晒者为上。"明代《茶谱外集》也有"茶有宜以日晒者，青翠香洁，胜于火炒"的说法，这与现代白茶的制法基本相同：鲜叶—萎凋—烘焙—毛茶。

白茶分为白毫银针、白牡丹、贡眉、寿眉四大类。白毫银针创始于清嘉庆初年的福鼎县，至今已有200多年的历史，当时以闽北菜茶为鲜叶，现在原料采自政和大白茶、福鼎大白茶、水仙等优良茶树品种，选取芽头肥壮、毫多洁白的春茶加工而成。白牡丹始创于建阳县水吉镇，1922年政和县也开始制造白牡丹，运销香港，价格比普通红茶和绿茶高一倍多。贡眉是白茶产量最高的品种，约占白茶总产量的一半。它是以菜茶芽叶制成，菜茶芽叶制成的毛茶称"小白"，区别于福鼎大白茶、政和大白茶芽叶制成的"大白"毛茶。贡眉质量优于寿眉，近年来一般只称贡眉，不再有寿眉。

二、加工工艺

（一）萎 凋

1. 自然萎凋

春茶萎凋温度15~25℃，萎凋时间48~60h；夏秋茶萎凋温度25~35℃，萎凋时间36~50h。

2. 加温萎凋

室内萎凋温度控制在25~35℃；萎凋时间掌握在20~40h。

3. 复式萎凋

春秋季晴天可用，将室内自然萎凋与日光萎凋相结合，日光萎凋在阳光较弱时进行，复式萎凋时间控制在20~40h。晒青时间视室外温湿度而定，晒至叶片微热时移入室内，待萎凋叶温下降后再行晒青，重复2~4次，日照总时数为1~2h。一般室外温度25℃左右，相对湿度约65%，晒青25~35min；室外温度30℃左右，相对湿度低于60%，晒青15~20min。

不论采用何种萎凋方式，萎凋叶含水率20%以下即为适度，可适时烘干。

（二）烘 焙

要求烘干温度平稳，防止忽高忽低。干燥次数为2~3次，温度80~100℃，时间10~20min。烘干后白牡丹、贡眉和寿眉的毛茶含水率在7%~8%，白毫银针在8%以下。

1. 烘干机烘焙

九成干的萎凋叶1次烘焙，温度70~80℃，历时20min，烘至足干。

七八成干的萎凋叶分2次烘焙，初焙温度80~90℃，历时10min，初焙后摊凉0.5~1h，使水分重新分布均匀。

复焙温度70~80℃，历时20min，烘至足干。

2. 焙笼烘焙

九成干的萎凋叶1次烘焙，烘焙前期每笼摊叶量约0.5kg，后期每笼约1kg，温度70~80℃，历时15~20min，烘至足干。

七八成干的萎凋叶分2次烘焙，初焙用明火，温度约85℃，每笼摊叶量0.75kg，历时15min。初焙后摊凉0.5~1h后复焙，复焙用暗火，温度约80℃，每笼摊叶量1kg，历时20min，烘至足干。

白茶是近年炒得比较火的一类茶，很多地方都在抓紧生产，囤积货源。但不管怎样，品质才是取胜的法宝，洪雅在白茶的加工上，以本地高山老川茶为原料，产品香气浓郁持久，滋味鲜醇，比普通白茶更具强大的市场竞争力，是一款很有特色的白茶新品。

第五节 红茶加工

一、发展历史

红茶的制法吸取了白茶、绿茶、黑茶的部分加工环节，例如白茶的日光萎凋、绿茶的揉捻、黑茶渥堆发酵，这些综合因素让人们有意识地去探索红茶加工。

中国是红茶的发源地，早在16世纪初期，福建武夷山便发明了小种红茶，武夷山星村镇桐木村的正山小种红茶，被公认为世界红茶之鼻祖。

1732年后，清代刘靖的《片刻余闲集》记载："岩茶中最高者曰老树小种，次则小种，次则小种工夫，次则工夫，次则工夫茶香……"可见当时红茶已有"小种"和"工夫"之分。红茶的发展大致经历了以下几个阶段。

（一）鼎盛辉煌阶段

18世纪初，武夷桐木村红茶产量无法满足社会需求，茶树种植和红茶生产向周边拓展。为区别桐木村和武夷周边地区红茶，桐木村红茶称为"正山小种"，周边地区红茶则称"外山小种"。

（二）走向衰落阶段

1851年，英国植物学家罗伯特·福琼把在中国采集的茶叶样本引到印度大吉岭地区成功栽种，这就是后来闻名世界的印度大吉岭红茶。1900年，印度红茶出口首次超越中国，标志着中国红茶400年的贸易垄断地位被印度代替。

（三）转型升级时期

因战争影响，直到20世纪50年代，中国红茶才开始逐步恢复生产。1958年，中国首次成功试制红碎茶；1964年开始普遍生产。经过30多年的发展，中国的红碎茶制造技术相当成熟，目前已掌握传统法、CTC、LTC等多种制法，在西南地区及广东、广西、海南和重庆等地都有生产。其中，以云南大叶种茶叶为原料制成的红碎茶品质最优。目前，中国生产的红茶大多用于出口，主要销往英国、俄罗斯、日本等国，中国是世界第三大红茶出口国。

20世纪50年代，四川红茶（川红工夫）在国际市场上享有"赛祁红"的美誉，还获得多项国际奖项，其品质也一直受到国内外的好评。川红原产宜宾，我国著名茶叶专家吕允福先生赞誉宜宾是川红之乡。

20世纪50—70年代，川红一直沿袭古代贡茶制法，其关键工艺在于采用自然萎凋、手工精揉、木炭烘焙，所制产品紧细秀丽，具有浓郁的花果或橘糖香，20世纪70年代后，为了适应国际市场的大量需求，川红改用加温萎凋、揉捻机揉制、烘干机烘干。

洪雅红茶加工历史短，但进步很快。将洪雅本土主流文化田锡文化置入的文创产品——"田锡状元红"花香红茶，已在四川省内小有名气；云中花岭茶业用高山有机老川茶独芽生产的名优红茶——云中红，在2022年洪雅首届红茶评比大赛中，以其俊美的外形、独特的香韵，荣获名优红茶第一名；雅雨露的金牡丹红茶，香甜柔滑，富有特色；屏羌有机红茶，汤色红浓，滋味醇厚；七里坪茶业用一芽一叶老川茶生产的红茶，也给洪雅茶人留下了深刻的印象。

二、加工类型与工艺

工夫红茶工艺流程：萎凋—揉捻—解块—发酵—干燥（毛火—摊凉—足火）。

（一）萎 凋

1. 自然萎凋

摊叶厚度应小于3cm；温度20~28℃，自然萎凋不超过30℃；自然萎凋时间12~24h。摊叶量0.5kg/m^2。

2. 加温萎凋

摊叶厚度10~20cm。进风口温度25~35℃，温度先高后低，下叶前10~15min停止加温，鼓冷风；低温多雨季节开始不超过35℃，后逐渐降至30℃。雨水叶先冷风吹干再加温萎凋，加温萎凋时间8~16h。室温20~24℃，相对湿度60%~70%，萎凋帘上0.5~0.75kg/m^2，时间18h。若天气干燥，湿度低，则需8~12h。

（二）揉 捻

1. 机器揉捻

装叶量按照自然填满揉桶为宜，先不加压揉捻10~15min，再"轻—重—轻"交替揉捻45~120min，嫩叶轻压，老叶重压。成条率90%，嫩度不一的解块后筛分，筛面茶复揉。大型揉捻机一般揉捻90min，嫩叶分3次，每次30min；中级叶分2次，每次45min；较老叶可延长揉捻时间，分3次揉，每次45min。中小型揉捻机一般揉60~70min，分2次揉，每次30~35min；粗老叶可适当延长。揉捻室温保持在20~24℃，相对湿度85%~90%。

2. 手工揉捻

先轻揉，后逐渐加重揉，最后再轻揉。其中：嫩叶轻揉，老叶重揉；轻萎凋轻揉，重萎凋重揉；春茶轻揉，夏秋茶重揉。每次加压揉7~10min，松压揉2~3min，交替进行。每次揉捻结束后都要解块筛分，以解散团块，分出老嫩叶。

（三）发 酵

发酵室温22~32℃，相对湿度≥90%，堆叶厚度20~40cm，时间在3~6h，并保持空气流通，满足发酵过程所需氧气；叶面积70%~80%的色泽达到红黄色至黄红色，透露花果香为宜。

（四）干 燥

1. 毛火

温度110~130℃；均匀摊叶，厚度1~2cm；时间10~15min，烘至含水量20%左右，手握有刺手感。

2. 摊凉

将茶叶均匀摊开，叶温降至常温，时间在0.5~1h。

3. 足火

温度80~100℃；均匀摊叶，厚度2~3cm；烘至毛茶含水量5%~7%，手指可碾茶成碎末。

20世纪90年代以来，随着金骏眉等名优红茶的出现，打破了传统红茶的许多生产理念。近年来，花香红茶的出现，其香甜爽口的特点，非常符合现代年轻人的消费口味，又为红茶的发展注入了新鲜的活力。洪雅县雅雨露、云中花岭、碧雅仙、云岭茶厂、七里坪茶业等茶企生产的花香型红茶，很有特色。

第六节　洪雅特色花茶

花茶属再加工茶，是将六大茶类中的某一类茶按照茶与花的一定比例、加入有香气的鲜花进行窨制而成。

花茶种类很多，有茉莉花茶、玫瑰花红茶、玫瑰花黑茶、桂花茶、栀子花茶、黄桷兰花茶、蜡梅花红茶、槐花茶等。

上述花茶中在市场上有一定销售规模的，主要还是茉莉花茶、玫瑰花红茶和玫瑰花黑茶，但洪雅县有一款以手工老川茶为茶坯原料，加栀子花窨制的栀子花红茶，很有特色，现将此款特色花茶的加工工艺简要介绍如下。

一、川红的选择

川红，分春红，还有秋红。春红采摘嫩芽偏多（包括独芽、一芽一叶、一芽二三叶），色泽乌润，外形毫多，茶氨酸含量高，故香气馥郁，滋味香醇，但不耐泡。秋红一般采摘一芽二三叶，叶片粗壮、肥厚，叶间距偏长，外形松散，香气高扬，茶汤滋味厚重，耐泡度高。

川茶的品种有很多，有群体种老川茶，有新培育的天府5号、天府6号，眉山主要采用海拔1200m左右群体种的老川茶。群体老川种的品种多样，内含物质丰富，故花香馥郁，变化多端。相同的人、水和环境，用不同时间冲泡出来的茶汤，截然不同，这也就满足了顾客不同的需求。

所以当我们掌握川茶的特征后，才能选择自己所需要的栀子花的品种，窨制出自己想要的独一无二的川红栀子花茶。

二、栀子花的选择

栀子花是我国传统观赏植物，也可药用。主要有清肺止咳、凉血止血的作用，能缓解肺热咳嗽、鼻出血、肿毒等病症。生活中，高血压群体可用栀子花泡茶喝，有降血压的作用；声音嘶哑者可用栀子花5~7朵沸水冲泡，当茶饮；肺热咳嗽，可将鸡蛋煮熟去壳，再与30g栀子花煮半个小时，食用；栀子花15g，用白糖腌制，每次取少许，可当茶饮。

栀子花可分为大叶栀子、水栀子、黄栀子、卵叶栀子、夹叶栀子、斑叶栀子、小叶栀子、玉荷花等。

一般窨制川红栀子花茶时，选用大叶栀子和黄栀子。大叶栀子是栀子的变种，叶片大而肥厚，花大而富含浓香，花底带甜味，香气持久，故花瓣水分含量大，窨制川红后茶带甜味。黄栀子，花香清新淡雅，花朵偏小，花瓣水分含量相对较小。其他品种的栀子，有些水分太重，或者花香不持久，或不纯，窨制效果不理想，故不考虑。

三、窨制川红栀子花茶

花茶窨制是将鲜花和茶叶拌和，在静止状态下茶叶缓慢吸收花香，然后去除花朵，将茶叶烘干而制成花茶。花茶加工是利用鲜花吐香和茶叶吸香两个特性，一吐一吸，花味与花香水乳交融，这就是窨制工艺的基本原理。正确认识和掌握这两个特性，方能加工出优质花茶。

窨制环境要求在通风干燥的室内进行。窨制步骤：鲜花处理—茶花拌和—窨花—通花—起花—转窨复火—提花。

窨制前准备好环境和器具，保持整洁。茶叶吸收花香，茶香随鲜花下花量的增多而增加，下花量越多，花香越浓；反之，下花量少，易透茶香，俗称透花。茶叶吸收花香是可以累加的，故下花量40%以上，可以多次窨制，达到花香溶于汤的效果。

川红春茶吸水、吸香能力大于秋红的吸水、吸香能力，所以在窨制时要注意。茶坯的含水量在10%~30%时，茶叶的着香效果最佳。一般情况下窨制1斤茶，以大叶栀子为例，秋红为原料，20朵花即可，但也不是绝对，要看茶坯的含水量、当天采花的天气及花的香度。

花茶窨制一般分箱式、囤式、堆式、机式。每隔2~3h，通花一次，随时感受香气的变化和茶坯吸水的情况，因为大叶栀子水分含量相对要高些，所以通花需要勤一些。花不能太多，过多则会水分过大，有水气，厚度尽量控制在2~4cm，太厚容易出现闷味。

根据天气和温度的变化、茶叶的吸香程度，大概1天就要试茶一次，感受茶叶和香气的变化。观察花瓣的缩水程度、香气以及颜色，如果花瓣的香气没了，颜色变黄，就要起花；如果茶叶的含水量过高，就要复火，复火后再次下花进行窨制，含水量尽量控制在5%~7%。

川红栀子花春茶，如果是一芽一叶，更容易吸香，花量下得足，摊晾时稍微薄一点，控制在2cm左右，3h通花一次，加上天气好，即可一次窨制成功。秋红叶片粗、老、厚实，不容易吸香，必须窨制2~3次才可以达到花香5泡仍然有香的效果，叶底留有栀子花余香。

川红栀子花茶，由于花瓣经过多次通花折腾以及水分的变化，故在最后一次烘干时，就尽量把花瓣捡剔出来，成品即是"见茶不见花"的花香茶。

第七节 林之茶

林之茶是洪雅林场下属企业洪雅洪林林业发展有限公司2022年开启的洪雅县国家储备林项目，为调整林业资源产业结构，拓宽经营活动类别，发展绿色产业，推广林农间作，充分利用营养空间，立体发展林茶、林药、林竹3种复合经济模式进行林业产业建设布局，由洪雅县康养旅游文化艺术中心（馆）申请办理茶叶注册商标。根据日常习惯，林之茶品牌茶叶亦简称"林之茶"（图4-3）。

图4-3 洪雅林场的林之茶

林之茶产于平均海拔1200m的洪雅县国有林场（瓦屋山国家森林公园景区），规划经营面积3116亩，现已建成七里坪灯盏寺茶园70亩，系优选老川茶、福选9号等适宜林间土壤、气候条件，发芽势强、较耐遮阴的高山茶品种，以林茶复合经营模式栽培于珍贵树种桢楠、银杏等生长周期长的混交林下，科学利用桢楠、银杏生长初期冠幅小不影响茶叶生长的特性，充分发挥茶园茶旅融合、茶叶以短养长的经济优势，集约推进洪雅现代林业高质量发展。

林之茶由于生长地常年云雾缭绕、百卉溢香，又滋养于森林原生腐殖土和天然山泉水中，干茶采用传统工艺精制而成，品鉴时香气四溢、甘醇爽口，让人啜饮后感到心旷神怡、回味无穷，情不自禁啧啧赞叹其"产自林区，康养生态"。执手相伴"瓦屋春雪"茶叶区域公用品牌，林之茶正逐步扩大市场知名度和美誉度。

第八节 养生茶

本书所指的养生茶，并非真正的茶，而是指用非茶植物为原料，按照茶叶加工方法所制作的类茶饮料，此类饮料对人体有一定的康养保健作用，故统称之为"养生茶"。养生茶包括老鹰茶、金银花茶、鱼腥草茶、绞股蓝茶等。

一、老鹰茶

要做好一杯正宗的老鹰茶很不容易，需要较长的时间和丰富的老鹰茶制作经验。根据走访民间制茶老人和查阅洪雅相关非遗资料，老鹰茶的制作需要掌握以下关键技术环节。

树种选择。常用于老鹰茶制作的原料有3种：豹皮樟、毛豹皮樟、润楠树，这些都属于樟科植物，故老鹰茶又可统称为"樟茶"。樟茶叫法各地不一，老鹰茶、白茶、虫茶、捞阴茶等。用豹皮樟、毛豹皮樟为原料制作的老鹰茶比润楠树做出的香气更好、滋味更醇、口感更爽。

采制时间。要求用适度的嫩枝、嫩叶，一般在立夏前采摘。采摘过早，叶片内的营养物质和药效成分含量不高，味道较淡；采摘过迟，叶片老，香味差。

加工方法。一般采用炒青制法和虫屎茶做法。炒青制法就是把老鹰茶树的嫩叶、嫩芽当作普通炒青绿茶原料来进行制作，经过杀青、揉捻、烘干制出来的老鹰茶，白毫显露、卷曲蓬松、红白相间，富有特色。虫屎茶做法非常传统与经典，工艺考究、耗时很长。这是20世纪在洪雅县农村非常流行普遍的一种代茶饮料。此法制出来的老鹰茶口感、韵味、品位都很好。具体工艺流程：采嫩枝叶放入甑子蒸—蒸后装布口袋揉—揉后摊竹晒垫晒—晒干后将茶叶放入麻布大口袋（放一层茶叶撒一把大米）—装满袋后将口袋放入竹背篼—放在通风、阴凉、干燥地方—经2~3个月口袋里长虫—虫蛀食茶叶排虫粪—老鹰茶虫屎茶。

虫屎茶也被称为"虫茶精"，泡水喝比老鹰茶叶片泡出来的口味更醇、药性更温。

老鹰茶具有止渴解暑、祛火清热、提神除乏、消化止泻、降脂降压、驻颜美容等功效，茶水色泽艳丽，爽心悦目，清香四溢，沁人心脾，茶韵味醇，口感奇佳。

二、其他养生茶

（一）金银花茶

金银花，又名忍冬。"金银花"一名出自《本草纲目》，由于忍冬花初开为白色，后转为黄色，因此得名金银花。金银花，3月开花，一年开花5次，微香，蒂带红色。由于一蒂二花，两条花蕊探在外，成双成对，形影不离，状如雄雌相伴，又似鸳鸯对舞，故有鸳鸯藤之称。

金银花自古被誉为清热解毒的良药，用晒干或烘干后的金银花当茶泡饮，具有性甘寒气芳香，甘寒清热而不伤胃，芳香透达又可祛邪的药效特点。金银花既能宣散风热，还善清解血毒，用于治疗各种热性病，如身热、发疹、发斑、热毒疮痈、咽喉肿痛等症，均效果显著。

（二）鱼腥草茶

鱼腥草是中国药典收录的草药，草药来源为三白草科植物蕺菜干燥后的地上部分。夏季茎叶茂盛花穗多时进行采割，除去杂质，晒干即可。将鱼腥草泡水当茶饮，不失为一种好的食疗饮料。

鱼腥草味辛，性寒凉，归肺经。能清热解毒、消肿疗疮、利尿除湿、清热止痢、健胃消食，用于治疗实热、热毒、湿邪、疾热为患的肺痈、疮疡肿毒、痔疮便血、脾胃积热等。现代药理实验表明，其具有抗菌、抗病毒、提高机体免疫力、利尿等作用。

（三）绞股蓝茶

绞股蓝为葫芦科绞股蓝属草质攀缘植物，茎细弱，具分枝，具纵棱及槽，无毛或疏被短柔毛。日本称之为甘蔓茶。

绞股蓝喜阴湿、温和的气候，多野生在林下、小溪边等荫蔽处，多年生攀缘草本。在中国主要分布在四川、湖南、湖北、云南、广西等南方地区，号称南方人参。

生长在南方的绞股蓝药用成分比较高，民间称其为神奇的"不老长寿药草"。1986年，国家科学技术委员会在"星火计划"中，把绞股蓝列为待开发的名贵中药材之首；2002年3月5日，国家卫生部将其列入保健品名单。绞股蓝主要有效成分是绞股蓝皂苷、绞股蓝糖甙（多糖）、水溶性氨基酸、黄酮类、多种维生素、微量元素、矿物质等。用绞股蓝与灵芝搭配煮水或泡茶喝，可治疗高血压、高血脂、高血糖、脂肪绞股蓝肝等症，有保肝解毒、降血压、降血脂、降血糖的功效。

洪雅县瓦屋山镇有一家专门生产绞股蓝的企业，利用本地的5叶和7叶生绞股蓝，按炒青茶制法制成成品，泡水当茶饮，对于治疗高血压具有十分明显的作用。

第九节　茶叶机械

茶叶机械是加工茶叶最重要的工具，纵观茶叶机械的发展，茶叶机械经历了由木制半机械到金属全机械、由金属全机械到机械智能化的发展历程，每一项茶叶机械的发明，都推动了制茶工业的发展。目前，茶叶机械正朝着减轻劳动强度、提高生产效率、提升茶叶品质的方向不断升级发展。可以说，茶叶机械的发展史就是一部茶叶产品的演变史。

茶叶机械包括了茶园生产机械和茶叶加工机械，而茶叶加工机械的发展变化，最能清晰地反映茶叶机械的发展历程。现以茶叶加工机械为例进行简要介绍。

一、发展历程

（一）第一阶段

1958年以前，是茶叶加工机械自发发展阶段。这一时期的茶农根据各地的实际条件和自身的实践经验，摸索研制出了以人力、畜力、水力为主要动力的小型茶叶加工机械，如以铁木、水泥、石头为材料的红、绿茶加工机械。此时的机械化程度并不高，有30%~40%。

（二）第二阶段

1958—1974年，是茶叶加工机械配套、定型、推广阶段。这一时期，浙江、福建等地建立了专业茶机厂，开始批量生产配套、定型的中小型茶机，并在当时主要茶叶加工公社茶厂普遍应用，然后逐渐向全国推广。

（三）第三阶段

1974—1990年，是茶叶加工机械现代化发展阶段。这一时期的主要标志是研制出了一些有特色的大中型茶叶加工机械，并开始向连续化和机电一体化迈进。其间有100多种茶机产品通过鉴定，如珠茶，长炒青、颗粒绿茶连续化加工设备，烘干机系列产品，光电拣梗机，红茶床式透气连续发酵机，旋转振动筛分机，封闭式窨花机，扁茶炒干机，红碎茶初制大型成套设备，电控加压揉捻机，计算机控制烘干机，微机控制乌龙茶连续化、自动化做青设备，鲜叶脱水机，乌龙茶包揉机等，促进了我国茶叶加工机械化进程。这一时期的机器主要应用在国营茶厂和早期的私人茶叶加工作坊中。

（四）第四阶段

1990—2010年，名优茶加工机械研制开发和茶叶深加工设备阶段。这一时期，改革开放使人们的消费观念发生了很大变化，对名优茶和多样化茶产品的需求愈来愈迫切，促成了名优茶加工和茶叶深加工的快速发展。浙江上洋微型茶机厂的建立，标志着我国名优茶加工从手工向机械过渡。名优茶机械并非是对大中型机械行简单的小型改造，而是通过对茶叶加工所需工程条件的深入理解、对茶叶加工热力学特性的理性研究才取得成功的。同时，我国茶叶加工机械出现向深度加工、冷藏保鲜方向发展的趋势，如茶叶超细微粉碎机、袋泡茶机、速溶茶加工设备、儿茶素提取生产线、茶叶保鲜冷藏库等，促进了我国茶叶加工机械业服务范围的扩大和技术水平的提升。这一时期的机器大量应用在各类茶叶加工企业和作坊中。

（五）第五阶段

2010年至今，茶叶机械智能化阶段。这一时期的茶叶机械已经高端化与智能化，以杀青机为例，生产上已广泛应用微波杀青机、光波杀青机、红外线杀青机，自动控温、控时等。在能源的利用上，从利用传统的柴、煤等固体燃料发展、扩大到石油等液体燃料和气体燃料，并向利用电能、太阳能等新能源的方向发展，从而更有利于生态环境的保护，进一步提高和稳定茶叶品质。新机械和新能源广泛应用于现代茶企。

二、茶叶加工机械介绍

（一）木制揉茶机

第一台木制手推揉茶机，由我国已故著名茶叶大师张天福（1910—2017年）于1935年研制而成，它的问世结束了中国茶农千百年来用脚揉茶的历史。

20世纪30年代初，福建在全国属于经济落后地区，但有着丰富的茶叶资源，张天福满怀理想来到当时的福州协和大学任教并开始筹办茶叶改良农场。此时我国还沿用古老的用脚揉捻茶叶制茶方法，张天福曾看到日本报纸上刊载中国茶农头上拖着长辫，裸着上身，赤脚揉茶的照片，并加以嘲弄。他愤怒至极，立志改变这种被嘲笑的落后生产方式。

1934年,张天福踏上了对日本和我国台湾茶叶的考察之旅,这次刻骨铭心的考察奠定了他开创中国现代茶业事业的决心和信心。1935年8月,他到福安创办了福建省立福安农业职业学校和福安茶叶改良场,将茶叶科研与教育结合起来。随后又到崇安(现武夷山市)创办福建示范茶厂,组织茶叶生产合作社,从日本引进红茶加工设备,后又亲自设计制作了适用于农村的廉价木质手推揉茶机。由于他开始构想和设计木质手推揉茶机时,正值九一八事变发生,因此,当他的设想成为现实时,便将此机名为"9·18揉茶机",以警醒国人"勿忘国耻,振兴中华"。

(二)金属揉茶机

金属揉茶机的机器构件全部采用铸铁和不锈钢材质,其工作原理是利用曲柄连杆机构带动揉桶在揉盘上做平面圆周运动,揉桶盖、揉盘及棱骨产生的综合作用,使叶片细胞受到破坏从而完成揉捻过程。

茶叶揉捻机的主要作用是对杀青后的茶叶进行揉捻,使茶叶的条索紧结,同时缩小了茶叶的体积(图4-4)。通过揉桶与底盘相互用力揉捻,茶叶被适当挤出茶汁,茶叶初步揉捻成型。揉捻既能增加茶叶的耐泡程度,又能提高茶叶的营养价值,并且方便贮运。

图4-4 20世纪80年代25型精制揉捻机

(三)杀青机的种类

杀青的主要目的是通过高温破坏和钝化鲜叶中的氧化酶活性,抑制鲜叶中茶多酚等酶的氧化,防止茶叶在烘干过程中变色,同时散发青臭味,促进茶叶良好香气的形成。杀青机主要有以下类型。

1. 滚筒杀青机

滚筒杀青机具有茶叶鲜叶杀青、滚炒等功能。其结构包括机架、传动机构、滚筒以及左侧的进料斗,滚筒下面的加热装置,滚筒顶部的热风包、风机、进风管。在滚筒背部设置热风包,热风包内空气吸收热源装置产生余热,风机向热风包吹入热气,热空气由滚筒进茶口吹入滚筒内。在出叶口设置扬叶器,对杀青后茶叶强制风冷(图4-5)。

图4-5 20世纪70年代滚筒杀青机

2. 热风杀青机

采用热风杀青，杀青匀、透，茶叶色泽翠绿。热风杀青的原理很简单：通过高温热风和鲜叶接触，把热量传递给鲜叶，由于叶片与热风温度的温差很大，故热量迅速穿透鲜叶，使叶温快速升高，达到钝化酶活性的目的，完成杀青工序。热风杀青近似于滚筒杀青，但热风杀青滚筒不加热，是常温的；热风在滚筒中间通过，鲜叶在筒中任何位置都能和热风接触进行热交换。

3. 蒸汽杀青

蒸汽杀青机是一种利用常压100℃蒸汽杀青的杀青机，它由网带、蒸汽发生器、机架和传送机械等部件组成。蒸汽杀青是使茶叶直接与蒸汽接触，蒸汽对鲜叶穿透力强，因而叶温升高快，在半分钟内完成杀青工序，所获得的绿茶产品芽叶完整、色泽绿翠、汤色绿亮、香气独特，不会产生烟焦味，而且可消除夏秋茶的苦涩。不足之处是蒸汽杀青茶叶的含水量比滚筒和热风杀青的高，不利于后续的揉捻工作。

4. 微波杀青机

微波是电磁波。微波让水分子与微波共振，分子之间摩擦起热，热量由内而外，使茶叶中水分迅速汽化，钝化鲜叶的氧化酶活性，抑制茶多酚等被氧化，防止茶叶在后续烘干过程中发生色泽严重改变，同时挥发鲜叶的腥草味，减少茶叶的苦涩味，增加茶叶的鲜活度，使茶叶色泽、香气在杀青

图 4-6 现代微波杀青机

过程中得到最大程度的保留。采用微波杀青可在杀青环节蒸发掉茶叶10%的水分，节省后续烘干成本，对茶叶本身不会造成破损，同时具有杀菌功能（图4-6）。

（四）红外线烘干机

红外线是在红光以外的光波。红外线与微波的作用方式刚好相反，产生的热量是由外到内，使被照物体表面受热，然后温度升高，让茶叶蒸发出水分，从而使茶叶干燥。

（五）红茶发酵机

红茶发酵机是一种用于加工制作红茶的发酵机器。可以根据不同季节、茶叶种类和红茶发酵需要的条件，设置温度、湿度、通气、发酵时间等因素，使茶叶青草气转化为发酵茶特有的香气，形成红茶的滋味、香气等特质。例如：气温25℃，叶温应高于室温2~5℃，即30℃左右，发酵室相对湿度达到95%或以上，并喷雾或洒水处理，结合供给充足氧气，自萎凋完成算起，历经3h左右完成发酵。

(六) 茶叶色选机

茶叶色选机是指利用茶叶中茶梗、黄片与茶叶正品的颜色差异，使用高清晰度的CCD光学传感器，对茶叶进行精选的高科技光电机械设备（图4-7）。工作原理是茶叶从顶部的料斗进入机器，通过振动器装置的振动，被选物料沿通道下滑，加速下落进入分选室内的观察区，并从传感器和背景板间穿过。在光源的作用下，根据光的强弱及颜色变化，使系统产生输出信号驱动电磁阀工作吹出异色茶叶，吹至接料斗的废料腔内，而好的茶叶继续下落至接料斗成品腔内，从而达到选择的目的。

图 4-7 现代色选机

茶叶机械众多，选择机械一定要符合生产的产品，还要根据实际情况进行优化设置。例如，洪雅匠茗茶业在绿茶加工的环节独具匠心，他们把蒸汽杀青、微波脱湿、理条烘干等结合得非常好，夏茶原料也会做得苦涩味低，滋味鲜醇，非常难得。

第十节　包装与仓储

一、茶叶包装

茶叶包装就是将加工制作好的成品干茶用合适的容器将之密闭、干燥、避光保存起来，以保证茶叶的原有品质。现代茶叶包装精致、携带使用便捷、文化元素丰富，能直接激发消费者购买欲望。因此，茶叶包装对于茶叶的销售非常重要，已成为一大产业，有效促进了茶叶产品的上档升级。

茶叶包装材质多样、款式新颖，可谓琳琅满目。材质有玻璃、陶瓷、铁制、纸质、木质、塑料复合薄膜等；形状有圆柱体、长方体、正方体、球罐体等。有的茶叶包装还可作工艺品收藏纪念。

（一）传统包装

改革开放前，茶叶处于国家统购统销时代，当时的茶叶包装主要以散装为主，即把加工制作好的散茶直接分装进玻璃茶叶罐、马口铁茶叶罐、陶瓷茶叶罐、锡制茶叶罐、纸制茶叶罐等进行保存销售，其中马口铁茶叶罐使用很广。进入20世纪90年代，牛皮纸铝箔自封袋以其包装轻便、密封性好、价廉便用的优点，很快获得了广大消费者的认可，被茶叶界广泛采用。一般有500g装、250g装、100g装等多种包装规格，其中以250g装和100g装使用最多。

（二）现代包装

进入新世纪，非常适用和流行以纸木铁盒为外包装、以薄膜条形袋为内包装（每袋100g居多）的茶叶包装，茶叶包装进入了现代包装阶段。2010年以来，以克袋装（每袋5g左右）的塑料复合薄膜包装，不仅实用（一袋一泡）而且很上档次，成为现代茶叶包装普遍采用的形式。

二、茶叶仓储

（一）传统仓储

20世纪90年代及以前，我国茶叶大部分储存使用传统仓储。一般是将加工制作好的茶叶成品放进塑料薄膜大袋，然后装进纸箱，常用纸箱规格主要有3种：大号箱45cm×40cm×55.5cm、中号箱31cm×38.5cm×55cm、小号箱24cm×41cm×54.5cm。再把纸箱放在避光、干燥、无异味的常温库房中储存。传统仓储由于不能控制仓库的温度和湿度，保存效果不好，特别是对绿茶影响很大，容易氧化变色，如果当年没卖完，第二年基本就没多大价值了。但储存白茶、红茶等发酵茶的效果还可以。

（二）现代仓储

进入新世纪，茶叶储存进入了现代仓储时代。特别是冷链库房的推广应用，从根本上解决了绿茶难以保鲜的难题，提高了绿茶的经济价值。现代仓储可以进行温度、湿度、灭菌、充氮等智能调节，为稳定茶叶品质提供了关键保障，四川省洪雅瓦屋春雪茶业有限公司等企业的茶叶产品，就是使用了充氮保鲜技术。

近年来，四川省加快推进实施精制川茶战略，茶叶仓储这个版块也备受重视，仅洪雅县就有数十家茶叶企业享受了《统筹推进精制川茶产业发展的指导意见》中的优惠政策，建立了大大小小100余个冻库，有效解决了绿茶的储存安全问题。

第五章 茶叶贸易

在中国古代，茶和盐同属于国家重要的经济战略物资，宋代西部许多地方设有专门管理茶叶的机构——茶马司。在漫长的茶马古道上，许多重要的茶马驿站设有买卖茶场，进行茶叶贸易，茶马古道就是一条长长的茶叶贸易经济线。茶叶、瓷器和丝绸并称中国古代三大出口商品，为开放国门、搞活经济做出了历史性贡献。

21世纪以来，茶叶已逐渐成为我国居民的生活必需品，几乎每个家庭都要用茶，各地茶叶市场贸易繁荣，对外贸易更是与日俱增，发展迅猛。2023年，全国干茶产量333.95万t，产值3296.68亿元；出口茶叶36.75万t，出口创汇17.39亿美元。眉山干茶产量4.8万t，产值56亿元，出口创汇1000万美元。眉山市新兴茶叶市场不断出现，特别是网络电商销售平台如雨后春笋，茶叶贸易势态向好。

茶叶贸易主要是指茶叶干茶的交易。到2022年底，眉山市的茶叶贸易市场大体可以分成3个板块：一是本地小市场，通过本地茶叶加工厂、干茶经销商、茶楼酒店、商场超市等销售，这部分销售不多，约占全市干茶销量的5%。二是周边大市场，主要目标市场为峨眉山西南茶叶交易市场和雅安名山茶叶交易市场，通过这两个市场销售出去的干茶约占全市干茶销量的35%。三是外省直销市场，就是茶叶加工厂直接与外省大茶商们直接对接，这部分销售最大，约占全市干茶数量的60%。

第一节　贸易历史

一、古代贸易

西汉文学家王褒的《僮约》有"烹茶尽具""武阳买茶"等记录。史学界认为，此为有明确记载的最早官方设置的茶叶交易市场，供眉山、成都、雅安、乐山等地茶商和市民进行茶叶交易买卖，成为历史上最早的著名茶叶市场。

《洪雅县志》记载："茶出总岗、花溪。"在宋代，洪雅花溪就设置了买茶场，周边的雅安、乐山、眉山等地茶商长期在此购买洪雅茶叶，花溪买茶场因此人气旺盛，茶市兴隆。茶叶运输主要通过青衣江水路和玉屏山、总岗山的茶马古道。

明清时期，洪雅茶市兴旺，清朝初年，洪雅的炒青细茶产量就已是"蜀中之冠"，并且历经清代康熙、雍正、乾隆、嘉庆四世不衰，故洪雅炒青茶后来成为计划经济年代四川省炒青茶的收购样板，历史底蕴丰厚。

二、现代贸易

从1953年开始，国家对部分有关国计民生的重要物资（粮、油、肉、棉、茶等）实行有计划地统一收购和销售（简称"统购统销"）。

1954年，四川省洪雅县供销合作社正式成立；1957年，洪雅县供销社下设土产棉麻烟茶畜产采购批发站（原土产公司前身），收购农村棉麻、烟草、茶叶等土产品；1962年，供销社又设置了土产经理部业务机构，业务范围就有代国家收购和销售茶叶；1975年，县外贸公司归县供销社管理，当时的茶叶收购是外贸公司主要业务，《洪雅县供销合作社志》（图5-1）中有记载。

1978年党的十一届三中全会以后，特别是20世纪80年代初，国家经济逐步实行双轨制运行，允许同时存在体制内和体制外两种价格体制。由于体制外灵活性强，发展空间大，一时非公有制经济迅速崛起，个体经营茶叶也越来越多。随着体制外价格机制的逐渐发育壮大，供销社逐渐丧失体制内价格机制的主导地位，1992年，持续了近40年的统购统销退出了历史舞台。

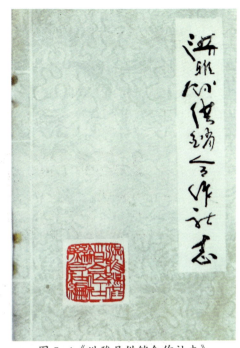

图5-1《洪雅县供销合作社志》

直到1992年才取消对农副产品的统销政策，统购统销共实行了39年。在长达近40年的统购统销计划经济年代，茶叶贸易基本是由供销社来主导的，供销社成了茶叶现代贸易的主体。

三、当代贸易

进入新世纪后，茶叶贸易更加繁荣，已不再是以往单一的实体门店销售茶叶产品为主，出现了各种各样的销售模式和销售途径，真可谓百花齐放，茶香满天。当代茶叶贸易表现出以下特点：

销售产品丰富：有专卖鲜叶的、专卖干茶的，还有专卖茶水、茶饮料及其衍生品的。

销售场所众多：有茶叶大市场（批发为主）、茶叶专卖店（零售为主）、茶楼（兼卖茶水）、超市（销售各种茶产品）等。

销售形式多样：有厂家直销门店、品牌旗舰门店、产品连锁门店等。

销售途径广阔：有国内销售（内销）、国外销售（出口）、线上销售（网络营销）、线下销售（实体店体验）、茶园认购销售、私人定制销售、茶旅融合促销、会节活动促销、茶艺表演促销等。

当代茶叶贸易是一个统筹资源配置、发挥产品优势、扩大品牌影响的茶业运营工程，渗透到人们生活的各个领域，是促进茶产业发展的核心内容。

第二节 边 茶

边茶是因"销往边疆少数民族地区之茶"而得名。洪雅边茶有多种叫法，因边茶属于六大茶类中的黑茶，有叫"洪雅黑茶"（图5-2）；因洪雅与雅安的历史地缘关系，也有叫"洪雅藏茶"；还有叫"老杆子茶"（原料为茶树老枝叶）、"溜溜茶"等。

图 5-2 边茶之洪雅黑茶

一、茶马古道

茶马古道是边茶运输必经之路，所有的边茶运输路段都可称为茶马古道。一般来讲，川藏茶马古道起点在雅安，所以，严格地说，眉山市的茶马古道属于川藏茶马古道的重要分支。眉山市域内的茶马古道，有主路和支路20多条，其主路主要有4条，经过的主要站点如下。

（一）东岳观音场茶马古道

东岳观音场—风筒子—两岔河（晏场）—宝田坝—望鱼，全长约70km（图5-3）。

（二）柳江古镇茶马古道

柳江古镇—高庙古镇—瓦屋山—荥经县，全长约100km，是洪雅境内最长的一条茶马古道。

图 5-3 洪雅东岳观音场茶马古道

（三）汉王沈茶坊茶马古道

汉王沈茶坊—雅安市名山区，全长约40km，是洪雅境内最短的一条茶马古道。

洪雅茶马古道上有许多站点，大一点的地方设置有专门的茶马驿站，为茶商提供食宿服务；小地方则有用竹木搭建的简易棚子，里面还有些石凳子和山泉，是茶商们避雨遮阳、歇气解渴的短暂停留之处。

洪雅茶马古道属川藏茶马古道的分支，相对于川藏茶马古道主干道来说，路面就显得比较窄小一些，一般只有1m宽，路面多用雅石铺成。洪雅茶马古道上运输边茶的主要方式为徒步背驮，很少使用马匹。

洪雅茶马古道距今年代久远，损坏十分严重。许多路段年久失修、破烂不堪，还有不少路段已被淹没在深山荒野中。

（四）丹棱茶马古道

丹棱县城—张场—岩屋子—名山马岭；张场—马嘴河—仁兴—土地垭—雅安或洪雅；张场—马嘴河—仁兴—蔡垭口—名山；张场—马嘴河—仁兴—黄金峡—牛路口—名山；张场—马河嘴—三合桥—王场—岐山庙—名山车岭镇。丹棱茶马古道的线路主要有以上5条，基本都是从丹棱县境内直接通往雅安名山，有少部分线路是先经过洪雅再通往名山。

二、交易制度

茶马交易又称"茶马互市"，最早出现于唐代，但直到宋代才成为定制，主要是为了维护宋代的边疆安全。宋代初年，内地用铜钱向边疆少数民族购买马匹，但是这些地区的牧民则将卖马的铜钱渐渐用来铸造兵器，这在某种程度上威胁到宋代的边疆安全，因此，宋代在太平兴国八年（983年），正式禁止以铜钱买马，改用布帛、茶叶、药材等来进行物物交换。为了使边疆贸易有序进行，还专门设立了茶马司，茶马司的职责是："掌榷茶之利，以佐邦用；凡市马于四夷，率以茶易之。"这就是茶马互市的起源。

由于自然环境方面的原因，藏族对茶叶十分依赖，茶能解毒去病，可以解油腻、助消化，因此，茶叶自宋代以来不但成为中原王朝与西北、西南地区的藏族之间的大宗经贸产品，而且也成为中原王朝与藏族之间保持友好关系的物质手段。茶马互市对维护宋代西南地区的安全与稳定起到重要作用，是两宋王朝具有重要战略意义的治边政策。其次，通过茶马贸易，还满足了封建王朝对战马的需要，又为朝廷提供一笔巨额的茶利收入，解决军费之需。

宋代茶马贸易政策已达到完善，各种举措也很有力。如易马数额与价格"随市增减，价例不定""马价分九等"，各等折茶不一；买马的茶价低于专卖的价格。所有这些规定都是符合商品交换原则和商品经济市场客观规律的，赢得了少数民族的欢迎和拥护，使茶马贸易得以持续开展。茶马互市贸易是双方经济上的互相依赖，是双方物资上的余缺调剂，是互惠互利的，是符合人民共同利益的。茶马贸易对增强民族团结和多民族国家的形成，对宋王朝的巩固和发展都具有重要的政治意义。

第三节　交易市场

一、眉山茶叶交易市场

在古代，眉山就有茶叶交易市场。西汉时期，在武阳（今彭山区的江口镇）就有全国著名的茶叶交易大市场，也是历史上最早出现的茶叶交易市场，云集了成都、眉山、雅安、乐山等地茶商，交易繁华，市场兴旺。宋代，洪雅花溪设有专门的买茶场，这在当时的眉山、乐山、雅

图5-4　洪雅县中山茶叶综合市场

安地区也是盛极一时，热闹非凡。到20世纪80年代，洪雅县政府在城隍街专门划定了一段作为洪雅茶叶交易市场，生意兴隆，是继供销社之后茶叶经营的又一主要市场。

20世纪末，洪雅县中山镇建起了中山茶叶综合市场（图5-4），占地面积5000m^2，主要经营销售碧螺春类卷曲型名优绿茶以及部分竹叶青类扁平形名优绿茶，吸引了全国特别是江苏、浙江一带的茶商纷纷前来交易。每年二三月份，各地茶商就像候鸟一样蜂拥而至，中山茶叶夜市灯火通明、一片繁忙，茶叶年成交额约3.5亿元。2000年，茶行业界称该市场为"中山茶叶夜市"，中山茶叶夜市成了全国小有名气的交易市场。2020年，政府又在田锡水景公园兴业苑开辟了茶叶一条街零售市场。

此外，洪雅还有近一半的茶叶，基本上是通过毗邻的峨眉双福的大西南茶业市场和雅安名山的蒙山茶叶市场销售，这两个茶叶大市场也是在眉山、乐山、雅安地区远近闻名，成为洪雅茶叶销售的主渠道。

二、周边茶叶大市场

（一）峨眉双福大西南茶业市场

位于四川省乐山市峨福星街1号，1999年建成，总投资近千万元，是乐山峨眉山市及周边地区茶叶交流的主要场所，年交易额20多亿元。大西南茶业市场分设市场区、加工区。市场区占地30亩，投资650万元，共建门市180间，彩棚摊位200个，住房40套，写字间、展销厅、会议室等30间。加工区占地18亩，按照统一规划，统一设计，现已建

成多家茶叶加工厂。

（二）世界茶都茶叶交易市场

位于世界茶源、中国茶都雅安市名山区的蒙顶山镇西蒙路1号。该市场于2020年建成，总投资8亿元，占地101亩，总建筑面积约70000m^2，散户交易区占地3500m^2，年交易额突破50亿元。世界茶都茶叶交易市场，是四川省茶叶重点工程，集茶叶批零销售、茶叶冷链物流、茶产业配套、茶文化体验、旅游休闲、会展服务、商务服务等为一体。目前，进驻茶企、茶商、茶厂约200家。世界茶都茶叶交易市场，力争在"十四五"期间打造成中国最具规模及品质的茶叶交易中心。

（三）大西南茶叶批发市场

又名成都茶叶批发市场，位于成都市赛云台西一路五块石，是中国最早的大型茶叶批发市场之一。市场占地面积超20000m^2，入驻茶商近百家，分别来自云南、广西、广东、福建、浙江、安徽、台湾、山东等16个主要产茶区，尤以福建安溪铁观音茶商较多。多家茶商在茶业界享有盛名、影响力强。该市场主营全国各地名茶、茶具以及与茶相关的茶包装、茶文化用品等，产品种类齐全、质量较高，多达上万种。交易辐射东三省、陕甘宁地区及新疆、内蒙古、北京、天津、河南等地。十多年来，大西南茶叶批发市场每年交易量快速递增，年交易额超15亿元。

眉山大约有1/3的茶叶在以上3个市场进行交易。

三、四川省外著名茶叶市场

（一）安溪茶叶批发市场

安溪是福建省泉州市的一个小县城，虽然不大，但是它有得天独厚的茶叶生长环境，是鼎鼎大名、闻名中外的铁观音原产地。每年都有大量全国各地的茶商前往安溪收购铁观音。在新茶全面上市期间，平均每天茶叶交易量近百吨，交易额平均每天超过500万元。

（二）广东芳村茶叶城

广东芳村茶叶城也是著名的茶叶批发市场，茶叶城坐落于以茶叶和花卉誉满全国的广州市荔湾区芳村大道中。该茶叶城从规划之初就志在打造全国之冠、亚洲之首的集商务展示、休闲体验、观光旅游为一体的超大型茶都。广东芳村茶叶城占地面积超100万m^2，市场辐射全国各地及东南亚地区，是中国最大的茶叶专业批发市场和集散地。

（三）北京马连道茶城

北京马连道茶城是北京最大的茶叶批发市场，主要经营范围涵盖绿茶、红茶、花茶等近千个品种，市场占地面积6000m^2，商铺超百家。市场装修精良，具有浓郁的民族特色和古典建筑风格，配套设备齐全。目前北京马连道茶叶街已建成8个大型茶城，近千户来自全国各地的茶商在此经营茶叶。市场茶叶年销售收入近20亿元，成为华北地区最大的茶叶集散地。

（四）杭州江南茶叶市场

杭州江南茶叶市场位于杭州市余杭区，是杭州市最大的茶叶集散市场。该市场主要批发龙井、旗枪等名优绿茶。杭州江南茶叶市场紧邻建设中的杭徽高速，东临西湖龙井产地梅家坞8km，西临浙江十大名茶径山茶产地。市场建筑面积88000m^2，总投资1.2亿元。

（五）峨桥茶叶批发市场

峨桥茶叶批发市场地处安徽省芜湖市三山区南部的峨桥镇，因其规模庞大、品种齐全、销量巨大、购销队伍和销售网点遍布神州而成为全国茶叶批发市场中的龙头市场。1992年，王光英视察茶市后欣然题名其为"江南第一茶市"。改革开放后，县、镇政府采取一系列低门槛优惠政策，利用传统经销茶叶经验，培育发展茶叶市场，由露天集市逐步发展成为全国性的茶叶产品集散中心和批发销售中心，使这个"不产茶叶的茶叶之乡"以"买全国茶、卖全国茶"而享誉海内外。

眉山大约有10%的茶叶在以上5个市场交易。

第四节　出口茶

一、眉山出口茶概况

出口茶，顾名思义就是国内生产并出口到国外的茶。出口茶的出口分2种情况：直接出口和间接出口。直接出口就是指具备出口茶生产资质的茶叶企业，将自己厂家生产的出口茶直接进行出口，而不经过中间商；间接出口则是指生产出口茶的茶叶企业，将自己生产的出口茶经过具有出口资质的中间商后由中间商再进行出口。出口茶基本都是以间接出口为主，因为有出口茶资质的茶叶企业很少，截至2022年底只有6家。眉山市每年出口干茶约8000t，出口额1200多万美元。

依据国内出口茶的类别，可将出口茶分为七大类，分别是：红茶、绿茶、乌龙茶、白茶、花茶、紧压茶、速溶茶，只有黄茶和黑茶暂未出口。具体产品种类上，主要出口片状绿茶（眉茶）和紧圆形绿茶（珠茶），这与出口的国家和地区要求有关。2021年，丹棱县出口高端茶毛峰，在四川省率先开创先河。

出口茶出口到日本和欧美地区相对较少，主要以独联体、亚非伊斯兰国家和中东地区为主，基本就是以"一带一路"相关的国家和地区，属中低端出口茶，故其原料都比较粗老，出口的价格也不高，主要是以量取胜。

近年，眉山市出口茶发展也比较艰难，一是拥有出口资质的茶叶企业太少，出口效益就比较低；二是出口的许多国家和地区，战乱动荡，出口风险很大。

二、主要国际市场

（一）独联体茶叶市场

俄罗斯及独联体各国是世界主要茶叶消费市场，也是我国茶叶出口重点开拓市场。该地区大多数人爱喝红茶，随着社会的开放和生活水平的提高，我国绿茶和特种茶逐渐被该地区消费者认识和接受。

（二）亚非地区伊斯兰国家茶叶市场

该地区居民视茶如粮，一日饮茶多次，绿茶已成为当地人民生活基本必需品，是我国茶叶出口的传统优势市场。

（三）美国市场

美国市场的茶叶消费方式或茶叶类别日益多样化，绿茶、特种茶及有机茶已成为美国人心目中理想的健康饮料，但受消费习惯限制，我国茶叶在美国市场占有率仍然有待提高，如何扩大我国茶叶在美国消费者中的影响并生产出适销对路的茶叶新产品是我国茶叶行业必须解决的问题。

（四）欧盟市场

欧盟市场中主要茶叶进口国均为经济发达国家，购买力强，销售价格较高，但欧盟严苛的茶叶检测标准在一定程度上影响和制约了茶叶出口规模的扩大。近年来，由于国内建立了面积广阔的有机茶园和无公害茶园，且国家质检部门严把茶叶出口质量关，欧盟茶叶出口呈乐观趋势。

（五）日本市场

日本曾是茶叶出口传统主销市场，对日本茶叶出口情况关系到国内整个乌龙茶、蒸青茶生产和出口的稳定。

（六）中东市场

中东地区是红茶的主要消费市场，由于战事频繁，已严重影响我国茶叶行业和企业拓展该地区的茶叶市场。

以上六大国际茶叶市场中，眉山茶叶主要出口到独联体和亚非伊斯兰国家。

第五节　现代营销

一、城市形象店

形象店也叫专卖店，是专门经营或授权经营某一主要品牌商品为主的零售业态。形象店主要用于品牌的展示与推广，不要求面积大、价格低或者款式多。相反地，为了能够更大程度地让品牌为人们所熟知，让品牌深入人心，形象店一般选址于繁华商业区、商店街、百货店或购物中心内。

茶叶市场的快速发展，使得许多茶叶专卖店兴起，在众多茶叶专卖店里，有一些品牌以其品质、服务等成为行业的翘楚。目前，很多茶叶品牌城市形象店在全国发展得很好，现举例如下供茶叶品牌企业学习参考。

（一）华祥苑

中国茶叶店十大品牌，是一家以茶叶传统工艺和现代科技相结合的综合性茶业公司。公司自有生态茶庄园，庄园建有闽茶三大品类铁观音、大红袍、红茶基地，集种植、加工、销售、科研、茶文化体验、茶旅游观光于一体。

（二）吴裕泰

中华老字号，创于1887年，北京市著名商标。北京吴裕泰茶业股份有限公司的茉莉花茶窨制技艺，被列入非物质文化遗产保护名录。

（三）张一元

中华老字号，创于1900年，北京市著名商标。北京张一元茶叶有限责任公司的茉莉花茶窨制技艺，被列入非物质文化遗产保护名录。

（四）大益茶

中华老字号，创于1938年，是普洱茶的标杆及典范，以7572熟茶和7542生茶著称，属云南大益茶业集团有限公司。

（五）中　茶

中国茶叶店十大品牌，全称中国茶叶股份有限公司，创于1949年，属世界500强中粮集团旗下集茶叶种植、加工、销售、研发、文化推广于一体的大型茶业集团公司。

（六）浙　茶

全称浙江省茶叶集团股份有限公司，前身为1950年的浙江省茶叶公司，是中国最大的茶叶经营企业和全球最大的绿茶出口企业。集团以茶为主、贸工结合、多元发展，产品覆盖茶叶、茶制品、茶叶机械、有机农产品等，销售网络遍及全球60多个国家和地区。

（七）八马茶业

国家级非物质文化遗产铁观音制作技艺保护品牌，铁观音领先品牌，属八马茶业股份有限公司，其"赛珍珠"铁观音系列产品颇具盛名。

（八）天福茗茶

漳州天福茶业有限公司，创建于1993年，是一家集茶叶生产、制作、销售、科研于一体的综合性茶叶连锁机构，是国内著名的茶产品零售商。

（九）徽　六

中华老字号，源于1905年，安徽省著名商标。安徽省六安瓜片茶业股份有限公司的六安瓜片制作工艺，被列为国家级非物质文化遗产。

（十）君山茶叶

湘茶集团旗下湖南省君山银针茶业有限公司，其核心产品君山银针是湖南省名牌产品、黄茶标志性品牌、中国十大名茶。

（十一）竹叶青

四川十大名茶，峨眉高山绿茶，属四川省峨眉山竹叶青茶业有限公司。竹叶青只在清明节前采摘，只选茶芽，采摘的新芽经过杀青、揉捻、烘焙等工艺制作而成，分为品味、静心、论道3个等级。

茶叶品牌企业尚处于转型升级阶段，还未在省级城市有自己的形象店。洪雅茶叶区域公用品牌"瓦屋春雪"形象店（图5-5）刚开始打造，计划在"十四五"期间，力争在全国一二线城市拥有城市形象店。目前，"云中花岭""雅雨露""碧雅仙""西庙山""匠茗"等茶叶企业在洪雅县城有了自己的形象店；"茗香轩"在四川省自贡市有形象店。下一步，眉山市的茶叶品牌企业的形象店将向更大城市延伸发展。

图5-5 洪雅县"瓦屋春雪"形象店

二、电子商务平台

电子商务平台，简称电商，即为企业或个人提供网上交易洽谈的平台。企业电子商务平台是建立在网上进行商务活动的虚拟网络空间和保障商务顺利运营的管理环境，是协调和整合信息流、物质流、资金流有序、关联、高效流动的重要场所。企业、商家可充分利用电子商务平台提供的网络基础设施、支付平台、安全平台、管理平台等共享资源，有效地、低成本地开展自己的商业活动。

当今社会进入了一个全民网络信息时代，如何运用好电商以促进茶叶产品更好地销售，已成为各个茶叶企业进行贸易的必要手段。近年来，电商茶叶的贸易量在逐年递增，尤其在过去几年，电商为茶叶销售发挥了极其重要的作用，许多茶商都改变了以往现场收购茶叶然后销售的单一实体经营模式，增加了更为便捷的电商方式进行茶叶贸易。淘宝、天猫、京东、唯品会等大型电商平台，为茶叶产品销售提供了更为广阔的市场，特别是近几年极其火爆的抖音、快手等短视频平台，更是让不少茶叶商家入驻，产品大卖。例如一个洪雅县做手工茶的90后女制茶师，其短视频平台粉丝量在短短两年就多达10万，年销售茶叶数百万元。

但茶叶要获得更好的电商销售效果，还是以抱团发展才具有更高的市场可信度和更强的市场竞争力，由茶叶区域公用品牌企业或茶叶流通协会等来牵头，根据各茶叶企业的资质条件进行筛选组团后入驻大型电商平台，可以最大限度地调剂茶叶产品资源，充分发挥茶叶团队的强大力量，促进茶叶更好地销售，提高电商效率和效益。

因此，电商已成为促进眉山市域茶叶销售的重要手段，不少茶叶企业已经尝到了电商的甜头，今后电商将发挥更大的作用。截至2022年底，眉山市茶叶电商销售比例还低于10%，电商销售具有相当大的发展空间。

三、四川省内展会

（一）中国西部国际博览会

简称"西博会"，创办于2000年，由国家发展和改革委员会、商务部、工业和信息化部等10余个国家部委及西部12省（自治区、直辖市）和新疆生产建设兵团共同主办，国务院国资委协办，外交部支持，四川省人民政府承办。展场设在成都世纪城国际会展中心，分国际合作馆、西部大开发馆、高新技术馆、优势产业馆四大展馆，展览总面积16万 m²，折合标准展位8890个。

（二）中国（四川）国际茶业博览会

简称"四川茶博会"，始创于2012年，由四川省农业农村厅主办，是全国著名大型专业茶博会。分春、秋两季举办，春季为四川国际茶博会，秋季为成都国际茶博会，这是一个全力打造千亿川茶产业、展示川茶品牌、扩大川茶知名度和影响力的专业有效的交流、贸易平台。展场设在成都世纪城国际会展中心，这也是中国西部地区唯一获得国际展览联盟认证（UFI）的茶业博览会，是国际展览联盟认证的三大茶业博览会之一。2022年，瓦屋春雪首次亮相中国四川国际茶博会（图5-6）。

图 5-6 第 11 届中国四川国际茶博会眉山洪雅馆

（三）四川农业博览会

简称"四川农博会"，2013年首次举办，展场设在成都市世纪城会展中心，每年12月上旬举行。由成都市人民政府主办，中国农业科学院支持，成都市农业农村局、成都市乡村振兴局、成都市供销合作社、成都市博览局、成都市商务局、成都传媒集团承办。四川农博会主要展示四川各地川粮油、川猪、川茶、川菜、川酒、川竹、川果、川药、川牛羊、川鱼十大优势特色产业和特色农产品。2010年，眉山特色农产品在四川农博会上首次展示（图5-7）。

图 5-7 四川农博会上展览眉山茶精品

四、四川省外展会

（一）中国北方国际茶业博览交易会

2010年在济南开始举办，是各省特色茶产业品牌宣传、市场开拓、成果展示、文化交流的重要平台和窗口。多年来本着"弘扬茶文化·推广茶品牌·引领茶行业"的宗旨，汇聚全国众多知名品牌茶企与紫砂名师，着力打造中国北方茶业采购、加盟、代理一站式交易和茶文化交流平台。2019年中国北方国际茶博会全面升级，特邀中国台湾以及印度、斯里兰卡等"一带一路"沿线国家、地区茶商参展。2020年面向全国各地乃至海外诚邀茶行业品牌商参展，共同将中国北方国际茶博会办成专业化、市场化、品牌化、国际化的茶产业盛会。

（二）中国厦门国际茶产业博览会

简称"厦门国际茶博会"，2010年创办，现已成为业界认可的全球茶产业采购平台，同期举办的厦门国际茶包装设计展也已成为重要的全球茶包装交易平台。为满足茶行业的供需平衡，拓展更广阔的商机，厦门国际茶博会于2018年起举办春、秋两届。为了进一步促进全球新式茶饮的深入普及，推进全球茶饮产业强劲发展，2019中国厦门国际新兴茶饮产业展览会应运而生。厦门国际茶博会在茶行业深耕10余年，从全球视角展示茶产业发展盛况，共谱厦门国际茶博会发展的新篇章。

（三）南京国际茶文化展览会

简称"南京茶博会"，创办于2014年，至今已成功举办18届，是茶叶领域的专业盛会。南京茶博会举办周期为一年2届，是茶叶品牌宣传推广的较佳舞台，是商贸洽谈、交易的重要场所，更是茶叶厂家、茶艺师、茶叶经销商等业内专业人士共话趋势、寻求合作与发展的平台。南京茶博会旨在打造成江苏茶叶行业的风向标、江苏茶叶市场的晴雨表。玄武湖畔，茶味飘香，高端盛宴着力打造精品品质新风尚。

（四）中国国际茶叶博览会

是我国代表性茶叶博览会，由农业农村部、浙江省人民政府共同主办。在中国茶都浙江省杭州市国际博览中心举办，一般情况下，每年5月上旬举办一届。展览面积约70000 m^2，展商数量约1500家，观众人数达10万人。

（五）中国—东盟博览会

简称"东博会"，由中国和东盟10国经贸主管部门及东盟秘书处共同主办，广西壮族自治区人民政府承办的国家级、国际性经贸交流盛会，每年举办一次，举办地点在广西壮族自治区首府中国绿都——南宁。中国—东盟博览会是中国境内由多国政府共办且长期固定在一地举办的展会之一；展会以展览为中心，同时开展多领域、多层次的交流活动，搭建了中国与东盟交流合作的平台。

（六）中国进出口商品交易会

又称"广交会"，创办于1957年4月25日，现已成功举办130多届，是中国历史最长、层次最高、规模最大、商品种类最全、到会采购商最多且分布国别地区最广、成交效果最好的综合性国际贸易盛会，被誉为"中国第一展"。广交会每年春、秋两季在广州各举办一次，由商务部和广东省人民政府联合主办，中国对外贸易中心承办。

（七）中国国际进口博览会

简称"进博会"，由商务部和上海市人民政府共同主办，是世界上第一个以"进口"为主题的大型国家级展会。上海进博会充分展示了中国消费升级的商机、不断成长的市场、主动向世界开放的决心，给了世界企业在华发展的契机。

（八）中国（北京）国际服务贸易交易会

简称"服贸会"，由商务部和北京市人民政府共同主办，是迄今为止全球唯一一个涵盖世界贸易组织界定的服务贸易十二大领域的综合型服务贸易交易平台。

（九）中国国际消费品博览会

简称"消博会"。2020年6月1日，中共中央、国务院印发《海南自由贸易港建设总体方案》，明确了海南国际旅游消费中心的定位，提出举办中国国际消费品博览会，境外展品在展期内进口和销售享受免税政策。海南消博会由商务部和海南省人民政府共同主办，商务部外贸发展局、海南国际经济发展局承办。消博会展览总面积100000m²，其中国际展区80000m²、国内展区20000m²。消博会主要展示"高、新、优、特"消费精品，不断提高国际参展品牌品质，提升展会国际化水平。

（十）中国（广州）国际茶业博览会

简称"广州茶博会"，是广东唯一一个经国家商务部批准的茶业博览会，旨在贯彻"以品牌展会树立品牌产品、以品牌展会引导产品消费"的指导思想，努力为中国茶产业打造一个具有国际化特色的、茶贸易与茶文化交流平台。广州茶博会目前已经成为中国茶产业最具影响力的品牌展会，并不断得到国际业界的广泛认同，在弘扬中华茶文化、科学引导茶消费、促进国际茶产业交流中发挥着越来越重要的平台与纽带作用。广州茶博会是茶业界规模最大、专业化程度最高、最有影响力的茶博会，是茶业界的"广交会"，是中国茶叶产业发展的标志性展会。

（十一）中国深圳国际茶业博览会

简称"深圳茶博会"。深圳茶博会定位为"新变革、新战略、新发展"，具体表现为科技创新、投融资合作、品牌营销策划以及国际市场。深圳茶博会于2008年举办首届，是中国茶业构建的一个"世界营销"的深圳平台。深圳茶博会坚持以"弘扬茶业文化、提升民族品牌、引导绿色健康消费、促进茶产业和谐发展"为办展宗旨，整合国内、国际市场产、供、销一体化的资源优势，打造中国最具效能及执行力的茶类产品营销平台。

（十二）中国北京国际茶业及茶艺博览会

简称"北京茶博会"，创办于2011年，由商务部批准，中国农业国际合作促进会主办，中国农业国际合作促进会茶产业委员会承办，每年4月中旬在北京全国农业展览馆举办。该展会有"北方春茶第一展""中国春茶晴雨表"之美誉。展位面积23000m^2，有1200个标准展位。多年来，展会依托庞大的消费市场，不断完善观众组织、展会宣传和展商服务，已成为国内春茶号召力和价值的权威展会，为茶叶生产商、经销商，茶具配套商以及茶叶爱好者提供茶叶贸易和交流平台。

（十三）上海国际茶业交易（春季）博览会

简称"上海茶博会"，2004年创办，2011年增加秋季展，展览地点为上海世博展览馆。上海市商务委员会批准；上海国际茶业交易（春季）博览会组委会主办；全国部分产茶区农办、茶办等涉茶主管部门，中国优质农产品开发服务协会优质茶叶分会，上海茶业交易中心有限公司，中华茶人联谊会宜兴紫砂分会协办；上海瓷茗实业有限公司承办。

综上所述，在我国的一线特大城市，基本都有茶博会，这些茶博会为全国茶产业的交流贸易、发展繁荣起到了较大的推动作用。2005年以来，眉山茶叶基本都参加过上述茶叶博览会，特别是四川茶博会每届必参加，为宣传眉山洪雅茶叶产生了积极影响，但由于眉山茶叶品牌建设较晚，省外一些大型茶叶专业展会参加不多，只参加过北京茶博会、上海食品博览会、重庆农交会、青岛茶博会、厦门茶博会、东盟博览会、杭州茶博会。随着洪雅茶叶区域公用品牌"瓦屋春雪"的问世，今后将尽量在更多全国大型展会现场展示具有千年东坡文化底蕴的一杯好茶——瓦屋春雪，以促进眉山市茶产业发展，为推动眉山市乡村振兴贡献茶叶力量。

第六章 茶叶品牌

品牌是一个商品符号和标志，简明扼要、内涵丰富。简单的几个字，却是对商品的高度浓缩、概括与总结，可谓商品之精华，内核之动力。纵观世界所有成功的商品，其品牌一定非常响亮，号召与影响力都相当强大，品牌价值远远大于其商品本身价值，是其成本之数倍甚至数十倍。许多商家经营产品都是以品牌建设为中心，特别是在产品广告宣传上更是不惜重金，痛下手笔。

茶叶乃文化养生之饮，是最具文化属性、最富文化内涵、最讲品牌效应的。例如，西湖龙井、碧螺春、黄山毛峰等驰名中外的茶叶品牌，悦耳动听、深入人心。茶叶品牌对茶产业的发展起到了决定性的作用，具有深远的战略意义。凡是茶产业发展好的地区，其茶叶品牌打造都呈现出"持续巨资投入"的特点，使其产品影响不断，升值不断。

历史上，眉山茶叶也曾辉煌，出现过一些著名的品牌，但由于各种原因中途消亡。目前，眉山茶叶也有不少产品品牌，注册商标就有200多个，但知名的却很少，在四川省内有一定知名度的只有瓦屋春雪、雅雨露、云中花岭、碧雅仙、西庙山、屏羌、正容、金星、匠茗、东坡家手作茶、茗香轩。

2021年以来，洪雅茶叶区域公用品牌"瓦屋春雪"问世，再次唤醒了沉睡千年的东坡文化底蕴好茶，誓让真正的好茶实现应有的价值。在眉山市委、市政府的正确领导下，"瓦屋春雪"品牌必将推动眉山茶业发展。

第一节　区域公用品牌

一、瓦屋春雪

（一）文化底蕴

洪雅茶叶历史悠久，自《华阳国志》记载以来迄今2000多年，汉唐出名茶，宋代置茶场，明清盛兴，清初蜀冠。新中国成立后，洪雅曾被列为四川12个边茶生产重点县和两个炒青绿茶收购样品制作县之一。

为扩大洪雅茶业的知名度和影响力，洪雅县委、县政府聘请中国工程院刘仲华院士团队为洪雅县茶业发展顾问，打造高端茶叶区域公用品牌。院士团队综合研判了洪雅县地理环境、历史文化、茶叶特色等，从社会各界人士提供的100多个参考名称中选定瓦屋春雪，取意苏东坡先生

图6-1　第11届四川国际茶博会眉山洪雅"瓦屋春雪"展馆

《寄黎眉州》诗句"瓦屋寒堆春后雪，峨眉翠扫雨余天"，最终将"瓦屋春雪"确定为洪雅茶叶区域公用品牌名称。2022年10月，瓦屋春雪首次在四川国际茶博会上成功亮相，给广大观众留下了深刻的印象（图6-1）。

（二）标识与释义

瓦屋春雪四字中"屋、春、雪"均可在苏东坡先生《黄州寒食帖》中找到，历代书法鉴赏家对苏东坡先生《黄州寒食帖》推崇备至，认为这是一篇旷世神品，被誉为"天下第三行书"。

洪雅县茶产业发展领导小组经过多方权衡，仔细考量，将"瓦屋春雪"东坡书法字作为品牌标识，既向大文豪苏东坡先生致敬，赋予品牌文化内涵，又直观，减少歧义，便于记忆和传播。

瓦屋春雪还包含了其绿茶产品的外形寓意，瓦屋春雪绿茶翠绿油润、白毫点缀与春和雪形象对应，十分吻合（图6-2）。

图6-2 "瓦屋春雪"标识与宣传语

（三）宣传语及语义

为准确反映瓦屋春雪茶叶区域公用品牌内涵，彰显洪雅元素，体现产品特质，洪雅县茶产业发展领导小组办公室组织瓦屋春雪宣传语有奖征集活动，向社会广泛征集意见。得到社会各界积极响应，共征集到国内设计师作品、文案作品等2000余份，通过严格评审，最终确定"山不凡·茶非凡"为品牌宣传语，并于2021年9月23日在洪雅中国农民丰收节上发布洪雅茶叶区域公用品牌（图6-3）。

图6-3 洪雅发布茶叶区域公用品牌"瓦屋春雪"

瓦屋山是世界第二大桌山，海拔最高2830m，是中国历史文化名山、道教发祥地、中国鸽子花的故乡、世界杜鹃花的王国。春季山顶仍有积雪覆盖，夏季避暑乘凉，冬季冰雪旅游吸引各地游客纷至沓来。洪雅地处北纬30°黄金产茶区，森林覆盖率达72.26%，负氧离子平均浓度达国家Ⅰ级标准，被誉为"绿海明珠""天然氧吧"。林木葱郁，水汽氤氲，山泉甘洌，土壤富硒，是茶叶生长的绝佳之地，"山不凡·茶非凡"是对洪雅山水好茶的完美诠释。

（四）品牌载体

目前，瓦屋春雪的品牌载体为四川省洪雅瓦屋春雪茶业有限公司，是国有企业洪雅坤元农业发展投资有限公司旗下的一家新兴茶企，该企业依托瓦屋春雪茶叶生态基地

（图6-4），结合全程智能化加工，是洪雅现代化茶企的标杆和典范。随着其他洪雅茶企的逐步升级和完善，符合条件的茶企也将陆续成为瓦屋春雪品牌的载体，共同推动区域公用品牌建设，促进眉山市茶产业稳步向前发展。

图6-4 瓦屋春雪茶叶生态基地之一（洪雅县瓦屋山镇复兴村）

（五）建设规划

《"瓦屋春雪"2024—2025年发展计划》分别就瓦屋春雪的品牌营销计划、品牌线下渠道建设以及与国内名牌茶企的合作运营方式和线下系列活动方案等，进行了详细的策划与展望，明确了瓦屋春雪的品牌发展方向和途径，详见附录。

（六）产品标准

《瓦屋春雪绿茶加工技术规程》（DB 5114/T 41—2022）和《瓦屋春雪 绿茶》（T/HYCY 1—2023）团体标准，分别由眉山市市场监督管理局和洪雅县茶叶流通协会发布，并于2023年开始实施。两个标准分别就瓦屋春雪绿茶的术语和定义以及瓦屋春雪绿茶产品的原料基地、产品分级、实物标准样、产品要求、试验方法、检验规则、标志标签、包装贮运等进行了详细的规范和要，详见附录。

（七）标识管理

洪雅县茶产业领导小组办公室印发的《瓦屋春雪商标标识使用管理办法（试行）》，对瓦屋春雪商标标识的申请流程、使用方法和管理制度等进行了详细的规定，详见附录。

（八）产品系列

瓦屋春雪目前产品为绿茶系列，包括无峰、映雪和栖林3款产品，均为名优绿茶系列。

1. 无峰

原料为一芽一叶初展的高山生态老川茶，为瓦屋春雪极品绿茶，该产品荣获第十一届四川国际茶博会金熊猫奖、第十二届四川国际茶博会金奖、第十五届天府名茶金奖。

2. 映雪

原料为一芽一叶的高山生态老川茶，为瓦屋春雪高端绿茶，该产品荣获第十一届四川国际茶博会金熊猫奖、第十二届四川国际茶博会金奖。

3. 栖林

原料为一芽二叶的高山生态老川茶，为瓦屋春雪中档绿茶，该产品荣获第十二届四川国际茶博会银奖。

二、道　泉

2001年，在四川省农业厅的大力支持下，洪雅县农业局在止戈镇五龙村流转土地30亩修建茶厂；2001年12月31日，茶厂正式注册洪雅道泉茶业有限公司。道泉公司拥有1条从日本进口的全自动茶叶生产线，这套设备当时在全国都处于领先水平，洪雅县农业局又充分利用自身的管理和政策优势，整合汉王茶厂技术资源，并在止戈青杠坪和东岳百果园，分别建立了绿色有机茶叶原料基地，还专门组建了道泉茶叶产品营销队伍，形成了集生产、加工、销售于一体的综合性茶企。

由于四川省厅鼎力相助，加之洪雅农业局创新实干，道泉公司生产的"一碗水""二道泉""绿荫潭"三大茶叶产品在四川省畅销红火，特别是在新建不久的眉山市备受欢迎。"道泉"实际已成眉山茶叶区域公用品牌，全市大小茶店都有道泉茶叶产品的身影，产品经常供不应求，企业发展迅猛而令茶界同行艳羡生畏。但因各种原因，道泉先后经竹叶青、尚林生物等集团收购经营，2014年茶厂倒闭，2019年宣告破产。

三、洪雅绿茶

洪雅绿茶是四川省洪雅县特产，全国农产品地理标志保护产品。2011年12月20日，洪雅县茶叶协会向农业部提交的洪雅绿茶农产品地理标志登记保护申请获得批准。

为了保护洪雅绿茶的健康稳定发展，洪雅县茶叶协会先后制定了《洪雅绿茶质量安全管理规范》《洪雅绿茶质量控制技术规范》《洪雅绿茶农产品地理标志使用管理规范》三大规范。《洪雅绿茶质量安全管理规范》对洪雅绿茶的产地要求、茶园管理、加工制作、贮运包装、安全标准、质量追溯和两端检测等进行了详细规范；《洪雅绿茶质量控制技术规范》对洪雅绿茶的地域范围、自然生态环境、生产技术要求、产品品质特征和产品质量安全、产品分级标准以及产品销售包装等进行了详细规范；《洪雅绿茶农产品地理标志使用管理规范》对洪雅绿茶产品的图案标识、使用范围、质量把控和管理制度等进行了详细规范。洪雅绿茶的三大规范，详见附录。

第二节　茶　企

一、四川省洪雅瓦屋春雪茶业有限公司

该公司是经洪雅县委、县政府批准，由洪雅坤元农业发展投资有限公司全额出资组建的县属国有独资企业，是目前洪雅县仅有的两家国有茶叶企业之一。公司成立于2022年1月，管理员工10人。公司占地284亩，投资5.8亿元，年加工产值可达7.5亿元，拥有全国最先进的茶叶全自动智能加工生产线。公司专门从事洪雅茶叶区域公用品牌瓦屋春雪茶叶的生产、加工和营销。瓦屋春雪以促进洪雅茶叶高质量、高品质发展为目标，

坚持以"精致川茶"为引导方针,按照"一杯茶"总体部署,紧扣洪雅县委提出的"做强一区、做精两山、做特三片"战略布局,筹谋品牌建设、培育龙头企业、构建市场体系,创造具有市场影响力的茶叶区域公用品牌。两年来,瓦屋春雪茶业发展迅猛,实现年产值1000多万元,其产品荣获四川国际茶博会金熊猫奖、"天府名茶"金奖、四川最具影响力茶叶单品(图6-5)等大奖。洪雅茶叶区域公用品牌瓦屋春雪的创建,将洪雅茶产业发展重点转向以品牌建设为中心,引领全市茶产业、茶文旅的深度融合,助力推动乡村振兴。

图6-5 瓦屋春雪品牌绿茶荣获四川最具影响力茶叶单品

二、四川省雅雨露茶业有限责任公司

四川省级龙头企业,成立于2004年,位于四川省洪雅县中山镇前锋村。公司现有员工30多人,占地面积15亩,拥有现代初、精制加工车间超5000m², 先进制、选、测设备210台(套),年加工设计能力超过600t,年产值3000万元。公司坚持"健康、诚信"理念,专业从事有机茶种植、加工、销售及茶文化传播。公司拥有省级茶叶主题公园和有机茶基地,有机茶基地位于洪雅县柳江镇双溪村,面积1200亩,海拔1700m,种植品种全部为老川茶。公司基地和产品分别通过了欧盟、日本、美国及国内有机认证,并取得了出口茶基地和加工厂备案证书。公司主要产品有雅雨露有机绿茶系列(瓦山论道、瓦山瓜片、瓦山雨露),有机红茶系列(瓦屋红叶)(图6-6),多次获得国际茶博会金奖,产品远销成都、北京、广州等大城市,深受消费者青睐。公司依托茶叶主题公园和有机茶基地,以茶文化为旅游资源,以茶产品为旅游产品,茶文旅共融,发展乡村游,是一家集第一、二、三产业融合发展的综合性农业公司。

图6-6 雅雨露产品瓦屋红叶

三、四川云中花岭茶业有限公司

眉山市级龙头企业,成立于2019年,位于四川省洪雅县洪川镇汇金天地,现有员工30人,有3600m²现代制茶车间,年产值2500万元,是一家集高山生态有机茶园种植、茶叶生产加工、销售为一体的现代化茶业生产企业。公司秉持"自然生态,守正创新"的服务经营理念，始终如一地遵循有机标准，坚持原产地、原生态严格地采制储运流程，致力打造高山有机老川茶的首席茶叶品牌，为消费者提供生态有机的高品质健康好茶。

公司茶叶基地位于大熊猫国家公园的南大门——瓦屋山，在瓦屋山复兴村拥有600余亩老川茶高山生态茶园，茶树均为栽种于20世纪70年代的老川茶。

图6-7 "瓦屋红"茶汤

茶园终年云遮雾绕，环境清幽，地理位置独特，素有"晴时早晚遍地雾，阴雨成天满山云"之誉，是生态有机茶种植绝佳之地。公司取得了有机认证证书，秉承发扬传统手工制茶工艺，匠心呈献瓦屋甘露、瓦屋红（图6-7）、云中红等有机系列产品，以醇厚馥郁、雅韵隽永的独特口感远销四川省内外。公司荣获"中国农产品百强标志性品牌"、中国国际农产品交易会"最受欢迎农产品"称号以及上海国际农产品博览会及中国森林食品交易博览会金奖。

四、四川碧雅仙茶业有限责任公司

眉山市级龙头企业。公司成立于2016年，现有职工138人。年加工干茶100t，产值2300万元。公司倾力于"铸一片产业、惠一方群众"，总投资1500万元建成奶白茶基地700余亩、"抱团发展"项目奶白茶产业园120亩、"村集体经济"项目奶白茶产业园130亩、苗圃50亩。公司有标准化加工厂房和县城销售门市，现已形成茶叶育苗、种植、加

图6-8 碧雅仙产品荣获金熊猫奖

工、销售的全产业链茶企。近年来，公司带领家乡茶农共同致富，带动茶农种植安吉白茶2000亩、黄金芽500亩、奶白茶1500亩。公司产品追求创新，在"四川省茶业优秀工作者""精制川茶科技创新人物"任建宏董事长的带领下，研发工艺不断突破，屡获茶叶大赛大奖（图6-8），碧雅仙牌奶白茶连续3年荣获四川国际茶业博览会金奖并被评为"四川名茶"，填补了眉山茶叶无"四川名茶"的空白；研制的田锡状元红牌红茶是首款田锡文化文创产品。此外，公司还勇夺2022年精制川茶市场开拓奖，荣获2022成都·中国功夫红茶斗茶大会"黄金白露杯"两金一银佳绩。

五、眉山匠茗茶叶有限公司

公司前身为洪雅县九龙御峰茶厂,有20多年的茶叶加工历史。公司成立于2017年,位于风景秀丽的四川省级风景名胜区——洪雅县槽渔滩镇竹箐社区。公司现有员工10人,占地5亩,有海拔600m以上的生态茶叶合作基地6000亩。该公司是洪雅规模最大的名优绿茶生产茶企之一(图6-9),主要生产扁形、卷曲形名优绿茶,品质优

图6-9 眉山匠茗茶叶有限公司

异,公司年加工干茶50t,年产值3000多万元。产品主要销往北京、上海、广州、浙江、江苏以及四川省内大中城市,深受全国各地消费者喜爱。公司产品制作工艺十分考究,技艺精湛、精益求精,特别是绿茶的杀青组配技术,可谓炉火纯青、完美至极,备受茶界关注。匠茗茶叶有限公司使用夏秋茶原料制成的绿茶产品香气好、滋味醇、苦涩味低,名副其实的"匠茗"。产品曾荣获中国最佳生态茶园文化节名优茶铜奖。

六、洪雅县盛邦商贸有限公司

眉山市级龙头企业,旗下洪雅县盛邦种养专业合作社为四川省级示范合作社。公司成立于2017年,位于洪雅县中山镇谢岩村,合作社成员280余户,拥有海拔千米的高山茶叶基地3600亩,间种中药材黄柏3000亩,成为全市药茶间种模式典范。公司投资近3000万元,配套建设了多功能办公区、有机茶厂、现代农业冷藏保鲜

图6-10 盛邦老川茶产品

库,年产值300万元,形成产销一体化模式,为农户提供就业岗位,带动当地300余户增收。拟计划再投资1500万元,力争2025年建成5000亩药茶园区。公司与瓦屋山药业签约黄柏种植基地,被县茶叶中心授为老川茶保护基地,被省茶叶创新团队命名为"天府5号、6号品种母本园",成为瓦屋春雪原料基地。公司董事长沈卫超被评为四川省首批农村致富带头人。公司生产的老川茶产品具有高山岩韵,很有特色(图6-10)。

七、洪雅西庙山农业开发有限责任公司

眉山市级龙头企业。公司成立于2016年，现有员工20多人，年产值2100万元，其中出口茶有823万元。公司位于中国宜居养生之都——四川省洪雅县中山镇邹岗村，依托北纬30°、海拔800m、具有山泉甘洌、土壤富硒、风景秀美等独特自然资源优势，合作托管茶园面积3.8万亩，以"绿色、生态、有机、健康"为核心理念，研发、生产以茶叶为主的各类高质量、高性价比的农副产品。公司正用心打造"稀妙谷"优质品牌，开发建设总投资超5000万元。投资2500万元新建标准化茶叶生产车间6000m²，成为眉山地区规模最大的茶叶生产加工企业，受到了四川省政协副主席祝春秀的高度赞扬。新厂拥有3条自动化、标准化生产线，年生产量毛茶3500t，满负荷产能9500t。公司具备出口相关资质；公司旗下拥有"稀妙""稀妙谷"2个自主品牌，其中竹尖绿茶分别于2020年和2021年荣获四川省国际茶业博览会金奖（图6-11）。除生产自主品牌的茶产品之外，公司依托自身生产线优势，亦可承接国内名优茶的OEM（原始设备制造商）及ODM（原始设计制造商）业务，以及茶鲜叶基础处理与加工业务，为茶叶类产品的萃取、研发以及在更多领域的应用奠定基础。

图6-11 西庙山茶产品获奖

八、洪雅县千担山农业开发有限责任公司

眉山市级龙头企业。公司成立于2020年，前身为洪雅县偏坡山茶叶专业合作社。公司位于四川省洪雅县余坪镇桐梓村，长期员工8人，年销售额2000多万元。公司经营范围包括茶叶种植、鲜叶销售、茶制品加工（图6-12）、干茶销售、茶叶技术推广服务及环保技术推广服务。公司坚持科技先导，努力开拓创新，自主研发的制茶设备获7项国家发明专利，极大地提高了黑茶、白茶的加工效率与产品品质。公司与四川省茶叶创新团队、四川旅游学院等单位开展技术合作，研发出独具特色的黑茶产品，除具传统菌香外，还有花香和滋味甜醇的特点。在白茶制作上，应用本地高山群体种优质原料，生产出具有花香悠长、滋味鲜醇的本地白茶。公司产品远销西藏、湖南、福建等地，深受客户喜爱。在经营上，公司

图6-12 千担山公司系列产品

坚持产业化之路，与广大茶农利益机制有效联结，带动周边茶农致富，为茶叶生产可持续发展走出了一条新路子，带动周边茶农平均每亩增收近千元。

九、洪雅县茗青源茶业有限公司

眉山市级龙头企业。公司成立于2019年，位于四川省洪雅县洪川镇共同村，现有员工12人。公司年生产干茶10000kg，产值2000万元。公司拥有1500m²的现代化厂房和制茶设备，还有1个高山有机茶园地处洪雅县东岳镇观音山，海拔1020m，面积508亩，品种为老川茶（图6-13）。站在茶园，可遥看蜿蜒的青衣江和巍巍的总岗山，园内岩石奇形怪状，散落茶园。茶园景观奇特，十分壮观。公司生产的主要茶

图6-13 茗青源生产的有机老川岩茶

类为以单芽、一芽一二叶为原料制成的珍稀老川茶系列红茶与绿茶。产品主要种类有扁形名优绿茶、珠形红茶、珠形绿茶以及紧卷型炒青香茶。公司生产的珠形红茶、珠形绿茶很有特色：珠形红茶，汤色红艳、香气浓郁、滋味甜醇；珠形绿茶，汤色嫩绿、兰香悠长、滋味甘爽。产品主销北京、上海、广州及四川省内大中城市，有的远销美洲地区。

十、洪雅正容农业发展有限责任公司

眉山市级龙头企业。公司成立于2010年，是一家集茶叶科研、种植、加工、销售为一体的现代化农业公司，是洪雅最早的茶企之一。公司位于风景秀丽的四川省省级风景名胜区——槽渔滩，现有员工10人，拥有安吉白茶基地400多亩，年产值2200万元。公司坚持以"生态、安全、健康"为绿色发展理念，以"种养循环"为发

图6-14 正容农业发展有限责任公司产品赵小茗茶叶

展核心，以"观光旅游、休闲品茗、参观体验"为载体，积极发展绿色生态茶叶产业。公司茶叶基地在管理过程中，未施用任何化学农药或化学肥料，常年施用有机沼液和油枯，使茶叶的氨基酸含量达6.8%，在全国同类茶叶中属较高水准。2018年，公司产品进行了绿色食品认证。此外，该公司还是首批全国农产品全程质量控制体系（CAQS-GAP）试点企业（图6-14）。

十一、洪雅峨眉雪芽茶业有限公司

眉山市级龙头企业。公司位于洪雅县工业园区生态食品加工区，现有员工15人，主要产品种类为绿茶、红茶、花茶，年产干茶45t，年产值4000多万元。

十二、四川省洪雅县松潘民族茶厂

眉山市级龙头企业（图6-15）。茶厂位于洪雅县工业园区生态食品加工区，现有员工10人，主要产品种类为边销茶（康砖茶、金尖茶），年产干茶4000t，年产值1600万元。

图6-15 洪雅县松潘民族茶厂

十三、洪雅县绿都茶业有限公司

眉山市级龙头企业（图6-16）。公司位于洪雅县工业园区生态食品加工区，现有员工9人，主要产品种类为边销茶（康砖茶、金尖茶），年产干茶400t，年产值400万元。

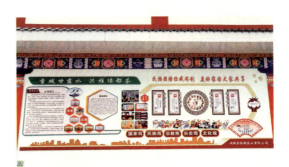

图6-16 洪雅绿都茶业有限公司茶文化墙

十四、眉山青衣文旅发展有限公司

该公司是一家以茶旅融合和文创产品为核心的茶叶企业，也是全县仅有的两家国有茶企之一。公司现有员工30多人，拥有1000亩三大茶园基地——止戈青杠坪茶园、瓦屋山复兴村茶园、瓦屋山长河村茶园。公司自创茶叶企业品牌"两山云雾"（图6-17），并开发出青杠坪573、八面魁芽、复兴笋尖1573、桌山春雪1973等系列茶叶文创产品，产品覆盖青年、中年及老年人群。公司还针对不同消费场景，开发出高端茶叶礼盒、伴手礼、茶水分离杯、珍藏铁罐红茶等9款包装，客户遍布四川、北京、上海、江苏、安徽等地，茶叶及相关产品年销售额500多万元。下一步，公司将继续创新茶叶文创产品，通过拼多多等电商渠道营销力推洪雅茶叶，不断刷新茶客对喝茶的认知。该公司扎实推进茶旅产品融合发展，认真做好"一杯茶"工程，成为洪雅茶旅品牌名副其实的领头羊。

图6-17 两山云雾获奖

十五、洪雅县屏羌农产品有限责任公司

公司成立于2004年,是洪雅最早的有机茶企业之一,并难能可贵地坚持到今天,自2008年开园采茶以来已连续15年获得中国农业科学院茶叶研究所茶叶有机认证。公司现有员工6人,年产干茶2.5t,产值300多万元,所生产的屏羌有机绿茶(图6-18)、有机红茶深受广大茶友的信任和喜爱,产品主要销往一线城市高端客户。公司基地屏羌有机茶园位于洪雅县柳江镇万湖村,认证面积20hm², 海拔在800~1200m,常年空气湿润,云雾缭绕,非常适合茶树生长。公司遵循自然规律和生态学原理,以生产纯天然、无污染的有机茶叶为奋斗目标,把生态健康的消费理念贯穿于行动,并传播于大众。公司利用家鹅食草的特性,牧鹅于茶垅之间,鹅可除草,鹅粪又可给茶树施肥。

图6-18 屏羌有机绿茶

此外,公司变废利宝,把牛粪用于养殖蚯蚓,蚯蚓肥经发酵、除菌后便成为茶园中优质有机肥料。针对茶园病虫害,采用物理和生物的技术进行防治。例如,用病虫害的天敌捕食螨对螨类害虫进行捕杀;用白僵菌防治假眼小绿叶蝉;用黄板对蚜虫进行诱杀;用太阳能诱虫灯诱杀飞蛾。坚决杜绝有机标准禁用产品进入茶园。公司多年扎实的有机茶园管理,为洪雅有机茶生产提供了先进标准的样板。公司将坚持企业初衷,秉持有机理念,继续勇毅前行。

十六、洪雅中汉茶业有限公司

公司成立于2018年,位于四川省洪雅县中山镇前锋村,是茶叶第一强镇中山镇茶叶加工作坊的代表,也是洪雅县茶叶加工作坊标准化生产的样板。公司现有员工6人,有茶叶合作基地3000亩,年生产春季名优绿茶2万kg,加工茶叶产值2000万元。公司法人解发伟,10多岁便从事茶叶生产,了解洪雅及周边区县不同山头、不同茶树品种的品质特性。解发伟具有20多年的名优绿茶生产加工经验,尤其擅长加工制作卷曲形碧螺春类、条形信阳毛尖类的名优绿茶。由于公司的茶叶加工技术精湛,生产的茶叶产品外形美观、色香味佳、质量稳定,市场竞争力强,深受江苏、浙江、上海一带茶商的长期喜爱。公司产品曾得到刘仲华院士团队的评茶专家们的高度赞誉。

十七、洪雅七里坪茶业有限公司

洪雅最早的有机茶企业之一,成立于2010年。公司坐落在峨眉山与瓦屋山交界的七里坪,背靠峨眉,连接瓦屋。该公司拥有1200亩海拔1500m的高山有机茶园,茶树品种

为四川中小叶群体种老川茶（图6-19）。茶园常年云雾缭绕，雨量丰富，茶树以半野生状态生长。公司主要生产一芽一叶的扁形名优绿茶，使用优异的高山有机品质原料，加之采取特殊的干燥提香技术，使产品具有汤色明亮、栗香浓郁、滋味鲜醇的特点，深受四川省内大中城市尤其是成都顾客喜欢，产品供不应求。公司每年生产干茶2000kg，产值120万元。

图6-19 技术人员正在检查加工鲜叶

十八、洪雅县云岭茶厂

洪雅有机茶企业，成立于2016年。茶厂位于四川省洪雅县高庙镇丛林村，现有员工6人，占地面积2.5亩，拥有海拔1200m以上的荒野型高山老川茶基地1200亩。云岭茶厂年加工干茶3t，茶叶产值300万元。云岭茶厂有"檬枞""瓦峨源"两个茶叶品牌（图6-20），主要生产高山有机绿茶、高山有机红茶，产品销往四川成都、峨眉山、乐山等地。该厂生产的特

图6-20 洪雅县云岭茶厂产品

色红茶，有机融合了武夷岩茶的部分加工工艺，加之高山老川茶品种原料的独特香气和滋味，使该产品具有明显的蜜兰花香，香气浓郁悠长，回味甜醇，风味极佳，深受广大茶人喜爱，成为洪雅红茶富有特色的一个产品。

十九、洪雅县文家园茶业经营部

洪雅县著名老字号茶庄，总店位于四川省洪雅县洪川镇城隍街，分店位于洪雅县洪川镇田锡水景公园的兴业苑（图6-21）。文家园茶业已在洪雅县城经营茶业30年。茶庄总经理文家元是洪雅川种雅茶制作的非遗传承人，他多次代表洪雅参加省、市组织的各类斗茶大赛并获奖。文家元在1987年就开始承包茶山，制作传统手工茶。20世纪90年代，文家元在县城从事茶业营销，主要销售各类茶叶产品、茶叶包装、茶具等，是目前洪雅

图6-21 文家园茶业旗舰店

县最大的零售茶商,年销售额近千万元。文加园茶业本着"诚信为本,品质保证"的经营准则,近年来,重点销售原料海拔千米以上的洪雅高山绿茶、红茶、野生茶、老鹰茶、安吉白茶、黄金芽、奶白茶等全国各地名优茶。

二十、四川茗香轩商贸有限责任公司

公司成立于2008年,位于千载诗书城四川省三苏祠。公司一直秉承"以人为本,诚信经营"的原则,弘扬东坡茶文化,丰富市民茶文化生活,提高眉山城市品位(图6-22)。"喝有温度的茶、开有温度的店"是公司始终不渝的服务宗旨。目前,公司已在眉山、成都、自贡、宜宾4个城市拥有线下直营门店7家、加盟店

图6-22 四川茗香轩茶馆茶事活动

4家,合作伙伴及会员客户5000多个,年销售额1500万元。公司主营眉山本地名优绿茶,代理全国各地名茶,培养茶艺及评茶人才。在茶叶经营方面,品质把控是公司坚持的原则,公司在洪雅县东岳镇观音村拥有茶叶基地300亩,只代理国内一线茶叶品牌产品,产品涵盖所有茶类,包括峨眉雪芽、八马、正山堂、品品香、中茶、白沙溪、雅雨露、绿雪芽等,是名副其实的全国名茶眉山总代理。此外,公司的自主品牌"东坡云茗"为东坡区非物质文化遗产,同时拥有"瓦山飘雪"自主品牌。在茶产业人才方面,公司先后培养了国家一级评茶技师4名、国家一级茶艺师技师2名、初中级茶艺师和评茶员上百名,为用人单位输送了大量的茶叶人才。公司先后获得四川省首届茶产业职业技能大赛工夫茶茶艺团体二等奖,以及"川茶行业文化建设先进单位""特色旅游美食文化企业""全国百佳茶馆""四星级茶馆"等称号。

二十一、四川省春后雪茶叶销售有限责任公司

成立于2022年2月,是一家专门销售洪雅茶叶精品的茶叶销售公司。该公司位于四川洪雅田锡水景公园兴业苑,员工5人,年销售茶叶1000余万元。公司传承工匠技艺,精选洪雅高山汉王湖、三宝金花坪、祁山大地茶等优质产茶基地原叶,以专业制好茶为理念、以专心做好茶为目标,采用传统古法制茶工艺,精雕细琢,匠心独运,制作多款优质茗茶。公司自主研发的"川铭森"紫茶(图6-23)、"川铭森"古树老白茶(图6-24),荣获四川第12届国际茶博会金奖。

图 6-23 "川铭森"紫茶　　　　　图 6-24 "川铭森"老白茶

二十二、李倩茶艺技能大师工作室

由全国五一劳动奖章获得者、四川工匠、四川省双师型名师李倩创建，2020年中共眉山市获委组织部等5个部门联合授牌（图6-25）。大师工作室围绕茶产业发展和东坡文化传承，发挥成员专长，弘扬工匠精神，解决技术难题，竭诚为茶叶相关企业服务。工作室拥有博士2名、硕士5名、教授1名、副教授4名、高级技师5名、全国五一劳动奖章获得者1名，全国电子商务

图 6-25 全国劳模李倩的大师工作室

职业教育教学指导委员会茶艺专指茶叶委委员2名，四川工匠1名，四川省人民政府评议团成员1名，四川省酒店业和全国茶行业大赛评委5名，学科带头人5名。

该工作室具有较高的影响力。工作室领军人物李倩是眉山职业技术学院副教授、国家一级茶艺技师和评茶技师、全国五一劳动奖章获得者、四川省党代表、四川省技术能手、四川省农村手工艺大师、四川工匠、四川省三八红旗手、四川省人民政府专家评议团成员。她的茶艺作品《一带一路·茶和天下》被世界技能博物馆珍藏。

工作室团队成员在李倩的带领下，团结拼搏，攻坚克难，硕果累累。主持了教育部国家项目《中华茶艺国际版》，在15个国家开讲，输出中华茶艺标准，完成精品在线课程35集，讲好中国茶故事；参与编著《四川盖碗茶茶艺程式与技法》（DB51/T 2504-2018）和《茶楼茶馆管理规范》（DB51/T 2953—2022）；出版《中华茶艺》等教材专著4部；与地方政府共同完成横向课题20项；指导学生参加意大利、美国等中国茶文化国际展演；在核心期刊发表文章20余篇。获国家级技能大赛一等奖4人次、省级一等奖20人次；获四川省教学能力大赛一等奖1次、二等奖5次、茶产业能手3人次；担任四川省人力资源和社会保障厅一类大赛裁判长并制订茶艺行业比赛规范；担任四川省商务厅调饮大赛专

家,起草四川省调饮大赛规范标准技术文件;打造东坡家手作茶,成功营销东坡桂花茶并参加四川省斗茶大赛获金奖;帮助爱心企业弘扬东坡茶文化,助力眉山茶产业发展。

二十三、四川省金兴食品有限责任公司

四川省级龙头企业,位于四川省青神县西龙镇。公司成立于1997年,占地300余亩,主要从事茶叶种植、加工、销售业务。公司管理规范,设备先进,技术领先,设施齐全。拥有一批经验丰富、长期从事茶叶的专业技术人才和管理团队,是规模较大、知名度较高的茶叶生产销售企业。

公司采用"公司+基地+农户"经营模式,以公司为龙头,基地为载体,上连市场,下挂农户。建有万亩有机白茶示范区和现代农业茶叶观光园,实行规范化、标准化种植。示范区栽种白茶1000亩,带动发展3万亩,建成了绿色有机产品原料基地。形成了集产、供、销一条龙的集约化、规模化和品牌化产业经营模式。公司茶叶品牌金兴系列产品,已通过中国绿色食品和有机食品认证,备受消费者青睐。公司生产的金兴白茶,倡导"绿色健康,品质享受"的消费理念,成为成功人士抢选的高档茗茶,生产的绿茶金竹叶、毛峰、香茶、银针等,远销上海、北京、西安、江苏、重庆、山东等地,供不应求。

二十四、四川老峨山茶业有限公司

眉山市级龙头企业(图6-26)。位于中国大雅之乡的丹棱县张场镇老峨山,成立于2015年。公司创始人为殷尚勤、袁中莲夫妻两人,是典型的返乡创业者。殷尚勤是高级茶艺师和高级评茶师,兼任国际商会茶业专委会主任、全国农村致富带头人协会理事等社会职务。公司拥有茶叶种植基地5000亩,基地位于自古盛产好茶、有2000多年产茶

图6-26 四川老峨山茶业有限公司

历史的总岗山脉老峨山,茶园海拔千米,一年四季云雾环绕,周围林木植被丰富,茶叶品质生态优异。公司配套建有2000m²现代化、标准化的茶叶初、精加工厂,年生产成品茶100多吨,产值近千万元。公司茶叶品牌"素翁""丹峨仙"荣获知名商标,产品荣获"名优食品""中国农产品百强标志性品牌"称号;其手工茶荣获成都经济区手工茶大赛铜奖。公司注重现代市场营销,采取"目标市场+公司+合作社+基地+农户"的"五位一体"运作模式,将茶叶实体店与互联网+进行有机结合,开发出基于微信的"四川有

机茶"B2B2C[①]移动互联网平台,实行线上线下互联运营,拓展茶叶产品销售。

二十五、九香茶王公司

四川九香茶王茶业有限公司是眉山市农业产业化重点龙头企业,总部位于眉山东坡区,是一家集茶叶种植、研发、生产、销售及茶文化衍生服务为一体的现代化综合性企业(图6-27)。公司建筑面积19000m², 包括4个茶叶生产车间、8条现代化茶叶生产线、1个大型恒温冻库等,年加工能力达45万kg。

图6-27 九香茶王公司

现有员工260余人,硕士学历占比10%以上,专业覆盖茶产业链全流程。

公司以"打造世界级茶品牌,以复兴国茶为己任"为愿景,致力于打造健康、绿色的茶产品,并通过多元化的销售渠道和茶文化衍生服务,为消费者提供全方位、高品质的茶叶体验。业务涵盖茶产业链全流程,包括茶叶种植、生产,茶叶精深加工、茶产品研发、茶叶衍生品及茶油生产等,全国茶叶营销渠道建设及运营,多元化销售网点及茶衍生服务等。

围绕发展战略,公司已形成玄木久香茶油、108道茶油宴、新业态茶园、茶科技、一手货缘、茶缘APP、茶无界出口、九香茶王品牌茶产品、九洲救援九大业态,拥有九香茶王、东坡金猴、东坡玉猴、玄木九香茶油、祇园鸣翠五大品牌,在全国12个省会城市建设了销售运营中心及货品中转仓库,初步完成综合管理大数据平台研发,助力公司数字化转型。2023年公司茶相关产品营业额达3.2亿元,成为眉山市茶产品销售额最大的企业。

公司积极探索新业态茶园的建设与运营服务,通过和国内高校及知名企业合作,引进先进技术与设备,加强人才培养与科技创新,将茶产业与现代科技、文化旅游等产业深度融合,不断提高产品的附加值与竞争力。

当前,公司在扩大国内市场的同时,正积极拓展国际市场,借力"一带一路"让中国茶产品及茶文化走向世界大舞台。

[①] B2B2C, 即 Business-to-Business-to-Consumer, 是一种电子商务类型的网络购物商业模式, 第一个B指的是商品或服务的供应商, 第二个B指的是从事电子商务的企业, C则是表示消费者。

第三节 老字号

一、沈茶坊

沈茶坊有100多年历史（图6-28），位于洪雅县原汉王乡谢岩村三峨山半山。清朝末年，沈家从夹江迁往此地。早年受茶马古道上茶商影响，开始种茶，家业渐好后建茶坊，并将原来的三合头房屋建成了四合院结构。房屋木壁雕满了沈家茶人艰辛创业、茶马沧桑的励志故事，栩栩如生，惟妙惟肖，充满了劳动乐趣和茶文化元素。

图6-28 沈茶坊旧址

1958年以前，沈茶坊和其他茶坊一样制老茶（藏茶），所用原料全是夏季用茶刀割的长约30cm的老川茶枝叶。当年沈茶坊周围两三里全是不规则的茶地。采下的茶树枝叶，经过杀青、晾晒、溜踩、甄蒸、发酵，晒成干茶后人工背去雅安卖。1958年，洪雅县外贸公司与供销社在沈茶坊基础上，成立了洪雅史上第一个茶厂——东风茶厂，李昌禄主管，曾启明任厂长，谢德宽、甘仕友等人负责技术，有茶工10余人，后来关闭。20世纪70年代，机器制茶开始出现，沈家茶坊由手工茶改为机制茶。如今，沈茶坊第15代传人、青年企业家沈卫超返乡创业，继续扛起沈茶坊的茶旗，在当地开荒种茶5000亩，修建现代化茶叶加工厂，沈茶坊茶业得以发扬光大。

二、姜氏茶叶

清朝乾隆年间，洪雅县止戈茶人姜荣华一家，从止戈莲花坝迁住荥经，继续传承在洪雅勤俭持家、艰苦创业、诚信经营的优良家风，于清嘉庆年间时创立了"华兴号"茶院专做边茶，生意火遍康藏，逐渐成为雅安制茶行业龙头。茶院与西藏三大寺院合作，联合特制出铜版"仁真杜吉"品牌，享誉川藏茶界200年。光绪初期，姜氏茶业华兴号更名为裕兴号，这是姜氏茶业的辉煌时期。1915年，裕兴茶店更名为公兴茶店，姜氏茶业规模宏大，年产边茶4万余包，其茶叶原料除以收购荥经本地为主，也在雅安望鱼、洪雅炳灵祠等地收购。2019年姜氏后人万姜红为了家乡振兴和家族复兴，创办了姜氏茶业（北京）股份有限公司，立志让更多人品尝到300年传承的高品质藏茶，并将自己的产品命名为姜氏古茶。2020年拉萨雪顿节，万姜红还展示了祖上流传下来的"仁真杜吉"标识图形。中国共产党建党100周年暨西藏和平解放70周年之际，由布达拉宫管理处承办的"见证历史携手共进"——非遗藏茶姜氏古茶"仁真杜吉"寻根交流会,在藏族圣地布达拉宫举行。2009年6月,姜氏后人为祭奠先人、编修家谱,曾到洪雅止戈寻祖。尽管姜氏家族早已不在洪雅,但姜氏家族制茶的根基在洪雅,他们是从洪雅走出去的,其优良的家风一直影响着洪雅代代茶人。

三、玉岚春

1984年底,洪雅县第一个农民专业户茶厂诞生——洪雅县罗坝玉岚茶厂,茶厂由罗坝公社玉岚大队茶叶种植专业户杨廷禄私人修建。罗坝玉岚茶厂在洪雅县农业局茶叶技术干部刘定海的指导下,用老川茶春茶一芽一二叶为原料,手工制作出微卷白毫清香型名优绿茶,这就是后来玉岚春的雏形。1987年5月,该工艺生产的茶叶产品在洪雅被许多人品尝后赞誉为"玉岚春"。1989年9月22日经四川省鉴定,玉岚春正式成为洪雅现代茶叶第一个品牌。1990年11月2日,玉岚春被评为乐山市优质名茶。后来,由于洪雅被划归眉山管辖加之其他原因,玉岚春品牌没有得到很好的保护和发展,逐渐被人淡忘,实属遗憾。

第七章 茶人选录

在中华文明几千年的茶叶历史长河中,涌现出了众多的茶叶风云人物,他们在各自不同的历史时期对茶产业发展发挥了重要作用。他们的出现为茶产业注入了灵魂与活力,成为推动茶产业发展的不竭永恒的动力。

本篇主要搜集整理了30多位优秀茶人以及和眉山茶产业发展密切相关的茶叶人物,他们或以突出的贡献光耀茶史,或以忘我的奉献感动后人,或以精湛的技艺传为佳话,或以坚毅的品格励志人生。从他们身上无不共同体现着一种"励志拼搏、包容奉献、匠心创新、淡泊名利"的光芒——东坡茶人精神,永远照耀和激励着我们新一代茶人不忘初心、牢记使命、踔厉奋发、勇毅前行。

第一节 洪雅古今茶人

一、悟 达

图7-1 悟达

悟达(809—882年),唐代西蜀眉州洪雅中保义公坝人,著名高僧,佛经学家(图7-1)。俗姓陈,字悟达,出身于书香门第,自幼聪慧过人,与佛有缘,见僧人和佛像就眉开眼笑。5岁随祖父赏花,数步吟成《花落》诗:"花开满树红,花落万枝空。唯余一朵在,明日定随风。"11岁时他请求祖父许其随法泰禅师出家,研习《涅槃经》,祖父知其根器也不强留,悟达就此削发作沙弥。两年后,在四川大慈寺受丞相之请升堂说法,听法人众日计万余,尊称他为"陈菩萨"。唐中和元年(881年)春,唐僖宗到四川避难,赐之"悟达国师"号。悟达国师不仅是佛教经学大师,而且非常喜好茶叶,每到念经讲学时,都要泡上一碗浓浓的洪雅老川茶,以思念家乡,强振精神和激发其创作灵感。现洪雅县城北九莲山慈云寺建有悟达堂,尚有一茶叶企业将"悟达"注册成茶叶品牌,以弘扬洪雅茶文化,寓意人们通过品茶清醒头脑,悟后能达,心想事成。

二、田 锡

田锡(940—1004年),字表圣,四川省洪雅县槽渔滩镇人。北宋初期著名谏臣,官至右谏议大夫,政治家、文学家(图7-2)。北宋太平兴国三年(978年)中进士,家乡人称之"田状元"。田锡敢于向皇帝直言进谏,史称"直臣",北宋名相范仲淹为田锡亲撰《墓志铭》曰:"呜

图7-2 田锡

呼田公！天下正人也。"千古大文豪苏东坡在《田表圣奏议序》中称田锡为"古之遗直也！"田锡著有《咸平集》，在宋代初期的政坛和文坛享有较高的声誉，深为宋代初期士大夫所敬仰，其文风对苏东坡等后世宋代文人产生了深远的影响。田锡一生为民请命、淡泊名利、两袖清风，就像一杯素雅的清茶，朴实无华。田锡少年时在其家乡玉屏山阿吒寺读书求学，寺庙高僧教其做人要有德，行事要端正，若将来做了官，一定要当老百姓欢迎的清官，要像清茶一样，一尘不染地奉献他人。高僧的教诲被年少的田锡牢记在心，即使后来做了高官的田锡，走到哪里都带着家乡的老川茶，随时提醒自己不忘父老乡亲嘱托，牢记为官之道，一定要为民办好事。田锡文化已被洪雅县委、县政府确立为洪雅地方主题文化，系列田锡文创产品应运而生，洪雅县碧雅仙茶业有限公司主打产品田锡状元红茶就是对田锡最好的纪念。

三、苏　轼

苏轼（1037—1101年），字子瞻，号东坡居士，世称苏东坡，四川人。北宋文学家、书法家、美食家、画家，历史治水名人（图7-3）。北宋嘉祐二年（1057年）赐进士及第，北宋嘉祐六年（1061年）应中制科入第三等，授大理评事、签书凤翔府判官。宋神宗时曾在杭州、密州、徐州、湖州等地任职。元丰三年（1080年），苏轼因乌台诗案被贬为黄州团练副使。宋哲宗即位后任翰林学士、侍读学士、礼部尚书等职，并出知杭州、颍州、扬州、定州等地，晚年因新党执政被贬惠州、儋州。宋徽宗时获大赦北还，途中于常州病逝。宋高宗时追赠太师。宋孝宗时追谥"文忠"。苏东坡是北宋中期文坛领袖，不仅在诗、词、散文、书画等方面成就很高，在茶叶上也颇有建树，特别是在泡茶、品

图7-3　苏轼

茶方面具有高深的造诣，素有"茶仙"之称。苏东坡关于茶叶的诗词就有80多首，其中《次韵曹辅寄壑源试焙新芽》《汲江煎茶》《试院煎茶》等非常有名，"戏作小诗君一笑，从来佳茗似佳人""活水还须活火烹，自临钓石取深清""蟹眼已过鱼眼生，飕飕欲作松风鸣"等经典茶叶诗句更是脍炙人口，传颂千秋。其诗《寄蔡子华》"想见青衣江畔路，白鱼紫笋不论钱"中的紫笋，即指青衣江畔茶叶。洪雅茶叶区域公用品牌瓦屋春雪源自其诗《寄黎眉州》中的"瓦屋寒堆春后雪，峨眉翠扫雨余天"。

四、杨　慎

杨慎（1488—1559年），字用修，号升庵。明代状元、文学家和官员（图7-4）。杨慎曾去洪雅访故人杨子石，走过竹箐关。明嘉靖五年，杨慎回乡探望生病的父亲杨廷和

后，于次年春夏之交，从新都经成都、新津、彭山、眉山、丹棱进入洪雅，访问回乡省亲的杨仲琼。杨仲琼以洪雅老川茶招待并在临行时赠茶予杨慎。杨仲琼还陪着杨慎从洪雅县城出发，往西行30里，从高凤山下渡口坐船进入竹箐关到雅安的官道。传说杨慎在文学创作时最爱品饮洪雅老川茶，以激发其艺术灵感。

五、曾璧光

图7-4 杨慎

曾璧光（1795—1875年），晚清贵州巡抚（图7-5）。四川省洪雅县柳江人，1850年中进士，选为翰林院庶吉士，1859年授贵州镇远府知府，1867年赏二品顶戴，命署贵州巡抚。曾璧光一生好茶，清咸丰年间，曾璧光成为恭亲王奕䜣、醇亲王奕譞（光绪帝生父）的老师。其间回乡探亲访儿时好友唐启华（洪雅三宝人），唐启华以祖传手艺制作的三宝金花茶待客，曾璧光品尝后赞不绝口。回京前，曾向好友及其邻居购得一批茶叶，送给醇亲王奕譞，奕譞非常满意。后来，曾璧光年年都送金花茶给醇亲王奕譞。

图7-5 曾璧光

六、刘定海

刘定海（1934—1994年），中共党员，原洪雅县农业局农艺师、洪雅县茶叶技术总指导员、洪雅县科技顾问团成员（图7-6）。刘定海是洪雅现代茶叶的开拓者，一生非常优秀，生活勤俭朴素，工作勤奋敬业，科研成果累累。他在农村是全县治安模范，在部队因凉山平叛积极勇敢被评为全师先进工作者，在西藏公安总队任副队长时，是"五好个人""四好干部"，1964年转业到洪雅县农业局从事茶叶技术工作直到1994年退休，其间荣获各级奖励无数，包括农牧渔业部颁发的农技推广荣誉证章、四川省农业丰收奖三等奖、乐山地区科研成果三等奖、乐山地区先进工作者等。20世纪80年代初，刘定海和止戈青杠坪茶场工人白成华，共同完成了"茶叶高产技术"项目，荣获1982年度乐山地区科学技术研究成果三等奖。这是新中国成立后洪雅县在茶叶上首次获得地级以上重大科学技术研究成果奖。1982年，刘定海又指导白成华用一芽一二叶茶叶原料研制特色手工茶，产品外形微卷紧结，白毫显露，翠绿油润，汤色清碧微黄，清香如兰

图7-6 刘定海

悠长，滋味鲜爽回甘，叶底嫩黄匀整。该茶被带到四川省农牧厅参加全省100多个茶样的评比大赛，荣获第三名，此后该产品连续多年获得四川名优绿茶优质奖。1987年该产品被命名为玉岚春，1989年经省级鉴定成为洪雅现代茶叶第一个品牌。1990年玉岚春正式被列为乐山市优质名茶。

七、刘德生

刘德生（1936—2017年），1970年春调任汉王公社党委书记，提出了"山顶戴帽子（保林）、山腰拴带子（种茶）、山下栽秧子（种粮）"这个以粮为本、发展经济、保护生态的号召，带领汉王公社人民狠抓粮食生产，大力发展多种经营。刘德生（图7-7）组织村社干部群众，于1972年将原来几十亩的公社茶场扩建到500多亩，后又不断繁育茶苗，发展茶叶生产。为了满足生产用水需要，汉王乡人民在刘德生的带领下，发扬愚公移山精神，于1976年修建了团结隧洞，并有一首气壮山河之诗刻石为证：总岗干群英雄胆，绘出蓝图敢登攀；愚公移山创世纪，潺潺流水穿过山。至20世纪90年代，汉王乡茶叶面积上万亩，居洪雅县之冠。

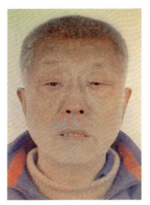

图7-7 刘德生

八、杨国祥

杨国祥（1944年— ），洪雅茶叶技术协会副理事长。1967年毕业于宜宾农校茶叶专业，是洪雅县有史以来第一个科班出身的茶叶技术人员，洪雅现代茶叶的奠基人之一（图7-8）。先后担任过洪雅县汉王公社精制茶厂第一任厂长、四川省洪雅县青衣江茶厂厂长、洪雅县茶叶技术协会第一任副理事长。洪雅县汉王公社精制茶厂，是洪雅最早的国家定点拨钱修建的集体茶厂，1979年建成，1980年春投产。由于汉王茶厂效益太好，导致有人嫉妒并举报杨国祥贪污，杨国祥被停职彻查（查未贪污）。后来汉王茶厂换了几任厂长，皆因经营不善而使茶厂负债累累。1982年下半年，杨国祥在止戈公社再次创业，顺利建成了四川省洪雅县青衣江茶厂。为了使茶厂得到更好的发展，1984年底将茶厂卖给了洪雅县农业局，青衣江茶厂正式成为洪雅县第一个国营茶厂，而杨国祥继续担任厂长。1985年，县农业局聘请杨国祥到中保农场办茶厂，杨国祥充分利用茶叶原料，上半年在青衣江茶厂生产细茶，下半年在中保农场生产粗茶（藏茶），茶厂日益兴旺。1995年后，止戈修百花滩电站、中保农场接受三峡移民，都要占到茶厂地盘，杨国祥退出了茶厂，回到汉王办了自己的私人茶厂——杨山茶厂。

图7-8 杨国祥

九、李春华

李春华（1964年— ），四川省农业科学院茶叶研究所二级研究员，四川省茶叶创新团队首席科学家（图7-9）。李春华从2014年起，率领其茶叶研究团队在洪雅开始选育茶树新品种，为寻找优质茶种资源，走遍了洪雅的各大茶山。李春华茶叶研究团队在洪雅茶叶的中小叶群体种老川茶中，经过长期单株优选培育，终于在2021年选育出了本地最新茶树品种天府5号、天府6号。两个茶树新品种综合性状表现优异，发芽早、产量高、品质好、抗性强，是眉山茶产业今后发展的主导品种。

图7-9 李春华

十、刘仲华

刘仲华（1965年— ），中国共产党第二十次全国代表大会中央候补委员，中国工程院院士，湖南农业大学学术委员会主任、教授、博士生导师，国家植物功能成分利用工程技术研究中心主任，教育部茶学重点实验室主任，湖南农业大学茶学学科带头人，瓦屋春雪茶叶品牌总策划（图7-10）。刘仲华主要从事茶叶深加工与功能成分利用、茶叶加工理论与技术、饮茶与健康等方向的研究与教学工作。近年来，刘仲华茶叶院士团队将千年悠久的东坡文化与洪雅高山生态绿茶相结合，为洪雅量身定做、精心策划打造出了瓦屋春雪茶叶区域公用品牌。

图7-10 刘仲华

十一、付志洪

付志洪（1977年— ），中共党员，洪雅县中山镇前锋村党委书记，四川省雅雨露茶业有限责任公司董事长，洪雅县宏图茶业专业合作社理事长，洪雅县茶叶流通协会会长，洪雅县川种雅茶制作技艺非遗传承人（图7-11）。2015年10月，代表四川进京参加首届全国大众创业万众创新活动周主会场项目展示，得到李克强总理点赞和肯定，2016年被评为四川省优秀党务工作者；2017年12月，人力资源和社会保障部、农业农村部联合授予其"全国农业劳动模范"称号；2021年2月，被党中央、国务院授予全国脱贫攻坚先进个人。付志洪创办的四川省雅雨露茶业有限责任公司是省级龙头企业，其有机茶产品获得欧盟、日本、美国及国内有机认证，公司拥有占地20000m^2的现代化茶叶生产加工厂，带领了一方茶农致富。

图7-11 付志洪

第二节 眉州当代知名茶人

一、任建宏

任建宏（1981年— ），四川雅安人，中共党员，国家一级评茶技师、高级茶艺师，洪雅县碧雅仙茶业有限责任公司董事长，四川省茶叶流通协会副秘书长，四川省茶叶行业协会副秘书长，洪雅县茶文化研究学会会长（图7-12）。2016年被评为眉山好人；2021年被评为四川省茶业优秀工作者；2022年被评为精制川茶科技创新人物。其公司为市级龙头企业，公司倾力于"铸一片产业，惠一方群众"，总投资1500万元建成奶白茶基地700余亩、"抱团发展"项目奶白茶产业园120亩、"村集体经济"项目奶白茶产业园130亩、苗圃50亩。公司有标准化加工厂房和县城销售门市，现已形成茶叶育苗、种植、加工、销售的茶叶全产业链，带领洪雅县茶农致富。公司勇夺2022年精制川茶市场开拓奖。任建宏研制的碧雅仙牌奶白茶连续3年荣获四川国际茶业博览会金奖，被评为"四川名茶"。其研制的田锡状元红牌系列红茶是首款田锡文化文创产品，荣获2022年成都·中国功夫红茶斗茶大赛"黄金白露杯"两金一银，填补了该奖项上眉山茶叶的空白。

图 7-12 任建宏

二、罗学平

罗学平（1968年— ），四川洪雅人，中共党员，农业技术推广研究员，洪雅县茶叶技术指导员，国家二级评茶技师，茶艺师，洪雅县创新型科技人才，洪雅县科普先进工作者，中国茶叶学会会员，中国散文学会会员，洪雅茶叶品牌策划人，洪雅县茶文化研究发起人（图7-13）。曾获四川省科技成果三等奖、乐山市科技成果二等奖、洪雅县科技成果奖一等奖。罗学平是茶树新品种天府5号、天府6号育种者，《瓦屋春雪绿茶加工技术规程》起草人，参与编写了《洪雅县绿色食品（茶叶）生产技术规程》，担任《洪雅县茶园生产管理技术》主编；发表茶相关论文20多篇。潜心研究多年的桂花香绿茶，受到四川省茶叶创新团队专家们的一致好评。2021年2月，参加中央电视台直播洪雅茶叶；2021年3月，眉山代表向四川省委书记彭清华汇报眉山茶产业工作。成功策划了田锡状元红、总岗嘉茗等茶叶品牌。罗学平长期致力于茶叶生产技术研究与推广，对茶叶病虫害防治进行了深入系统的研究，培训指导茶农上万人。此外，还在茶叶审评、茶叶品牌策划方面做了大量工作。

图 7-13 罗学平

三、费 立

费立（1955年— ），四川洪雅人，中共党员，洪雅县屏羌农产品有限责任公司董事长（图7-14）。2004年，费立怀着一腔炽热的茶叶情怀毅然从成都回乡创业，成立了洪雅县屏羌农产品有限责任公司，从事有机茶种植与加工，被洪雅县政府授予"优秀创业者"称号。费立创建了有机茶品牌屏羌，是洪雅县有机茶行业的先行者，并难能可贵地坚持了下来，赢得了"洪雅有机茶之父"美誉。费立一直将有机理念运用到茶叶种植和加工，努力探索、潜心研究，经过多年实践，终于建立了一套完善而切实可行的有机茶生产解决方案，特别是对有机茶园的管理、病虫害防治、茶园施肥有独特的见解与方法，被有机茶行业推广应用，为洪雅有机茶产业的发展做出了不可磨灭的贡献。洪雅县屏羌农产品有限责任公司生产的屏羌有机红茶、有机绿茶，多次在国际展会上荣获大奖。

图 7-14 费立

四、夏 蓉

夏蓉（1964年— ），四川仁寿人，毕业于四川农业大学茶叶专业，学士学位，高级农艺师（图7-15）。1986年调入洪雅县农业局工作；2007年任洪雅县农业局副局长；2010年在洪雅县有机茶产业园区管理委员会任常务副主任，2016年至今一直在洪雅县农业农村局从事茶叶技术推广工作。先后参与无性系茶树良种名山131、名山311选育工作；牵头引进福鼎大白、福选9号、名山131、名山311、蒙山9号、川农黄芽早等茶树新品种18个；制定《洪雅县茶叶产业规划》，编写《洪雅县茶叶生产技术规程》《洪雅县茶叶加工技术规程》《洪雅县茶叶加工作坊规范标准》《洪雅县绿色食品（茶叶）生产技术规程》《有机茶生产技术规程》等标准；撰写《洪雅县茶产业发展调研报告》。培训指导茶农发展无公害、绿色食品茶叶生产基地28万亩（其中有机茶近2万亩）；指导茶厂投入5000余万元建立茶叶初加工厂近200家；指导引进茶叶加工设备近万台（套），惠及茶农10多万人。2007年被评为四川农技推广工作先进个人；2011年被评为洪雅县特色效益农业基地建设工作先进个人；2012年被评为洪雅县2011年农村工作先进个人；2014年被评为洪雅县农村工作先进个人。

图 7-15 夏蓉

五、余 敏

余敏（1975年— ），四川洪雅人，洪雅县茶叶流通协会副会长、四川云中花岭茶业有限公司董事长（图7-16）。20世纪80年代，余敏在父亲的影响下拜会洪雅县茶叶技术指导员刘定海老师，在茶业前辈的启蒙引导下，对茶叶产生了浓厚兴趣，立志要成为"爱茶、懂茶、种茶、制茶"的好茶人。经过20多年潜心研学，余敏从一个茶叶"小皮匠"慢慢进步成为制茶师傅，再由茶叶合作社发展到茶叶企业，一步一个脚印成长为洪雅县优秀的茶叶企业家。其公司秉承"守正创新、自然生态"的理念，始终遵循有机标准，夯实基地、精致加工、诚信营销，

图7-16 余敏

铸就出"品质安全、品味纯正、品牌响亮"的云中花岭茶产品。公司是市级龙头企业，被授权使用洪雅绿茶农产品地理标志，获得生产、加工有机产品认证书，被评为中国农产品百强标志性品牌、第十八届中国国际农产品交易会最受欢迎农产品、上海国际农产品博览会金奖、中国森林食品交易博览会金奖、第十届四川国际茶业博览会金奖。

六、何玉琪

何玉琪（1971年— ），四川洪雅人，毕业于四川农业大学工商管理专业，中国民主促进会会员，政协委员，国家一级评技茶师、中级茶艺师，东坡区东坡云茗绿茶制作技艺非遗传承人（图7-17）。长期担任四川省茶文化研究会副会长、外促贸协会会员，被评为工商联参政议政先进个人、民进全国脱贫攻坚民主监督工作先进个人。2008年，何玉琪在眉山三苏祠创立了四川茗香轩茶业，年销售收入上千万元，先后培养出国家一级评茶技师4名、国家一级茶艺技师2名、高级茶艺师5名、中级茶艺师12名、初级茶艺师31名。每年为眉山高端茶楼会所培

图7-17 何玉琪

训员工300多人。何玉琪长期致力于传承东坡茶文化，挖掘出眉山东坡区非物质文化遗产茶叶品牌东坡云茗。此外，他还热心社会公益事业，先后投入20余万元资金为农村贫困家庭和儿童提供结对帮扶，并投入资金500余万元对洪雅茶产业进行扶持，带动1000余名茶农共同致富。

七、刘 伟

刘伟（1987年— ），湖北安陆人，中共党员，毕业于西南大学食品科学学院茶学系茶学专业，全日制硕士研究生（图7-18）。2013年8月参加工作（紧缺型人才引进、事业人

员），高级评茶员，现任洪雅县茶叶产业服务中心副主任。参加工作以来，先后承担并出色完成洪雅县标准化机采茶园建设项目、洪雅县高素质农民培育项目、洪雅县基层农技推广服务体系改革与建设项目等工作，主持编写《洪雅茶叶生产加工技术规范》《瓦屋春雪绿茶加工技术规程》《瓦屋春雪绿茶》等行业标准，大力推动洪雅茶产业基地标准化建设、人才体系化、产品品牌化建设，为洪雅茶产业高质量发展提供有力支撑。2016年被选派担任中保镇义公村第一书记，2019年被选派担任余坪镇胜利村第一书记，2021年被评为四川省脱贫攻坚先进个人。

图7-18 刘伟

八、李华勇

李华勇（1985年— ），四川洪雅人，中共党员。四川农业大学茶学专业本科毕业，四川省雅雨露茶业有限责任公司总经理、党支部书记，高级评茶员，洪雅县茶叶流通协会副秘书长，洪雅县茶叶专业型科技人才（图7-19）。李华勇擅长有机茶开发及茶叶精深加工，特色茶的研制。参与研发的高甲基化儿茶素茶的产业化开发技术及鲜叶生产无酯儿茶素绿色高效工艺技术分别获得洪雅和市级科技进步奖，研发的有机茶系列产品获得欧盟、日本、美国及国内有机认证，根据乌龙茶的成香原理创新加工工艺开发了花香型特色红茶，多次获得国内、国际茶博会金奖。2013年，由李华勇主持研究的茶叶项目荣获洪雅县科

图7-19 李华勇

技进步二等奖、科技进步二等奖，同年个人被评为洪雅县优秀党支部书记。2016年获得职业技能大赛茶叶加工比赛三等奖，2019年获得四川省川茶手工制茶技能竞赛三等奖。

九、朱小根

朱小根（1978年— ），四川仁寿人，中共党员，毕业于中国人民解放军艺术学院文学系、中国人民解放军南京政治学院新闻系，文学硕士，解放军高级摄影摄像师，洪雅县茶产业联合党委专职副书记，洪雅县茶叶流通协会秘书长（图7-20）。2009—2014年，朱小根先后担任四川尚林生物资源开发有限公司（道泉茶业）党支部书记和董事会秘书、雅自天成茶业有限公司（汉王茶厂）党支部书记和品牌顾问；2014年7月发起创立洪雅县茶文化研究学会并担任首届秘书长；2016年6月担任洪雅县茶文化研究学会党支部书记；2018年6月担任洪雅县茶产业联合支部委

图7-20 朱小根

员会书记；2022年6月被推选为中共洪雅县茶产业联合委员会专职副书记。朱小根所参与、采编、撰写的涉及洪雅县茶产业方面的文学作品、新闻稿件，相继在中国共产党新闻网、人民网、人民政协报、中国组织人事报、四川党的建设、四川日报、四川日报农村版、中国茶叶、成都商报、眉山日报和CCTV13、央视直播、四川卫视、四川乡村频道、眉山电视台等主流媒体刊发传播，为宣传洪雅茶产业、促进洪雅茶产业发展做出了贡献。

十、李世洪

李世洪（1965年— ），四川洪雅人，中共党员，洪雅县农业农村局农牧业科技教育与技术推广站站长，高级农艺师（图7-21）。2002年荣获四川省优秀共产党员，2008年被评为第三批有突出贡献拔尖人才，2020年被评为首批"眉州田园"明星，2020荣获中华农技科教基金会神内基金农技推广奖，2022年荣获全国农牧渔业丰收奖贡献奖。从事茶叶生产技术工作20多年，先后引进示范推广了茶树新品种名山131、川茶2号、川茶3号、川农黄芽早、蒙山9号、福鼎大毫等；推广茶园标准化生产技术、绿色防控技术等茶园先进适用新技术10多项，推广面积20多万亩；结合新型职业农民培训、高素质农民培育、农民夜校等，培训茶农上万人次，促进了洪雅茶产业发展。

图 7-21 李世洪

十一、陈 平

陈平（1981年— ），四川洪雅人，中共党员，洪雅县中山镇谢岩村村委副主任，洪雅县政治协商委员会常务委员，洪雅西庙山农业开发有限责任公司创始人，洪雅县斛生种植专业合作社法人（图7-22）。2018年被评为四川省返乡下乡创业明星；2017年被四川省农业科学院列为现代青年农场主孵化基地；2020年被四川省农业科学院评为现代农业科技示范农场；2020年、2021年连续两届川国际茶博会金奖；2022年荣获四川国际茶博会金熊猫奖。其公司拥有高山有机茶园600亩，合作托管茶园15000亩；标准化生产厂6000m²，标准化、连续化生产线2条，名优茶生产线1条；获得基地有机认证、生产有机认证、出口基地备案、出口生产备案等生产资质。2022年生产成品茶2300t，出口红茶27.5t。

图 7-22 陈平

十二、童云祥

童云祥（1971年— ），四川洪雅人，中共党员，四川省农村手工艺大师，洪雅县川种雅茶制作技艺非遗传承人，手工茶杰出代表人物（图7-23）。1988年开始学制手工茶，几十年的风雨人生，历练出了童云祥一双富有灵魂的手工茶匠心巧手。2017年童云祥成立了洪雅县童老幺茶叶专业合作社，免费教授邻里乡亲用心做好手工茶，他先后亲自培训手工茶农300余人，带动周边群众人均年增收3000多元。2018年童云祥被评为洪雅县农民丰收带头人。2019年荣获国际茶博会手工制茶大赛匠心奖。2020年荣获四川省农村手工艺大师、洪雅县优秀农村乡土人才、手工制茶一等奖。2021年2月，中央电视台"约会春天"采访洪雅非遗手工茶传承人童云祥；2021年童云祥手工制作的童老幺卷曲型绿茶，外形、内质俱佳，荣获国际茶博会金奖。2021年，童云祥荣获洪雅县非物质文化遗产传承匠心奖。2022年11月，童云祥荣获第三届农村乡土人才创新创业大赛金奖。

图7-23 童云祥

十三、文家元

文家元（1966年—　），四川洪雅人，中共党员，洪雅县川种雅茶制作技艺非遗传承人，洪雅县手工茶代表性茶人（图7-24）。文家元多次参加省、市、县组织的各种斗茶大赛，并取得了优异的成绩。1987年文家元开始在家乡承包茶山，当时他是十里八村远近闻名的种茶能手。文家元擅长制作手工茶，他制作的高香手工毛尖茶，汤色黄绿明亮、香气高锐悠长、滋味鲜醇可口，深受老茶客们喜爱。1998年开始，文家元在县城从事茶叶产品销售，后又注册了文家园茶业品牌，专营洪雅本地优质绿茶。文家元所经营的茶叶品质好、性价比高，使文家园茶业很快成为洪雅县最大的茶叶零售店，年零售茶叶额近千万。2020年，由于文家元在手工茶制作上技艺非凡，被评为川种雅茶制作传承人，培养了龚瑶、曹茂琳等一批90后年轻茶人，让古老的制茶技艺后继有人。

图7-24 文家元

十四、龚　瑶

龚瑶（1992年—　），四川洪雅人，洪雅县川种雅茶制作技艺非遗传承人（图7-25）。1997年因车祸导致失去右腿成了残疾人，后来在中国残疾人联合会的帮助下成长为一名残疾人游泳运动员，获过全国亚军和四川省冠军，随着年龄增长后退役。2020年龚瑶与茶结缘，正式跟着父亲学习传统手工制茶。她家承包茶山30亩，茶园不用化学农药或化肥。每年自产几批春茶手工

图7-25 龚瑶

制作后销售。由于龚瑶的手工茶做工精致、品质生态，很受消费者欢迎。为了提升自己的制茶手艺，龚瑶经常跟洪雅茶叶老师们学习，很荣幸地拜洪雅手工茶非遗传承人文家元为师，自己也成了手工茶非遗传承人，龚瑶每周还定期义务为特教儿童传授茶艺。年轻的90后龚瑶励志感恩，故事感人，丰富了洪雅茶人的精神内涵，被评为第三届感动洪雅人物。

十五、王柳琳

王柳琳（1987年— ），四川洪雅人，洪雅茶艺代表性茶人（图7-26）。2016年开始表演茶艺，参加洪雅县首届采茶节；2017年取得国家高级茶艺师；2018年举办洪雅县首届公益茶艺班，成立洪雅县雅女茶艺协会，带领团队代表眉山在四川省国际茶博会表演并获最美茶艺师奖；2018年至今在特殊学校进行茶艺义务支教；2019年取得国家二级茶艺技师、国家二级评茶技师资格证，获得"四川省川茶金花"称号，获四川省国际茶博会茶艺大赛金奖，受邀到江苏徐州市担任徐州市茶艺大赛评委。2020年获得"洪雅县名匠"称号，获得"洪雅县乡土人才"称号。2021年进

图7-26 王柳琳

入眉山青衣文旅发展有限公司，同年参加乡土人才演讲比赛并获得金奖，参加四川省乡土人才演讲比赛获银奖。2022年发行洪雅茶原创歌曲《茶歌行》，作词并演唱。王柳琳获奖作品：金奖茶艺《问道瓦屋茶艺表演》《康养洪雅茶艺表演》；央视采访《春雪凤鸣茶餐》；川台专访《茶歌行》；原创文学《洪雅茶三字经》《将进茶》；原创茶艺《东坡问茶·起舞弄轻影》《瓦屋春雪茶艺表演》《两山云雾茶艺表演》；原创茶饮品：冰肌、玉骨系列茶酒。

十六、李朋博

李朋博（1992年— ），陕西宝鸡人，丹棱县手工茶非遗传承人、丹棱县御峰茶叶专业合作社理事长、丹棱县新型农业经营主体带头人、四川省农村手工艺大师、眉州田园明星（图7-27）。李朋博15岁初中毕业就外出打工并结识了来自四川丹棱茶乡老峨山的川妹子牟丽容，与牟丽容由相识到相知相爱，后来结成了夫妻。2013年，李朋博与妻子牟丽容回到老峨山创业，跟随岳父一家人种茶、制茶、卖茶，通过勤学苦练，逐渐熟悉和掌握了茶叶生产技术环节，尤其是把老峨山牟家手工茶制作技艺继承并逐渐发扬光大。2016年9月，李朋博创办丹棱

图7-27 李朋博

县御峰茶叶专业合作社，吸纳101户农户，其中贫困户8户；同年11月还创办了四川御峰茶叶有限公司，使村民收入增加10%以上；2018年创办了御峰茶叶文化大院，向广大茶农普及茶文化，培养制茶师10多名；2019年李朋博被丹棱县评为新型农业经营主体带

头人；2020年注册老峨山牟家手工茶，同年5月老峨山牟家手工茶被评为丹棱县非物质文化遗产，其公司被评为四川省信誉服务AAA单位；2021年10月李朋博被评为四川省农村手工艺大师，同年11月被评为眉州田园明星；2022年老峨山牟家手工茶制作技艺入选四川省第二批农村生产生活遗产。

十七、彭建军

彭建军（1973年— ），四川洪雅人，中共党员，洪雅茶叶规模化加工生产代表性茶人（图7-28）。现任眉山匠茗茶叶有限公司总经理、洪雅县茶叶流通协会法人和副会长、洪雅县茂冠茶叶专业合作社理事长，多次被评为洪雅县槽渔滩镇优秀共产党员。2017年，彭建军在洪雅县九龙御峰茶厂基础上，成立了眉山匠茗茶叶有限公司。公司占地3500m^2，有年加工5万kg干茶产能的现代化茶叶加工设备，有海拔600m以上的生态茶叶合作基地6000余亩，在洪雅县城茶商圈有直销门市，拥有众多长期固定的茶叶批发销售渠道。彭建军主攻绿茶加工，通过多

图7-28 彭建军

年的技术实践总结出了一套优秀的绿茶加工工艺：蒸汽杀青—微波脱湿—热风理条—电热烘干。由他研制生产的扁形、卷曲形名优绿茶，苦涩味低、香气好、滋味醇，曾获中国最佳生态茶园文化节名优茶评比铜奖。产品销往全国各地，深受欢迎。

十八、沈卫超

沈卫超（1977年— ），四川洪雅人，洪雅县茶叶流通协会副会长，洪雅县川种雅茶制作技艺非遗传承人，沈茶坊第十五代传承人，四川省首届农村致富带头人，四川省最美农民工（图7-29）。沈卫超还是洪雅县手工茶非遗传承人，他制作的手工茶独具风韵，令人回味，深受茶界专家好评。沈茶坊位于洪雅县中山镇谢岩村，是川藏茶马古道上之重要驿站，有300多年的辉煌历史。沈卫超20多岁就外出打工，通过20年的艰难打拼，一路奔波，积累了创业资金后毅然回乡成立了洪雅县盛邦种养专业合作社，在北纬30°的汉王总岗山上，开荒整理出300多个大

图7-29 沈卫超

小山头，种植茶树新品种5000亩（其中有机茶3000亩），成为茶叶种植面积最大的业主，带领家乡茶农共同致富。其合作社入选省级合作社，为AAA级诚信企业，被评为洪雅"7·15"抗疫优秀企业。沈卫超在其茶园内套种了药材、大豆，探索出了如何让高山茶园增加经济效益的新路子。沈卫超还建造了2000m^2的现代茶叶加工厂，注册了总岗嘉茗茶叶品牌，决心将历史悠久的总岗山茶再度发扬光大，为眉山茶产业做出自己最大的贡献。

十九、殷尚勤

殷尚勤（1982年— ），四川丹棱人，中共党员，国家一级评茶技师，高级茶艺师，丹棱县优秀民营企业家，优秀青年创业导师，国际商会茶业专委会主任，四川省农村致富带头人协会副会长，全国农村致富带头人协会理事（图7-30）。2003年，殷尚勤毅然放弃高薪工作，回乡再创业，开始种植茶叶20亩；2007年建茶叶加工厂；2012年成立茶叶专业合作社；2015年成立茶叶公司后专注茶叶品牌素翁的营销与打造。历经十八载，磨出锋利剑，殷尚勤砥砺奋进、勇毅拼搏，带领丹棱茶叶品牌首次荣获中国农产品百强标志性品牌，产品荣获四川省特色旅游商品银奖。殷尚勤对传统手工茶制作技艺十分热爱，他苦心钻研、长期实践，先后获得成都市手工茶制作大赛铜奖、手工茶制作大赛金奖、四川省第三届农村乡土人才创新创业大赛银奖等系列荣誉。2021年，殷尚勤组织中高端绿茶毛峰批量出口乌兹别克斯坦，在四川省率先实现了中高端绿茶出口零的突破，一时全国各大媒体报道如潮。此外，殷尚勤还率领其公司在脱贫攻坚、全民抗疫战斗中冲锋在前，受到群众赠送锦旗和政府嘉奖，充分展现了一个优秀共产党员和民营企业家的担当与责任。

图7-30 殷尚勤

二十、袁 聆

袁聆（1991年— ），四川洪雅人，中共党员，国家高级茶艺师、高级评茶员，洪雅县茶叶流通协会副秘书长，茶圈俱乐部眉山分会秘书长，眉山电子职业技术学校外聘教师，洪雅县忆雅茶文化传媒有限公司总经理，四川省注册科技工作者，洪雅县科研人员和乡土人才，洪雅县代表性茶艺人才（图7-31）。从小在江南长大的袁聆受茶文化耳濡目染的熏陶，对茶艺和评茶很感兴趣。2013年初入茶界，勤学苦练后逐渐成长为一名优秀茶人，所泡之茶备受茶界专家好评。近年来，袁聆在洪雅县城、柳江古镇、玉屏山等景区组织开展茶艺与评茶培训20多期，培训人员上百人，为洪雅茶产业输送了一批人才。此外，袁聆还担任了《瓦屋春雪绿茶加工技术规程》《瓦屋春雪绿茶》行业标准评审的专家，积极参与了四川第十一届国际茶博会的组织与筹备，成功组织开展了洪雅县首次红茶审评大赛等。

图7-31 袁聆

二十一、刘广祥

刘广祥（1970年— ），四川洪雅人，中共党员，高级评茶员，中级茶艺师（图7-32）。

2008年以前，在江苏无锡茗品茶业有限公司担任茶厂厂长。2008年"5·12"大地震，为了支持家乡受灾茶农，毅然于当年12月辞职回到了家乡，并于2019年6月在家乡组织受灾茶农成立了洪雅县观音茶叶专业合作社。合作社采取"统一技术管理茶园，统一技术采摘，统一标准收购"的经营模式，与茶农实行保底收购和2次分红政策，让茶农真正得到实惠。刘广祥投资100万元修建了观音茶厂，方便和带动了周边茶农茶叶鲜叶的销售。为解决家乡茶农交通过河问题，自己出资40多万修建了观音村飞马大桥；为更好地解决茶农茶叶及生产资料运输问题，自己又出资近50万元，为家乡茶农修建了一条长达1.5km的观音山水泥路。2010年刘广祥考取了高级农技师；2012年被洪雅县科协评为科技带头人，并和四川省茶叶创新团队合作选育了茶叶新品种天府5号和天府6号。2014年芦山"4·20"地震，刘广祥为了帮助和支持雅安灾后重建产业发展，于当年5月来到了荥经县成立了荥经县宝峰茶叶专业合作社，并和合作社成员一起投资400多万元修建了宝峰茶叶加工厂，让当地茶农当年人均增收5000多元。

图7-32 刘广祥

二十二、曹 波

曹波（1987年— ），四川洪雅人，洪雅县茶叶协会副会长，洪雅县雅源茶叶专业合作社理事长（图7-33）。2021年参加四川泸州扁形手工绿茶制作大赛获得优秀奖。其合作社位于中山镇和平社区，距县城11km。合作社现有社员200多名，茶园1500多亩（其中在建有机茶园800亩），辐射面积6000多亩。茶区依山傍水，树木葱茏，植被丰富，非常适合茶叶生长。其合作社诚实守信，锐意进取，竭诚为广大客户提供优质产品和服务。由曹波研制的扁形、卷曲型、针型等名优绿茶，原料精选，制作精良，品质稳定，深受广大消费者欢迎。合作社年产名优干茶超过3万kg，主销江苏、湖北、河南等地，带动了大批茶农增收致富。

图7-33 曹波

二十三、曹茂琳

曹茂琳（1998年— ），四川洪雅人，洪雅县川种雅茶制作技艺非遗传承人，洪雅县茶叶电商平台销售代表性茶人，网络粉丝20万（图7-34）。曹茂琳出生在茶叶世家，从小随大伯曹福川到茶山种茶、采茶并手工制茶；2015年随师傅陈韵竹学习武夷红茶、安吉白茶手工制作技艺；2018年回乡创业随童云祥大师做手工卷型茶。曹茂琳用洪雅海拔800m以上的高山老川茶一芽一叶为原料手工制作的红茶，得到茶界专家和全国各地消费者一致好评。2019年曹茂琳开始做电商平台；2020年修建手工茶坊并带徒授艺，每日发布制茶视频，通过网络售茶，获取了全国各地粉丝支持和认可，并借助平台流量为洪雅多家茶企做品牌宣传推广。后又组建专业制茶团队，通过网络让洪雅非遗项目——洪雅川种雅茶制作技艺，走向全国。曹茂琳把竹工艺品与茶叶结合起来建立了"曹木匠：绿茶工艺品"和"云露高山绿茶"2个抖音账号，直播在线人数超过1万人，观看人数每场次超过10万人，两年来销售额突破500万元。此外，曹茂琳还参加了2022年东盟博览会和成都国际茶博会，现场展示手工制茶技艺并通过网络平台宣传推广洪雅茶叶，广西电视台、四川电视台进行了采访报道。

图7-34 曹茂琳

二十四、解发伟

解发伟（1984年— ），四川洪雅人，中共党员，中山镇人大代表，洪雅中汉茶业有限公司董事长，洪雅县解发伟茶厂总经理，2017年被评为中山镇创业致富领头人（图7-35）。解放伟出生在总岗山茶山，从小就跟随父母背着背篼采茶卖茶，可以说是在茶山上泡大的，对于茶叶的生长管理非常熟悉。2005年，解发伟开始进入茶叶行业学习制茶；2008年修建茶叶加工作坊正式加工茶叶；2019年加工作坊被选为洪雅县茶叶加工作坊示范点。通过不断实践和外出参观学习，解发伟熟练掌握了多种绿茶加工技术，尤其是卷曲型、针形绿茶加工技艺精湛，其制

图7-35 解发伟

作的信阳毛尖类名优绿茶，细直圆紧、翠绿匀净，得到了中国茶叶学会副理事长、博士生导师萧力争教授等高度赞誉。2020年，解发伟成立洪雅中汉茶业有限公司。公司秉承"民以食为天，食以安为先"之理念，依托有机茶基地3000亩建立了标准化生产车间两个，自创茶叶品牌中汉雨露，成为一家从事茶叶种植、加工、销售的全产业链茶叶企业。

二十五、黄文祥

黄文祥（1974年— ），四川洪雅人，中共党员，四川省茶叶协会会员，洪雅县茶叶流通协会理事，洪雅县柳江镇旅游协会理事，洪雅县龙翔茶叶专业合作社理事长，洪雅县正轩茶叶销售有限公司总经理（图7-36）。黄文祥于1991年开始种茶并制茶；1998年建成洪雅县雅之缀茶厂并注册雅之缀商标；2010年组建桃源乡龙翔茶叶专业合作社；2016年修建集旅游与茶叶制作于一体的雅茶人家农家乐；2018年雅茶人家被授予"洪雅县森林人家"称号。黄文祥在茶叶制作方面善于思考，精益求

图7-36 黄文祥

精，把传统加工技艺发挥到极致。他用高山一芽一叶春茶为原料制作出一款兼具香茶与甘露的优点的名优绿茶，形状独特，香气滋味俱佳，很有亮点。雅茶人家每年都要制作上万斤扁形名优绿茶销售给竹叶青公司。

二十六、尹伯林

尹伯林（1962年— ），四川洪雅人，洪雅县侯家山寨茶叶专业合作社技术指导员（图7-37）。尹伯林十多岁就师从洪雅现代茶叶开拓者刘定海学习钻研茶叶制作技术，现已从事茶叶生产、加工、销售40多年。20世纪70年代末，尹伯林在刘定海的技术指导下，亲手制作的侯家山炒青绿茶斩获四川省乐山地区金奖，在茶界一时声名鹊起。后又不断到浙江、福建等茶叶发达地区进修研习中国名茶制作工艺，技术不断精进，并在洪雅率先引进香茶工艺，成为全县著名的茶叶工匠。尹伯林创办了侯家山茶叶加工厂，带动了侯家山茶叶专业合作社的发展。

图7-37 尹伯林

合作社现有优质茶基地2000亩（其中有机茶500亩）、加工厂房1000m²，年产干茶5万kg。侯家山寨牌茶叶远销成都、重庆、山东、江苏、浙江等地。2014年合作社荣获四川省省级农民合作社示范社，2021年实现销售收入600多万元。

二十七、陈世文

陈世文（1955年— ），四川洪雅人，中共党员，洪雅县茶业商会会长，洪雅县连续四届人大代表（图7-38）。陈世文从事茶业半个世纪，是洪雅现代茶叶的探索者，目前仍是雅自天成茶业有限公司（原洪雅县汉王茶厂）法人，公司曾属级龙头企业。其公司拥有500多亩有机茶园基地，由陈世文研制的茶叶产品总岗春芽绿茶曾在2001年获得中国（成都）第二届国际茶博会银奖，并取得绿色食品标志认证；2006年取得有机茶标志认证；2014年获得唯一的"最佳生态特色农产品"称号。陈世文在茶园生产管理与茶叶产品加工方面，具有丰富的实践经

图7-38 陈世文

验，还被西藏林芝市一大型茶场聘为技术顾问；由陈世文研制的总岗春芽绿茶、红茶、白茶等十几个系列产品，畅销全国各地，深受广大消费者喜爱和茶叶专家好评，为带动洪雅县茶叶产业化持续发展起到了积极作用。

二十八、任仲军

任仲军（1972年— ），四川洪雅人，洪雅县优秀退伍军人，洪雅县首届丰收节农民

致富带头人，洪雅县第十八届、第十九届人民代表大会代表，第四届人民代表大会代表，现为洪雅县八面魁芽茶厂法人（原洪雅县桂花茶厂）（图7-39）。2011年获二级制茶师、二级评茶师资格证书。任仲军从2003年开始种植加工茶叶，2009年建茶叶加工厂，2016年在八面山下花溪河畔建新茶厂，引进三条标准生产线，主要加工碧螺春、毛峰、毛尖等品类，注册有众筠茗茶、众筠红茶商标。20年来，茶厂带动周边群众种植茶叶6000多亩，在脱贫攻坚抱团发展中帮助32户贫困户种茶增收。承包经营老川茶基地300亩并取得有机茶认证。所加工的八面魁芽在四川茶博会广受好评。多年来，任仲军勤于学习积累，先后到四川农大、成都茶科所、杭州有机茶研修班学习培训。学以致用，精益求精，对茶产业高质量发展有着深刻的认识，并勇于探索创新，在实践中提升茶企茶人综合素质。

图7-39 任仲军

二十九、刘长彬

刘长彬（1970年— ），四川洪雅人，洪雅县茶叶流通协会理事，洪雅县偏坡山茶叶专业合作社理事长，洪雅县千担山茶业有限责任公司总经理（图7-40）。刘长彬初中毕业便离开家乡来到河北省承德养蜜蜂，一年后又到云南省红河参与修建兰昆铁路，逐渐由一个普通民工成长为机械技工。2013年刘长彬返乡创业，利用家乡茶农修剪掉的茶树枝叶试制黑茶，变废为宝。他先后到湖南安化、福建安溪等地考察学习，回家后成立了洪雅县偏坡山茶叶专业合作社，开始生产黑茶系列产品。刘长彬利用机械技术优势，改良创新了黑茶生产机械，发明了黑茶自动喂料机，原来五个工人操作变为一个，极大地减少生产成本和劳动强度，提高了生产效率。刘长彬已获6项实用新型发明和3项专利发明。刘长彬的黑茶加工厂，让合作社成员每年至少增收一万元，当地茶农每亩茶园至少增收1200元。由于他研发出的黑茶产品独具特色，除具有传统菌香外还有花香和滋味甜醇的特点，产品畅销西藏、青海、新疆等地。近年来，刘长彬又开始研制白茶，成了洪雅名副其实的"黑白茶人"。

图7-40 刘长彬

三十、王有林

王有林（1972年— ），四川洪雅人，是洪雅少有的机器制茶女能手之一（图7-41）。2002年，王有林开始进入茶叶行业，到茶叶专业机构培训学习茶叶知识，潜心钻研制茶技术，擅长

图7-41 王有林

制作扁形、卷曲型炒青绿茶和红茶，她跑遍了江苏和浙江茶叶市场，源源不断销售自己生产的高质量茶叶，至今已有20多年，最高年销售额超2000万元。2019年，王有林注册了洪雅茗青源茶业有限公司，承包了原柳新乡茶场高山老川茶基地500多亩，按照有机生产方式种植并坚持进行有机认证，并注册了珍稀老川茶叶品牌，让更多的茶人了解和分享这个古老的茶叶群体种。

三十一、罗　霞

罗霞（1985年— ），四川洪雅人，茶艺师、茶道师，宋代点茶优秀传承人，四川省茶艺重点人才（图7-42）。她出生于茶叶世家，其曾祖父、祖父、父母都是种茶人，三岁多便开始跟随父母在茶地里学采茶，与茶相伴、以茶为生，和茶叶结下了深深的情缘。罗霞现任四川省雅雨露茶业有限责任公司销售部经理、洪雅县茶叶流通协会常务副秘书长，擅长茶叶技能培训、手工茶制作、现代茶艺表演、宋代点茶与茶汤画创作等；特别是在茶汤画创作上，其山水花鸟茶汤画惟妙惟肖、栩栩如生，画面保持4个小时左右，可谓独树一帜、别具特色，在多次茶文化交流活动展演中获得高度评价，是国内最优秀的茶汤画技师之一。近年来，罗霞为洪雅县茶叶流通协会开展茶叶技术培训、筹建洪雅老川茶工匠班、老川茶资源普查以及茶叶新品研制等做了大量的工作。

图7-42　罗霞

三十二、宋家才

宋家才（1966年— ），四川省洪雅县人（图7-43）。1999年10月至2001年12月，任洪雅县农业局多经站站长，在此期间，积极组织引进茶树良种种植，为洪雅普及和推广茶树良种做了大量的工作。2001年12月至2007年9月，任四川省洪雅道泉茶业有限公司产销部经理，为道泉茶叶品牌的建设打造进行了认真的策划与实施。2007年9月—2009年10月，在四川尚林生物资源开发有限公司工作；2009年10月—2014年11月，任洪雅县有机茶产业园区管委会品牌营销部长，为洪雅有机茶的发展做了许多基础性的工作；2014年11月至今，在洪雅县茶叶产业服务中心工作，继续为洪雅有机茶生产积极服务。

图7-43　宋家才

三十三、段厚磊

段厚磊（1986年— ），中共党员，高级制茶技师（图7-44）。原籍四川冕宁，现居四川洪雅，长期致力于茶文化与新茶品研究，自创拙茶品牌，深耕茶领域多年，通过不断实践逐渐探索出一套自己的理论体系。擅长工夫茶表演，具有精湛的泡茶技艺，所泡之茶能最大限度发挥出茶汤甜柔的特点，被茶圈人士广泛高度赞誉。制茶经验也非常丰富，在新工艺红茶、白茶领域有独到见解，熟悉红茶、乌龙茶、白茶的制作工艺，因注重品质的把控和工艺的呈现，能满足各种口感的需求，所制茶叶被圈内众多茶友收藏。他将乌龙茶的摇青工艺运用到红茶的制作中并取得突破性进展，所制红茶香味突出，干闻有蜜糖甜香、野花香，汤感独特，入口甜柔、细腻有层次。他大胆探索，用高山区域的老川茶试制乌龙茶，所制川种乌龙茶表现优异，生津回甘，香气高扬，杯底留香且经久不散，初闻如兰花香，淡雅而清新，三泡四泡后各种花香交织体现，沁人心脾，令人回味无穷，与传统乌龙茶相比伯仲难分，打破了"老川茶不太适制乌龙茶"的普遍认知。他用高海拔有机老川茶原料精心制作的白茶也很有特色，耐泡、解腻、香味口感丰富。

图7-44 段厚磊

三十四、李 倩

李倩（1984年—），四川眉山人，中共党员，眉山职业技术学院副教授，在读博士，中国茶叶学会会员，国家一级茶艺技师和评茶技师，高级茶艺师考评员，教育部茶艺技能大师、四川省农村手工艺大师；全国五一劳动奖章获得者、四川省党代表，四川省三八红旗手，四川工匠，四川茶艺代表性人物（图7-45）。参与起草了《四川省盖碗茶行业标准》《四川省藏茶行业标准》，主编茶文化专著《中华茶艺》《茶文化与茶艺》《中华茶艺英文版》《东坡茶文化》，在国家级核心学术期刊发表论文20余篇。长期致力于中国茶文化国际化，指导学生多次出国交流茶文化，担任一带一路茶文化大使和孔子学院茶文化客座教授，在20个国家开展茶文化讲座30余场。茶艺作品《茶和天下·一带一路》被世界技能博物馆收藏。参与国家、省级技能大赛裁判工作100余场。开展公益讲座128场，培养茶艺人员3000余人。主持教育部项目中华茶艺英文版，录制视频35集，向全世界讲好中国故事，向8个国家输出国际标准茶艺师。长期担任国际茶叶品牌fauchon、Christea营销顾问，在全世界推广东坡文化。师从非遗传承人学习宋代茶百戏技艺，在三苏祠开设讲座40余场，多次被央视、新华社、四川省电视台等媒体报道。

图7-45 李倩

第八章 茶文化

茶乃国饮，茶文化起源于中国。柴米油盐酱醋茶是中国人的物质生活，琴棋书画诗酒茶则是中国人的精神食粮。中国是茶的故乡，中国饮茶从神农时代开始已有近5000年的光辉灿烂历史，在漫长的岁月长河中，勤劳智慧的中国人民创造并发展了源远流长、博大精深、丰富多彩的中国茶文化，直到现在，汉族都还保留了"以茶代礼"的优良传统风俗。中国茶文化包罗万象，涉足领域广泛，主要涉及茶历史、茶文学、茶艺术、茶哲学、茶宗教、茶医学等范畴。

茶文化是人们在饮茶活动过程中形成的文化特征，有其具体的表现形式，包括茶道、茶德、茶精神、茶联、茶书、茶诗文、茶具、茶画、茶故事、茶艺、茶谱、茶摄影、茶歌、茶舞、茶研学等。本章内容主要介绍茶艺、品茶、手工茶非遗、茶与宗教等茶文化基本知识，展示、分享部分具有本地特色的茶文学、音乐作品，抒发茶人的文化情怀与美好向往。

第一节　茶艺演进

一、煮　茶

唐代以前无正式的制茶法，往往直接采摘茶树叶片煮后饮用，即"生煮羹饮"；唐以后制茶技术日益发展，饼茶（团茶、片茶）、散茶品种日渐增多，但煮茶旧习未改，仍以陆羽式煎茶为主，称"干茶煮饮"（图8-1），特别是在少数民族地区较为流行。

图 8-1　干茶煮饮

公元780年，陆羽著《茶经》，是唐代茶文化形成的标志。《茶经·五之煮》载："或用葱、姜、枣、橘皮、茱萸、薄荷之等，煮之百沸，或扬令滑，或煮去沫，斯沟渠间弃水耳，而习俗不已。"晚唐樊绰《蛮书》载："茶出银生成界诸山，散收，无采早法。蒙舍蛮以椒、姜、桂和烹而饮之。"由此可见，唐代煮茶往往加盐、葱、姜、桂等佐料煮饮。

唐代茶文化的形成与禅教兴起有关，因茶有提神益思、生津止渴功能，故寺院崇尚饮茶，在寺院周围种植茶树，制定茶礼、设茶堂，专呈茶事活动。

唐代形成的茶道分宫廷茶道、寺院茶礼、文人茶道，概括了茶的自然和人文双重内涵，探讨了饮茶艺术，把儒、释、道三教融入饮茶，首创了中国茶道精神。

二、点 茶

大约始于唐末，五代至北宋是中国茶文化鼎盛时期，上至王公贵族、文人官宦，下至商贾绅士、僧侣百姓，无不以饮茶为时尚，点茶盛行。宋代饮茶承唐代之风，日益繁盛，使茶业有了很大发展，在文人中出现了专业品茶社团，有官员组成的汤社、佛教徒组成的千人社等。

宋太祖赵匡胤也是位嗜茶之士，他在宫廷中设立了茶事机关，宫廷用茶已分等级，茶仪已成礼制，赐茶已成皇帝笼络大臣、眷怀亲族的重要手段，有时还赐给国外使节。下层社会，茶文化表现形式也多样化：有人迁徙，邻里要"献茶"；有客来，要敬"元宝茶"；订婚时要"下茶"；结婚时要"定茶"。民间斗茶之风盛行，促进了制茶工艺变化。斗茶又称"茗战"，兴于唐末、盛于宋代，最先流行于福建建州一带。古代文人雅士各携茶与水，通过比茶面汤花和品鉴茶汤以定优劣，是古代品茶艺术的最高表现形式。

据蔡襄《茶录》和赵佶《大观茶论》，归纳总结点茶程序有备器、择水、候汤、燲盏、洗茶、炙茶、碎茶、碾茶、罗茶、点茶、分茶等很多步骤（图8-2），现详细介绍如下。

图 8-2 宋代点茶斗茶

（一）备器皿

茶炉：韦鸿胪；茶臼：木待制；茶碾：金法曹；茶磨：石转运；茶入：胡员外；筛子：罗枢密；茶帚：宗从事；盏托：漆雕秘阁；茶碗：陶宝文；汤瓶：汤提点；茶筅：竺副帅；茶巾：司职方。

（二）择 水

在山泉水清，出山泉水浊。泡茶最好的水自然是新鲜的泉水、天然矿泉水、纯净水。

（三）候 汤

"候汤最难，未熟则沫浮，过熟则茶沉。"《茶录·候汤》以鱼目、蟹眼连续迸跃的二沸水为度。煮水用汤瓶，汤瓶细口、长颈、有柄。瓶小易候汤，其点茶注汤更准。

（四）燲 盏

点茶前先燲盏，即用火烤盏或用沸水烫盏，盏冷则茶沫不浮。

（五）洗 茶

用热水浸泡团茶，去其尘垢冷气，并刮去表面的油膏。

（六）炙　茶

以微火将团茶炙干，若是当年新茶则不需要炙烤。

（七）碎　茶

将团茶（龙团凤饼）用绢纸包好，再槌击，把茶饼捶碎后要马上碾茶，不然时间稍微一长，茶色便会昏暗。

（八）碾　茶

将捣碎的茶放到小碾子中，碾成细末。

（九）磨　茶

把碾好的茶末放进石磨进行研磨，磨成粉状。

（十）罗　茶

过罗筛，筛掉粗茶屑，只留细茶粉。

（十一）撮末于盏

点茶前要把茶盏预先加热，否则茶不浮，然后把茶粉放入盏中。

（十二）点茶、击拂

即用煎好的沸水注入茶盏。根据茶量注入适量的沸水，将茶粉调成融胶状。接着连续注汤击拂，使茶粉均匀地融入汤里，茶汤表面形成如雪花一般乳白色的厚厚的泡沫。点茶才算完成。宋徽宗在点茶上颇有造诣，他在《大观茶论》里将点茶的注水击拂分解成7个步骤，每一次击拂都用力均匀地击拂茶汤，使茶末和水完全交融在一起，并击打起汤花。《大观茶论·七汤点茶法》中基本步骤如下：一汤注之，手重筅轻，无粟文蟹眼者，调之静面点。二汤自茶面注之，周回一线。三汤多置，如前击拂，渐贵轻匀。四汤筅欲转稍宽而勿速。五汤乃可少纵，筅欲轻匀而透达。六汤乳点勃结则以筅著，居缓绕拂动而已。七汤以分轻清重浊，相稀稠得中，可欲则止。

第一汤。是调膏后的第一次注汤，先注汤，再持筅击拂。注汤时"环注盏畔，劫不欲猛"，让沸水沿茶盏内壁四周而下，顺势将调膏时溅附盏壁的茶末冲入盏底。持筅的一手以腕绕茶盏中心转动击打，点击不宜过重，否则茶汤易溅出盏外。此时击起粗大气泡，稍纵即逝。由于内含物溶出不多，"茶力未发"。因此用水不宜过多，击打不必过于用力，时间不宜过长。

第二汤。注汤落水在茶汤面上，汤水急注急停，不得滴沥淋漓，以免破坏已产生的汤花。此时竹筅用劲击拂，持续不懈，汤花渐换色泽（因汤花不多，可见竹筅击起的茶汤色泽）。

第三汤。注水方法同上。击拂稍轻而匀，汤花渐细，密布汤起，缓缓涌起，但随注水，汤花破灭下降，或"破面"见茶汤，此时仍需用力击打，以保持汤花满面完整。

第四汤。注水要少，竹筅主动幅度较大，速度减慢，汤花开始云雾般升起，随着击打，汤花涌向盏缘。击打停止，汤花回落涌向中心升起。

第五汤。注汤可适当多些,击拂无所不至。若因注汤而使汤花未能泛起,则需加重点击,至汤花细密,如凝冰雪。

第六汤。点于汤花过于凝聚的地方,运筅缓慢,可清拂汤面,轻过6次点击,注水已达六至八成,在不断击打中汤花盈盏欲溢。

第七汤。视茶汤浓度而定,可点可不点,注汤量以不超过盏缘折线为度。

(十三)置茶托

为避免端茶时把手烫伤,喝茶前要放置茶托。

(十四)分 茶

经上述7次注水击拂,乳沫堆积很厚,并紧贴着碗壁不露出茶水,称之为"咬盏"。这时方可用茶匙将茶汤均分至茶盏内,用茶匕蘸水点在汤面上,勾画出各色图案,或一手握盏晃动茶盏,让汤面上变幻出须臾即散灭的各种图案。双手奉上,供茶客欣赏与品饮。

三、撮 泡

明末清初已出现蒸青、炒青、烘青等茶类,茶的饮用已改成撮泡法。明代许次纾《茶疏》记载,撮泡法分为5个步骤。

(一)火 候

泡茶之水要以猛火急煮。煮水应选坚木炭,切忌用木性未尽尚有余烟的,"烟气入汤,汤必无用"。

(二)选 具

泡茶的茶具以瓷器或紫砂为宜(图8-3)。茶壶主张小,"小则香气氤氲,大则易于散漫。大约及半升,是为适可。独自斟酌,愈小愈佳"。

(三)涤 荡

泡茶所用汤铫壶杯要干燥清洁。"每日晨起,必以沸汤荡涤,用极熟黄麻巾向内拭干,以竹编架,覆而庋之燥处,烹时随意取用。修事既毕,汤铫拭去余沥,仍覆原处。"放置茶具的桌案也必须干净无异味,"案上漆气食气,皆能败茶"。

图8-3 紫砂茶具

(四)烹 点

泡茶时的次序应为:先称量茶叶,待水烧滚后,即投于壶中,随手注水入壶。先注少量水,以温润茶叶,然后再注满。第二次注水要"重投",即高冲,以加大水的冲击力。

（五）啜　饮

细嫩绿茶一般冲泡3次。"一壶之茶只堪再巡。初巡鲜美，再则甘醇，三巡意欲尽矣。"中国茶的啜饮方式，从总体上说经历了煎煮、冲点和撮泡3个阶段。

四、茶　艺

茶艺是在泡茶技艺的基础上，对泡茶的各道程序进行艺术加工，将生活中的泡茶技艺上升到一种表演艺术，使客人得到美的享受和艺术的熏陶。在品茶的同时，思想和情操得到升华，心灵得到净化。泡茶技艺偏重于生活，而茶艺表演（图8-4）则偏重于艺术，因而要求更高，影响也更大。

图 8-4　茶艺表演品茗

（一）茶艺类型

茶艺表演以人为主体分为宫廷茶艺、文士茶艺、宗教茶艺、民俗茶艺。

1. 宫廷茶艺

具有浓厚的历史文化底蕴，如唐代宫廷茶艺，除了讲究唐代宫廷服装、精美饮茶器具外，还要注重宫廷礼仪，并有一定的历史文化内容。

2. 文士茶艺

追求"精俭清和"，流行于江南文人雅士集中地区。文人茶艺对茶叶、茶具、用水、火候、品茗环境及参与人员有严格要求。品茗时，以书、花、香、石、文具为摆设，并有诗词歌赋、琴棋书画、清言漫谈。现代文士茶艺更多与清淡、赏花、玩月、抚琴、吟诗、联句相结合，追求意境。反不注重茶、水、火、器。

3. 宗教茶艺

宗教茶艺的形成与自古我国佛道与茶结缘甚深是密切相关的。重视"静省序净""修心养性"，佛道认为茶与禅相通，可以茶悟道。"禅茶茶艺"是佛门的品茶艺术，"太极茶艺"与道教有关。宗教茶艺要求环境简朴、茶器古朴典雅，不求豪华贵重，礼仪特殊，气氛庄严肃穆。

4. 民俗茶艺

民俗茶艺融入茶艺表演当中，可展现我国各民族多姿多彩的饮茶艺术。除了独特的泡茶方式外，民族风俗、民族服饰也是茶艺表演的特色，洪雅绿茶茶艺就是其中之一（图8-5）。

图 8-5　国际友人观摩洪雅绿茶茶艺

（二）洪雅地方特色茶艺

洪雅县城在过去属青衣江的大码头，南来北往的商人常在此聚会喝茶，那时都喝盖碗茶，所以洪雅盖碗茶是四川盖碗茶的代表之一（图8-6）。那时洪雅的茶馆，多以竹为棚，摆满竹桌、竹椅，清风徐来，茶香弥漫。用茶多为茉莉花茶、龙井、碧螺春等，而茶具则选用北方讲究的盖碗茶。此茶具茶碗、茶船、茶盖三位一体，各自有其独特的功

图8-6 洪雅盖碗茶文化

能。茶船即托碗的茶碟，以茶船托杯，既不会烫坏桌面，又便于端茶。茶盖有利于尽快泡出茶香，又可以刮去浮沫，便于看茶、闻茶、喝茶。茶盖倒置，又是一凉茶、饮茶的便利容器。

洪雅人使用茶盖还有其特殊的讲究：品茶之时，茶盖置于桌面，表示茶杯已空，茶博士会很快过来将水续满；茶客临时离去，将茶盖扣置于竹椅之上，表示人未走远，少时即归，自然不会有人侵占座位，跑堂也会将茶具、小吃代为看管。

茶博士的斟茶技巧，又是洪雅茶楼一道独特的风景线。水柱临空而降，泻入茶碗，翻腾有声；须臾之间，戛然而止，茶水恰与碗口平齐，碗外无一滴水珠，既是一门绝技，又是艺术的享受。

洪雅人喜欢"摆龙门阵"，所以洪雅的茶馆极为兴盛，不论是风景名胜，还是闹市街巷，到处都可看到富有地方色彩的茶馆。在熙来攘往的茶馆之中，一边品饮洪雅的盖碗茶，一边谈笑风生。同时佐以茶点小吃和曲艺表演，实为人生至乐。

（三）茶艺冲泡示例

1. 瓦屋春雪茶艺解说词（罗学平原创）

瓦屋春雪是洪雅茶叶区域公用品牌，众所周知，苏东坡既是千古文豪，又是茶叶大师，素有"茶仙"之美誉。中国工程院院士刘仲华团队根据苏东坡诗句"瓦屋寒堆春后雪"为洪雅精心策划了"瓦屋春雪"茶叶区域公用品牌。下面为大家表演瓦屋春雪茶艺。

①洗涤凡尘：用鲜开水洗涤干净瓦屋春雪茶的专用品茗器具，让品茗器具一尘不染，洁净如玉，犹如洗去人身尘埃，洗却一身疲惫，洗净人间烦恼，令人轻轻松松，清清爽爽，精神焕发。

②赏观春雪：瓦屋春雪茶，外貌秀雅美观，色泽翠绿油润，直条形且带毫，仿佛让我们看到了春天的瓦屋山被片片白雪轻轻点缀，白毫隐翠，翠映白毫，相得益彰，使人

赏心悦目,爱不释手。

③雪落天籁:用洁净的茶匙,轻轻将瓦屋春雪茶一点一点地拨入盖碗,此时,请您仔细聆听,您会听到天籁之音,那是瓦屋春雪片片飞入原始森林之声音,声轻盈,心荡漾。

④雨润青山:将茶壶中的开水沿盖碗的内壁,以环形轻轻注入,直至开水将茶叶慢慢浸没。顷刻之间,瓦屋春雪茶的茶条缓缓舒展,一幅幅微型绿色画卷徐徐展开,悠悠茶香飞出画卷,春天气息扑面而来,啊!春天的茶山,就在我们眼前。

⑤飞泉鱼乐:将茶壶由低往高,而后由高向低,悬壶高冲瓦屋春雪茶,此时有一种瓦屋飞泉三百丈的感觉。茶香缕缕,阵阵扑鼻,直抵心脾;瓦屋春雪茶叶在盖碗中旋转翻滚,辗转腾挪,宛若一群鱼儿在水中追逐嬉戏,狂游乱舞,尽情释放心中之欢乐。

⑥春华秋实:将盖碗中的茶水慢慢倒入公道杯,再将公道杯的茶水低酌到每一个品茗杯,然后仔细观察每个品茗杯中的茶水量,再将公道杯中茶水一点一滴注入品茗杯,使每一杯茶水数量均衡,让每一位客人雨露均沾,分享瓦屋春雪之美好。

⑦香茗敬客:中华民族是传统礼仪之邦,茶人讲茶德,泡茶先敬客。茶艺师将汤色澄明、清碧微黄的瓦屋春雪茶水,双手敬奉给亲爱的客人,请客人优先品尝到来自瓦屋山大自然的优雅馈赠,领略茶艺师精湛茶艺的款款深情。

⑧品韵春雪:美丽优雅的茶艺师精心冲泡的瓦屋春雪茶,香甜爽口。茶未入口香已至,悠悠长长的兰栗香,令人神清气爽;轻呷一口茶水,滋味鲜醇,满口生津,回味甘甜,让人唇齿留香。整个口腔充满了瓦屋春雪的芬芳,让人回味无穷,念念不忘,怎不令人悠然自得、深深陶醉?

亲爱的朋友,瓦屋春雪茶艺表演,到此结束,感谢大家的认真欣赏。山不凡,茶非凡,瓦屋春雪,一杯承载了千年东坡文化底蕴的佳茗,让人几多感慨,几多芬芳。朋友们,我在洪雅30万亩茶园等你,等你来品尝瓦屋春雪。

2. 康养洪雅茶艺解说词(王柳琳原创)

千载悠悠茗茶之府,康养圣地洪雅是也。南安之山孕育出厚重的瓦屋道教文化,南安之水谱写了洪雅雅纸水墨之篇章,神奇的山水沉淀了独特的洪雅茶文化:青衣江心水,瓦屋山上茶。接下来,请欣赏由洪雅雅女茶书院为大家带来的这道康养洪雅茶艺表演(图8-7)。

图8-7 洪雅茶艺师表演康养洪雅茶艺

第一道：青衣佳处，莲步净土。随着婉转而悠扬的古琴声，雅女茶艺师脚踩莲花，走过洪州，走过花溪，以莲步走向茶席台。莲花象征着清凉的世界，一花一世界，一叶一菩提，一念一清净，让我们跟随这如莲般的脚步，走向那和寂的净土。

第二道：洪州漫步，竹林慢赏（赏器）。水乃茶之母，器乃茶之父，好茶还需好水佳器相配。通常我们冲泡洪雅茶选用瓷器盖碗，盖碗也称三才杯，杯盖誉为天，杯身誉为人，杯托誉为地。茶人们认为只有三才合一，方能孕育茶之精华。公道杯也称茶海，用来均匀茶汤。品茗杯用来品赏茶汤。

第三道：瓦屋春雪，叶嘉酬宾（赏茶）。从来嘉茗似佳人，叶嘉是苏东坡先生对茶叶的美称，乃茶叶嘉美之意。《华阳国志》有记载南安出名茶，古南安为今洪雅县也，洪雅风景秀丽，绿野田畴，松涛竹韵，此优美雅静之地孕育出品质绝佳的洪雅名茶"雅康翠雪"。此干茶外形扁平匀直，壮实饱满，色泽翠绿，身披白豪，细细赏之犹如瓦屋翠竹，让人有如沐竹林之感。

第四道：玉屏山野，冰清玉洁（温杯洁具）。柳江以上便是玉屏山森林公园，多姿春日绿生烟，柳翠青山余波弦。茶性本洁不可污，泡茶之始先温杯洁具。逐一清洗盖碗、公道杯、品茗杯，使之愈加晶莹剔透，并用于激发茶性，提高茶香。

第五道：田锡水景，佳人入境（投茶）。洪雅田锡水景公园坐落于洪雅西北侧引青入城边，独特的田锡正人文化在此屹立。把茶叶比作佳人，茶艺师左手执茶荷，右手执茶导，在灵巧的拨茶手法中，投茶入盏，犹如追随田锡正人的徐徐清风，进入另一个曼妙而清净的世界。

第六道：青衣缓流，叶嘉离垢。青衣江水一江中流，此时茶艺师右手执壶，青衣江水一江中流，此时茶艺师右手指壶，往盖碗中缓缓注入热水，以这青衣之水清洗茶叶，再将洗茶之水倒入水洗，方能体现叶嘉之本源，茶性之清净。

第七道：天台飞瀑，顷流而出（高冲凤凰三点头）。最美桌山，天台飞瀑，千丈清流。此时茶艺师再次往玻璃杯中以高山流水的方式注水。直泻而下的水柱如同瓦屋飞瀑，与杯中茶叶顺势相融。再将盖碗中泡好的茶汤斟入公道杯中，一时间烟云升腾，丹霞浸染。未尝甘露味，已闻圣妙香。

第八道：烟雨漫洒，点水流香。花溪以上便是柳江古镇，因夏季常有小雨，景色宜人，故得烟雨柳江之美誉。茶艺师右手执公道杯，把茶汤斟入品茗杯中，这一点一收之意，如一叶扁舟、行云流水、云卷云舒。

第九道：康养洪雅，七星献瑞（敬茶）。半壁山房待明月，一盏清茗酬知音。一洪雅放心茶归真，茶艺师以传道者虔诚之心意将茶汤一一敬奉给嘉宾。要想身体好，常往洪雅跑。山水洪雅、康养圣地，希望您能在品饮茶汤中，让您忙碌的身心得以回归，去感受茶汤中的清香与雅韵。让我们相约洪雅，相约再品茶吧！

第二节　品茶基本知识

一、品茶要领

品茶就是对茶叶的品质特点进行鉴赏，从而达到愉悦、安静心情的过程。品茶要领可以归纳概括为4个"三"字，即：三看、三闻、三品、三回味。

一看干茶的形状。观察茶叶的形状，即观察茶叶的外形，首先要观察它是否干燥。品质优良的茶叶含水量低，可以通过手指来辨别，如果轻掐一下茶叶就碎，皮肤有轻微刺痛的感觉，就说明茶叶的干燥度良好。反之，如果不易压碎，就说明茶叶已经受潮变软，喝的时候口感较差，茶香也不会浓郁。二看茶汤的色泽。即看茶汤是否清澈、鲜艳、明亮，并具有该品种应有的色彩。茶汤的颜色会因为加工过程的不同而有差异，但不论是什么颜色，好茶的茶汤必须清澈且有一定的亮度，汤色要明亮清晰。品质不好的茶叶，茶汤颜色暗淡、浑浊不清。三看茶汤中的叶底。看叶底，即看冲泡后充分展开的叶片或叶芽，好茶叶细嫩、匀齐、完整，无花杂、焦斑、红筋、红梗等现象。

一闻茶叶有无异味。这是指开泡后趁热闻茶的香味，此时最能分辨是否有陈味、霉味或其他异味。二闻茶叶香气类型。茶叶香气类型很多，有清香型、花香型、栗香型、果香型、糖香型、菌香型等，仔细闻闻就能较准地识别出来。三闻香气是否持久。是指温度降低后再闻茶盖或杯底留香，这时可闻到在高温时因茶叶芳香物大量挥发而掩盖了的其他气味。

一品火功。品火功是品茶叶加工过程中的火候是老火、足火还是生青，是否有晒味。二品滋味。品滋味是让茶汤在口腔内流动，与舌根、舌面、舌侧、舌端的味蕾充分接触，品茶味是浓烈、鲜爽、甜爽、醇厚、醇和还是苦涩、淡薄或生涩。三品韵味。清代大才子袁枚曾讲："品茶应含英咀华，并徐徐咀嚼而体贴之。"意思就是将茶汤含在口中，细细

图8-8　洪雅县首届采茶节评茶比赛

品味，咽下时还要感受茶汤过喉时的爽滑。只有带着对茶的深厚感情去品茶，才能欣赏到好茶的"香、清、甘、活"，韵味妙不可言（图8-8）。

一回味舌根甘甜；二回味齿颊留香，满口生津；三回味喉底甘爽气畅，肺腑滋润，

使人心旷神怡，飘然欲仙。

浮生不在，茶语清香；注一湾水，取一瓢茶；入壶、出汤、浓稠甜蜜。观而赏其妙，闻而悦其香，品而知其味，思而领其韵。

二、茶香类型

品茶中，最难、最富情趣、最美妙和最迷人的当属品韵茶香。茶香既能闻得到，也能喝得出，能喝得出令人愉悦的茶香的茶，一定是好茶。那么，该怎么品茶香呢？

（一）茶香构成

不同的人，由于味觉感受差异，同一种茶会喝出不同的茶香，有的说像清香，有的说像花香，有的说像甜香等等。其原因与茶香的成分有关。

茶香是一种混合物。迄今为止，已鉴定的香气物质约有700种；鲜叶中香气物质近100种，制成绿茶之后，有200多种，红茶有400多种，乌龙茶就更多了。然而，香气物质的种类虽然多，但含量却微乎其微，茶水中的香气物质占干茶的0.005%~0.05%。可见，就是那么一点点物质，就让茶产生了美妙的香气。而香气的类型及其纯正持久，在很大程度上决定了茶的价值。

茶叶香气物质，按其化学结构，大致分为四类：脂肪类衍生物，萜烯类衍生物，芳香族衍生物，含氧、氮的杂环化合物。

（二）感受茶香

感受茶香主要分为两个途径：一是鼻腔感受，二是口腔感受。

鼻腔感受就是茶香随着热气进入鼻子，再通过神经传递给大脑，形成香气的感受和记忆（图8-9）。口腔感受就是，人的口鼻相连，喝茶的时候，茶汤咽下去的同时，口腔中飘散的部分水汽会传到鼻腔，"唇齿留香"就是这个道理。

图8-9 品闻茶香类型

（三）香气类型

1. 绿茶的香气类型

① 清香：清新淡雅，鲜爽纯净。
② 毫香：由于芽叶嫩、绒毛多而产生的香气。
③ 嫩香：幼嫩原料制成的茶所具的普遍香气。
④ 板栗香：绿茶炒制过程中产生类似炒板栗的香气。

⑤ 兰花香：高级绿茶带有的似兰花的香气，如龙井。

2. 红茶的香气类型

① 花香：发酵轻的红茶带有清新花香，如英红九号。

② 蜜香：浓醇的类似蜜糖的甜香。

③ 红薯香：烤红薯气味或像干了的红苕叶片气味。

④ 果香：发酵适度产生的类似熟果味的甜香。

⑤ 松烟香：用松木熏制产生的松香味，如正山小种。

3. 乌龙茶的香气类型

① 清香：清新高扬的香气，如清香型铁观音。

② 花果香：似花又似果的丰富香气（桂圆香、蜜桃香等），如台湾高山乌龙、凤凰单丛、金牡丹等。

③ 火香：焙火形成的烘烤香，如大红袍。

④ 奶香：品种特有的牛奶香气，如金萱、部分单丛。

⑤ 蜜香：发酵重的乌龙茶有近似红茶的蜜香，如东方美人。

4. 白茶的香气类型

① 嫩香：香气清鲜，如白毫银针。

② 毫香：茶芽叶多毫而带有特殊的毫香。

③ 枣香、药香：白茶陈化为老白茶后形成的香气。

④ 晒香：白茶经过日晒，吸收阳光形成的气味。

5. 黄茶的香气类型

① 毫香：毫香鲜嫩，馥郁持久。

② 甜香：沁人心脾的香甜玉米香。

6. 黑茶的香气类型

① 菌花香：长有"金花"的黑茶香气，如六堡茶。

② 木香：黑茶由于原料稍老而带有的木质气味。

三、茶类品质特点

按加工工艺，中国茶类分为六大茶类，即绿茶、黄茶、白茶、乌龙茶、红茶、黑茶。

（一）绿 茶

绿茶在我国六大茶类中分布最广、产量最高，也是我国茶叶出口的主要茶类，为不发酵茶。主要产区在浙江、安徽、江苏、四川、贵州等省。绿茶由鲜叶经杀青、揉捻、干燥等工序加工而成，鲜叶杀青钝化酶的活性，制止多酚类物质酶促氧化，最大限度地保留了茶多酚、维生素等营养成分，从而形成了绿茶颜色绿、汤色绿、叶底绿和香高味醇的品质特点，可以归纳为"绿汤绿叶"。

（二）黄　茶

我国特有茶类，根据鲜叶原料嫩度和大小可分为：黄芽茶、黄小茶和黄大茶，为低发酵茶。黄茶制法经杀青、闷黄、干燥3个过程。闷黄是黄茶制造中的独特工序，也是形成黄茶品质的关键工序，闷黄过程经湿热作用引起叶内物质的变化，从而形成黄茶"黄叶黄汤"的品质特征。

（三）白　茶

主要产自福建的福鼎、政和、建阳、松溪，为微发酵茶。白茶制法不炒不揉，直接经萎凋后烘干而成。白茶在加工过程中需要经过长时间的萎凋，在此期间伴随着鲜叶的失水而发生一系列复杂的理化变化，从而逐步形成白茶"淡雅香浅"的品质风格。

（四）青　茶

又名乌龙茶，主产于我国福建、台湾、广东，为半发酵茶。茶叶外形粗壮结实，色泽青褐油润，天然花果香浓郁，滋味醇厚耐泡，叶底呈青色红边。乌龙茶依其制作方法、品质特征和产地不同，可分为闽北乌龙茶、闽南乌龙茶、广东乌龙茶、台湾乌龙茶四大类。乌龙茶由鲜叶经萎凋、做青、炒青、揉捻、烘干等工序制成，做青是乌龙茶品质形成的特有关键工序，乌龙茶最显著的品质特点就是"香气浓郁"。

（五）红　茶

是世界上消费区域最广、生产量最多、国际贸易量最大的茶类，也是中国生产和出口的主要茶类，按照工艺不同，分为红碎茶、工夫红茶和小种红茶3种，为全发酵茶。红茶制作由鲜叶经萎凋、揉捻（揉切）、发酵、烘干等工艺过程，最终形成红茶独有的"红汤红叶"品质特征，其中发酵是红茶形成品质的重要工序。

（六）黑　茶

加工历史悠久，是国内少数民族日常生活必需品，故称"边茶"，为后发酵茶。黑茶品种繁多、形状各异，主产于湖南、湖北、四川、云南、广西，主销中国西部边疆地区。黑茶加工分为杀青、揉捻、渥堆、干燥，渥堆是黑茶品质形成的关键工序，黑茶最明显的品质特点就是具菌香味。

第三节　茶文化与三教

三教即指儒教、佛教、道教，三教文化是中国传统文化的精髓和核心，其内涵构成了中华民族五千多年的文化历史，深刻地影响着中国政治、文学、艺术等社会各领域。儒家最高称圣，佛家最高称佛，道家最高称仙，皆由人修成。三教合一，即三教相互包容和融合。

儒教讲究"敬"，重在修"行"，主张"仁、义、礼、智、信"。佛教讲究"净"，重在修"心",主张"生、老、病、死、苦"。道教讲究"静",重在修"身",主张"金、木、水、火、土"。

三教文化是人类对主客体的认识结晶,是人类智慧的精神财富。人类文明的历史发展与三教传统文化密切相关,继承和发展三教传统文化,是对人类文明的贡献。

(一)儒教与茶文化

1. 茶与"中庸"相契合

中庸,儒家的道德标准。中庸重点在"中、庸"二字。中,即适中、适度之意,位于中间,不离两边,不走极端,不极左极右,不偏不倚,调和折中,因时制宜、因地制宜、因事制宜、因物制宜,讲求适度;庸,即平庸、大众之意。茶,南方之嘉木也,上至王公贵族,下至庶民百姓,都要喝茶,茶很大众平常;茶味先苦后甜,苦中带甜,苦甜适度,尽管茶具有中药的一些特性,但喝起来并不像中药那么难喝,也不像清水那般过于平淡,茶味浓度正好合适,凡健康男女老少皆适宜。茶的这些特点符合儒家中庸之道。

2. 茶礼渗透着儒家思想

中国向来被称为"礼仪之邦",中国人热情,中华民族好客,礼已渗透到中国人生活的每一角落,儒家非常重视和强调礼制,通过礼制来维持社会秩序。纵观历史,我国南北朝时,茶已用作祭祀礼品;唐朝以后,历代朝廷在荐社稷、祭宗庙、朝廷会试等朝中大事上皆有茶礼;明朝人丘濬所著《家常礼节》中记载的民间茶礼,不仅在国内产生深重影响,还影响到了国外,至今韩国人还很重视茶礼。在民间,茶礼中儒家思想表现更为突出,"以茶代酒、客来敬茶"成为中华民族至今不衰的传统礼仪,充分体现了茶礼所包含的"仁爱、敬意、友谊、秩序"之意。

其实,现代人们日常生活中也讲究茶礼,只是程序更加简约化,让人熟视无睹。稍微观察就会发现:大小会议基本备有茶水,茶话会就更不用说了;男女婚庆仪式上一般都有"新郎新娘茶敬双方父母"这一重要环节;走亲访友仍然不少人用茶作礼品,以表达对亲朋好友的敬意……这些都说明我们中华民族是深受儒家思想影响的好礼民族。

3. 历代文士爱茶

文士是儒家思想的重要继承者和传播力量。自从隋代实行科举取士制度以后,深受儒家思想影响的士子,通过考取功名入府做官,形成了中国历史上很有特色的士阶层,成为儒家思想的重要代表。自古文士皆爱茶,因为茶能提神益思、激发灵感。历史上的儒士阶层,都与茶结下了不解之缘,他们认为茶有许多美德,故以茶雅志,常以清廉高洁、朴素节俭、淡泊宁静等茶的高风品节来励志自己、为人处世,并留下了无数令后人惊赞的千古绝唱,唐韦应物称茶为"性洁不可污";陆羽称茶为"南方之嘉木""宜于精行俭德之人";唐朝元稹的宝塔茶诗《咏茶》中称茶为"香叶,嫩芽,慕诗客,爱僧家";苏轼赞茶"从来佳茗似佳人";宋徽宗称饮茶可以"清和淡洁,韵高致静"……

图 8-10 眉州茶人论道书法

历代文人墨客知茶、爱茶、嗜茶，他们借景抒怀、写茶喻人，留下了不少传世佳作，让本来平常之茶事变得更加生动有趣，充满诗情画意，书写了我国茶文化灿烂的篇章（图8-10）。

（二）道教与茶文化

中国最早饮茶的地方在巴蜀，而巴蜀是道教真正的发源地，道家与茶有着很深的渊源。道家崇尚自然、朴素、美学，提倡重生、贵生、养生，为茶道注入"天人合一"思想，中国茶文化吸收了道家的思想精华。

1."天人合一"思想对茶文化的影响

主要体现在三个方面。一是饮茶环境亲和自然。道家主张"天人合一"，崇尚自然、亲近自然、渴望回归自然。认为人必须顺应自然才符合大道，自然与精神不可分割，强调物我情景的合一。所以，道家在品茶时非常重视自然环境，乐于和自然亲近，用自然比拟人格，让思想情感与自然交流，纵情山水、寄情于茶，优雅的环境与平和的内心完美交融。二是烹茶技艺精湛。烹茶就是将自己的身心融入茶道的过程，是人与茶的相互沟通和交流。道家有一套精湛的茶艺，通过茶事实践去体验与感悟自然规律，把茶事提炼为一种艺术，把人与自然统一起来，达到"天人合一"。三是茶具体现道家思想。道家常用茶具盖碗就是取"天人合一"之意来设计的，盖碗又称"三才杯"，杯盖为"天"、杯托为"地"、杯身为"人"，暗含天地人和之意，寓意非常深刻。

2."长生不死"观念对茶文化的影响

道家的自然观——人法地，地法天，天法道，道法自然。道无所不在，茶道自然也是大道的一部分。道教一直就有"长生不死"的概念，所以非常热爱生命，否定死亡；认为光阴易逝，人身难得，只有修仙才能享受神仙的永久幸福和快乐，所以道教的信徒们欲从自然之道中求得长生不死的仙道，都想得道成仙。最早的外丹修炼就是服用某种含有生命力的食物，于是茶被道教认为属于这种食物，成为道教徒炼丹服用的首选药物。南北朝道士陶弘景在《茶录》中说："苦荼轻身换骨，丹丘子黄君服之。"可见茶的功效早已被道教所了解。由于道士爱茶，历史上曾出现了不少优秀的道士茶人，唐代著名道士吕洞宾《大云寺茶诗》中有："幽丛自落溪岩外，不肯移根入上都"，足见他对茶的钟爱。茶是上天赐给道教的琼浆仙露，道士饮后精神更佳，更能体道悟道、增加功力和道行。

3. "清静无为"观念对茶文化的影响

老子认为静能复活，庄子认为静养精神，他们都告诉了世人明心见性、洞察自然、反观自我、体悟道德的无上妙法，要求世人淡泊名利、宠辱不惊、清心寡欲、与世无争，以达到清静之境界。而茶正是具有清静优雅、平和淡泊、天然朴素的品性。茶需静品，只有在宁静的意境中才能品出茶的真味，才能感悟出品茶的意义，才能获得品饮的快乐。静品才能使人进入超凡忘我的仙境，道教和茶文化在"静"字上达到了高度的统一，茶淡泊、清纯、自然、朴实的品格与道家追求的淡泊、宁静、节俭、谦和的道德观念一致。历代高道不仅以茶养生，而且他们还将其居住之地打造为洞天福地，道教有十大洞天、三十六小洞天、七十二福地，都是产茶的好地方。如早在唐代就享有盛名的秘制洞天贡茶就产于道教圣地青城山，现代世人熟知的大红袍、武夷岩茶就产于道教名山武夷山。

（三）佛教与茶文化

三教中的佛教与中国茶文化关系最为紧密。古人把茶视为"清虚之物"，"清"是茶的特点，常说"茶如隐士、酒如豪士"。既然茶是清虚之物，就理所当然被主张"清心寡欲、六根清净"的佛门所认同。佛教规定饮食上戒荤食素，思想上追求清虚、超尘脱俗，茶清苦的特性，正是适应了佛教此禁忌。佛教认为茶有三德：坐禅时可以通宵不眠；满腹时帮助消化；茶为不发之药，可抑制性欲。所以，自西汉佛教传入中国后，茶很快就成了僧人日常生活不可缺少之物。

1. 佛教与茶文化的形成

中国茶文化的形成经历了"食用—药用—饮用"的过程。神农时代茶以食用为主，此后逐渐向药用方向发展，春秋时期开始作为日常饮料，西汉已有正式文献记载饮茶之事。

魏晋南北朝时期，茶适应了当时以"清淡之风"著称的玄学思潮的需要，开始以文化的面貌出现。许多玄学家、清淡家都极力推崇饮茶，在他们那里，茶清苦之味与精神上的虚无玄远有异曲同工之妙，饮茶被当作精神现象来对待。

唐代，全国皆以饮茶为乐，饮茶之风盛极一时，陆羽《茶经》问世标志着中国茶文化形成。促进茶文化的形成，在唐代还有3个特殊原因：一是唐代的科举制度，朝廷以茶来解除考生和监考官之疲惫，使饮茶在士人中流行；二是唐代诗风鼎盛，茶常作提神助兴之物，于是在以诗人为核心的文化圈中得到普及；三是佛教的发展，使茶作为坐禅必备之物而被推行，对茶文化的形成影响最大，有以下具体理由。

第一，佛教的政治地位，是中国茶文化形成的前提。隋唐之际，佛教在中国发展很快，大多高僧出身豪门，某些高僧甚至被封为"国师"，出入宫廷，参与政治，拥有大量的寺院庄园和优越的物质条件，统治阶级以佛教为"国教"，把其作为一种统治工具。禅宗盛行后，佛教的政治地位更高，据记载，武则天经常邀请当时的禅宗宗师慧能入宫，与之商讨国事；僧人中的上层人士，不仅享受世俗地主高堂锦衣的优裕生活，而且比世俗地主更加闲适。饮茶是一门需要耐心和功夫的学问，将饮茶变为艺术须有一定的物质条件，而当时政治地位高、物质条件优越的僧人，正是符合研修茶饮艺术条件的最佳阶层。

第二，佛教自身特点，决定了茶文化必然形成。佛教促进中国茶文化的形成，又以禅宗为甚。禅宗形成于隋朝初期，经过一代宗师慧能的大力推行，于中唐时期达到鼎盛。禅宗的教义为"心即真如""顿悟成佛"，把彼岸之"真如"世界与现实世界对立起来，迂回地论证彼岸世界的真实性和此岸现实世界的虚幻性，从而教化众生抛弃世俗生活，去顿悟"般若"之玄机。"般若"意即最高的智慧，和"真如"本体一样，是佛教徒苦苦追寻的精神家园。如何才能达到这个"般若"呢？禅宗的基本方法就是坐禅，提倡静心、冥思，方能豁然顿悟。坐禅讲究断食、沉思、心注一境，而且必须跏趺而坐，头正背直，不偏不倚。长时间的坐禅会使人产生疲倦，精神不易集中，同时吃饱了容易产生睡意，故必须减食，或放弃晚饭，为此，需要一种既符合佛教戒律，又可以消除疲劳和作为不食晚饭的补充物，茶为最佳选择。

第三，佛教中茶的广泛应用，加速了中国茶文化形成。佛教传入中国后，茶便受到广大僧徒的欢迎，成为最理想的饮料。到禅宗盛行时，坐禅时饮茶得到了进一步普及，正如唐人封演所说："开元（713—741年）年间，泰山灵岩寺有降魔师大兴禅教，学禅务不寐，又不餐食，皆许其饮茶。人自怀挟，到处煎煮，从此转相仿效，遂成风俗。"（《封氏闻见录》卷六《饮茶》）。茶圣陆羽在《茶经》中也说道："茶味至寒，最宜精行俭德之人。"由于禅宗的提倡，寺院僧人饮茶成风，一些僧人嗜好饮茶竟到了"唯茶是求"的地步，据《旧唐书·宣宗本纪》记载："大中三年（公元849年），东都进一僧，年一百三十岁，宣宗问服何药而至此，僧对曰：'臣少也贱，素不知药，性惟嗜茶，凡履处唯茶是求，或遇百碗不以为厌。'"茶竟有如此长寿之功用。

2. 释皎然与陆羽

说到佛教与茶，不能不谈最重要的两个人物，那就是释皎然与陆羽。释皎然，唐代诗僧，俗姓谢，字清昼，浙江湖州人，与茶圣陆羽是忘年交，卒于793—798年间。释皎然是陆羽一生中交往时间最长、情谊最深厚的良师益友，他嗜茶如命，也善品茶，并留下许多品茗诗篇，是他开始将茶理与禅理结合起来。

饮茶与禅相近。释皎然有一首茶歌《饮茶歌诮崔石使君》云："一饮涤昏寐，情思朗爽满天地。再饮清我神，忽如飞雨洒轻尘。三饮便得道，何须苦心破烦恼。""破烦恼"是佛门欲通过苦苦修行而最终达到的解脱状态，释皎然认为通过饮茶同样可以达到这种至高境界，可见茶之神妙。茶能使情思爽朗，并能清神、得道，这不正与禅宗求"真如"相通了。故皎然感慨道："此物清高世莫知，世人饮酒多自欺。""孰知茶道作尔真，唯有丹丘得如此。"皎然所言饮茶"稍与禅相近"，主要指饮茶和参禅有同等作用，都能达到"真如佛性"的本体境界。

《茶经》与佛教密不可分。陆羽与释皎然常一起饮茶，释皎然在《与陆处士羽饮茶》中写道："九日山僧院，东篱菊也黄。俗人多泛酒，谁解助茶香。"意指俗人只知在热酒中求乐，而高逸之雅士则是在香茶中悟道。陆羽虽不是僧人，却出身于寺院，他一生的行迹几乎没有脱离过寺院。陆羽三岁时就被湖北天门西当寺智积禅师收养，智积禅师嗜好饮茶，陆羽为他煮茶，练成了一手高超的采制和煮饮茶叶的手艺。成年后，他又遍游各地名山古刹，在采制、烹饮茶过程中结识了不少懂茶的高僧和道人，并不断总结自己的经验，吸收前人的成就，著成《茶经》。

3. 佛教茶事

饮茶成为寺院一项制度。佛教重视饮茶，寺院中专门设有茶堂，是供禅僧品尝香茗、辩论佛理、招待施主的地方。寺院中的茶叶被称作"寺院茶"，一般有3种用途：供佛、待客、自奉，其中上等的茶叶用于供佛，下等的则自奉。寺院中这种每日例行的饮茶习惯，对当时整个社会的饮茶之风产生了一定影响，品茗之风由僧人发展到士大夫阶层。《封氏闻见录》记载："茶道大行，王公朝士无不饮者。"这说明当时品茶已成为一种日常的文化活动，是品位与志趣的象征。

僧人多精于茶事。僧人中精于茶事的不乏其人。在宋代，浙江余杭径山寺经常举行有僧人、施主、香客参加的茶宴，进行鉴评各种茶叶质量的斗茶活动，并发明了把幼嫩的优质芽茶碾成粉末，用沸水冲泡调制的点茶法。另外还有一种名为茶百戏的表演，将茶倒入碗中，然后用茶匙把茶汤调成各种物象，据传僧人福全最擅长于此。高僧南屏谦师云："茶得之于心，应之于手，非可以言传学到者"。由此可见，佛教徒对于茶事的鉴赏研讨，可谓精妙绝伦。

4. "茶禅一味"

以"茶禅一味"闻名的日本茶道，其创造和体现出的意境，便是这种禅理与禅趣。茶道是日本创造的，但其基本思想源于我国的禅宗。禅宗茶文化具有佛家"苦""集""灭""道"四谛法则的特点，讲究以茶助禅，明心见性，以助顿悟；道家从茶中追寻一种"无为而无不为"的意境；儒家则希望从茶中培养一点超脱的品质。虽说三家都在茶中求一个"静"字，求豁达与理智，儒道二家均不及禅宗彻底。道家过于疏散，儒家又大多红尘难了，难以摆脱世态炎凉与人间烦恼，只有禅僧们在追求静悟方面执着得多，完全能够超脱现实生活的桎梏，在茶中追寻豁达与理智的方面走得更远。故"茶道"二字应是由禅僧首先提出来的。所以，禅宗是日本茶道的母体和根源。日本茶道的饮茶方式与我国唐宋时期佛教寺院中的茶宴、点茶、茶室有许多共同之处，进一步说明日本茶道是源于禅宗的。

公元805年，日本高僧最澄从浙江天台山国清寺师满回国时，带回茶籽种植于日本近江，这是中国茶种向外传播的最早记载，茶树开始向世界传播。公元806年，与最澄同年（公元804年）入唐，留学长安的空海大师归国，这次他不仅带回去了茶籽，还带回了制茶的石臼和中国饮茶方式与习俗，使茶叶在日本广传。日本禅师荣西（1141—1215年）两次来中国浙江天台山等地留学，回国时带去茶籽引种，并撰写了《吃茶养生记》一书，号称世界第二部茶经，自此，日本武士阶层兴起饮茶的热潮，荣西也被时人称之为日本的"茶圣"。

日本佛教史上第一位国师"圣一国师"圆尔辨圆（1202—1280年），于公元1235年来到中国，师从浙江余杭径山寺无准法师。回国时，将径山禅茶籽带到了自己的家乡日本静冈，并将径山寺的饮茶法也带回了日本；直到今天，静冈的茶农们在每年春天采茶之时，都要来到径山寺，将春季的第一杯茶供奉给径山的祖师。嗣法于径山寺主持虚堂禅师的南浦绍明（1235—1308年），回国时带回了径山寺里饮茶的器具、整套的茶礼制度和中国的7部茶典，后由村田珠光开创、千利休完善的现代日本茶道所信奉的"和、敬、清、寂"四规（西部文净《禅与茶》）就来源于其中。因此，余杭的径山寺是日本茶道之源！所以，在中国禅宗的影响下，日本茶道才有"茶禅一味"的或"禅茶一味"的说法（图8-11）。

图8-11 茶人书法"禅茶一味"

5. 寺院茶

天下名山僧占多，寺庙多建于山清水秀、风景优美之地，自然条件优越，特别适合茶树的生长。从南北朝到明清，无数寺庙都辟有茶园，供自身使用。从陆羽《茶经·八之出》中可以看出，全国名茶有相当一部分是源于寺院茶的。"扬子江中水，蒙山顶上茶"，四川雅安蒙山出产的蒙顶茶，相传是汉代甘露寺普贤禅师吴理真亲手所植，饮之延年益寿，被称作仙茶，晋朝开始成为贡茶。《名山县志》记载："蒙顶茶味甘而清，色黄而碧，酌杯中，香云罩覆，久凝不散。"因此，自古以来有"蒙顶石花，天下第一"之称。福建武夷山出产的武夷岩茶是乌龙茶的始祖，它以当年天心永乐禅寺生产的大红袍最为著名。著名的太湖碧螺春，也是北宋时江苏洞庭山水月院的山僧所制，当时以寺庙名命名为"水月茶"，历来是朝贡佳品。明朝隆庆年间，有一位名为大方的僧人，制茶甚为精妙，其茶被称作"大方茶"，名扬海内，这就是现在皖南茶区"屯绿茶"的前身。浙江云和县惠明寺的惠明茶，具有色泽绿润，久饮香气不绝的特点，这种茶曾在1915年巴拿马万国博览会上荣获金奖。此外，普陀山的佛茶、庐山的云雾茶、天台山的罗汉供茶、杭州法镜寺的香林茶,都是当年有名的寺院茶。因此,佛教僧徒不仅促进了饮茶之风普及,而且在茶叶种植、制作方面作出了杰出贡献。

第四节 茶非遗

一、川种雅茶制作技艺

川种雅茶制作技艺,从唐代《茶经》就有记载,迄今已有1200多年历史。清代,洪雅兴办了著名的花溪黄茶坊、汉王总岗山沈茶坊,洪雅县成为全川最大的川种雅茶输出市场,销售的细茶为四川省之冠。

川种雅茶制作技艺属纯手工制作,是名优绿茶制作中一种独特工艺。川种雅茶选用洪雅境内高山上有机种植的老川茶为原料,经红锅高温快抖杀青、炒焖结合,做到不焦不爆,全程徒手炒制,最后用木炭火微火烤干。干茶外形卷曲紧实显毫或扁直带毫,色泽绿润,汤色澄明,香气为花果清香或豆栗香,滋味鲜醇回甘,叶底干净且嫩绿明亮。先后于2020年、2022年被洪雅县人民政府公布为县级非物质文化遗产。目前,洪雅县内川种雅茶主要品牌有雅雨露、文家园、童老幺、总岗嘉茗、莹杯、曹茂琳等,深受消费者喜爱,是洪雅县特色旅游产品。

二、川种雅茶保护与发展

川种雅茶是洪雅特有的地方茶树品种,汉朝开始种植,距今2000多年。川种雅茶分布于洪雅海拔1000m以上区域,产品以其外观秀雅、汤色明亮、花香浓郁、滋味醇厚而闻名于世,其制作技艺于2020年被洪雅县文化局审批为手工非遗。川种雅茶的传统制作工艺如今已推广普及,全县每年川种雅茶销售收入2亿多元,1万余茶农直接受益。洪雅在川种雅茶保护和发展方面采取了以下举措。

(一)划定川种雅茶保护区域

早在2020年以前,洪雅县茶叶产业服务中心就组织茶叶科技人员对全县川种雅茶进行了多次大规模普查,详细掌握了川种雅茶的品类分布以及不同山头的川种雅茶品质特点,对川种雅茶的分布区域进行了划定,并对上百年的川种雅茶大茶树进行了挂牌登记保护。

(二)培养川种雅茶制茶大师

洪雅县童老幺茶叶种植专业合作社理事长童云祥,就是当今川内闻名的川种雅茶制茶大师。童老幺17岁开始学习手工制茶,传承川种雅茶制茶工艺,通过多年的刻苦磨炼与苦心钻研,成功掌握了川种雅茶制作技艺并有了自己的非遗产品(图8-12)。2020年,在洪雅县文化局的关心下,童云祥、文家元等人被评为洪雅首批川种雅茶制作技艺非遗传承人，之后，童云祥又在各种大型茶叶展会大显身手，屡获制茶大奖，让川种雅茶制作技艺走出了洪雅。2020年洪雅县茶叶产业服务中心推荐童云祥申报四川农村手工艺大师，并帮助童云祥系统组织和整理其制茶事迹材料，童云祥喜获殊荣，实至名归，成为洪雅县第一个省级制茶大师。近年来，童大师又亲手免费培训和传授川种雅茶制作技艺，培训学员200多人，为川种雅茶的传承和发扬作出了突出贡献。

图8-12 四川手工茶大师童云祥制作的手工茶产品

（三）发挥龙头茶企重要作用

近年来，发展川种雅茶的龙头茶企如雨后春笋般冒出，四川云中花岭茶业有限公司，在瓦屋山自有川种雅茶基地600多亩，并拟将制作一款眉山茶叶区域公用品牌"瓦屋春雪"的顶级产品；四川省雅雨露茶业有限公司，有1200亩川种雅茶，带动了山区群众脱贫致富，董事长付志洪也因此成为全国脱贫攻坚先进个人；洪雅县总岗山茶人沈卫超，毅然返乡二次创业，成立了洪雅县盛邦种植专业合作社，将老家荒山打造成5000亩壮观的川种雅茶园，带领家乡人民共同致富，成为名副其实的总岗茶王。目前，全县有上万亩有机茶园，其中川种雅茶占90%以上，政府还给予奖励补助，川种雅茶发展形势一片大好。

三、洪雅传统手工茶

洪雅传统手工茶，其原料来自四川洪雅境内瓦屋山、玉屏山、总岗山、八面山四大山区海拔800m以上的高山老川茶。这些老川茶多为20世纪六七十年代集体茶场遗留下来，树龄多在半个世纪以上，由多个茶树品种的茶籽混合播种实生繁育而成，根深叶茂，适应性强。老川茶生长环境生态，植被丰富，草木葱茏，云雾缭绕，温差较大，有利于茶叶氨基酸、茶多酚等营养物质的合成和积累，茶叶品质很好。洪雅传统手工制茶（图8-13），要求原料嫩度高，一般选用独芽或一芽一二叶加工成卷曲带毫或扁直带毫的高档名优绿茶，特别是用独芽制作的扁直带毫手工茶，制作工艺更难。扁直带毫的手工老川茶，干茶绿润嫩黄，汤色嫩绿明亮，香气高长，有豆栗香，有的还有兰花香，滋味醇爽丰富具层次感，更显弥足珍贵。

手工茶原料十分讲究，除要求较高嫩度外，不能采雨水叶、病虫叶、对夹叶，还要对鲜叶精挑细选，将茶梗、飞叶、杂草、竹屑等杂质拣剔筛簸干净，方可进行加工。手

图 8-13 洪雅县第二届采茶节手工茶比赛

工茶制作全凭一双匠心巧手，一切尽在"掌"控之中，在不同的制作环节，其手法也不相同。以制作卷曲形手工茶为例，杀青要求抓抖结合，揉捻要按一个方向旋转滚揉，干燥时用手指将茶搅转翻炒。手工茶制作，手的力量也是在不断发生变化，要根据投叶量的多少、叶片的厚度以及含水量等变化而产生相应的变化。手工茶制作对于时间的把控十分精准，不需要用什么计时工具，完全凭借双手感觉反应，即可精准控制。制作传统手工茶，对于火候大小的把握非常关键，洪雅手工茶界有句俗话："做茶的是指挥，烧锅的才是师傅。"可见，火候大小的把握对做手工茶至关重要，做茶与烧锅要求密切配合。制茶人的手对锅温的感应，随时可以根据需要向烧锅人发出火候大小的指令，烧锅人则根据指令及时调整火力到位。手工茶还有一点很具特色，同样的原料，不同的人做出来会有差别。因此，手工茶是富有个性的茶，这些个性或多或少地体现了制茶工匠们不同的性格与灵魂，饶有趣味。

洪雅手工茶正被一大批年轻人传承和发扬，涌现出了龚瑶、曹茂琳、丁晓玲、童浩、文国平等新秀，他们在童云祥、谢贵祥等手工茶工匠大师的带领下，正一步一个脚印稳步前进。目前，县级非遗的洪雅传统手工茶技艺正在升为市级非遗。手工茶既是一种传统工艺，又是一种历史文化，更是一件充满艰辛与快乐的艺术品，是制茶人性格和灵魂的完美诠释。欣赏手工茶人指舞飞扬、茶芽纷飞的精湛技艺和品味其手工茶作品时，让人酣畅淋漓、如沐春风地陶醉在芬芳的艺术享受中。洪雅传统手工茶，蕴含了勤劳之美、力量之美、变幻之美、技巧之美和奋斗之美，构成了一幅绚丽多彩的手工茶美学艺术画卷。

第五节　茶文学

茶文学是一种富有特色的文学类型，用丰富形象的文学语言来描述多姿多彩的茶叶产业，独树一帜，隽永芬芳。不论是种茶、采茶、制茶，还是泡茶、品茶、赏茶，都可用各种文学体裁进行艺术创作。

从1700多年前晋朝诗人左思的《娇女》诗诞生，历代文人墨客千百年来就从没停止过对茶的深情赞美与歌颂："茶，香叶，嫩芽，慕诗客，爱僧家。""嫩芽香且灵，吾谓草中英。""今宵更有湘江月，照出菲菲满碗花。""野泉烟火白云间，坐饮香茶爱此山。"数不胜数的茗诗佳句，让人心旌荡漾，尤其是苏东坡先生的"从来佳茗似佳人"这一千古绝句，更是脍炙人口，千古传诵，回味无穷。

本节文艺作品体裁众多，有诗歌、辞赋、散文、歌词，形式多样，内容丰富，具可读性，所占篇幅比重也大。这些作品突出地反映了千年东坡文化圣地滋养的眉山人民对茶叶无限热爱，一往情深。他们描写茶叶、讴歌茶叶、感悟茶叶，字里行间、旋律音符中散发出悠悠的茶香，体现出东坡文化光耀千秋、润养茶叶，为当代茶产业发展生动形象地摇旗呐喊，助威发力。

一、古代四大茶书

（一）《茶经》

《茶经》是中国乃至世界现存最早、最完整、最全面介绍茶叶的第一部专著，被誉为茶叶百科全书，为唐代茶圣陆羽所著，具体成书时间不详。成书时间有761年、764年、775年和780年4种说法。此书是关于茶叶生产的历史、源流、现状、生产技术、饮茶技艺、茶道原理的综合性论著，是划时代的茶学专著，是精辟的农学著作和阐述茶文化之书（图8-14）。此书将普通茶事升格为一种美妙的文化艺能，推动了茶文化的发展。《茶经》包括两方面的内容：一是备茶品饮之道，即备茶的技艺、规范和品饮方法；二是思想内涵，即通过饮茶陶冶情操、修身养性，把思想升级到富有哲理的境界。

图8-14《茶经》

《茶经》具体包含10章内容，分别是：茶之源、茶之具、茶之造、茶之器、茶之煮、茶之饮、茶之事、茶之出、茶之略、茶之图。《茶经》中的名句很多，"茶者，南方之嘉禾也。""茶香宁静却可以致远，茶人淡泊却可以明志。""茶之为饮，发乎神农氏，闻于鲁周公。""山水上，江水中，井水下。""茶之为用，味至寒，为饮，最宜精行俭德之人。"等广为流传。该书第十章"茶之出"提到了眉州茶叶。

（二）《大观茶论》

原名《茶论》，为宋徽宗赵佶所著的关于茶的专论，因成书于大观元年（1107年），故后人称之为《大观茶论》。全书共20篇，对北宋时期蒸青团茶的产地、采制、烹试、品质、斗茶风尚等均有详细记述。其中《点茶》一篇，见解精辟，论述深刻，从侧面反映了北宋以来我国茶业的发达程度和制茶技术的发展状况，也为我们认识宋代茶道留下了珍贵的文献资料。

（三）《茶疏》

《茶疏》是明代许次纾创作的植物书，成书于明万历二十五年（1597年）。书中内容包括了产茶、今古制法、采摘、炒茶、岕中制法、收藏、置顿、取用、包裹、日用置顿、择水、贮水、舀水、煮水器、火候、烹点、秤量、汤候、瓯注、荡涤、饮啜、论客、茶所、洗茶、童子、饮时、宜辍、不宜用、不宜近、良友、出游、权宜、虎林水、宜节、辨讹、考本等，是一部主要讲述茶叶采制及泡饮方法的茶道书。

（四）《续茶经》

《续茶经》是清代陆廷灿著谱录书，是清代最大的一部茶书，也是我国古茶书中最大的。作者陆廷灿，字幔亭，嘉定人，曾任崇安知县（现武夷市）。在茶区为官，长于茶事，采茶、蒸茶、试汤、候火颇得其道。《续茶经》洋洋10万字，几乎是收集了清代以前所有茶书的资料。之所以称《续茶经》，是按唐代陆羽《茶经》的写法，同样分上、中、下三卷，同样分为：一之源、二之具、三之造、四之器、五之煮、六之饮、七之事、八之出、九之略、十之图，最后还附一卷茶法。《续茶经》把收集到的茶书资料，按10个内容分类汇编，便于读者聚观比较，并保留了一些已经亡故的茶叶行家的消息和茶书资料。所以《四库全书》总目提要中说："自唐以后阅数百载，产茶之地，制茶之法，业已历代不同，既烹煮器具亦古今多异，故陆羽所述，其书虽古而其法多不可行于今，廷灿一订补辑，颇切实用，而征引繁富。"

二、茶诗词

（一）苏东坡与茶诗词

苏东坡一生好茶，素有"茶仙"之美誉（图8-15）。据不完全统计，苏东坡文学作品中仅茶叶诗词就有近百首，以其神来之笔描绘出了一幅幅意韵悠悠、美丽无限的经典茶叶画卷。后人对苏东坡在茶叶上的造诣也是十分景仰，赞美有加。本章选录了一些苏东坡的经典茶叶诗词和研究"苏东坡与茶"的文章。

1. 苏东坡茶诗词

浣溪沙·簌簌衣巾落枣花

簌簌衣巾落枣花，村南村北响缫车。牛衣古柳卖黄瓜。

图 8-15 三苏祠内苏东坡雕像

酒困路长惟欲睡,日高人渴漫思茶。敲门试问野人家。

次韵曹辅寄壑源试焙新芽

仙山灵草湿行云,洗遍香肌粉未匀。
明月来投玉川子,清风吹破武林春。
要知玉雪心肠好,不是膏油首面新。
戏作小诗君一笑,从来佳茗似佳人。

水调歌头·桃花茶

已过几番风雨,前夜一声雷,旗枪争战,建溪春色占先魁。
采取枝头雀舌,带露和烟捣碎,结就紫云堆。
轻动黄金碾,飞起绿尘埃,老龙团、真凤髓,点将来,兔毫盏里,霎时滋味舌头回。
唤醒青州从事,战退睡魔百万,梦不到阳台。
两腋清风起,我欲上蓬莱。

望江南·超然台作

春未老,风细柳斜斜。试上超然台上望,半壕春水一城花。烟雨暗千家。
寒食后,酒醒却咨嗟。休对故人思故国,且将新火试新茶。诗酒趁年华。

汲江煎茶

活水还须活火烹,自临钓石取深清。
大瓢贮月归春瓮,小杓分江入夜瓶。
茶雨已翻煎处脚,松风忽作泻时声。
枯肠未易禁三碗,坐听荒城长短更。

试院煎茶

蟹眼已过鱼眼生,飕飕欲作松风鸣。
蒙茸出磨细珠落,眩转绕瓯飞雪轻。
银瓶泻汤夸第二,未识古人煎水意。
君不见昔时李生好客手自煎,贵从活火发新泉。
又不见今时潞公煎茶学西蜀,定州花瓷琢红玉。
我今贫病长苦饥,分无玉碗捧蛾眉。
且学公家作茗饮,砖炉石铫行相随。
不用撑肠拄腹文字五千卷,但愿一瓯常及睡足日高时。

西江月·茶词

龙焙今年绝品,谷帘自古珍泉。
雪芽双井散神仙。苗裔来从北苑。
汤发云腴酽白,盏浮花乳轻圆。
人间谁敢更争妍。斗取红窗粉面。

山 茶

萧萧南山松,黄叶陨劲风。
谁怜儿女花,散火冰雪中。
能传岁寒姿,古来惟丘翁。
赵叟得其妙,一洗胶粉空。
掌中调丹砂,染此鹤顶红。
何须夸落墨,独赏江南工。

山 茶

游蜂掠尽粉丝黄,落蕊犹收蜜露香。
待得春风几枝在,年来杀菽有飞霜。

种 茶

松间旅生茶,已与松俱瘦。
茨棘尚未容,蒙翳争交构。
天公所遗弃,百岁仍稚幼。
紫笋虽不长,孤根乃独寿。
移栽白鹤岭,土软春雨后。
弥旬得连阴,似许晚遂茂。
能忘流转苦,戢戢出鸟咮。
未任供臼磨,且可资摘嗅。
千团输大官,百饼衔私斗。
何如此一啜,有味出吾囿。

行香子·绮席才终

绮席才终,欢意犹浓,酒阑时高兴无穷。
共夸君赐,初拆臣封。看分香饼,黄金缕,密云龙。
斗赢一水,功敌千钟,觉凉生两腋清风。
暂留红袖,少却纱笼。放笙歌散,庭馆静,略从容。

次韵僧潜见赠

道人胸中水镜清,万象起灭无逃形。
独依古寺种秋菊,要伴骚人餐落英。
人间底处有南北,纷纷鸿雁何曾冥。
闭门坐穴一禅榻,头上岁月空峥嵘。
今年偶出为求法,欲与慧剑加砻硎。
云衲新磨山水出,霜髭不翦儿童惊。
公侯欲识不可得,故知倚市无倾城。
秋风吹梦过淮水,想见橘柚垂空庭。

故人各在天一角，相望落落如晨星。
彭城老守何足顾，枣林桑野相邀迎。
千山不惮荒店远，两脚欲趁飞猱轻。
多生绮语磨不尽，尚有宛转诗人情。
猿吟鹤唳本无意，不知下有行人行。
空阶夜雨自清绝，谁使掩抑啼孤茕。
我欲仙山掇瑶草，倾筐坐叹何时盈。
簿书鞭扑昼填委，煮茗烧栗宜宵征。
乞取摩尼照浊水，共看落月金盆倾。

赠包安静先生茶三首

一

皓色生瓯面，堪称雪见羞。
东坡调诗腹，今夜睡应休。
偶谒大中精蓝中，遇故人烹日注茶，果不虚示，故诗以记之。

二

建茶三十片，不审味如何。
奉赠包居士，僧房战睡魔。
昨日点日注极佳，点此，复云罐中余者，可示及舟中涤神耳。

三

野菜初出珍又珍，送与安静病酒人。
便须起来和热吃，不消洗面裹头巾。

留别金山宝觉圆通二长老

沐罢巾冠快晚凉，睡余齿颊带茶香。
舣舟北岸何时渡，晞发东轩未肯忙。
康济此身殊有道，医治外物本无方。
风流二老长还往，顾我归期尚渺茫。

送刘寺丞赴余姚

中和堂后石楠树，与君对床听夜雨。

玉笙哀怨不逢人，但见香烟横碧缕。
讴吟思归出无计，坐想蟋蟀空房语。
明朝开锁放观潮，豪气正与潮争怒。
银山动地君不看，独爱清香生雪雾。
别来聚散如宿昔，城郭空存鹤飞去。
我老人间万事休，君亦洗心从佛祖。
手香新写法界观，眼净不觑登伽女。
余姚古县亦何有，龙井白泉甘胜乳。
千金买断顾渚春，似与越人降日注。

舟次浮石

渺渺疏林集晚鸦，孤村烟火梵王家。
幽人自种千头橘，远客来寻百结花。
浮石已干霜后水，焦坑闲试雨前茶。
只疑归梦西南去，翠竹江村绕白沙。

记梦回文二首

一

酡颜玉碗捧纤纤，乱点馀花唾碧衫。
歌咽水云凝静院，梦惊松雪落空岩。

二

空花落尽酒倾缸，日上山融雪涨江。
红焙浅瓯新火活，龙团小碾斗晴窗。

寄周安孺茶

大哉天宇内，植物知几族？灵品独标奇，迥超凡草木。
名从姬旦始，渐播桐君录。赋咏谁最先？厥传惟杜育。
唐人未知好，论著始于陆。常李亦清流，当年慕高躅。
遂使天下士，嗜此偶于俗。岂但中土珍，兼之异邦鬻。
鹿门有佳士，博览无不瞩。邂逅天随翁，篇章互赓续。
开园颐山下，屏迹松江曲。有兴即挥毫，灿然存简牍。

伊予素寡爱，嗜好本不笃。粤自少年时，低佪客京毂。
虽非曳裾者，庇荫或华屋。颇见纨绮中，齿牙厌梁肉。
小龙得屡试，粪土视珠玉。团凤与葵花，碱砆杂鱼目。
贵人自矜惜，捧玩且缄椟。未数日注卑，定知双井辱。
于兹自研讨，至味识五六。自尔入江湖，寻僧访幽独。
高人固多暇，探究亦颇熟。闻道早春时，携籯赴初旭。
惊雷未破蕾，采采不盈掬。旋洗玉泉蒸，芳馨岂停宿。
须臾布轻缕，火候谨盈缩。不惮顷间劳，经时废藏蓄。
髹筒净无染，箬笼匀且复。苦畏梅润侵，暖须人气燠。
有如刚耿性，不受纤芥触。又若廉夫心，难将微秽渎。
晴天敞虚府，石碾破青绿。永日遇闲宾，乳泉发新馥。
香浓夺兰露，色嫩欺秋菊。闽俗竞传夸，丰腴面如粥。
自云叶家白，颇受中山醁。好是一杯深，午窗春睡足。
清风击两腋，去欲凌鸿鹄。嗟我乐何深，水经亦屡读。
陆子咤中泠，次乃康王谷。蟆培顷曾尝，瓶罂走僮仆。
如今老且懒，细事百不欲。美恶两俱忘，谁能强追逐。
姜盐拌白土，稍稍从吾蜀。尚欲外形骸，安能徇口腹。
由为薄滋味，日饭止脱粟。外慕既已矣，胡为此羁束。
昨日散幽步，偶上天峰麓。山围正春风，蒙茸万旗族。
呼儿为招客，采制聊亦复。地僻谁我从，包藏置厨簏。
何尝较优劣，但喜破睡速。况此夏日长，人间正炎毒。
幽人无一事，午饭饱蔬菽。困卧北窗风，风微动窗竹。
乳瓯十分满，人世真局促。意爽飘欲仙，头轻快如沐。
昔人固多癖，我癖良可赎。为问刘伯伦，胡然枕糟曲。

2. 苏东坡与茶

苏东坡与茶[①]

苏轼（1036—1101年），字子瞻，号东坡居士，北宋四川眉山人。与父洵、弟辙合称"三苏"，也是"唐宋八大家"之一。他是著名的文学家、诗人、书法家、画家。担

---

① 为尊重作者创作风格，本章摘录的文章、诗歌除修正明显错别字外，均保留原文。

任过礼部员外郎、翰林学士、礼部尚书。他出任过密州、涂州、湖州、杭州、颍州的刺史。也曾两次遭到贬谪，由海南岛（琼州）赦还的次年，病逝在江苏常州。苏东坡的文学、诗、词以及他的为人，对后世都有很深刻的影响。这里仅仅谈谈他和茶叶的亲密因缘。

东坡是一位爱茶诗人，用他那支生花的妙笔，写茶入诗、写茶入词、写茶入文。明代冯璧的《东坡海南烹茶图》诗说得好："讲筵分赐密云龙，春梦分明觉亦空。地恶九钻黎洞火，天游两腋玉川风。"前三句概括了苏东坡由朝廷重用，特赐"密云龙"珍品茶，到降官、下狱，远谪天涯海角这一生仕宦生活的坎坷变化，有如一场春梦，后一句则说苏东坡像唐代卢仝（号玉川子）那样的喜爱茶叶。

一、东坡的茶诗

苏东坡的茶诗有几十首，收集在《广群芳谱·茶谱》中的有15首。这些诗有咏名茶的（兼叙述祖国茶的历史），有描写煎茶方法的，有说明茶的功能的，还有咏及栽种茶树的方法的。

苏东坡咏名茶的诗大多为当时作为贡茶的福建团茶所作。如《次韵曹辅寄壑源试焙新芽》："仙山灵草湿行云，洗遍香肌粉未匀。明月来投玉川子，清风吹破武林春。要知玉雪心肠好，不是膏油首面新。戏作小诗君勿笑，从来佳茗似佳人。"又如《和钱安道寄惠建茶》："我官于南今几时，尝尽溪茶与山茗。胸中似记故人面，口不能言心自省。为君细说我未暇，试评其略善可听。建溪所产虽不同，一一赋予君子性。森然可爱不可慢，骨清肉腻和且正。雪花雨脚何足道，啜过始知真味永……"

苏东坡还以风趣笔调，写了《月兔茶》诗："环非环，块非块，中有迷离月兔儿，一似佳人裙上月。月圆还缺缺还圆，此月一缺圆何年？君不见，斗茶公子不忍斗小团，上有双衔绶带双飞鸾。"

东坡也十分喜爱江西著名的双井茶，写有《双井茶》诗："江夏无双种奇茗，汝阴六一夸新书。磨成不敢付僮仆，自看雪汤生玑珠……"苏东坡在《寄周安孺茶》诗中叙述了我国的茶叶历史："名从姬旦始，渐播桐君录。赋咏谁最先，厥传椎杜育。唐人未知好，论著始于陆……"

苏东坡对煎茶很有研究，这从他的《汲江煎茶》诗可见："活水还须活火煎，自临钓石取深清。大瓢贮月归春瓮，小勺分江入夜瓶。雪乳已翻煎处脚，松风忽作泻时声。枯肠未易禁三碗，坐听荒城长短更。"又如他的《游惠山》诗："敲火发山泉，烹茶避林樾。明窗倾紫盏，色味两奇绝……"东坡对今浙江余杭临平山下的安平泉也非常赞赏，作《安平泉》诗道："闻说山根别有源，拨云寻径兴飘然。凿开海眼知何代，种出菱花不记年，煮茗僧夸瓯泛雪，炼丹人化骨成仙。当时陆羽空收拾，遗却安平一片泉。"而他的"何须魏帝一丸药，且尽卢仝七碗茶""独扮（一作携）天上小团月，来试人间第二泉"

（即无锡惠山泉），更是脍炙人口、广为流传的优美诗句。

苏东坡又根据茶的提神功用，以清新畅达的语言，写了《赠包安静先生》诗："皓色生瓯面，堪称雪见羞。东坡调诗腹，今夜睡应休。建茶三十片，不审味如何，奉赠包居士，僧房战睡魔。"

苏东坡在他贬谪黄州的过程中，曾亲自从事过农业生产，因此写下了两首栽茶诗。一首为《种茶》，另一首《问大冶长老乞桃花茶栽东坡》。前一首为老茶树移植，他详细地描写了移植的全过程："松间旅生茶，已与松俱瘦……移栽白鹤岭，土软春雨后。弥旬得连阴，似许晚遂茂……"最后移栽成活，而且可以采摘茶叶了，做到了"有味出我圃"，改变了以前茶树不能移植的说法。后一首诗，可能是移栽了"品种茶"（桃花茶）："……他年雪堂品，尚记桃花裔"。（桃花茶当时也许是种得较为普遍的，如陆游、曾能诗中均有提到。陆游诗："速宜力置竹叶酒，不用更瀹桃花茶"。）而苏东坡的栽茶目的，在于经济利用土地，并为自己生产一点茶叶："……嗟我五亩园，桑麦苦蒙翳。不令寸地闲，更乞茶子艺……"

二、苏东坡的茶词

苏东坡有茶词多首，但《广群谱芳·茶谱》中只收了3首。这些茶词为咏名茶和煎茶的篇章，词句优美，耐人寻味，例如《行香子》："绮席才终，欢意犹浓，酒阑时高兴无穷。共夸君赐，初拆臣封。看分香饼，黄金缕，密云龙。斗赢一水，功敌千钟，觉凉生两腋清风。暂留红袖，少却纱笼。放笙歌散，庭馆静，略从容。"又如他的《西江月》："龙焙今年绝品，谷帘自古珍泉。雪芽双井散神仙，苗裔来从北苑。汤发云腴酽白，盏浮花乳轻圆。人间谁敢更争妍，斗取红窗白面。"

而他的试茶词和乞茶词又写得那么清新流畅自然，如《望江南——超然台作》："春未老，风细柳斜斜。试上超然台上望：半壕春水一城花，烟雨暗千家。寒食后，酒醒却咨嗟。休对故人思故国，且将新火试新茶，诗酒趁年华。"又如他的《浣溪沙徐门石潭谢雨道上作五首之四》："簌簌衣巾落枣花，村南村北响缲车。牛衣古柳卖黄瓜。酒困路长惟欲睡，日高人渴漫思茶，敲门试问野人家。"

三、苏东坡的茶文

苏东坡为茶叶生产者叶嘉立传，并对茶叶发表各种议论。

（一）《叶嘉传》：当时的福建团茶中有一种名贵的贡茶称为"壑源春"，叶嘉的家乡壑源是盛产这种茶的地方，叶嘉就是这里茶人的祖先。东坡为他写了1500字的传记。该传写道："叶嘉，闽人也，其先处上谷，曾祖茂先……茂先葬郝（壑）源，子孙遂为郝源民，至嘉……"

（二）盐姜之论《东坡杂记》："唐人煎茶用姜，故薛能诗云：盐损添常戒，姜宜著更夸。"据此，则又有用盐者矣。近世有用此二物者，辄大笑之。然茶之中等者用姜煎，信佳也，盐则不可。可惜他"紫金百饼费万钱"的北苑茶，"老妻稚子不知爱，一半已入姜盐煎"。

（三）漱茶说《东坡杂记》："除烦去腻，世不可阙茶……吾有一法，常自珍之。每食已，辄以浓茶漱口，烦腻既去，而脾胃不知。凡肉不在齿间者，得茶浸漱之，乃消缩不觉脱去，不烦挑刺也，而齿便漱濯，缘此渐紧密，藏病自己。然率皆用中下茶，其上者自不常有，间数日一啜，亦不为害也。此大是有理，而人罕知者，故详述云。元丰六年八月二十三日。"

（四）茶墨之论《东坡杂记》："茶欲其白，常患其黑，墨则反是。然墨磨隔宿则色暗，茶碾过日则香减，颇相似也。茶以新为贵，墨以古为佳，又相反矣。茶可于口，墨可于目。蔡君谟老病不能饮，则烹而玩之；吕行甫好藏墨而不能书，则是磨而小啜之，此又可以发来者之一笑也。温公与子瞻论茶墨云：茶与墨二者正相反；茶欲白，墨欲黑；茶欲重，墨欲轻；茶欲新，墨欲陈。子瞻云：上茶、妙墨俱香，是其德同也；皆坚，是其操同也，譬如贤人君子黔皙美恶不同，其德操一也。温公以为然。从茶墨中体会出立身处世的人生观哲理。"

（五）论水《东坡集》："予顷自汴入淮泛江，溯峡归蜀，饮江淮水盖弥年。既至，觉井水腥涩，百余日然后安之，以此知江水之甘于井也审矣。今来岭外，自杨子始饮江水，及至南康，江益清似水益甘，则又知南江贤于北江也。进度岭，入清远峡，水色如碧玉，味益胜。今游罗浮，酌泰禅师锡杖泉，则清远峡水又在其下矣。岭外惟惠人喜斗茶，此水不虚出也。"

（钱时霖）

苏东坡与茶

君子相交淡如水，文人与茶多结缘。北宋大文豪苏东坡爱酒也爱茶，他与茶、酒结缘终生，几乎到了嗜之成癖的地步，其作《望江南》词即云："休对故人思故国，且将新火试新茶，诗酒趁年华。"（东坡嗜酒事，笔者另有专论，兹不赘）。他一生沉浮宦海，辗转四方，到过南方许多产茶区，耳濡目染，不仅对茶叶功用和饮茶方法很精通，而且对茶树栽培和茶叶加工也在行，堪称一位品茶高手。他还自觉地引茶入诗、入词、入文，从而为后人留下一笔宝贵的茶文化遗产。

"从来佳茗似佳人"，这脍炙人口的千古名句即出自苏轼诗《次韵曹辅寄壑源试焙新茶》。在诗中，苏学士既赞曰"仙山灵草湿行云，洗遍香肌粉未匀"，又誉称"要知冰雪心肠好，不是膏油首面新"，用生动细腻的拟人化手法将"佳茗"之妙尽托而出。后来，有人将"从来佳茗似佳人"拿去和他《饮湖上初晴后雨》诗中名句"欲把西湖比西子"相配，组成一副对联，悉挂在杭州藕香居茶室。此联自然天成，颇富情趣，堪称联林上品。尤可贵的是，寥寥十四字就把杭城独有的二妙（西湖美景和龙井香茶）画龙点睛般地指示给了八方游客，使人一睹难忘。

品茶之妙，贵在清永。东坡守维扬，于石塔寺试茶有诗云："禅窗丽午景，蜀井出冰雪；坐客皆可人，鼎器手自洁。"（见《茗溪渔隐丛话》前集卷十六）写的就是那种清、寂、和、妙的品茗氛围。在《叶嘉传》里，苏东坡更喻茶为"清白之士"，谓其"不喜城邑，惟乐山居""风味德馨，为世所贵"，对茶之品性的阐扬中深深地寄寓着对君子人格的赞美。品茶非俗事，雅士爱清茶，难怪古人说："茶之为饮，最宜精形修德之人。"（屠隆《考磐余事》）据《春诸纪闻》卷六载，一次，东坡先生与黄山谷、张文潜等人共餐，"既食骨地儿血羹，客有须薄茶者，因就取所碾龙团，遍吸坐人。或曰，使龙团能言，当须称屈。先生抚掌久之曰：'是亦可为一题。'因援笔戏作律赋一首，以荐血羹龙团称屈为韵。山谷击节称咏，不能已。""龙团"集宋时名茶（《事物纪原》卷九引《归田录》："茶之品，莫贵于龙、凤，谓之团茶。"），何以要为之打抱不平呢？就因品茶贵"清"而忌"荤肴杂陈"（冯正卿《岕茶笺》），一染腥膻，辄不能辨味也。相传，有一次司马光和苏东坡开玩笑说："茶与墨相反，茶欲白，墨欲黑；茶欲重，墨欲轻；茶欲新，墨欲陈。君何以同爱此二物？"苏东坡不假思索地答道："奇茶妙墨俱香，公以为然否？"妙人妙语，这"茶墨之辩"千百年来传为文坛佳话。如上所述，坡公首喻茶为"清白之士"。他的茶、墨比较论，也是立足于中国传统"比德"审美观的，其曰："茶可于口，墨可于目……奇茶妙墨俱香，是其德同也；皆坚，是其操一也。"（见《高斋漫录》）看来，苏轼的确称得上是佳茗妙墨的"知音"。精通茶事的苏东坡又是宋代"四大书家"之一，他有一给其好友陈慥的信札，世称《一夜帖》，其中还记有他以当时名品"团茶"奖励书法爱好者的内容。以名茶为奖品鼓励好书者，坡公此举可谓大雅之至矣。

品茶要茶叶好，还格外讲究用水和煎法。苏东坡在广泛总结前人经验的基础上，提出了"活水还须活水烹"（《汲江煎茶》）的烹茶要诀。前人论烹茶之水，有"山水上，江水次，井水下"（高濂《饮馔服食笺》卷上）之说，而水又贵"活"，《茗溪渔隐丛话》前集卷四十六引唐子西《斗茶记》云："吾闻茶不问团銙，要之贵新；水不问江井，要之贵活。千里致水，真伪固不可知，就令识真，已非活水。"有了新茶活水，又"非活火不能成"。所谓"活火"，乃指"炭火之有焰者"（高濂语，同前），也就是旺盛的炭火。活火已备，烹茶者还得掌握好火候，防止过沸而水老。怎样才算正当其时呢？就是苏东坡所谓"蟹眼已过鱼眼生，飕飕欲作松风鸣"（《试院煎茶》），如是茶味方最清永。"蟹眼""鱼眼"皆水沸程度的形象说法，东坡之意，可借明人许次纾《茶疏》"汤候"条语释之，云："水一入铫，便须急煮，候有松声，即去盖，以消息其老嫩。蟹眼过后，水有微涛，是为当时。……过则汤老而香散，决不堪用。"

宋代盛行"斗茶"之风，东坡诗"君不见斗茶公子不忍斗小团，上有双衔绶带双飞鸾"（《月兔茶》）即说的是此事（"小龙团"由《茶录》作者蔡襄监制，宋仁宗尤珍惜，只在朝廷举行大典时赏赐亲近大臣。因其名贵，故时人舍不得斗饮之）。"斗茶"又称"茗战"，顾名思义，就是比赛茶之优劣。据《江邻几杂志》载："苏才翁尝与蔡君谟斗茶，蔡茶水用惠山泉，苏茶小劣，改用竹沥水煎，遂能取胜。"可见，决定斗茶成败的，除了茶叶质量外，水也是很重要的一环。斗茶大约始于五代，起初流行于福建建安（今福建建瓯）一带，苏辙诗"闽中茶品天下高，倾身事茶不知劳"（《和子瞻煎茶》），说的就是该地斗茶。宋以来，斗茶风气渐渐北移，很快风靡全国，上至达官贵人，下至平民百姓，莫不以此为赏心乐事。斗茶实为我国古代品茶艺术的最高形式，它有很强的技巧性又有极浓的趣味性，故尤得文人雅士喜爱。宋人斗茶风貌，从苏轼《行香子·茶词》中描写可窥一斑："联席才终，欢意尤浓。酒阑时，高兴无穷。共夸君赐，初拆臣封。看分香饼，黄金缕，密云龙。斗赢一水，攻敌千钟。觉凉生，两腋清风。暂留红袖，少却纱笼。放笙歌散，庭院静，略从容。"上阕写斗茶过程，下阕道胜后快感，那"斗赢一水"胜饮千钟的愉快、舒畅、惬意，直到今天仍在感染着读者，使人颇有如临其境之感。

苏东坡喜爱品茶也善于品茶，而且留下了不少趣事逸闻。民间就广为流传着这样一个故事：一天，初到杭州为官的苏学士去某寺游玩。该寺方丈有一习惯，就是遇有不同身份的宾客到来时，便以"敬香茶""敬茶""茶"等呼语招呼侍者分别沏泡上、中、下三种等级茶叶待之。东坡跨进寺门，方丈见他衣着普通，以为俗客，便淡淡地说了"坐"，对小和尚喊"茶"。稍事寒暄，方丈从对方不凡的谈吐中意识到其非等闲之辈，便引进厢房，客气地说"请坐"，吩咐"敬茶"。再经深谈，方知来客正是当世赫赫有名的大文豪苏轼，方丈急忙请他到洁净清雅的方丈宝，连声说"请上坐"，招呼小沙弥"敬香茶"。临别时，方丈乞字留念，苏学士也不客气，挥毫直书一联，上联是"坐，请坐，请上坐"，下联为"茶，敬茶，敬香茶"。方丈一看，满面愧色，却哑巴吃黄连有苦说不得。

《苏东坡与茶》这题目，可说可写者尚多，此处不过撷其一二以飨读者罢了。最后，不妨再引几句苏诗，权作本文结尾：

周时记茶苦，茗饮出近世。

初缘厌梁肉，假此雪昏滞。

——《问大冶长老乞桃花茶栽东坡》

森然可爱不可慢，骨清肉腻和且正。

雪花雨脚何足道，啜过始知真味永。

——《和钱安道寄惠建茶》

（李祥林）

苏东坡诗中的雅茶：读东坡名句 品诗里雅茶

习近平总书记近日在四川考察时，专程来到中心城区的三苏祠，了解三苏生平、主要文学成就和家训家风，以及三苏祠历史沿革、东坡文化研究传承等。

出生于此的一代文豪苏东坡，被誉为"全才式的艺术巨匠"。这位文豪不仅一生热爱美食，寄情山水，还是个名副其实的"茶痴"，他写下"壶中春色饮中仙，骑鹤东来独惘然"，被世人称之为"茶中仙"。他的人生就如一盏清茶，随性洒脱、超然物外，不为得失、生死所扰，始终保持积极进取的精神，最后如茶一样，返璞归真，淡泊宁静。苏东坡通过品茶来体悟人生，与茶结下了不解之缘，这也成就了他"茶香四溢"的传奇一生，为后人留下了隽永的咏茶诗句。

"雪沫乳花浮午盏，蓼茸蒿笋试春盘。人间有味是清欢。"苏东坡酷爱饮茶，而他的故乡眉山，是茶的绝好产地。在外为官多年的他，依旧挂念不已，在为家乡故友蔡子华写的诗里，留下了"想见青衣江畔路，白鱼紫笋不论钱"的诗句。

很多人误认为诗中的"紫笋"是一种竹笋，其实不然。紫笋，一种名茶，因其鲜茶芽叶颜色呈微紫色、嫩叶背卷如同笋壳而得名。据考证，苏东坡诗词中的"紫笋"就是现在的"雅茶"，雅茶对于东坡居士来说，是牵挂一生的嗜好，无论何种境地之下，苏东坡都是那样的爱茶，以至于，他不仅会品茶、泡茶，更会种茶、采茶。

苏东坡与眉山茶，故事丰富多彩、历史源远流长。现在共有42万亩茶地，其中已有两千年种茶历史的洪雅，茶叶在地面积就达30万亩，居全市第一，全省第二。据洪雅县志记载，"汉唐出名茶、宋朝置茶厂、明清盛兴"，清朝初年洪雅的名茶产量就达到"全蜀之冠"。

洪雅地处北纬30°的四川盆地西南，背靠峨眉山，坐拥瓦屋山，地貌呈"七山二水一分田"之势，森林覆盖率超71%，年均气温16.8℃。冬无严寒，夏无酷暑，云多雾大，雨量充沛，空气湿润，这片被誉为"中国养都""绿海明珠""天府花园"的蜀中乐土，为茶树生长提供了"千里连绵绿海，四时云雾缭绕"的良好生态环境，孕育出万亩无公害、绿色、有机茶园。"洪雅绿茶"为国家农产品地理标志登记；洪雅是中国十大生态产茶县，连续三年获"中国茶业百强县"称号；中山镇获评第十一批全国"一村一品"（茶叶）示范村镇；中山镇前锋村获评2021年全国乡村特色产业亿元村。

2021年，洪雅育成天府5号、天府6号两个茶树新品种，实现了眉山茶树新品种零的突破。随即，在农民丰收节上，洪雅推出"瓦屋春雪"茶叶品牌，而品牌名称正取意于苏东坡诗句"瓦屋寒堆春后雪，峨眉翠扫雨余天"，再结合本地地理环境、历史文化、茶叶特色等最终确定。"瓦屋春雪"核心产茶区位于北纬30°黄金产茶带，海拔800~1200m，这里林木葱郁，水汽氤氲，山泉甘冽，土壤富硒，是适合茶树生长的绝佳之地。

近年来，洪雅县茶产业发展围绕"洪雅绿茶"地理标志产品保护工程，坚持以四川省"精制川茶"为引领，按照"一杯茶"总体部署，紧扣"做强一区、做精两山、做特三片"战略布局，筹谋品牌建设，培育龙头企业、构建市场体系。未来，洪雅县将继续聚焦农业产业布局，加快策划并宣传好茶业区域公共品牌，积极探索"以茶带旅、以旅促茶"的茶旅融合发展新路径，争取引进茶叶精深加工企业入驻洪雅，建设规范化、规模化的茶叶精深加工园区，大力推进有机茶园建设，打响洪雅茶业品牌，大力建设"一杯茶"工程，让茶产业走上品牌化、市场化、标准化发展之路。

世代秉承着匠人精神的洪雅人，用一杯杯生态雅茶养心，绵延的茶园美景养眼，衍生的茶食养胃，茶旅融合的方式养身，向世人呈上一张靓丽的绿色名片，让"山水洪雅·中国养都"的名号更加响亮：登临云上瓦屋，栖息养生七里，品味古意柳江，沉浸槽渔烟波……而后，泛舟于青衣江上，遥看远山林海，近观青杠坪茶色，手捧着一盏"瓦屋春雪"，不知是否能像东坡居士那般吟唱出"想见青衣江畔路，白鱼紫笋不论钱"的千古名句呢……

（周宇琴，该文原载于 2022 年 6 月 15 日四川新闻网）

读苏轼茶论《叶嘉传》之启迪

苏轼是中国历史上著名的文学家，有"千古大文豪"之称。苏轼也是一位对茶叶颇有研究的人，有"茶仙"之美誉，其茶叶论著《叶嘉传》最能充分展示他对茶叶的高度认知，堪称茶论经典之作。现将本人读后启迪表述如下，与各位茶人共勉。

《叶嘉传》是由苏轼所写的人物传记，成书于北宋年间。是一篇拟人手法的散文，也是研究中国古代茶史的重要文章。当代茶圣吴觉农在其主编的《茶经述评》对此评论："苏轼实际上是以拟人化的词句来赞颂闽茶"。

苏轼在《叶嘉传》中塑造了一个胸怀大志、威武不屈、敢于直谏、忠心报国的叶嘉形象。叶嘉，"少植节操""容貌如铁，资质刚劲""研味经史，志图挺立""风味恬淡，清白可爱""有济世之才""竭力许国，不为身计"，可谓德才兼备。

《叶嘉传》通篇没有一个"茶"字，但细读之下，茶却又无处不在，其中的茶文化内涵丰厚。苏轼巧妙地运用了谐音、双关、虚实结合等写作技巧，对茶史、采茶、制茶、泡茶、品茶等，特别是对宋代福建建安龙团凤饼贡茶的历史和采制以及宋代典型的饮茶法——点茶法，进行了具体、生动、形象的描写。

叶嘉，是双关语。从表面上看，叶嘉即嘉叶。陆羽《茶经》开篇："茶者，南方之嘉木也。"嘉木生嘉叶，即茶叶。苏轼一生仕途坎坷，但学识渊博，天资极高，可谓俗世奇人。他写了许多茶诗茶文，《叶嘉传》尤为出色。我读了"叶嘉"二字便能体会到他是多么爱茶，"叶嘉"是他对茶最朴实无华的赞美。苏轼好饮茶，但茶于他来说不仅仅只是消渴解乏的饮品，更是他最钦佩的有志之士。

"叶嘉"一直在他的脑海，在他的笔下，更在他的心底。读完《叶嘉传》，我认为苏轼是个想象力丰富的诗人，同时也是一位很伟大的茶人。世人都称李白为"诗仙""酒仙"。我认为，称苏轼为"茶仙"丝毫不为过。除苏轼以外，还能有谁可以把叶嘉写得如此传神？苏轼，凭着他对茶的了解，对茶的喜爱，对茶的钦佩，对茶的种种感情，塑造出了一个有血有肉，个性鲜明，有着高尚情操的人物形象——叶嘉。《叶嘉传》可以说是为茶所立之传，也可以说是为所有志同道合的茶人所立之传。

医生说，多喝茶，对身体有好处。我要说的是我的父亲（高级教师）要我"学茶"，就能使自己越来越雅。茶可以使我们变得"淡、静、雅"。资质浅，喝茶学茶时间也短的我，始终没能明白父亲所言之意。但是，在我细读《叶嘉传》之后，我明白了父亲为什么这么说。对于"淡"字，我有了进一步的认识。

那么，到底何为"淡"呢？其一，当皇帝把叶嘉召入朝中，有大臣恐吓叶嘉说："砧板斧头放在你的前面，锅鼎放在你的后面，就要用他们来烹煮你，你看如何应付？"叶嘉大义凛然地说："我只不过是聚居在深山里的书生，若有幸被皇上选到朝中来，并能对天下苍生有利，虽然是粉身碎骨，也不会退却。"这就是"淡"。把自己的生命看得淡如空气轻如烟，不怕粉身碎骨，只为无私奉献，不畏惧生死，只为在世间留下一缕清魂。其二，当叶嘉被人陷害，被排挤甚至被打骂之时，依旧面不改色，不为所动。这也是"淡"，不管被人怎么说，怎么看，只是更认真地去完成自己的职责，面对世俗小人所做的一切，都如水。茶，也是如此，无论外界风浪多大，依旧平静，只求茶香依旧，为人去除烦恼，缓解疲劳，安神定气。其三，当皇帝每日召见叶嘉，对他万分宠爱之时，他没有欢亦没有喜。当皇帝怪他直言，冷落他时，他没有叹亦没有悲。面对一切，叶嘉总是静静的，从容的。这，还是"淡"！其四，叶嘉不要富贵，不求荣华，只求山村小林里能有他的居住之所。这更证明了他的淡泊名利。

父亲说："评茶"和"品茶"是完全不一样的。"评茶"只是客观地去评定茶的色香味形，而"品茶"则是主观性的鉴赏，仁者见仁智者见智。我只学会了评茶的基础，而品茶，我还需要努力学习更多的茶文化知识。

苏轼是否能"评"好茶，我不知道，但我肯定他是"品茶"行家。否则，他怎么能看到茶的精髓，又怎能写出叶嘉的灵魂。茶于苏轼，是美人、知己、朋友、老师，是钦佩之士，也许还是他高尚情感的寄托之处。都说荷花出淤泥而不染，茶又何尝不是。在这"百花争奇斗艳"的时代，只有茶总是不争不抢，淡淡的，清清爽爽。茶初入口，是苦涩的，但回味却是甘甜的。在苦之后的甜才最甜！

茶于我，是良师，是益友，是钦佩之士，也是我对父亲的深深思念。学茶于我来说，是一生之事。愿有一天，我能学会"淡、静、雅"；愿有一天，世人都能如茶；愿有一天，茶香遍天下！

（王仿生）

苏轼与茶

苏轼（1037—1101年），字子瞻，号东坡居士，眉州眉山（今四川省）人，唐宋八大家之一。苏轼不仅是中国宋代一位杰出的文学家、书法家，也是一位著名茶人。苏轼一生与茶结下了不解之缘，他熟悉茶史茶功，精于品茶论茶，甚至还亲自种茶制茶，常以茶喻志，留下了"戏作小诗君一笑，从来佳茗似佳人"等千古咏茶之绝唱。

苏轼嗜茶，终日茶不离手。茶，助诗思，战睡魔，是他生活中不可或缺之物。他夜晚办事要喝茶："簿书鞭扑昼填委，煮茗烧栗宜宵征。"（《次韵僧潜见赠》）；创作诗文要喝茶："皓色生瓯面，堪称雪见羞；东坡调诗腹，今夜睡应休。"（《赠包静安先生茶二首》）；睡前睡起也要喝茶："沐罢巾冠快晚凉，睡馀齿颊带茶香。"（《留别金山宝觉圆通二长老》）"春浓睡足午窗明，想见新茶如泼乳。"《越州张中舍寿乐堂》。

苏轼一生仕途坎坷，曾被朝廷发配到杭州、岭南、湖州等地任职，而这些地方均是产茶胜地，使其"尝尽溪茶与山茗"（《和钱安道寄惠建茶》），且为后世留下了近百篇与茶有关的诗文。"白云峰下两旗新，腻绿长鲜谷雨春。"（《白云茶》），是杭州所产的"白云茶"；"千金买断顾渚春，似与越人降日注。"（《送刘寺丞赴余姚》），是湖州所产的"顾渚紫笋茶"和绍兴的"日铸雪芽"；"未办报君青玉案，建溪新饼截云腴。"（《生日王郎以诗见庆次》），是南剑州（今福建南平）所产的"新饼"；"浮石已干霜后水，焦坑闲试雨前茶。"（《舟次浮石》），是江西所产的"焦坑茶"；"未数日注卑，定知双井辱。"（《寄周安孺茶》），是江西分宁（今修水）所产的双井茶；还有四川涪州（今彭水）的月兔茶、湖北兴国（今阳新）的桃花茶等。

苏轼品茶写诗，更研究烹茶之道，有所谓"饮茶三绝"之说，即茶美、水美、壶美，惟宜兴兼备三者。俗话说"水为茶之母，壶是茶之父。"苏轼坚持认为"精品厌凡泉"（《求焦千之惠山泉诗》），好茶必须配以好水，且偏爱山泉水，"自临钓石取深清"（《汲江煎茶》）、"敲火发山泉"（《游惠山》）、"乳泉发新馥"（《寄周安孺茶》）、"自携修绠汲清泉"（《绝句三首》）；还认为煎茶实乃煎水，提出"活水还须活火烹"（《汲江煎茶》）、"蟹眼已过鱼眼生，飕飕欲作松风鸣。"（《试院煎茶》）等煎茶要诀，"三沸而止"茶味才最清永。苏轼对茶器也深有研究，认为"铜腥铁涩不宜泉"（《次韵周穜惠石铫》），"定州花瓷琢红玉"（《试院煎茶》），用铜器铁壶煮水有腥气涩味，石兆（原字左有"石"旁）烧水味最正；喝茶最好用定窑兔毛花瓷（又称"兔毫盏"）。苏轼在宜兴时，还曾设计一种提梁式紫砂壶。它以取法自然的古青色树枝作为壶的手把，配以赭色瓜型壶身，刻上古朴的瓦当和精妙的书法，清雅古朴，色彩对比，相得益彰，被历代文人雅士视为有实用价值的珍品。后人为纪念他，把此种壶式命名为"东坡壶"。"松风竹炉，提壶相呼"，即是苏轼用此壶烹茗独饮时的生动写照，"东坡壶"由此流传于世。

苏轼对茶的热爱是全方位的，他不仅品茶、烹茶，甚至还亲自栽种过茶。被贬谪黄州时，由于经济拮据，生活困顿，他就托朋友从官府那里请来一块荒地，亲自栽种粮食和茶树。《问大冶长者乞桃花茶栽东坡》云："嗟我五亩园，桑麦苦蒙翳。不令寸地闲，更乞茶子艺。"并在《种茶》一诗中描写了自己如何移栽一棵老茶树的过程："松间旅生茶，已与松俱瘦……移栽白鹤岭，土软春雨后。弥旬得连阴，似许晚遂茂。"

苏轼喝茶、喜茶，还研究茶史、了解茶功。他在《寄周安孺茶》中记述了宋朝以前的茶文化历史："大哉天宇内，植物知几族。灵品独标奇，迥超凡草木。名从姬旦始，渐播《桐君录》。赋咏谁最先，厥传惟杜育。唐人未知好，论着始于陆。常李亦清流，当年慕高躅。遂使天下士，嗜此偶于格。岂但中土珍，兼之异邦鬻。鹿门有佳士，博览无不瞩。邂逅天随翁，篇章互赓续。开园颐山下，屏迹松江曲。有兴即挥毫，灿然存简牍。"他认为茶有很多的妙用："示病维摩元不病，在家灵运已忘家。何须魏帝一丸药，且尽卢仝七碗茶。"（《游诸佛舍，一日饮酽茶七盏，戏书勤师壁》）；"若将西庵茶，劝我洗江瘴。"（《杭州故人信至齐安》）、"同烹贡茗雪，一洗瘴茅秋。"（《虔守霍大夫监郡许朝奉见和此诗复次前韵》）；"除烦去腻，不可缺茶，然暗中损人不少。吾有一法，每食已，以浓茶漱口，烦腻既出，而脾胃不知。肉在齿间，消缩脱去，不烦挑刺，而齿性便若缘此坚密。率皆用中下茶，其上者亦不常有，数日一啜不为害也。此大有理。"（《仇池笔记》）。

苏轼除了饮茶品茗外，还借咏茶来抒发人生的感慨和命运的不济："乳瓯十分满，人世真局促。"（《寄周安孺茶》）；表达对茶农的同情及对茶农苛征重敛的抨击："我愿天公怜赤子，莫生尤物为疮痏。""君不见武夷溪边粟粒芽，前丁后蔡相笼加，争新买宠各出意，今年斗品充官茶。"（《荔枝叹》）；讽刺以好茶钻营权门的小人："收藏爱惜待佳客，不敢包裹钻权幸。此诗有味君勿传，空使时人怒生瘿。"（《和钱安道寄惠建茶》）。

（罗红萍）

苏东坡人文风骨犹如茶

苏东坡诗词文章造诣很高，他"以诗为词"，对诗词革新的巨大成就，震撼当时诗坛。世人以东坡词为豪放派代表，在当时流传着这样一句话："苏文熟，吃羊肉；苏文生，吃菜羹。"当时形成一种风气，大凡吟诗作赋，作文言辞，只要按照苏文体例、文风，在社会上就比较吃得开，往往功名顺畅，自有羊肉可吃；反之就很吃不开，只有"吃菜羹"的份了。可见苏轼受人推崇的程度成为不同时代的文体和文风典范，也让我这个眉山人对苏东坡的著作爱不释卷。

《定风波》是我最喜爱的苏东坡的一首词。"莫听穿林打叶声，何妨吟啸且徐行。竹杖芒鞋轻胜马，谁怕？一蓑烟雨任平生。料峭春风吹酒醒，微冷，山头斜照却相迎。回首向来萧瑟处，归去，也无风雨也无晴。"这首词紧扣着路途遇雨的一件生活小事，来写意自己时下的内心感受，从而展示人生豪迈的胸襟和达观性格；文笔的主要特质是写意与议论相结合，通过意境引发议论，把自然界的现象"风穿林，雨打叶"微观如实描写，又把个人的感观与情绪平和以待，即视而不见也充耳不闻，依旧徐步而行，从容吟啸。苏东坡屡遭贬谪，可谓磨难重重，在一场又一场人生的风雨中，他认识到，只要心境平静，世界自然也就平静了。他在此劝人对客观事物、客观存在，不要太在意，不妨去欣赏它；既不要因风雨而担惊受怕，也不要因阳光而欣喜若狂，一切都泰然处之。这其实这是一种人生的大境界，是一种了悟宇宙、人生之后的大超越。这也反映出了苏东坡的人格境界，应该说他的一生基本上达到了这一境界。

人们都说"人生如茶，茶如人生"，生活中不缺少美，而是缺少发现。生活的很大部分，尤其是允许，就要尽量让自己做一个生活简单的人。如同漫泡茶水，没有繁琐的泡茶工序。放茶，倒水，然后等待，茶好了，干萎的茶丝舒展开来，变成一片片饱满的茶叶，释放着清香的气息。水是万物之灵，精神萎靡的茶丝也在水中获得了新的生命，欢快地在水中沉浮不定，最终还是平静下来，冒着带有浓郁茶香的热气，沁人心脾，简单至极，却乐在其中。

苏东坡喜欢喝茶，一日在杭州泛舟游西湖。黄昏时分去了孤山，拜访惠勤禅师。惠勤禅师知苏东坡来访，备下茶注、茶铫、茶瓯，汲取泉水放在火上烹煮黄蘗茶，直至泉水翻起蟹眼。惠勤禅师将一盏酽茶递过，苏东坡一饮，顿感十分香美。那日，苏东坡一高兴，想起了唐朝诗人卢仝"七碗茶"之说，苏东坡便追逐卢仝一连喝了七碗，饮后神清目爽。那日晚上，苏东坡雅兴大发，握管题壁："示病维摩元不病，在家灵运已忘家。何烦魏帝一丸药，且尽卢仝七碗茶。"苏东坡认为卢仝的"七碗茶"更神于"一丸药"。人多喝茶，胜过吃药。

苏东坡啜茶帖："休对故人思故国，且将新火试新茶。""酒困路长惟欲睡，日高人渴漫思茶。敲门试问野人家。""从来佳茗似佳人，茶亦醉人何须酒。"这些千古名句都是苏东坡为人亦佛、亦道、亦儒，出世入世收放自如，令人叹为观止，更是在人生的大起大落，风风雨雨，一路走来，无阴无晴中做到了"任尔东西南北风，我自岿然不动"的意境，也是大义人生的境界。

中国人的性格像茶，总是清醒、理智地看待世界，能屈能伸，不卑不亢，执着持久，强调人与人之间的相助相依，在友好、和谐的气氛中共同进步、共同发展。进入现代生活，人们以茶待客，以茶会友，以茶表示深情厚谊，不仅仅深入每家每户，而且还用于机关、团体，乃至国家礼仪。无论是党政机关、事业单位还是企业与工厂，也会以多样形式举行茶话会，领导以茶对干部、职工的辛勤工作表示谢意；群众团体时而一聚，以茶表示彼此相敬；家中父母长辈、兄弟姐妹、妻儿相聚小酌，也透露着无限的亲情；甚至许多宾馆、饭店、会所，都会在客人到来时，泡上一杯热乎乎的茶水，以表欢迎和敬意之情。中国的茶文化，自创字之时就有了明确的精神内在。所以古人将"茶"字拆为"二十"加"八十八"，共计一百零八，寓意为"茶寿"，是养生之道，是长寿秘诀，更是生态文明。

读苏东坡的著作，可以从字里行间读出其人物的个性，品尝出人物的喜怒哀乐，并从他的事迹中收到可受益一生的启示。在苏东坡的诗词中部分是咏茶的诗词，而且是宋代咏茶诗词最多的作家之一，对当时茶文化的传承创新起了促进作用，对后代茶文化的发展也有积极意义。如今，对于爱读书、爱喝茶的人来说，都会赞叹："人生缘何不快乐，只因未读苏东坡。"

（朱小根）

从苏东坡茶叶诗词中领略其"茶仙"风采

众所周知，苏轼字子瞻，号东坡居士，世称苏东坡。四川省人，是我国北宋时期著名的文学家、书法家、美食家、画家和水利专家，是千年难得一遇的全才型艺术巨匠。其实，苏东坡还是一位真正的茶人，一位含金量十足的顶级茶叶大师，只是他的文学才华光芒万丈，掩盖了其茶艺光华。因此，一谈到苏东坡，还让人不太容易直接想到他与茶叶的关系，但"从来佳茗似佳人"千古佳句正是出自苏东坡之神笔妙手。

苏东坡一生好茶，与茶结缘，素有"茶仙"美誉。他历任凤翔、京都、杭州、密州、徐州、湖州、黄州、汝州、登州、颍州、扬州、定州、英州、儋州等十多个地方官员，每个地方都有东坡舞茶的身影，每片山水都曾飘香东坡家茶。苏东坡不论在种茶、制茶还是泡茶、品茶方面，都有着极其深厚的造诣，尤其在颂茶方面，更是借助其神笔将茶叶描绘得淋漓尽致、栩栩如生。他的茶叶诗词总是让人百读不厌、回味无穷，许多咏茶名句被世人千载传诵、津津乐道。每一个茶人都会对东坡"茶仙"肃然起敬，"茶仙"美誉对于东坡来说可谓名副其实、历史公认。

下面，就让我们共同走进苏东坡的茶叶世界，仔细品韵东坡先生几首经典的代表性茶叶诗词，从中感悟这位历史文化巨人留给我们精彩有趣的茶道人生，感受苏东坡炽热的茶叶情怀，领略东坡先生魅力无限、光芒智慧的"茶仙"风采。

一、东坡种茶

苏轼在贬官黄州时，经济拮据，生活困顿。黄州一位书生马正卿替他向官府请来一块东面的边坡荒地，以地上耕种收获稍济"因匮"和"乏食"之急。苏轼将此地冠名"东坡"，"苏东坡"之名由此而来。

1082年5月，苏东坡扁舟草履，一路漫游到大冶大茗山。在山上，东坡偶感风寒，便向和尚讨杯茶喝，和尚给了他一杯桃花茶。康复后，东坡便向和尚乞要了一些茶籽，回去播种到自己所居的东坡，不让土地一寸荒闲，并因此创作了茶诗《问大冶长老乞桃花茶栽东坡》。诗句"不令寸地闲"，这对于当今农业生产上整治撂荒地的启示意义深远。《问大冶长老乞桃花茶栽东坡》茶诗原文如下——

周诗记苦荼，茗饮出近世。初缘厌粱肉，假此雪昏滞。

嗟我五亩园，桑麦苦蒙翳。不令寸地闲，更乞茶子蓺。

饥寒未知免，已作太饱计。庶将通有无，农末不相戾。

> 春来冻地裂，紫笋森已锐。牛羊烦诃叱，筐筥未敢睨。
> 江南老道人，齿发日夜逝。他年雪堂品，空记桃花裔。

诗中易见，苏东坡品饮桃花茶后，还不忘讨要些茶树种子回去种，足见他对种茶的热爱程度是相当之高，对种茶这活是非常之熟悉，蛮有把握。关于桃花茶，有学者认为是桃花做的茶，也有学者认为是茶的品种。依作者愚见，认为桃花茶并非桃花做的茶，也不是茶的品种，而是指桃花盛开时节所采制之茶。桃花是指物候季节，此时茶叶的营养最丰富，香气和滋味口感最佳。

1096年，苏东坡创作了茶诗《种茶》详细描述了他在惠州白鹤峰种植茶叶之事。全诗原文如下——

> 松间旅生茶，已与松俱瘦。茨棘尚未容，蒙翳争交构。
> 天公所遗弃，百岁仍稚幼。紫笋虽不长，孤根乃独寿。
> 移栽白鹤岭，土软春雨后。弥旬得连阴，似许晚遂茂。
> 能忘流转苦，戢戢出鸟味。未任供白磨，且可资摘嗅。
> 千团输大官，百饼衔私斗。何如此一啜，有味出吾圃。

此诗惟妙惟肖地描写了苏东坡如何将一棵百年瘦弱的小老茶树经过精心栽植从而复活健壮生长的过程。诗的大意是：茶树生长在松树林中，与荆棘杂草交错生长。虽然这棵茶树衰老，矮小根少，但仍然有着极其旺盛的生命力。把它移到白鹤岭栽植，经过春雨连绵的滋润，终于开始发芽，茶芽如鸟嘴，细嫩饱满，堪比紫笋茶。老茶树恢复生长，逐渐枝繁叶茂。由于茶芽数量不多，无法加工，只能供采摘闻香欣赏。大量产茶供给官府，小量产茶则供私人竞价买卖。我的园中所产之茶，只能供我自己品尝罢了。

诗中看出，苏东坡对于种茶是很有经验的。俗话说："人挪活，树挪死。"老的树木要挪动移栽，别说长势良好，就连是否能够成活都是个问题。但在苏东坡手里却不一样，一棵荒野古老的瘦小茶树，经他选准时期、选择土壤和精心栽培，加之天公作美，竟然长得生机勃勃、枝叶繁茂。由此可见，东坡先生种茶技术之高，方法之有道，确实值得很多人尤其是那些动嘴多、动手少的文人们好好学习。

当然，也有专家学者认为，诗人在写茶树的同时也暗喻了自己的人生境遇。诗中"紫笋虽不长，孤根乃独寿。移栽白鹤岭，土软春雨后"这四句可以看出，当时这棵孤独的老茶树，依然顽强地活在天地之间。此时，被贬到惠州的苏东坡已经60岁了，到了他人生晚年，确实很像一棵孤老的茶树；但即便如此，苏东坡依然阳光依旧、信心满满，这是他的一贯性格，绝不会因时空变幻而改变，做人就是要有这种精神。

二、东坡制茶

苏东坡不仅会种茶，而且还会制茶，他创作的茶词《水调歌头·尝问大冶乞桃花茶》

就是最好的例证。全词原文如下——

已过几番雨，前夜一声雷，旗枪争战，建溪春色占先魁。采取枝头雀舌，带露和烟捣碎，结就紫云堆。轻动黄金碾，飞起绿尘埃。

老龙团，真凤髓，点将来，兔毫盏里，霎时滋味舌头回。唤醒青州从事，战退睡魔百万，梦不到阳台。两腋清风起，我欲上蓬莱。

从这首词的名称可以看出，该词的创作时间应在《问大冶长老乞桃花茶栽东坡》之后（年代待考证）。这首茶词的大意是：已经下过好几次春雨，昨夜一声惊雷，唤醒了沉睡的万千茶树。茶树争相长出了鲜嫩的芽叶，建溪的春色占据第一。采取茶树枝梢上如雀舌般鲜嫩的茶芽，将茶芽带着天地玉露和云雾烟气一同捣碎，压制成紫色的茶饼。轻轻掀动黄金碾磨茶，只见空中绿雾弥漫，尘埃飞扬。

陈年龙团茶，才是真正的青凤髓茶，给我煮上一壶好茶。一口饮下兔毫盏里的美味茶汤，顿时感觉口颊生津、滋味鲜爽、回甘强烈。使我好友青州的同事精神百倍、困感全无。喝着喝着，已觉两腋习习生风，要飞到蓬莱山上去了。

苏东坡在这首茶词中，将采茶、制茶、点茶、品茶等茶事情景描写得绘声绘色、情趣盎然。如果对茶叶没有长期的亲身实践经历和仔细深入研究，是绝对写不出这么专业的词句。现在让我们来分析一下该词涉及制茶的句子："采取枝头雀舌，带露和烟捣碎，结就紫云堆。"寥寥十几个字，却把制茶的原料要求、制作流程、工艺方法描写得一丝不苟、恰到好处，浓缩得极富诗意而生动形象。由此即知，苏轼还真是位制茶高手，这在古代文人中是极其罕见的。

三、东坡煎茶

就煎茶技艺而言，在茶文化极其盛行、如日中天的大宋年代，苏东坡绝对算得上是个殿堂级的人物，从他最著名的两首煎茶诗《汲江煎茶》与《试院煎茶》中即可感受到东坡煎茶技艺之专业、要求之严谨、动作之熟练、观赏性之强，可谓煎茶技艺高超完美，煎茶场景如诗如画。下面就让我们来重温千年东坡之煎茶技艺吧。

汲江煎茶

活水还须活火烹，自临钓石取深清。
大瓢贮月归春瓮，小杓分江入夜瓶。
茶雨已翻煎处脚，松风忽作泻时声。
枯肠未易禁三碗，坐听荒城长短更。

试院煎茶

蟹眼已过鱼眼生,飕飕欲作松风鸣。

蒙茸出磨细珠落,眩转绕瓯飞雪轻。

银瓶泻汤夸第二,未识古人煎水意。

君不见,昔时李生好客手自煎,贵从活火发新泉。

又不见,今时潞公煎茶学西蜀,定州花瓷琢红玉。

我今贫病长苦饥,分无玉碗捧蛾眉。

且学公家作茗饮,砖炉石铫行相随。

不用撑肠拄腹文字五千卷,但愿一瓯常及睡足日高时。

《汲江煎茶》创作于1100年,《试院煎茶》创作于1072年。这两首诗的创作时间相隔近30年,但从诗中内容,都表现出了极其纯熟的茶道技艺,根本看不出青年苏东坡与老年苏东坡在茶道技艺方面究竟存在多大的差异;却能明显看出的是,东坡先生早在年轻时就已经很熟练地掌握了烹茶技艺,青年的苏东坡已是一位茶道高人了。

两诗唯一差别较大的地方,就是由于年代相距太长,苏东坡在不同时期对人生的感悟有所不同。苏东坡创作《汲江煎茶》时已经63岁了,已到了他的生命暮年,可能多少带有生命快要结束时还没有把茶喝够的淡淡惆怅:他一个人静坐在黑夜的海南孤岛上,听着长长短短的打更报时声音来消磨时光。

两首煎茶诗,彰显出苏东坡将煎茶技艺驾驭得熟练轻巧,其煎茶技艺炉火纯青、成熟完美。煎茶需要用什么样的水、在哪里取水、用什么样的火、水烧到什么时候、茶叶碾磨到什么程度等,均全部一一阐述得明明白白、精准到位。如果按照东坡先生讲述的泡茶方法去做,即使一个从来不会泡茶的人,学习之后都定会略知一二,必有收获。

东坡先生讲,煎茶用水要用新鲜的活水,要在江水中的深处去取洁净清冽之水,还要用明火来烹。用大瓢将水舀入坛子,用小杓将水分入银瓶,然后放在煮茶最好的松风炉上去煮。一会儿后,水起蟹眼大小般的小气泡,再过一会,就产生更大的像鱼眼大的大气泡;此时水的响声如同松林中吹出飕飕之风,水温已到火候,可以泡茶了。磨细的茶粉和茶毫,一起被鲜开水冲泡,在茶碗汤面上形成一层飞雪一样的花乳饽沫,煞是亮眼,十分有趣。

四、东坡品茶

要论品茶,大众认为东坡先生是宋代最具代表性的茶范。多才、多艺、多情的苏东坡,以其文人墨客特有的敏锐思维、仔细观察、细腻情感和科学精神,把品茶艺术品到了极致。在苏东坡众多关于品茶悟道的文学作品中,任一首都会令我们回味不已、赞不绝口。以《西江月·茶词》为例,让我们来领悟东坡先生品茶的韵味与意境。

西江月·茶词

龙焙今年绝品,谷帘自古珍泉。
雪芽双井散神仙,苗裔来从北苑。
汤发云腴酽白,盏浮花乳轻圆。
人间谁敢更争妍,斗取红窗粉面。

该词的大意是:今年的龙焙茶是茶中之极品,自古以来庐山的谷帘瀑布就是泉水之上品。产自双井的雪芽贡茶十分珍贵,其茶树的始祖源于福建的北苑。茶汤如牛奶般纯白而美味可口;茶盏中沏好的茶汤上翻滚出细小的气泡。在这尘世间还有谁能与此茶汤相媲美?这茶汤就像闺房窗户中对镜粉面的佳人一样,楚楚动人、美丽可爱。

这首词让我们再次看到了东坡先生品茶的知识面是极其广博的,词的上阕给我们展示了东坡先生不仅熟悉茶的名称,还熟悉茶的产地以及泡茶最好的泉水在哪和北苑贡茶的历史等,东坡先生给我们详细讲述了一段关于贡茶的历史文化。

词的下阕,苏东坡则把我们引入到了另外一个精神境界,那是一个美味香艳、梦幻美人之境界,一下就把我们品茶的品位拔高了许多,仿佛使人到了一个人人向往的美好世界。

历史上第一个成功地把茶比作美人的是苏东坡,该词创作于1084年;无意之中,苏东坡也为自己在1090年妙笔生出千古茗句"从来佳茗似佳人"做了很好的艺术铺垫。因此,东坡先生的佳人不是凭空而来、横空出世的,有其自身历史文化底蕴之孕育。

五、东坡颂茶

作为一个世界公认的千古大文豪、影响人类文明的世界伟人苏东坡,在颂茶方面那是拿手好戏、独树一帜。纵观苏东坡一生的诗词作品,据不完全统计,涉及茶叶方面的就有80多首,且皆为精品。故要说苏东坡是文人颂茶的代表,非他莫属。关于东坡颂茶,最著名的作品应为《次韵曹辅寄壑源试焙新芽》,千古传唱的"从来佳茗似佳人"就出自此诗。

次韵曹辅寄壑源试焙新芽

仙山灵草湿行云,洗遍香肌粉未匀。
明月来投玉川子,清风吹破武林春。
要知玉雪心肠好,不是膏油首面新。
戏作小诗君一笑,从来佳茗似佳人。

该诗创作于1090年，诗的大意是：来自仙山的壑源茶，被行云雾露湿润洗过，碾出的茶叶粉末均匀。你把像明月一样的团茶赠送给了我，我喝了它，如同乘着春风一样飘飞到武林。要知道，这不加膏油的清爽之茶，其内质最好，就像美女一样自带光亮，无需用膏油来涂抹嘴唇增添亮丽。请莫笑我这样来比喻，因为从来好茶就像天生的美人。此处的佳人，笔者认为也可能是双关语，除指美人外，还指像曹辅一样心肠好的好人。

该诗的问世，首次把佳茗与佳人几乎画上了等号，此后历朝历代骚人墨客有关茶叶的文学作品，纷纷效仿，将佳茗与佳人共舞，有的甚至将不同种类的佳茗比喻成不同类型的佳人，似乎非常形象贴切。但不管后人怎么颂茶，关于佳茗与佳人的故事，好像只有苏东坡的最是精彩，永远流传。正印证了现代的一句语录：一直被模仿，从未被超越。可见，东坡颂茶，就是颂茶的榜样！

苏东坡一生对茶无比热爱，一身茶叶情怀满满，与茶为伴、以茶会友。他在茶叶方面的综合技艺，令无数茶人仰望不已、叹为观止。在其众多的文学作品中，苏东坡已将茶叶技艺上升为人文精神，那是一种"励志拼搏、包容奉献、匠心创新、淡泊名利"的东坡茶人精神，为中国茶道文化注入了丰富的内涵，形成了独具特色的东坡茶文化。东坡茶文化博大精深、光耀史册。

神笔舞辉煌，妙手飞茶香，一个在种茶、制茶、泡茶、品茶和颂茶领域样样精通的大文豪，其茶道人生有着别样的风采，让世人领略不尽，唯有欣赏。古语道：得"道"成"仙"，苏东坡茶道高明，技艺精湛，"茶仙"美誉当之无愧。茶道巅峰大师多，幸有茶仙苏东坡。东坡"茶仙"之光芒，将永远指引着我们眉州茶人弘扬东坡茶文化、稳健发展茶产业；照耀我们茗心芬芳、驿路前行。

（罗学平）

（二）眉州茶诗词

茶马古道

岭间一野道，逶迤似延绸。

翻山又越峻，拉萨至邛邮。

梯路尽石砌，举首云悠悠。

谷深怖疲足，危岩增人愁。

闻有沈家子，倾囊把道修。

耗时几多载，食眠在林丘。

事成多一径，陆路替行舟。

半日有驿站，每晚可宿投。

驮茶不用马，运盐那堪牛。

背篓加藜杖，攀沿使挂钩。
仰头啜云霞，垂目见深沟。
至今阶面上，篓憩杖穴留。
途中多雨雪，林中闻猿啾。
逾月不能返，劬劳生计求。
归来顾妻子，转身泪自流。
世世又代代，年年复春秋。
茶砖送藏地，何人知苦忧。
今日通高速，天堑任去留。
茶山植新绿，作坊尽筹谋。
无事驱车去，古道一日游。

（王曾玉）

洪雅茶·三字经

洪雅茶	始蜀地	诗经传	僮约记
武阳销	华阳赞	盛唐宋	陆羽撰
载茶经	兴马帮	茶古道	入缅藏
茶安邦	稳边疆	元明清	出乌茶
入皇家	进宫廷	现而今	茶复兴
三十万	亩万金	茶六类	皆精品
生瓦屋	伴老君	瓦陶盏	育香茗
山泉水	助神韵	茶出汤	清透亮
茶之香	馥郁长	茶之味	稠滑爽
苏东坡	赞其韵	洪雅茶	乃佳茗
康养游	品有机	青杠坪	茶香溢
拜瓦屋	访玉屏	七里坪	禅竹林
雅柳江	川茶香	槽渔滩	白茶山
汉王育	贡茶地	凤凰顶	有机领
洪雅茶	华夏喜	春雪茶	品牌领
八面山	魁芽誉	古屏羌	出青江
雅雨露	京城馥	茗青源	品种全

云中岭	出精品	容敏瑶	白茶新
松潘茶	藏汉情	偏坡山	出海关
新蜀茶	史册记	榜上名	不胜举
一杯茶	学问大	连乡村	助振兴
贸易畅	外邦惊	家乡人	众齐心
销海外	世界馨	销海外	世界馨

（王柳琳）

浣溪沙·前锋论茶（另一阕）

夏末驱车访志洪。诗书画友聚前锋。谈茶论史话村风。

胜景多因文化秀，市场每念品牌雄。更期雅雨建奇功。

（胡良均）

注：2015年8月7日，县作协组织相关协会赴中山前锋调研茶业发展，受到村支书、雅雨露茶业总经理付志洪等热情接待，大家收看了村上的宣传资料，并进行了热烈的讨论，为企业及乡村发展建言献策。

八声甘州·山乡访茶

往丘陵深处访茶园，跋涉过长亭。看峰峦叠翠，梯台如织，路网成形。农地三权分置，规模助经营。产业腾飞梦，再启航程。

感念乡村夜市，有八方来客，满载而行。叹毛茶禀赋，作嫁怅无名。近些年、殚心求变，创"有机"，倩影亮京城。诚期待，品牌铸就，价值攀升。

注：2018年春，胡良均随有关部门检查中山乡（镇）茶业发展及土地流转，欣悉洪雅有机茶亮相北京相关博览会，有感而作。

（胡良均）

南乡子·子①为你香

南木叶嘉良，雾绕青山伴野荒。千采万摘鲜翠嫩，弥香，犹忆仙人古道伤。

总岗绿波扬，八面春风好景光。岁岁年年茶雅事，匆忙，化却愁烦处处芳。

（罗学平，该词原载于《吃茶去》2016年第6期，标题有改动）

---

① 子，此处指洪雅一种高山绿珠香茶。

洪雅绿茶

洪山雅水孕好茶，从来雅女育佳茗

青山一壶春水浴，茗香万里入君怀

（胡壶）

饮 茶

一

云烟翠采千山岭，春雪壶收一水中。

瓦屋东风等闲过，时光直待落花空。

二

梦里莫惊春欲尽，乡人已惯落花风。

一杯碧玉明前味，林下溪边意不穷。

（何建君）

咏瓦屋春雪茶

万载瓦屋情，千秋春雪茶

天地育此物，乾坤展芳华

（叶平）

瓦屋春雪赋

　　桌山煌煌，若水泱泱。雅茶福地兮，遐迩茗扬。瓦屋春雪兮，品牌响亮。

　　常吟东坡寒堆句，了悟放翁披云诗。妙释茶语，山不凡茶也非凡。瓦屋伟岸，青衣柔婉，山川形胜，雅自天成。斯地绝唱，千年迴响。左牵峨眉，右连蒙顶，天台踞中央。北纬三十度，灵区奥壤，无限风光。得天独厚，得地独优，蚕丛故地，熊猫家园，茶叶故乡。三片叶子染绿世界，曰茶曰竹曰桑。三千岁序，天府其昌，发源发祥发旺。丝路飞花语，茶马古道长，留得岁月芬芳。

　　蜀地茶称圣，洪雅佳茗香。常璩修志华阳，陆羽留经大唐，茶祖开园拓荒，锦织青衣绿岸，文灿两宋斑斓。最牛老字号，最雅盖碗茶。茶凝云雾质，水敛冰雪魂。地道川味，天然口感。从来佳茗似佳人，颜值气质俱神往。邑人自豪哉，清中期雅茶产量蜀之冠，五十年前川炒青立样板。茶史载誉兮，先辈荣光。世纪开篇兮，续写华章。茶亩三十万，茶入五十亿，昂首川茶第一方阵，跃居全国茶业百强。悦乎，洪山雅水，洪福雅量。

　　虽言斗转星移，不变天人合一。泡好一杯茶，洪雅传佳话。浪漫云中花岭，潇洒青青玉屏，逍遥悠悠总岗，山泉净爽，土壤富硒，空气负氧，处处亲切模样。醉美茶园兮，喜煞摄郎，聚焦长枪短枪，大地指纹解自然密码，阶梯诗句刻奋斗伟绩。茶客空间兮，乐得人来人往，茶园变公园，乡村绽放星级景象，茶旅融文旅，一二三产相得益彰。大道至简，品质为王。好看就是生产力，口碑才是硬道理。优势更优，特色更特，旅游名县，领潮康养。践行"两山"转化，笃定绿色发展，踔厉担当，不负众望。

拜圣三炷香，养心一盏茶。瓦屋春雪兮，雅韵回荡。曾记否，三苏访道，雅茶共赏。金釜烹紫笋银毫，灵泉翻清波碧浪。这印象，自难忘。东坡两寄留明证，思亲念友怀乡，笔底情深意长。未曾料，预言早。不朽经典句，活脱广告语。岁月难掩光芒，百姓千载景仰。思今朝，逐梦想。挖掘文化富矿，升腾品牌影响。自信添力量，声誉翘市场。瓦屋春雪兮，和乐万邦。

高天苍苍，大地朗朗。绿水青山兮，放歌茶乡。民富国强兮，盛世交响！

（钟向荣）

一叶清欢滴露，深藏于川藏茶马古道（组诗）

沈家垭

一粒种子。要经过多遥远的跋山涉水
才能觅得一方净土落户
在贫瘠的石缝间发芽、成长，滋生理想
在肥沃的乡音里茁壮、繁衍
被岁月之手劳作为一方沧海茶田

千百年来。这群清欢滴露的小家碧玉
这田浓淡相宜的芳香
就这样以蛰伏的姿势。层层叠叠
坡坡坎坎隐居于深山吊脚楼
像一首世外茶仙
被另一首诗寻访，并用深情依依这组密码
一叶一叶地解开

一叶茶。杵着一根打杵子
背着一位茶夫。在古道上攀登
在时光的风雨中，叩下一个足痕

在取水函,饮成一泓笑靥

在岩石上歇气,歇成一个窝窝头、一颗心

那是人生怎样的一个支点啊

托起了旅程中多少颗日月和星辰

才能抵达珠穆朗玛

一条石渡槽。饮用山间渗泉

滋养这叶茶与这山茶人。它的爱,由南向北

川藏茶马古道。驼铃声由远及近

我的追逐和朝圣。在三峨山土地垭遗址

由近及远

他应该有一个姓氏,一个装订在我们记忆深处的名字——

沈家垭

沈茶坊

这叶茶。定居于三峨山的腰带

于一百多年前,从夹江华头迁徙洪雅汉王谢岩后

便坚定了一个姓氏——沈

我来的时候。她四合院的门庭若市

虽被清冷填满。但她的古老与清新,氤氲依然

木壁门窗上的雕花。一幅幅种茶、采茶

割茶、杀青、溜跺压茶、揉茶、蒸茶

背茶、卖茶、品茶的生活场景

正涟漪着梅兰竹菊般的心境

鲜活得令炽热的春分,也低头赞叹

杉木木甑、棕索提耳、野樱桃方木、桢楠长条木板……

斑驳着一坊的故事、一生的热爱

活血着我对一个姓氏的敬仰

离开的时候。右厢房后的那位桢楠老人

紧紧地握住我的手
指着院坝前的三株老茶姐妹
以及后山新茶园的一丘丘繁忙景象
激动得枝叶颤动、泪眼婆娑，你看，你看——

一个姓氏的血脉，仍在绵延
一部品饮在世人舌尖的史书，正徐徐翻开

独　芽

世上最好的茶
她生活在海拔800m至1200m的次高山
有着次高山的涵养与气质
她必须是一叶独芽。还来不及芳华
就亭亭玉立于世间

像一只醒在水杯中央的慧眼
发现和洞察于天地之间
隽永于世俗的杯底与杯面

在总岗山脉的最高峰磨儿顶
有缘与一叶独芽相遇
只因我五十年如一日，一步一梯从未停下的探访
只因我有着她一样的孤独禀性

高山高水，茶泉、茶湖作伴
冷杉、香杉森林，忠诚的守护
茶风亭，阴晴着冷暖

二月采茶发新芽
手提篮儿上山垭
口唱山歌快快采
筐筐嫩茶献回家……

一叶刚出生的婴儿

一座生命最鲜嫩挺拔的尖峰
今夜。我也是一叶独芽啊
与她同枕月色，共饮朝露，一起甘苦
春天的味蕾

采茶人

星星，为他们打着电筒
月亮，为他们牵手黎明
有了星星月亮的帮忙，
他们采茶的力度更轻、下手更准、心地更细、心情更甜

他们，都是方圆百里的百姓
其中很多人，从小就视茶为亲人为油盐酱醋的生计

他们，着自家的衣服
低头采茶、抬头望天，从来都不曾想过
像别的茶山，清一色的曼妙采茶女
那样秀过，他们最擅长的秀，是
谁采的速度快、谁采的干净、谁采的质量好
谁在烈日和月光下的笑容，最爽朗

日出与日落之间
一个个看似毫不起眼、动作一点也不整齐的舞者
却行云流水在三百多盏茶壶山
那朵惊艳于我眼帘
在悬崖上两手翻飞的八十五岁的茶花
多像一株茶树的前世

从青葱少年，到耄耋老人
不分男女，只分手上的功夫，以及茶叶对茶人的眷恋
一叠日清日结的钞票。拭干每个人满脸的汗水
营养着每个人内心的渴望
甜蜜生活的茶。还得须自己亲手采摘

（许岚）

春天的茶山

春天来了
茶山醒了
雪孕后的茶山
变成了
一位伟大的女人——
狂生出一片片
数不清的幼小生命
一粒粒
翠嫩新芽

春天来了
茶山醒了
变成了
一位浪漫的诗人——
用一棵棵普通的茶树
凝练出一台台
蜿蜒多情的
绿色诗行

春天来了
茶山醒了
变成了
一位神奇的画家——
用清纯美丽的茶姑
渲染画卷
似绿锦上
一朵朵迷乱鲜花
像碧海中
一条条可人鱼儿

春天来了
茶山醒了

变成了
一位抒情歌唱家——
用绿雅清新的空气
把山歌音符
飘上云端
将情歌旋律
缠绕心底
一块块茶地
都是你一首首
绿色的
生态赞歌

啊——！
春天　来了
茶山　醒了
春天的茶山——
你是最爱的母亲
你是完美的
艺术家
你的形象
奇伟而壮丽
你的色彩
充满诗情画意
你的声音
天籁勾魂

春天的茶山啊！
你为何要人
那般疯魔
叫人——
春心荡漾

（罗学平，该诗原载于 2011 年 3 月 22 日《眉山日报》）

心中的茶园

多少次想你
这片高山老川茶园
这里曾是
来自茶之故乡的爷爷
挥锄耕种的茶园
多少次梦你
这片高山老川茶园
你是我白发苍苍的父母
泪水流过
汗水浇过的茶园

年逾半百的我
一次次走近你
望着对面山中
曾是老宅之茶地
和逐渐消失的乡村小路
我一次次发呆
思绪随着茶行蜿蜒

是上苍的安排
还是历史的巧合
或是未了的心愿
又把我紧紧拴在了
这片茶园
我不知终将何去
好想天天看你
轻轻摸你
思念经常让我失眠

茶园久久凝望着我——
你就是当年
牧牛横笛的小壶吗

为什么
我们分别了这么久
我低头无言

我只想
一次次亲近你
虽然没有了老家
你就是我心中的家园
心灵的归宿
哪怕是我——
一厢情愿

（罗学平，该诗原载于《茶精品》2015年第5期）

（三）名诗赏析（部分）

一字至七字诗·茶

茶，

香叶，嫩芽。

慕诗客，爱僧家。

碾雕白玉，罗织红纱。

铫煎黄蕊色，碗转曲尘花。

夜后邀陪明月，晨前独对朝霞。

洗尽古今人不倦，将知醉后岂堪夸。

（唐·元稹）

1. 注释

香叶：芬芳的茶叶。嫩芽：鲜嫩的茶芽。慕诗客：诗词文人喜欢茶之高雅。爱僧家：出家之人看重茶之脱俗。碾雕白玉：白玉雕成的茶碾。罗织红纱：红纱制成的茶筛。铫：煎茶器具。黄蕊色：茶汤鲜嫩澄碧。曲尘花：茶汤上面的饽沫。碗转：品茶人啜茶之情景。

2. 译文

茶，清香的叶、细嫩的芽；诗人喜欢茶的高雅，僧家看重茶的脱俗；烹茶时用白玉雕成的茶碾和红纱制成的茶筛；煎出柔和美丽的鲜嫩黄色，小心去掉茶末；深夜泡上一杯可与明月对饮，早上泡上一杯可以笑看朝霞；很久之前人们就在饮茶，茶不仅能提神醒脑，消除疲倦，还能缓解酒醉，实为佳品。

3. 赏析

此诗具有形式美、韵律美、意蕴美，在诸多的咏茶诗中别具一格，精巧玲珑，堪称一绝。在形式上，全诗巧用汉字形体，搭造一个"金字塔"形的结构，令人耳目一新。在韵律上，全部押的是险韵，一气呵成，展现了高超的驾驭文字的功力。

在意蕴上，用明月、朝霞、罗织、红纱诸意象，给人华而不奢、彩而不眩、纤巧清丽的视觉享受。在寓意上，"慕诗客，爱僧家"，又定出了茶与禅的相通缘由。以"洗尽古今人不倦，将至醉后岂堪夸。"结尾，颂茶叶之功，为古今之人洗心涤虑，不知疲倦；惟醒时可赞，醉后则不能表达清楚。

全诗妙在似是精心堆砌，而又漫不经心；深思熟虑不失挥洒；文字游戏却精妙之作；平白如话彰显深邃意境。

六羡歌

不羡黄金罍，不羡白玉杯。

不羡朝入省，不羡暮入台。

千羡万羡西江水，曾向竟陵城下来。

（唐·陆羽）

1. 注释

羡，羡慕。罍，古代一种盛酒的容器。白玉杯，白玉材质的酒杯。朝，朝廷。省，诗中指从政做官之意。暮，傍晚，诗中指人到晚年。台，古代中央官署名。西江水，水名，陆羽故乡的河流名称，长约3里，古称"西江"。竟陵，古代地名，湖北天门市。

2. 译文

不羡慕黄金做的酒器，不羡慕白玉做的酒杯。不羡慕入朝为官，不羡慕富贵名利。只羡慕故乡的西江水，流向竟陵城边。

3. 赏析

全文34字，简明扼要，写了6个"羡"字，其中4个"不羡"，1个"千羡"，1个"万羡"，充分表现出陆羽爱憎分明、不为名利的处世哲学。

第一句"黄金罍、白玉杯"是盛酒的器具，都代表酒，陆羽不羡酒，实际羡茶。第二句是不羡"入朝为官、富贵名利"，实际是羡慕隐居或云游山中。第三句是对故乡"西江水、竟陵城"的赞美之情，也包含羡茶。陆羽谈茶如此含蓄，确实修养功夫不浅。

从《六羡歌》中，我们可以清晰地看到茶圣陆羽三个方面的特质。第一，陆羽不爱钱财。"黄金罍""白玉杯"是人世间的宝物，是高贵财富的象征，然而，陆羽不羡慕这些，而愿意过着清淡朴素的生活。第二，陆羽不愿从政当官。"朝入省""暮入台"，陆羽不羡从政当官，事实上朝廷曾经授予他太子文学，后来又任命他太常寺太祝等官衔。第三，陆羽向往自己的故乡。"千羡万羡西江水，曾向竟陵城下来"中的"西江水"和"竟陵城"指的是陆羽的家乡。陆羽常年在全国各地进行茶叶研究，在家乡生活时间少，到了晚年更思念家乡。

走笔谢孟谏议寄新茶

日高丈五睡正浓，军将打门惊周公。
口云谏议送书信，白绢斜封三道印。
开缄宛见谏议面，手阅月团三百片。
闻道新年入山里，蛰虫惊动春风起。
天子须尝阳羡茶，百草不敢先开花。
仁风暗结珠蓓蕾，先春抽出黄金芽。
摘鲜焙芳旋封裹，至精至好且不奢。
至尊之馀合王公，何事便到山人家？
柴门反关无俗客，纱帽笼头自煎吃。
碧云引风吹不断，白花浮光凝碗面。
一碗喉吻润，二碗破孤闷。
三碗搜枯肠，唯有文字五千卷。
四碗发轻汗，平生不平事，尽向毛孔散。
五碗肌骨清，六碗通仙灵。
七碗吃不得也，唯觉两腋习习清风生。
蓬莱山，在何处？玉川子乘此清风欲归去。
山上群仙司下土，地位清高隔风雨。
安得知百万亿苍生命，堕在巅崖受辛苦。
便为谏议问苍生，到头还得苏息否。

（唐·卢仝）

《七碗茶歌》是"茶之亚圣"唐代诗人卢仝在其诗《走笔谢孟谏议寄新茶》中的第三部分，也是该诗最为精彩的部分，它充分描绘出了品饮新茶给人带来的美妙意境。

第一碗喉吻润；第二碗驱走孤闷；第三碗就开始反复思索，心中只有道了；第四碗，平生不平的事都能抛到九霄云外，表达了茶人超凡脱俗的宽大胸怀；第五碗感觉浑身肌肉骨头都异常清爽；第六碗就感觉进入通往仙境之路；喝到第七碗时，已两腋生风，飘飘欲仙，欲乘清风归去，到人间仙境蓬莱山上。

一杯清茶，让诗人润喉、除烦、泼墨挥毫，并生出羽化成仙的美景。写出了茶之美妙。茶对他来说，不只是一种口腹之饮，而是为他创造了一片广阔的精神世界，将喝茶提高到了一种非凡的境界。由此可见，专心地喝茶竟可以让人不计世俗，抛却名利，忘却烦恼，羽化登仙。

（四）茶诗名句

一瓯解却山中醉，便觉身轻欲上天。（唐·崔道融）
武夷春暖月初圆，采摘新芽献地仙。（唐·徐夤）
玉蕊一枪称绝品，僧家造法极功夫。（唐·吕岩）
新茶已上焙，旧架忧生醭。旋旋续新烟，呼儿劈寒木。（唐·顾况）
茶，香叶，嫩芽。慕诗客，爱僧家。（唐·元稹）
嫩芽香且灵，吾谓草中英。（唐·郑愚）
尘心洗尽兴难尽，一树蝉声片影斜。（唐·钱起）
天子下帘亲考试，宫人手里过茶汤。（唐·王建）
扫叶煎茶摘叶书，心闲无梦夜窗虚。（唐·曹邺）
乱飘僧舍茶烟湿，密洒歌楼酒力微。（唐·郑谷）
小鼎煎茶面曲池，白须道士竹间棋。（唐·李商隐）
岳寺春深睡起时，虎跑泉畔思迟迟。（唐·成彦雄）
昨日东风吹枳花，酒醒春晚一瓯茶。（唐·李郢）
室香罗药气，笼暖焙茶烟。（唐·白居易）
俗人多泛酒，谁解助茶香。（唐·皎然）
簌簌新英摘露光，小江园里火煎尝。（唐·郑谷）
今宵更有湘江月，照出菲菲满碗花。（唐·刘禹锡）
野泉烟火白云间，坐饮香茶爱此山。（唐·灵一）
叶书传野意，檐溜煮胡茶。（唐·贾岛）
琴里知闻唯渌水，茶中故旧是蒙山。（唐·白居易）
香泉一合乳，煎作连珠沸。（唐·皮日休）
诗情茶助爽，药力酒能宣。（唐·刘禹锡）
不羡黄金罍，不羡白玉杯。（唐·陆羽）
食罢一觉睡，起来两瓯茶。（唐·白居易）
活水还须活火烹，自临钓石取深清。（宋·苏轼）
戏作小诗君勿笑，从来佳茗似佳人。（宋·苏轼）
银瓶泻油浮蚁酒，紫碗铺粟盘龙茶。（宋·苏轼）
春烟寺院敲茶鼓，夕照楼台卓酒旗。（宋·王安国）
味为甘露胜醍醐，服之顿觉沉疴苏。（宋·白玉蟾）
溪边奇茗冠天下，武夷仙人从古栽。（宋·范仲淹）

寒泉自换菖蒲水，活火闲煎橄榄茶。（宋·陆游）
黄金碾畔绿尘飞，碧玉瓯中翠涛起。（宋·范仲淹）
小石冷泉留早味，紫泥新品泛春华。（宋·梅尧臣）
花沟安钓艇，蕉地著茶瓶。（元·德祥）
蚕熟新丝后，茶香煮酒前。（明·杨基）
春风修禊忆江南，洒榼茶炉共一担。（明·唐寅）
坐，请坐，请上坐；茶，敬茶，敬香茶。（明·郑板桥）
扫来竹叶烹茶叶，劈碎松根煮菜根。（明·郑板桥）
雷文古泉八九个，日铸新茶三两瓯。（明·郑板桥）
白菜青盐糙米饭，瓦壶天水菊花茶。（明·郑板桥）
墨兰数枝宣德纸，苦茗一杯成化窑。（明·郑板桥）
楚尾吴头，一片青山入座；淮南江北，半潭秋水烹茶。（明·郑板桥）
寒灯新茗月同煎。浅瓯吹雪试新茶。（明·文徵明）
草堂幽事许谁分，石鼎茶烟隔户闻。（明·浦瑾）
平生于物元无取，消受山中水一杯。（明·孙一元）
石鼎火红诗咏后，竹炉汤沸客来时。（明·瞿佑）
国不可一日无君，君不可一日无茶。（清·乾隆）
试院煎茶并饮甘泉一勺水，仙潭分竹常平苦海万重波。（清·王师俭）
润畦舒茶甲，暖树拆花枪。（清·黄遵宪）
拣茶为款同心友，筑室因藏善本书。（清·张延济）
竹露松风蕉雨，茶烟琴韵书声。（近代·叶元璋）
烹调味尽东南美，最是工夫茶与汤。（近代·冼玉清）
喝茶当于瓦屋纸窗之下，清泉绿茶，用素雅的陶瓷茶具，同二三人共饮，得半日之闲，可抵十年的尘梦。（近代·周作人）
半壁山房待明月，一盏清茗酬知音。（佚名）

三、茶散文

瓦屋春雪 人间清欢

茶有沉浮，人有得失。

在苏东坡的诗词里，茶有君子之品格，佳人之妙质，高人之风度，还兼参禅之韵味。泡一盏新茶，听一曲古韵，看茶叶在水中由蜷曲舒展，恍如佳人翩翩起舞。

在人生的起起落落中，茶给了苏东坡一盏慰藉，也贯穿了他的生命。他口渴时喝茶："酒困路长惟欲睡，日高人渴漫思茶。"他睡觉前喝茶："沐罢巾冠快晚凉，睡余齿颊带茶香。"他思怀时喝茶:"休对故人思故国,且将新火试新茶。"

片片茶叶,陪他走过了人生得意处,也陪他度过了低潮失意关。他喝过最贵的茶,也喝过最苦的茶。如果没经历乌台诗案,如果没躬耕东坡,或许身处庙堂的他并不会明白,"人间有味是清欢"。

苏轼的故乡眉山,是茶的绝好产地。洪雅县种茶历史已有两千年的历史,据洪雅县志记载,"汉唐出名茶、宋朝置茶厂、明清盛兴"。这里年平均气温16.6℃,森林覆盖率超过71%,冬无严寒,夏无酷暑,云多雾大,雨量充沛,空气湿润。特别是农历"九月微微冷,十月小阳春"的独特小气候,让"冬芽早秀"成为洪雅茶叶的标志性特点。

如今,有着"中国最佳生态茶园"美誉的洪雅,是四川省第二大产茶县和全国重点产茶县,"洪雅绿茶"还获得了农业农村部地理标志保护产品殊荣。

寻得一方清幽静雅之地,泡上一杯清茶,任其冲淡杂乱、沉淀思绪,是多么平静而惬意。也许当年,苏轼正是一边品着一盏醇香的洪雅茶,一边吟出了"瓦屋寒堆春后雪,峨眉翠扫雨余天"这样的千古名句。

"瓦屋春雪"是洪雅茶叶区域公用品牌。瓦屋山的神秘,春后雪的灵动,是对洪雅茶叶最完美的诠释。恰到好处的温度,千锤百炼的制茶技术,"瓦屋春雪"保留了如巍巍瓦屋的古朴和宽广,令人神往。

用瓦屋山上融化的雪水烹茶,便是洪雅春天独特的清欢。

(冯露西,该文原载于2022年3月新华社客户端四川频道)

龙溪河畔的做茶世家

洪雅县槽渔滩镇龙溪村的牟德洪,一生与茶有着不解之缘。不仅父辈靠做茶为生,自己做了一辈子茶,如今他的儿子和孙子,也办茶厂,以做茶为业。牟家祖上的牟茶坊,在当年的小龙溪家喻户晓。今天家中的牟茶坊,仍然是龙溪有名的茶叶加工作坊。

牟德洪的老家在牟山小龙溪,即现在的龙溪4队。从牟德洪记事起,父亲牟志安就在家里经营着茶叶作坊。五柱五的老屋,屋里屋外到处堆满茶。檐坎上溜茶,厢房里蒸茶,堂屋里发酵,地坝里晒茶。一丈八尺长、三尺宽的溜板,斜搭在檐坎柱头上。主要以做大茶为主,全靠手工,杀青不像现在有专门的烘锅,全靠在大铁锅里翻炒。由于做茶需要大量的柴火,许多人家背柴来卖,牟家屋后的柴火堆总是码得老高。当年龙溪一带茶树并不多,房前屋后东一棵西一棵,间种着玉米,没有专门的茶地。家里请了长工,从汪村经观音场、骑龙、郭沟、邓岩到花溪等地收茶。当时的茶都是粗加工后卖给茶厂。茶叶用茶刀子割,连老叶一起割得干干净净。先用大铁锅杀青,而后晒干,再上茶甑蒸,摘去杆,再蒸,之后装麻袋里溜踩,发酵,宰断,最后装进花篮子大背篼,一背一百五六十斤。这样做出的茶,叫毛茶。一百斤毛茶,换三斗米。当年卖茶,要翻山越岭走四五十里路,背到雅安草坝对面的和龙茶厂。从龙溪出发,走黄沟、董河(今天的

)、吓巴口、伍坪，到达牌坊沟，即今天的和龙。厂家收茶后，再精加工，成型打包，运进藏区。新中国成立前，龙溪一带好些人家连饭都吃不饱。牟家因为做茶，日子还算过得去。当年的老作坊，在父亲牟志安去世后即停止做茶。

牟德洪和兄弟牟登明、牟德友，从十几岁起就开始与茶打交道。受父辈影响，三兄弟都是做茶能手。牟德洪成年后，到车村做了车家上门女婿。车家老屋是20世纪50年代修的木结构老房，牟德洪把他的做茶技术带到车家，又在家里开了做茶作坊，继续手工做茶。1965年，牟德洪三兄弟共同承包了当时虱子坝旁边的大队茶园——白果坪茶园。茶园有100亩，全是老川茶，还是手工做茶，但已开始做青茶。牟家兄弟在做青茶的同时，仍然将老茶叶割下背回家，在家里做毛茶。20世纪60年代，吴村坝已经有收毛茶的了，卖茶不再那么艰辛。承包10年后，因大队修路差钱，白果坪茶园被抵出去。20世纪70年代，罗坝乡普及种茶，白果坪茶园也更新。全大队动手，烧山砍荒，在山坡上植茶，以种茶树多少记工分。连学校的学生们也去开荒，种茶。队上派人走几十里山路，到新建、花溪等山上摘茶籽做茶种。正是当时的普及种茶，使罗坝茶园面积扩大。土地下户时，茶园被分下户，用竹竿丈量，一人15丈。

1979年，茶园下户后，牟德洪帮助儿子车舟义在家里重新开起了茶叶作坊。此时，前些年种的茶树已基本成林。仍然是烧柴禾，用大铁锅炒，人工溜。这时的成品茶，主要卖给罗坝供销社。后来通公路后，才用车把茶叶拉到和龙茶厂卖。1996年，车家茶坊购置了机器。炒茶用专门的烘锅，烧煤炭取代了烧柴，溜茶也改用揉捻机，告别了人工做茶的时代。

牟德洪的孙儿，即车舟义的儿子车会平，也是做茶的好手。前些年，父亲车舟义在家做毛茶，他在外面与人合伙开茶厂做青茶。2015年，做茶技术已炉火纯青的车会平，回到家，将老屋推倒建起了楼房。他将父亲的老茶作坊进行了扩大，新添炒茶炉子4台，揉捻机5台，开始青茶、老茶规模生产。但蒸茶，仍然采用传统的木甑。原来购回的一台1976年产的旧机器，至今还在使用。

今天已84岁的牟德洪，依然闲不住。偶尔见儿子孙子忙不过来，还会到作坊里帮忙。

（何泽琼，该文原载于《洪雅文史资料》第七辑）

南山有茶

城市与乡村的距离，只隔着一条江。

彼岸是南山。

南山不是山，是山麓延伸至坝中的一列台地。人们习惯将高于平坝又低于山峰的台地，称作坪。被称作青杠坪，是因以前遍生青杠树。在坪上，回看，是墨色浓郁的八面山。前看，是依江而立的城市。

大约二十年前的春天，我在影友的引领下，第一次来到坪上。站在一处制高点，四周全是一台一台的茶园,漫天漫地。下面的止戈坝子,满坝金黄,犹如美丽的地毯。隔岸的城市,高楼隐约,似近似远。突然发现,这里是打量城市的最佳位置。大约就从那时起,我和影友常常往坪上跑,像开辟了一处新景点。最初,要从阳坪绕过去。后来,从柑子场修了一条宽阔的公路,直达青杠坪,上去就更方便了。当年眺望城市的位置,正是现在的望茶亭。

这些年,我经常一个人开车到坪上,拍片或转悠。偶尔,把车停路边,在茶园中步行。只是随意转,没有向更深处走。一天,开着车沿坪上的路继续往纵深去。惊喜地发现,整个坪上,坡上坎下,全是茶园,一直延伸到八面山麓。心想,当年的青杠坪,现在应该叫青茶坪啦。

茶园连片,就成了风景。茶树齐齐整整,随着地形的平坦或起伏,排出不同的队列。平地的茶树,最整齐划一。茶树一株紧挨一株,一色的茂盛翠绿。如果是坡地,茶树就从高到低蔓延下去,流淌着绿韵。如果是山弯,茶树就像波浪一样,蜿蜒有致。遇到山包,茶树就绕着山包,围成一圈又一圈,一直绕到并不高的山顶。还有的茶树,三五株,站在岩边上,但你不会觉得它们孤单。满山满坡的茶树,就这样自然而又匀整地排列着,勾描出层层叠叠的诗意。我清楚茶树并不是生来就这样匀整的。当茶枝儿一个劲往上蹿,农人就会给它们打理。修剪过的茶枝,发芽快,也匀巧。茶叶在不同的季节,呈现出不同的绿。初春的茶芽,嫩绿泛黄。随着气温上升,茶芽转为翠绿。到夏秋,树木葱茏,茶叶就变成深绿了。

春天的青杠坪,色彩变得丰富。总是李花先开。李花白而素雅,文文静静地开在房前屋后或茶地边。尽管,李花和茶叶一样,是素色,但有了它们,茶园看起来就不那么单调了。如果李花树下有采茶的农人在忙碌,那是摄影人求之不得的画面。过不了几天,梨花也来了。梨花和李花比,白得更纯净。和茶树站在一起,像绿底白花的布。点缀着李花梨花的茶园,像极了花布裙。那是我从小到大穿衣的最爱。山上竟然很少桃树。偶然发现一棵,也显得太艳,与茶树在一起,有些不协调。茉莉花色泽香气都淡雅,与茶是绝配,可茉莉生得娇气,需要有人呵护,不适合长在野外。倒是朴素的李花和梨花,才是茶树的好陪衬。

朋友家在青杠坪,工作、生活在城里。父亲母亲,依然守着坪上的茶园。友性恬淡,素爱清静。或许是丢不掉乡愁,将坪上老屋收拾,取名"楠山·茗园"。青瓦房,木壁头,柴房土灶,蓑衣水磨,都是从乡下来的城里人常常惦记的。茗园被葱绿的茶园包围,可谓"开轩面茶垄"。门口,有荷塘半亩,夏天一到,清风拂扬,绿荷摇曳。屋旁有薄地三分,时令蔬果,绿色生态。朋友偶邀三五好友,集体动手,老灶比厨,园中小酌。而后,沿小道漫步,赏青青茶园,揽满山翠色。逍遥南山,好不快哉。

忽一日,朋友召集,称拔茶开地,划成四四方方十份,喜欢种地的朋友自领。我欣然认领一块,约四平方米。先种黄瓜、二季豆,后栽番茄、辣椒。再后来,又弄来两苗冬瓜、两株红苕。由于栽得过于密实，几乎看不到行距。怕营养不良，我隔不了两天就上去浇水。旁边农人看到，说种菜不是浇花，这样浇没营养，要把菜浇黄，即便要浇，也要用粪清水。遂减少浇水的次数。开始学担粪、给二季豆插竹竿，重温生疏了的农事。秩秩斯干，幽幽南山。坪上种了菜，就忍不住把这里比喻成古人向往的南山，把自己比喻成南山农夫。经常得意地对人说，自己在青杠坪种有一方地。

种了地，有了更充足的理由到坪上。有时上去根本不浇粪，只想是看菜长得咋样，确认成活了心里才踏实。二季豆发得好，黄瓜太小气，全军覆没。番茄一开始蔫蔫的，后来好不容易活过来。辣椒、冬瓜、红苕苗都长得还不错。

夏天一到，菜们看长，杂草也比着长。扯草又成了活路。几天不去，青草便肆意蔓延。再后来因为忙，草也懒得扯了。一天，发现二季豆挂满了，可以摘了。次日拿面盆去，居然摘了大半盆。辣椒结了不少，还有几个小番茄。自己种的菜，味道自不说。突然有种收获的成就感。但地头的草越来越盛，让人头疼。过些时候再去，发现除了二季豆爬得高，其他菜都被青草欺负得只看到影子了。甚至摘辣椒要剥开草才找得到，找到也是典型的营养不良。幸好二季豆会攀缘！不仅我的地，其他几块地，一样草势旺盛。为什么草比菜长得还好呢？等于说我给菜浇水浇粪，都浇给草了？哎，只怨自己懒得除草。罢了，农事辛苦，稼穑不易。种了一季后，包括我在内的几位城市农夫，都称杂事繁多，不能尽力耕作。菜园，又被朋友爸妈还原成了茶园。

没有菜地，坪上照常去。至少，它是我们摄影的菜园地。某一日清晨，雨后转晴。一个人悄悄开着车直奔望茶亭，自以为早起的鸟儿有虫吃。还在坡上，一抬头发现早有五六根脚架排开了。影友们相互调侃，"吃独食"。过后，又故技重演。

我还喜欢傍晚开车到坪上。这个时候，停在公路上收茶叶的车，围满手提一篮篮鲜叶的茶农。等收茶车开走，对面县城的灯火也明亮起来。在茶地边眺望城市夜景后，循着茶香找到茶叶加工坊，看茶工在机器上炒制茶叶。如果运气好，遇到哪户人家正在做手工茶，还会喝上纯手工揉制的鲜茶。这个傍晚，便会因为茶香变得格外的美好。

满以为，青杠坪只是洪雅影友的自留地。忽一日，在茶园偶遇一群外地影友。外地影友称，已经来这里三次了，青杠坪茶园是他们每年春天的打卡地，而且每次来都要买好多新做的茶叶。这不，好景岂独享，藏也藏不住。

（何泽琼，该文原载于2020年《雅风文苑》）

大山深处的沈茶坊

如果不是朋友介绍，谁能想到，在这大山深处，还有一家古老的茶坊。

茶坊名叫"沈茶坊"，传说是300多年前沈家人留下的祖业。沈家的祖先早年因为时局动荡，从湖南邵阳迁至四川洪雅谢岩村。初来时以帮人为业，后来看到村里人种茶卖茶，背着茶包子到西藏贩卖，于是变卖了老家的几分田地，加上做工的收入，在谢岩村置下土地，开始种茶，家业做大后，开始兴建茶坊，并取名为"沈茶坊"。

沈茶坊由小到大，逐步扩大，建成了一个气派的八字龙门四合院，远近闻名，很多茶农都到这里打工，很多厂商都到这里加工茶叶。沈茶坊兴盛的模样虽然没有见过，但从现存的雕花门窗，高梁大柱，可以想象出当年的气派。人们都知道从雅安到西藏的茶马古道，不知道的是，这条名扬天下的川藏茶马古道，因了沈茶坊，延续到了洪雅县的总岗山。

洪雅县自古就有种茶的历史，沧海桑田，书写着种茶人创业的艰辛。1958年，洪雅县人民政府以沈茶坊为基础，建立了东风茶厂。尽管这个茶厂只办了几年就关闭了，随后茶厂和茶园收归国有，但它延续了沈茶坊的种茶史。落实土地责任制以后，茶园重新回归沈家，古老的沈茶坊又焕发了青春的活力。

扛起这个种茶史责任的是沈家后人沈卫超。这个身高一米八的山里汉子，高中毕业后曾经出外打工，先后在建筑工地、铁路等做过临时工，经过多年的拼搏努力，组建了民营建设工程有限公司，参与承建兰渝铁路，兴泉铁路，宜毕高速等重点工程。离开家乡的沈卫超，始终挂着家乡的发展，每年为家乡的乡里乡亲提供了200多个就业岗位，技术型人才50余人。2007年，洪雅县委、县政府号召外出务工人员返乡创业，离开家乡已经20余年的沈卫超得知消息后，想起了家乡的总岗山，想起了家乡的汉王湖，想起了大山里还没有脱贫的乡里乡亲，自然而然地，也想起了老家的沈茶坊。于是带着资金和人生的理想，毫不犹豫地回到了大山深处的家乡汉王乡谢岩村。

回到家乡的沈卫超，看到的是崎岖的山路、荒芜的土地、伛偻的背影、留守在村里的空巢老人和留守儿童，以及大部分门庭紧闭的农户，心中难免悲凉起来，产生了返回打工城市的念头。蜗居大城市虽然远离乡土气息，但创业机会、子女受教育的机会会好很多呢。然而，一件事打消了他的念头。

母亲病了，生病的母亲到城里医院检查身体。为了方便，他想让父母住在县城的家里，父母却死活不同意。刚开始他觉得是父母怕给子女添麻烦，后来知道是因为他们不习惯城市的车水马龙，不习惯没有鸡鸣狗吠的生活环境，不到田间地里劳动感到不舒服。母亲病情好转后回到山上，乡里乡亲有的拎鸡蛋，有的逮老母鸡，有的提着一篮子蔬菜，多次前来看望母亲。沈卫超突然对父母的执拗有了些许的了解，忽然对家乡的那片土地产生了割舍不下的感情。于是他望着郁郁葱葱的总岗山，决定进行第二次创业，带领乡里乡亲走出贫困生活。想起茶马古道的故事，想起了老祖宗留下的沈茶坊，他选择了种植茶叶，带领乡亲们走上脱贫致富之路。

在当地党委政府的帮助下，沈卫超从零做起，二次创业，虽然其中不乏艰辛，欣喜的是，他的洪雅县盛邦种养专业合作社，流转土地3000余亩，建成洪雅县盛邦有机药茶基地，解决了谢岩村留守剩余劳动力，通过合作社联营方式，带动周边群众茶叶、土鸡等农副产品销售，实现人均增收1.5万元以上。

在带动群众共同致富的同时,沈卫超还热心公益,无偿援助困难家庭子女上学,为丧失劳动力困难老人提供基本生活保障。并投入40余万元,为周边80余户群众接通自来水,安装太阳能路灯,解决饮水难和亮化问题。2021年9月,沈卫超被乡里乡亲推选为县人大代表。

脚踏家乡的土地,头顶湛蓝的天空,望着大山深处一望无际嫩绿的茶叶,沈卫超表示,茶,是一种生长在树上的叶子,却能展现各种形态,成就各种品牌,带给丰富的营养,留下各种传说,自成文化篇章。乡村振兴中,我愿秉承祖辈品格,做大山深处的一片茶叶,让老祖宗留下的沈茶坊焕发出青春的活力……

(罗大佺,该文原载于2022年3月2日《香港文汇报》)

琴声荡漾听茶香——致敬美丽的琴师茶人郑晓琼

一袭嫩绿色长衫,伴着她轻盈的脚步,将玉兰色的荷叶边裙摆飘飘舞动,宛如静静的湖面随风荡起阵阵的涟漪。

仔细一看:一位20出头的女生,不胖不瘦,中高身材,乌黑铮亮的云朵髻,瓜子脸、柳叶眉,双眼皮、大眼睛;淡妆巧施,肤如凝脂;如花似玉,貌美如仙。气质清新脱俗,美丽而不妖艳,高雅而不冷漠,煞是惹人喜爱。俨然就是一位宋唐穿越而来的中国古典美女,难怪茶界人士称之"小仙女"。

小仙女纤纤玉手轻提罗裙,缓缓登上船头,走到一架21弦的大古筝前,先给四川卫视的摄影师们行了个礼,然后优雅落座于琴师椅上。面对巍巍青山与滔滔江水,小仙女准备演奏献艺(图8-16)。

图8-16 洪雅茶人郑晓琼弹奏古筝

当今社会,不论男女,一个人如果颜值很高就已经非常幸运了,上天会眷顾她(他)很多,到哪都吃香。但更令我们钦佩的是,小仙女除了超高的颜值,还拥有许多才艺,古筝只是她拿手才艺之一。聆听小仙女的演奏,是人生一大享受:时而玉指轻舞,叮叮咚咚流淌出一串串山泉般清澈明亮的音符,直入脑海,沁人心脾;时而巧手翻飞,轰轰烈烈汹涌爆发出潮水般之交响,酣畅淋漓,情绪飞扬。《渔舟唱晚》《青城山下白素贞》《沧海一声笑》《铁血丹心》……一首首经典名曲,她信手拈来,轻松驾驭;令人大饱耳福,回味无穷,把我们带回早已远逝的青春岁月。每曲奏罢,观众掌声雷动,叫好一片,纷纷要求继续再来。

说起小仙女的才艺，其实古筝都是后来学的，最初她学的是中国古典茶艺。她认为：要成为一名优秀的茶艺人才，不能只会泡茶；茶艺人不仅要继承好传统的民族茶艺，还应具备更多的相关才艺，技不压身，要从不同艺术门类中不断吸取营养元素，努力丰富充实自己的茶艺人生，只有这样，表演出来的茶艺节目才更具感染，更有灵魂。于是，她先后学习了古典茶艺、古筝演奏、长嘴壶功夫茶艺以及石头绘画等艺术。

小仙女的茶艺水平，平心而论，在我所见过的四川茶艺表演中，绝对算得上顶级水准。可谓技艺精湛，美轮美奂，她曾获得过成都市百万职工技能大赛茶艺比赛探花奖（第3名）。她的石头画也很漂亮，以花鸟虫鱼、山水风景为主，偶尔也画一些仕女图，趣意横生、韵味绵绵，充满了国画的诗意。每当你捧起她的石头画，都会爱不释手，百看不厌。

俗话说："梅花香自苦寒来，宝剑锋从磨砺出。"在小仙女光鲜亮丽的艺术形象背后，充满了她追求艺术的艰辛坎坷、酸甜苦辣。本来可以靠颜值吃饭的她，由于品性高雅，天生爱茶，使她一直在茶艺及其相关的艺术道路上苦苦追寻、探索创新，无怨无悔、永不放弃。

为了茶艺，小仙女高中毕业后不满20岁便北上北京、南下广州、回到洪雅、再到成都，几经辗转，八方学艺；苦读茶学知识，勤练茶艺技能，通过几年努力，终于练就了一身好茶艺，获得了来之不易的茶艺教师资质。

又说练古筝，不论是严寒还是酷暑，她经常背挎着一架心爱的古筝伴侣，手拎一个茶具大包，往返穿行于成都南——成都北的茫茫人海中，途中口渴想喝一口水都不方便；练琴常练得腰酸背痛，手软脚麻；练习高难技巧时，曾多次想放弃，但都在指导老师的耐心鼓励与感召下坚持了下来，正因如此，才成就了她一手令人羡慕的好琴技。

再说长嘴壶功夫茶艺，那就更苦了。茶界人士都知道，长嘴壶茶艺技巧太复杂，练习难度很大，极易伤身体。一般男生都不愿吃这个苦，很多同事都叫她算了，不要练这个，都说如果没有这方面天赋、不受些伤、不刻苦训练，是根本学不成的。唉！可怜的小仙女怎就爱上了这门痛苦的艺术呢？

坚强勇敢、挚爱茶艺的小仙女偏不信这个邪，她专门接受了四川第2代长嘴壶功夫茶艺大师的正规训练。经大师认真示范，悉心指导，自己反复练习，长嘴壶茶艺中那些"仙人指路、白鹤亮翅、金鸡独立、倒挂金钩、犀牛望月、背后一枪"等动作技巧，均被小仙女踩在了脚下。

当然，训练中确实少不了受伤，一会儿壶嘴伤到手脚了，一会儿壶又把头打中了，在她回忆中脑袋不知挨了多少个包，这些都是常有之事。但有一点肯定的是，越往后练，挨的伤痛就越少了，练的技巧也越来越熟了，离成功也就越来越近了。

功夫不负有心人，又经历了几年的摔打苦磨，小仙女熟练地掌握了长嘴壶功夫茶艺，又为自己的茶艺生涯浓墨重彩地添上了一笔。

话说小仙女十八般茶艺，样样皆通，这已经是一件非常了不起的事情。这里，作者还要特表一下小仙女对她家乡茶叶产业发展的关心与热爱。

文章开头那个场景就是她接受洪雅茶界邀请，从成都自驾到家乡洪雅槽渔滩，免费为端午田锡茶会表演节目；该茶会的主要目的就是弘扬田锡茶文化，促进洪雅茶产业。茶会完后，小仙女晚上还得赶回成都。对于一个年轻的蓉漂茶艺女生来说，那天她来回的消耗、误工的费用，至少也是上千元；但是，为了家乡的茶产业发展，她没有计较这些，总是想怎样才能为家乡的茶叶事业做点力所能及的茶事。

去年的洪雅茶叶年会，有一个节目叫《筝情笛语话雅茶》，表演者全是从来没有上过茶艺舞台的3个小白，他仨凭着对茶叶的一片痴情爱恋，专程跑到成都请小仙女为节目把关，帮助指导。为此，小仙女还专门请了1天假，亲自下厨做饭招待大家，吃完饭请大家品了几泡中国名茶，然后就该节目人员的着装、台风、动作、表情等表演过程，进行了全程艺术指导，并手把手地教了古筝演奏者几招琴技，使得这一节目如期圆满完成。

近日，因茶事活动去了成都一家茶生活体验馆，馆长竟然谈起了小仙女。我想，在成都随便一家茶艺馆都有人知道小仙女，看来小仙女在成都茶界名气不小，混得还不错。馆长说小仙女这女生太优秀了，人如其名，人漂亮、才艺多、不骄不躁、内涵修养好，就像一杯淡雅的清茶，非常可爱，是个难得的茶艺人才，是我们洪雅茶人的骄傲。听到这些，别提有多开心！现在，小仙女在成都也有了自己相对稳定的事业，主要从事茶艺与古筝培训，教学有方，生意兴旺。

艺无止境，茶路长长。衷心祝愿琴师茶人小仙女在今后的茶艺人生路上，生活得更加光彩夺目，灿烂辉煌。祝您一生平安幸福！

（罗学平，该文原载于2020年《雅风》合辑）

茶之故乡

作为成都平原农耕文明的发源地，青神为天府天国贡献的多个重要物产中，茶叶占有很重要的地位。

最早记述茶的，多是传说。青神的传说很早也很美：蚕丛氏开蜀国，劝民农桑，尤以集中养蚕为先，批量摘取的蚕茧为缫丝丝绸提供了充足的原料，也保障了丝长丝色等诸多质量要求，终于有了汉阳丝的品牌。蚕丛氏的女儿黄姑在青神东山慈姥山上采桑养蚕，口渴了随手摘了山中一丛树叶咀嚼，顿时口舌生津，暑热俱散。于是摘得很多嫩叶，织在麻布的披肩上，成了一件嫩绿色的披肩，不料一阵大风吹来，披肩被吹落，从东山顶一直飘过岷江，飘到西山时徐徐降落，原本荒芜的西山立刻一片翠绿，成为有名的茶林坡……

茶叶，是中国人每天必用的"七宝"之一：油盐柴米酱醋茶！而青神茶叶则遍及岷江东西两岸，这其中，尤以中岩茶最为著名。

北宋著名诗人黄庭坚，是为青神茶叶传名、赋诗的第一人。1100年7月，黄庭坚到青神探望姑妈黄寿安，在中岩以龙湫水泡茶，品茗三月，乐而忘返，写下了《玉泉铭》以传诵："玉泉坎坎，来自重险。发源无渐，龙窟琬琰……我以烩茗，泉味不掩。行为白虹，止为方鉴。"

黄庭坚是七月底到中岩的，他煮的是秋茶，并且是山里僧人手工炒制的素茶，俗称炒青。中岩海拔600多米，有霜雾，茶叶多是散生树，故被山僧摘其嫩叶，手工醅制。

煮茶吟诗，于佛教圣地，名刹中岩，成了一件雅事。

明朝，官为四川安抚制置使的余玠走进中岩，在玉泉崖下洗盏煮茶斟酌，而明朝四川巡抚王廷相在《三岩山》中，记载了"上界僧钟午散茶"的趣事，中岩寺僧人每到中午敲钟时，便逐一向客人敬茶。可见中岩茶已成了佛事中的一个仪式了。

明朝进士谢瑜在《三岩山》中生动描写道："细雨莺声初出谷，春风雀舌欲抽茶。"嫩芽才能制成雀舌，沈括《梦溪笔谈》言："茶芽，古人谓之雀舌，麦颗，言其至嫩也。"可见，中岩春茶的采摘，已在清明之前，且叶形饱满，至嫩。

20世纪90年代，观金乡（现归西龙）何清友在县科协支持下，办起了中岩茶厂，传承了中岩手工制茶技艺，生产的毛峰、竹叶青系列畅销成乐两地。县委、县政府也响亮地提出了"农果西茶、北菜南竹"的发展目标。今天的椪柑之乡、竹编之乡两大金牌，便是从那时起步的。而西龙（含原观金、桂花）、罗波（含原天庙）等西部乡镇，也曾经把茶叶发展到6万亩左右，为后来万沟村"茶语原乡"茶叶基地，打下了基础。

溯岷江而上的水上茶马古道，从乐山到新津，也曾把青神的丝绸、茶叶通过人背马驮到了藏区。这个历史也成为非遗资源了，青神的茶叶之源，可见一斑！

（邵永义）

我家的私坊茶

一

我不是一个对茶有着偏执嗜好的顽固茶客，也不是一个善于秀时态的流行茶粉。对茶的了解，不会超过我的村庄，我的家族和亲人。我喝茶，跟祖祖辈辈的喝法并无二样。咕咚咕咚往嘴巴灌，几片老叶，十数次兑水稀释，对付一整天，直到喝出真水无香，海枯石烂，生无可恋。若说，几十年根深蒂固的粗糙牛饮，也算可以拿来说道的私密和绵延，应够得上旷世了。

譬如这个春天，我的书房和办公室的茶盅里，多了一款叫"沈茶坊"的老川茶。准确地说，是"沈茶坊"私家底子的公共绿茶茗品。

还有一个文艺范的乡情共名——"瓦屋春雪"。

"瓦屋春雪"出自乡贤苏东坡的笔下诗意。

"沈茶坊"本家专属手工定制。

如此说来，消遣之余多一丁点个性化的关切，也在情理。

就像此刻，喝干最后一口茶水。长时间的意犹未尽。我并未夸张。某种条件反射，无疑已深入肌体，绷紧每一个清晨和黄昏。那婉转的暮春与初夏。

无法自拔。我注定沦陷于某种怀旧。

二

曾经那么地轻视"喝"。喝，如何能有吃要紧！是"吃"变着花样雕琢口福，还是"喝"转移了那些无法逆转的回忆？

村庄的风化石骨，比不得坝上的黑壤肥沃，出产的豆豆果果，与劳动期许相去甚远。好在砂岩能生长杂树，救命的茶更是不缺。直到今天，我家小孩子都不理解我，说啥老屋人对付挨饿的手段，竟然是喝茶，扯淡？！就因为茶多酚麻痹人的饥饿神经，还是氨基酸是营养物质？

一切不能填饱肚皮的"喝"，都是形式主义。何况，还是泡树叶喝！

打小到现在，直到我们的孩子这一代，都还在继续的误会，似乎未曾改变一个事实：一杯老茶，真的能抵半碗粮。

喝茶，喝"老鹰茶"，喝"炒青"，喝出过日子的温暖和力量，是我从父母那里遗传过来的特殊基因。

母亲爱喝"老鹰茶"，一种叫"润楠"的树叶。母亲在春天采来，大锅蒸熟，杀虫，去青，存竹篓备用。喝的时候，取几片泡水，有一种浓重的虫腥。一直怀疑，母亲是不是怕喝老茶失眠。父亲不以为然，啥怕失眠，是年轻时吃苦太多，舍不得"老鹰茶"那点甜，还有几个工分！原来母亲采摘自留山林的老茶，给生产队换工分，生产队又拿去交国家。自留山上老茶不成片，成片的归队上。队上的老茶，啥时候引种的，不得而知。反正老掉牙，高高矮矮，不大整齐好看。不过够多，有上百亩，都在后山荒坡上。一到春天，队上的人会吆喝着背上背篓，排队上山，采来鲜叶，蒸煮，杀青，再晾干，溜实，打包，做成茶垛子，在夏暑到来前送收购站换现钱。那时候，能变钱的东西实在可怜。茶，就是那可怜之一。自留山的茶，本来就是各家自用的。母亲舍不得采来喝，拿去换工分。乡下人，懂得珍惜。针尖大点的蜜星，能放大成糖罐。母亲又是一个对公家抱有特别好感的农民。村里头一个合作社，就是她带着乡亲们搞起来的。对于"公家"的意义，也许大字不识几个的母亲，只能看到表面上的财富平均，那种你好我好大家好的乡村道德，也许还有一点点的人格平等。在缺粮少吃的集体时代，工分就是饱肚子的硬道理，"茶"就是那硬道理。显然，母亲是把老茶当成粮食珍惜的。喝"老鹰茶"，剩下老茶换工分，有没有自我救赎的意味？这么说来，那老茶是不是就跟口粮无二了？

我的父亲是村里有名的老茶客，对母亲和她的"老鹰茶"不屑一顾，估摸有三个原因：喝过墨水，年轻时候去成都学了些附庸风雅，在村前村后端个老茶杯的确像个显摆的"谱"。

父亲退休回到老屋的时候，队上成片的老茶树，已被切割成块，分予各家。家里的茶，总不见喝缺过。父亲只会做"炒青"。市面上最有卖相的新潮，是"竹叶青"，师傅是从峨眉山下请来的，教得也挺辛苦，从打理茶丛，到采摘，手制，十数样工序不同，还样样不可马虎。队上的人，祖祖辈辈，就会做"炒青"，溜茶垛。再说，"竹叶青"那玩意，也太费工费料，得挑春后雪霁采，还只能掐那独芽，一亩茶地也搞不了几斤鲜货。父亲说他带队上的人，去峨眉考察市场，喝过一款叫"峨眉雪芽"的"竹叶青"，尽管是不可言说的"论道"级，却少了股劲道。模样好看，能当饭吃？我的父亲实在是疑惑。也只有城里的闲人，才喝这种"耍耍茶"了。父亲口头上的"耍耍茶"，不经意间流露出乡下读书人，对城市时尚的鄙视，以及不易察觉的自卑。这话，我不敢在村里说。父亲要的劲道，到底是啥，我没闹醒豁。遗憾，终被一点点放大。繁琐的"竹叶青"手工艺，队上的人没一个学到了家。峨眉山下请来的老师傅彻底灰了心，竟然出馊主意叫队上重新砍了老茶树，改种外来良品，一来茶丛整齐划一，便于除草、剪头、打药、施肥，再就是产量高，茶芽也有光鲜卖相。改种的事情，最终被搁置。队里的人也懒得管了，任那些老茶自生自灭。队上的老茶树，大叶细叶紫皮毛尖，好几个自然选育种，高高低低，伸枝趴丫，进山来的茶商，见了就皱眉头。"竹叶青"手艺饭，吃不了，"炒青"又没人愿意掏钱买。父亲就送人，送山外的亲戚，送老领导，我的办公室也放了几盅。渐渐我习惯了老屋的"炒青"味道。有时替父亲不值，山里的读书人也是读书人，难道喝个"炒青"就一辈子？城里出差，偷闲上回茶楼，我也麻起胆子点一杯"峨眉雪芽"摆阔。我没有理直气壮拒绝"竹叶青"，也有于父亲鸣不平的意思。我在反复比对"老鹰茶""炒青"和"竹叶青"后，最终也是拿不定主意。"炒青"，含苦带涩，能抓住人。"竹叶青"没那么味重，但好闻耐看。"老鹰茶"呢，的确带点恍若花果的甜味。我在想，要能来款茶，有"竹叶青"的体面长相，"炒青"的烟火味道，回口苦尽甘来，我一定把它奉为日常圣明。绝对不是故弄玄虚，就冲我的父母，母亲知恩图报，诚实奉公不掺假的山里人底色，父亲优雅厚道的半路读书人气质。当然，这只是我的一厢情愿。

此后，我从镇上，逃到小城，从小城又奔向更远的市里。空间上的腾挪，几乎消弭了我最后一点乡下人的体味。这不是重点。重点在于，母亲父亲先后离我而去。队上人彻底把老茶树边缘化了，退耕还林，改种经济林木。茶丛就是茶，不能装树样，更与庄稼扯不到一块。用老村人的话叫"二不跨五"，四不像。既如此，那还留它做甚，当摆设？对于老屋人的成见，我不可理喻。我的孩子，却高调支持了他们。还是那句话——一切不能填饱肚皮的"喝"，都是形式主义。

想喝一种"老鹰茶"和"炒青"味道的"峨眉雪芽"，被新新人类的实用主义封杀，成了我的半辈子私密专属，不可告人的非分。

以及隐喻。

茶抑或咖啡，诗意粉饰的两种苟且。一个苟且于寂寥的怀旧，一个苟且于喧嚣的庸常。

人呀，有时候真没法理解。该抱着的，丢了，一点也不手软。不该留的，偏视为传家宝，厮守不放。

这么多年了。生活再没脾气，也把年轻时候积攒下来的本钱，抹得差不多了。比如，对"老鹰茶"那种不入流原味小甜的审美疲劳。再如，追捧"峨眉雪芽"，忘了乡下人的本色。又如，重新捡拾"炒青"，假借时间强化阅世，那不食人间烟火的自我暗示。

死要面子，活受罪。

三

我没有想到，再次强烈地讨论茶，是在这个春天。我的家乡。

茶，俨然成了城里乡下的热门话题。不，这个春天的主题。

让人惊讶的是，解开我多年心中郁结的，竟然是两个本家：小沈和荣华。从辈分上，小沈要叫我祖祖（曾祖父）。荣华是小沈的祖祖。我应该叫荣华老哥。有意思的是，祖孙俩的村庄在总岗山下，叫"沈茶坊"。荣华说，他们的祖上，从八面上那边搬来，差不多有两三百年了。再往上追溯，他们房和我们家，似乎共同扯到一个叫"沈楼房"的祖屋。拉这些家常，的确有塞私货的嫌疑——因了"沈茶坊"的那个"沈"，也因了那"茶坊"。

我的疙瘩，自"沈茶坊"始，慢慢缓释。

小沈送来"沈茶坊"，一种长相阳光清新，味道浓稠绵厚的手工川茶。绿茶已被我淡忘，茶盅里是变身茶模茶样的绞股蓝和苦瓜。这人一过五十，更愿意接近一些本色原味的东西。小沈的长相，笑容，抓住了我的第一印象。一米八的敦实身材，满脸的黝黑和皱纹，看上去更像个常年爬山的老茶农。小沈还不善言辞。闲聊中，我明白他的意思，想邀请我去他的茶山走走，三千亩，在总岗山，大大小小有三百个螺髻山头。

一个做工程的，咋想起来做茶？我纳闷了。

这年头，老板们上山下乡做茶，似乎成风。小沈吃饭的主业是建筑，打理一个几百上千号人的工程队。小沈没有直接回应我的疑惑，讲了个创业旧事。他说，年轻的时候，经人介绍带一帮家乡的民工兄弟，去雪域高原打工，修兰渝铁路。那天寒地冻的，差点就让他们那帮子农村娃放弃了。放弃也没啥，很多施工标段都撤票了。他们工程队第一次上国家工程，就遭遇世界级的施工难题。小沈和他的工友们，退无可退，真有点熬不住了。小沈讲这话的意思，不是苦尽甘来的矫情，也不是道德上的自我吹嘘。他只是传递给我这样一个信息，兰渝铁路，是他和他的工友乡亲挣到的第一笔人生财富。这一句话，听起来，轻轻飘飘。我知道，有谁能轻轻飘飘成功，何况还是农村打工娃。便有些唏嘘了。小沈挣的财富，就是做人的本分和诚信，那是创业的法宝。

因了这次谈话，我欣然接受邀请，来到了总岗山下"沈茶坊"。

四

荣华老哥信誓旦旦地告诉我，"沈茶坊"可以追溯的历史，不会比家族传说短。尽管，老哥关于"沈茶坊"的记忆，只是从大集体时代开始唤醒。那时候，荣华和老屋的乡亲们，就住在"沈茶坊"，种茶，做茶，把茶背到山外，交给公家做边贸。

在此之前，只有一条路，一幢老屋。

种茶、做茶，是"沈茶坊"祖业。我在总岗山下，重走了那条石板路。两百多年前，荣华和小沈的祖上，就是沿这条古路，把茶背到了几十里外的洪雅城和雅安城。茶窝子的讲述，覆盖了五层苍苔，凹陷，无言，以缓慢的凝视。古路的尽头，是一幢老屋，川西常见的那种四合木楼。老屋名自带广告——"沈茶坊"，跟小沈送到我办公室的老川茶同名。我说过，小沈的老川茶，让我心生好感，因了那"沈"，那"茶坊"。

我被"沈茶坊"超级怀旧的老模老样打动。也许是花楸木、杉木或金丝楠的老房柱，没有两百年的虫啃风蚀，是不会长出那样一层斑驳厚重的皮壳的。我坚持认为，老屋用马桑神木建造。它太像我小时候住过的"沈楼房"了。"沈楼房"，也是个四合瓦房木屋，有望楼，可以堆放玉米、土豆，晾晒各种瓜豆。房柱顶天立地，父亲说，那些柱子就是马桑木的。"沈楼房"是我的老家，也是我的村庄。如果说，两者有什么不同，"沈楼房"，仅仅是我家的祖屋，不像"沈茶坊"，有家族"公房"的背景，当然也没有像"沈茶坊"那样精致的雕梁画栋。

从茶坊合作社，讲到人民公社性质的"东方茶厂"。集体时代的"沈茶坊"，总让荣华情不自禁，眉飞色舞。

日出采茶，日落遛堆。云雾山中出好茶。春分一过，太阳就上来了。芽叶，见风就长。得赶在谷雨之前，采指头长的一芽两叶。趁着烟岚带露采。指尖捏上去，不用使力，茶苔就乖乖躺手心了。男人做这活，有点提心吊胆，总感觉于心不忍。好在有姑娘们唱山歌壮胆。"三月采茶正当春，采罢茶来绣花巾。采茶姑娘手儿巧，绣出茶花四季春。"三月天，采茶天，忙都忙不过来，有你那绣花毛巾啥事？原来，这是茶坊故事的开场白。下面就是正题了。"春来那个阳雀叫，三峨（总岗山下一山名）那个沈茶坊。斑竹茶篼晃又晃，妹采茶来哥心慌……"这哪是在采茶，这是茶坊男女的私情独白。也有闷声不开腔的，就搭伴炒青溜堆，男女搭配，干活不累嘛。上午采回来的茶，赶在午后散露萎叶。黄昏到来之前，茶坊一片热火朝天。攒火的攒火，杀青的杀青，烘锅的烘锅，溜堆的溜堆。那时候，还没听说过"竹叶青"，茶坊人只会做最粗糙的那种"炒青"，打成茶包子，背到雅安，换回油盐铁具。这并不会降低茶坊人的快乐。集体劳作性质的茶坊合作社，或者"东风茶厂"，成了茶坊的青年男女展示活力的舞台，茶山茶坊是那舞台，茶篼茶锅是那道具，茶歌茶人则是那有盐有味的折子茶戏了。"沈茶坊"人，会唱"师公脸壳戏"。自湖广入蜀，到八面山那边祖居地，再到总岗山下，走一路，唱一路。他们把茶坊千百年的龙门阵，植入戏里，雕向木窗。戏里戏外，男女老少，一如那春天的茶山茶树，充盈向上生长的共同期许。

"沈茶坊"做派的"炒青"，我没有喝过，估计跟我父亲喝了一辈子的"沈楼房"出品，是一个路子，朴实温暖，烟火气满满。要说有啥不同，我想无非是两种风格的讲述，于我的同情共鸣。父亲的讲述仿佛一个乡村知识分子的喃喃自语，荣华老哥更像在为一群农民乡亲代言，那业已远去的集体愉悦。

五

"沈茶坊"，最终被小沈作为家族公共遗产，保护了下来。不仅仅是那座老屋，还有手工制茶的传说和工艺传承。更为重要的，是那集体劳作的象征意义。

小沈的茶，种满三千亩茶山。土地是从乡亲们手里流转的零散林地。小沈在地里种上本土川茶品种：源于总岗山上原始老林的"蒙山9号"，刚刚选育的"天府5号"和"天府6号"。

我在总岗山下的漫山荫郁中邂逅了它们，那片从集体时代开始繁衍，至少存活了七八十个年份的川茶老林。它们同总岗山上的原生古茶老树，还有那条千年茶马古道，古道边青瓦灰墙的木屋一样，组成了"沈茶坊"的神秘化石群落。

它们不拘一格，似曾相识的模样，在我登上茶山的那一刻，复活了我的记忆：我们家后山的老茶丛，被峨眉来的"竹叶青"师傅鄙视，父亲采它做了一辈子的"炒青"。

一片业已丧失商业效益的川茶老林，能在市场的夹缝中侥幸留存，本身就是奇迹。也只能用情怀去解释了。随行的川茶专家说，就这一点情怀，就可以将"沈茶坊"载入川茶史。再说，它们的确遗传了巴蜀原生茗种的优良品质。

返乡创业的小沈，有心听从了川茶专家的建议，将老茶林作为自然选育种库，呵护起来。总岗山顶平台三百个螺髻山头，现在是老茶林后代的天下，它们的青春无敌，让我刮目相看：几年时间繁衍3000亩，年产明前鲜芽两万斤。

山不在高，有茶则名。总岗山因茶而名。中国茶的根在巴蜀。文献记载"武阳买茶"证明了这一点。巴蜀培茶，从总岗山开始生发。"沈茶坊"的人说，蒙顶山茶祖甘露大师吴理真，在总岗山上找到七株老茶树，这七棵老茶树就是千万亩老川茶的始祖。为了让我信服，荣华和几个茶坊老人，带我钻进山后的老林，真的找到了与"沈茶坊"老川茶林，还有小沈现代茶园的"蒙山9号""天府5号""天府6号"，都有着同样基因的野生老茶群落。从这一点讲，茶坊的乡亲们拿茶这一件事，就说道一辈子，是有底气的。总岗山的天然禀赋，"沈茶坊"的不老传说，就是那底气。

选择总岗山顶荒林，开辟茶园，小沈虚心请教川茶专家，做足了功课：北纬30°，风化的丹霞地貌岩土基层，富含高品位的天然"锌""硒"等稀缺矿物，三百六十度无死角的逐光而居，加上1000m左右的海拔，保证了氨基酸等一应营养物质的合成和储备，建构了一款养生物产的科学模型；每年超过300天的云雾烟岚和雨雪风霜，南来北往的通透风口，塑造了那茶的自然身形，赋能了那茶的"茶坊人"厚道，"茶坊人"精神。

物种品质，地理差异，土壤营养，阳光雨露，当然是一款好茶的先决条件。比如"瓦屋春雪"。

像"沈茶坊"那种"时间的存在感"，栖息在家族的血脉里，徜徉在乡村大道上，又那么地不可或缺。

谈喝茶，当然不只茶的优劣本身，也不只那口福的"喝"。当"喝"的形式，到了可以谈历史，谈文化，甚至更高层面的极致，那形式真的便有了"主义"的价值。现代人，应该有"主义"的。我说的"主义"，显然与我家孩子诟病的"形式主义"的"喝"有着根本不同，一个有"行为主义"的嫌疑，一个更接近于日常的审美化，比如知足常乐，淡泊明志，与理想主义。

时间与空间，物化与诗意。总岗山和"沈茶坊"似乎都有。它们不约而同为"瓦屋春雪"，完善集体的背书。

六

小沈送给我的茶，叫"沈茶坊"，也叫"瓦屋春雪"。怎么叫都讨人喜欢，我无法做出二选一的决断，就像不能在总岗山和青衣江之间分个彼此一样。

总岗山下，茶坊春雪。青衣江畔，白鱼紫笋。

清明来临之前，我在小沈的农业合作社，见到了撩开面纱后的真茶，喝到了正宗"沈茶坊"手工出品，用总岗山泉水泡开的原汁原味。

那老道浑厚的苦涩之后，绵长不绝的可口甘甜。

小沈似乎从未在我的面前，夸过他的茶。在"沈茶坊"的那几天，小沈只是带我爬他的茶山，赏他种的药材。

"沈茶坊"的茶园，常年间种些药材，比如黄柏、黄精、柴胡、重楼、白及、百合……黄柏和柴胡，开着酷似簪发步摇的金花。黄精的花，远看像洒落的油彩斑点，近看又像采茶妹子的翡翠吊坠。重楼，似倒扣的细花阳伞。最好看是白及、百合，花开出架，热情奔放，像大嘴巴的茶坊"吹吹匠"。

茶园本来是不宜杂以恶木的，桂、梅、辛夷、玉兰、玫瑰、栀子可以例外。把茶种在花果之间，是江南太湖洞庭山茶农的发明。饱吸四季花果之香，酝酿了碧螺春"吓煞人"的神仙气息。或许，小沈受到了碧螺春茶农的启发——花果之香为茶的优品加持，茶药互动，吐故纳新。这么说来，"沈茶坊"的茶，似乎天然地有了保健的药饮背景。

小沈说，接下来他还要种更多的药材，杜仲、厚朴、栀子、辛夷……直到万亩。小沈种植药材的兴趣，似乎要比种茶浓厚许多。种植药材，一来成本低，二来经济效益比茶要靠谱。种茶实在寂寞。好了，现在有了开花结果的山木药材作伴。开花季节，徜徉于园，不是被花色迷惑，就是被茶香沐浴。

三千亩茶园，一万亩芬芳。这个春天最完美的那一幕赏心悦目。

七

千年古道,百年茶坊。

春色向内,芬芳向外。

三月,茶与茶的相长。

就像花香鸟语,被春风春水感动。

我被我的前世和来生感动。

前世一座"沈茶坊",来生一款"瓦屋春雪"。

我感动于百年不变的草木品格,不加修饰的直,或者弯曲,略带毛尖,性温,微苦。苦尽甘来。

我感动于亘古以来的地利,北纬30°,海拔千米。岚山隐嘉木,遗世而独立。

感动于超越茶本身,更接近于形而上的定义,本色出演,温度刚刚觉醒,各种包容,甚至宗教与玄学。

感动于它的公共意义,那由小及大,由近而远,公而无私的集体理想。

小沈茶园的土地,名义上还是"沈茶坊"乡亲们的共有财富。它们只是把土地流转给小沈,在小沈的专业规划下,给予最体贴的打理。秋冬,除草打丫,春夏,采芽收茶。他们没有落下任何一样农事。茶园,还叫"沈茶坊"。茶人,还叫"沈茶坊"人。

就像这个春天,邀三五小伙姑娘,撩开满山朝露烟岚,踏一路土话山歌,乘兴而去,载茶而归。活蹦乱跳的青春之火,重新架上茶坊老锅。

山路还是那山那路。茶坊还是那茶那坊。

人面却不是那人那面。茶香也不是那茶那香。

当人面遇上茶香,当一个春天翻开另一个春天,当"炒青"的况味,叠加"老鹰茶"小甜,"竹叶青"的神采,我看见"沈茶坊"正焕发"瓦屋春雪"的奕奕新晖。

那么摇曳。出山泉水清,高处的悠远。跌落无声。青春光亮三月。

八

从立春,到春天全部。

从我的父母,到他们,那些农民亲人。

从山中老屋,到无所不在的吾乡。

从老派的"沈茶坊",到新潮的"瓦屋春雪"。

……

这不断复制,逐渐放大的过程,并未稀释杯中的盈怀。我的怦然心动,更趋于眼前的集中:

想见青衣江畔路,沈家茶坊出雪芽。

曾经沧海难为水,除却乡青不是茶。

之前,"沈茶坊"扭结了半辈子的细小和逼仄。从"瓦屋春雪"开始,我的每一次业已醒来,都将是永不谢幕的春天。那雪后的清明,诗和远方;那故乡的绿水青山,金山银山。

我开怀畅饮,毫无保留地推荐给我的朋友们。漫不经心与自信满满。止不住小激动。

我一个人的私坊情绪,于是成为我,我们,以及更多的朋友,可以无限分享,一路秉持的隽永。

(沈荣均,该文原载于2022年4月人民日报客户端四川频道)

黑茶遇见童年的老川茶

宅家的时候就喜欢与茶为友,特别是家中有老川茶时,则为生活平添不少趣味。在古意浓郁的茶香里,一些禁锢的心情和不良的情绪得以释放,那些流逝的茶景便飘上眼前。

在我的印象深处,深藏着一种茶香味。儿时家里的餐桌边放着两个大热水瓶和一个陶瓷茶盅,茶盅里满是黑乎乎的茶垢,也不知道泡了多少次茶。每天清早,父母生火做饭时会烧一大锅开水,这时父亲便在茶盅里放上一撮茶叶,舀上一大瓢开水倒入茶盅,顿时茶香四溢飘满整个厨房,一天的茶水就泡好了。

炎炎夏日放学回家,我已是满身汗湿,到家赶紧端起茶盅,咕隆咕隆喝上几口,喝的时候只觉得嘴里很苦很涩,喝上几口虽有点苦涩,但很快就止渴了,清凉感便油然而至,那便是我初尝老川茶时的感觉。从此我无论身在何方,都迷恋着老川茶。

及至长大,便知道巴蜀是中国最古老的产茶地之一,中国历史上最早的茶人,也几乎都是蜀人,而且都是大文化人。如写《僮约赋》的王褒是四川人,他首次记载了我国买菜、饮茶的情况,大文学家司马相如也是茶的知音。川民一直保留了喜好饮茶的习惯,其中突出的表现便是茶馆。有谚语说:"头上晴天少,眼前茶馆多。"传统川茶馆标配是紫铜茶壶、锡杯托、景瓷盖碗、圆沱茶、好幺师。

一方水土养一方茶,我们村海拔在1000m左右,正是老川茶生长的好地方。老川茶大多生长在酸性土壤,通过有性方式(茶果)进行繁殖,幼苗主根发达,对环境的适应性较强,在寒冷的高山地区仍然能顽强生长。每年开春之际,我们村子里的老老少少们挎着小竹篓,分散在茶园的各个角落,一双双"无影手"快、狠、准地轻掐茶树新吐出来的绿芽。以前家庭收入来源少,卖茶叶便是家里主要收入来源之一。为了每天多采摘一些,父母每天天刚亮就起床收拾去采茶。采茶是体力活,也是技术活,独芽的采摘,机器无法代替,全靠一叶一叶不厌其烦地采摘。老川茶芽头细小,一天下来三四斤鲜叶已是全力,长年累月的采摘,茶青渗透到手指缝,指甲里面去,和皮肤再也分不开,碧绿色的手指尖现在来看,充满浪漫诗意,其实那是辛劳岁月的痕迹。

如今老川茶因为产量低,头采晚,卖不上好价,所以很多茶农改成种福鼎131、福鼎9号茶等改良品种,村里只有一部分茶农还保留有老川茶品种。余坪镇返乡创业的刘长彬,经过多年探索,利用老川茶根系深沉发达,能吸收到不同扦插良种茶树所无法吸收到的营养，茶树进入秋冬后，休眠期长，发芽晚，产量低，积累的内含物质丰富，氨基酸含量偏高，口感醇厚耐泡，回甘生津的特点，在传统"黑茶"基础上开发"洪雅黑茶"新品牌，使古老黑茶焕发新彩。目前已开发黑茶系列多个新品，刘长彬的"洪雅黑茶"以其滋味醇厚、菌香浓郁，低氟安全（氟含量69mg/kg，远远低于国家控制标准300mg/kg）等特色成为"雅茶"品牌新宠，特别是新开发的"女士黑茶"，以"养颜助眠"开创了传统雅茶新境界。

洪雅黑茶不仅使老川茶焕发青春，让种老川茶有了新的创收出路，也将原本修剪抛弃的老茶叶"变废为宝"，帮助茶农每亩增收1200元，洪雅黑茶的复兴，成为带动乡村振兴，脱贫致富的新动力。

我的生活，离不开一壶茶，既是一种乡愁，也是一种情怀。老川茶得以传承并发扬光大，是茶业的幸运，也是文化的幸运。庆幸刘长彬遇见了黑茶，又遇见了老川茶。

（沈萍，该文原载于2022年《康养洪雅》）

茶言阅色青杠坪

立春过后，风渐渐有了暖意，青杠坪的茶农们便开始惦记睡了一个冬天的茶园。晴朗的午后，茶农们绕道围着茶园散步。茶农的脚步声、日渐攀升的气温，惊扰了满山满坳的茶梦。茶芽揉揉困眼，刚要伸个懒腰，"茶醒了！""茶醒了！"欣喜之声在茶山间此起彼伏。长达半年的采茶拉开序幕。

早晨天边刚泛鱼肚白，采茶人一个侧身起床，简单麻利吃过早饭，远距离的发动三轮摩托车、近处的迈着疾步奔向茶园。采茶人到达各自茶园，一头扎进去，目不斜视，十指如飞在茶枝间穿梭。时间滑过指尖，挎在腰间的竹篮渐渐沉甸，采茶人不时瞅瞅篮底的收获，几个时辰的劳动成果心中有了个大概。天色渐暗，三三两两收购鲜茶的贩子已在各茶园要道守候多时。鲜茶价格每日略有不同，在这信息及时互通的年代，每个茶贩的收购价格早成了公开的秘密。采茶人卖了茶叶，揣着红红绿绿的钞票，慢慢张罗晚饭。

茶芽采不尽，春风吹又生。一遍还没采完，头两天刚采过的茶园早有茶芽源源不断地探头探脑，这让采农又喜又愁。如不及时采摘，嫩芽一旦成了大芽，价格飞流直下；倘若大芽散开，银子便化成水。茶农各出高招，四处招揽人。麻将室的常客成了采茶人。身体还硬朗的老人成了采茶人。镇里城里的无业游民也加入采茶大军，他们按照事先的约定，分享一天的采茶成果，日结日清，皆大欢喜。

一夜清明雨后，茶芽毫不顾及主人的愁绪，你赶着我，我赶着你，你挤着我，我挤着你，一股脑儿冒出来，既像给主人卖欢，更像给主人示威。方圆周遭招不到人了，女人给城里的儿子儿媳发了话：回来帮忙掐茶。

清明假期只得作罢，儿子儿媳一大早买了酒肉好菜，带上孙子赶回老家，奔向茶园。

碎金云彩半掩着太阳，万缕霞光沐浴着漫山遍野，层层茶梯如百褶翠裙，经了一夜雨水的浸洗，清凉便从眼底漫入了骨髓。一厢厢茶树靠挽着香肩，一枚枚刚萌的茶芽润如丰唇。放眼望去，采茶人星星点点，如浩渺湖面上的帆船。女人早早到了茶园，腰间竹篮底已铺了一层薄薄茶芽。女人双手在茶枝间翻飞，片片茶芽即刻落在左右掌间。女人短小粗壮却不失灵活的十指落在琴键上会弹出怎样的曲子？一定是采茶曲了。会弹钢琴的儿媳想。

儿子接过母亲准备好的竹篮，母亲利索高效的采茶动作，落在他的手指上僵硬得不听使唤。儿媳十指纤细如葱，上周做的指甲在茂密油绿茶叶映衬下，红得耀眼诱人。六岁的孙子如出厩的马驹，在茶垄间撒着欢。一会儿学着大人的采茶模样，一会儿跑到别处扯一撮野花野草，一会儿窜到女人身边："奶奶，这是什么花？""奶奶，这是什么草？""奶奶，这个能不能吃？""奶奶，这个有什么用？"孙子有点影响女人的采茶速度，女人并不恼。女人年轻时带着儿子下地干活的情景与今天重叠起来。

当年她挠破头也想不到会有今日。儿子在城里的机关上班，娶了城里的姑娘，添了孙子，买了房子、车子。她侍弄几亩茶园，告别水稻玉米那些粗重农活，收入还翻了番。儿子儿媳多次劝她放弃茶园，进城带孙子，女人知道这是孩子们心疼她。在她采茶忙不过来的时候，他们总要回来帮忙。女人直起身子，捶了捶有些酸痛的腰，满眼满心宠溺地看着孙子红扑扑的脸蛋儿、衣服上蹭的泥巴。隔着一厢茶的儿子儿媳，边采茶边低声细语，偶尔有笑声传过来。女人觉得今天的茶园成了一条船，一家四口都是船员，撑着篙漫溯在幸福的河流里。尽管丈夫几年前去世了，但并不影响她此刻的满足与幸福。

炎热夏季来临时，采茶已近尾声。女人接到孙子电话：他在广场看见了奶奶的茶园、看见了奶奶。女人很纳闷：自己的茶园怎么会到了广场？何况她已有小半年没进城了。

女人摘了新鲜瓜果蔬菜进城看孙子。晚上，孙子拉了女人到广场，一排排展板立在广场一角，孙子直奔到一块展板前："这是奶奶的茶园，里面的人就是奶奶。"照片里，晨光穿过树梢，朦胧光影里，依山形而生的层层茶厢，起伏如波涛，满照片的绿，一不小心就要溢出框外。一身着红衣的女子，戴着白帽，下半身淹没在茶海里，正专注采着茶。"那天，奶奶穿的就是红衣服。这人这是奶奶。"孙子说得笃定十足。女人看见了照片的名字《青杠坪茶园》。左侧有一幅照片：一只正采茶的手肤白如雪，美甲如血，绿茶如玉。这张照片女人有些眼熟。她想了想，拿出手机翻看儿子的朋友圈。她很快找到了这张照片，还有一行当初被她忽略的文字：红酥手，绿茶油。一抹春色把人诱。骄阳烈，兴致切。家人齐聚，情满山野。悦悦悦。

女人久久看着照片，有点恍惚。这是她天天所见的青杠坪吗？这是她天天埋头采茶的茶园吗？这不是只有电影电视里才看得到的吗？明天、明年采茶时，她一定要仔细好好看一看。

（宋学蓉，该文原载于2020年《雅风文苑》）

与山品茗——观音山品茶记

喝酒是全世界的人，特别是男人或喜庆，或聚会，或哀伤时共同宣泄情绪的首选方式。喝茶，则基本只是中国人的生活习惯，但却是渗透进骨子里的习惯，许多人晨起方便后第一要务便是泡茶，然后才说早餐。喝茶一般与喜怒无关，与贵贱无关，但一定与情趣或情境有关。

茶圣陆游在《六羡歌》中对喝茶的境界就有描述："不羡黄金罍，不羡白玉杯，不羡朝入省，不羡暮入台，千羡万羡西江水，曾向竟陵城下来。"六个喝茶的好地方，一个比一个好，竟陵城好到哪里去？没细说，已经无从查考。综合古人对喝茶境界的描写，白居易的《两碗茶》写道："食罢一觉睡，起来两碗茶；举头看日影，已复西南斜；乐人惜日促，忧人厌年赊；无忧无乐者，长短任生涯。"闲情逸趣，唐朝人的日常生活习惯如今读来依然不陌生，"尝尽溪茶与山茗"，苏东坡的咏茶佳句，那境界有如李白"举杯邀明月，对影成三人"的奇妙。能与山共品茗，那是怎样的山啊？

那一年的春日，与朋友往洪雅县东岳镇的观音山看茶。才及半山，就仿佛来到了神话世界。石板山径旁的小溪在身边唱着小曲，那种久违的亲切感油然而生，漫山的茶树在雾中若隐若现，云雾和小溪绕着山舞蹈，目之所及，流动着的风景，壮观而奇妙。呼吸着凉爽清新的空气，恨不得掏出被污染的肺好好清洗一番，感觉这不是虚空的空气，我张大着嘴，大口进食这胜于美味的空气，一群人都驻足下来，没一丝声息，都微微扬起头，尽情享受这灵魂的盛宴，那份痴醉，一生难以遇见。

观音山，仅以一片云一山溪就令我仰视，令我膜拜。绕出一片云雾，一块巨石从天而降横卧山口，震人心魄，那气势不亚于赵子龙立于当阳桥头，直令山河失色。观音山的阴柔之美，全赖这阳刚的巨人守护着啊。

山石不生一草，坚硬如铁，细腻润手，泛着红光，与周围山色不同，没人知道山石从何而来。围着山石绕行三圈，人显得十分渺小，敬畏之心油然而生。传说中书痴米芾拜石，估计就是这样奇遇奇石，心生敬慕吧？

就在奇石旁茅棚煮水品茗。背靠奇石，静观茶山云雾变幻，借身边溪水烧煮，泡现炒春茶，让春日暖阳从云雾中洒落身上，"心随流水去，身与风云闲"，这是怎样的境界？估计要胜过竟陵城，若陆茶圣至此，当续写《茶经》，改《六羡歌》为《七羡歌》吧。

果然，石炉柴火飘起青烟，应了魏时敏"待到春风二三月，石炉敲火试新茶"的诗意。待水煮沸，冲进盖碗，缕缕茶雾飘然升起，茶香扑鼻，众茶客微闭眼睛，已不饮自醉。品茗至此境界，那还是品茶吗？孙一元诗为"平生于物之无取，消受山中水一杯"，而另一位更入魔的佚名诗人更说"茶香高山云雾质，水甜幽泉霜当魂"。

茶毕竟还是茶，不是魔。在观音山看茶、品茗，饱眼福，享口福，醉心灵。那份陶醉，如黄庭坚《茶词》所言："口不能言，心下快活自省。"但如果带着佛心在此品茶，那就如陆游"青灯耿窗户，设茗听雪落"，或周杏村"济入茶水行方便；悟道庵门洗俗尘"，便入茶禅一味的境界了。

在观音山品茶，真正与古人境界相似的地方甚多，如韩奕"欲试点茶三味手，上山亲汲云间泉"，张可久"舌底朝朝茶味，眼前处处诗题"，崔道融"一瓯解却山中醉，便觉身轻欲上天"，郑板桥"白菜青盐糁子饭，瓦壶天水菊花茶"，不正描写的此情此景吗？

流连观音山，仰拜观音山的巨大奇石。每次驻足巨石旁，便心生敬畏，畏天畏地畏自然，我便端起茶碗，想起东坡诗句"尝尽溪茶与山茗"：干杯，我的观音山！

怀素拜石，我既拜石，也拜山。石有灵，山有性。

（王德跃，该文原载于《在场》杂志2015年冬季刊）

小窗闲坐听茶声

早就想写一点文字来纪念这段与茶的温暖相遇：也许外表开朗的人是孤独的，可以抚慰别人的创伤，而自己却往往被忽略，受伤了只有偷偷躲在角落里舔舐伤口，回到阳光下依旧开朗、灿烂……也许是不愿放下自己的骄傲，只有选择逃避，在没有诧异的目光中找寻所谓的安全感。书，成了最好的防空洞，《诗经》《楚辞》《汉赋》《唐诗》《宋词》《元曲》《纳兰词》，抚慰着心灵最柔软的角落。在红尘中走了太久太久，有点累了、倦了，好想寻得一清灵之处来安放自己的灵魂，在某一心动时刻就这样与茶温暖相遇了。与茶相遇，没有寒暄，没有客套，有的是一份默契与懂得，身体和心灵都得到洗涤，拨动着我的心弦，从此便不可一日无茶。它打动我的方式是那份质朴，是无声的陪伴，和难以割舍的情结。为了营造出品茶的环境，随时布置出不同的茶席，我不辞辛苦，用心打造了一个，属于自己的茶室。这里没有装修的豪华，没有茶器的精美，有的只是质朴、宁静、优雅，每一件茶具、摆件、装饰，都用心挑选，有的甚至是从乡下淘来的废旧，从山上、田间挖来的野草、树桩，河边捡来的石头，自己动手制作而成，一个雅、静、温、香、舒、暖的，适合品茶的空间在我家诞生了。没有任何困扰，累了就躺着，或普洱，或黑茶，咕噜咕噜地煮着；龙井、毛峰、猴魁，淡定地品饮着；红茶知性地冲泡着，任茶香在小屋里任性地弥漫着，所有的烦恼都被这份宁静和茶香冲洗，感受空间与茶之间的互相包容，闻到了中华民族的缕缕清香。

喧嚣尘落香初起，小院闲坐听茶声，此生有茶相伴，夫复何求？常常是一壶茶在手，或闻香，或欣赏，或慢饮，或静静地听着茶汤沸腾的声音，就这样悠悠地喝着，许多生活中难解的结，便在时间的缓释中悄然解开，许多生活中的焦灼，便在这茶汤的热气弥漫中淡泊了下来，泡茶、品茶的过程，让我想起人生，青涩茫然的少年，摒弃浮躁，让心灵沉静下来；浓烈的青年经历着艰难困苦，为人生积累着不可磨灭的财富，雅致的中年，甘甜而有韵味，有所成就；愈来愈淡泊无求的老年，往往会怀念起年轻时的一幕一幕，少年时的青涩懵懂、青壮年时期的拼搏、中年时期的成就与满足，每一幕都令人感慨，最终化为一缕茶香，萦绕在清新恬淡的生活中。茶之美，就是那份心安理得的冲淡，不争不抢，淡是茶的真味，淡泊是人生的真味，漫漫人生就如同品饮不同的茶，各有一番滋味，人生如茶，茶如人生，在淡淡的甘甜之中细细品尝茶中独有的韵味，在那蓦然回首之中感悟真正的人生，一人、一壶、一茶，足以洗去一生风尘，暖一路岁月红尘，今生所有的赐予，都是生命中最好的安排，这段与茶的相遇，何尝不是上苍的恩泽？

您来了，为您沏一盏清茶，烧水、冲泡、闻香、品饮，难得的是您恰好来，我恰好在，因为爱茶、品茶，我们遇见，聊诗歌、聊文学、聊古今，酣畅淋漓，情到深处，总是抑制不住知音难求的喜悦，一次次地握手拥抱，难舍难分，依依不舍地期盼着下一次的约茶，大有当初林徽因在老北京胡同里"太太的客厅"之谈笑风生，文学、茶道、琴、棋、书、画，在一杯一盏一壶茶的品饮中再次升华，以茶会友天长地久，令多少风流人物还看今朝。茶总是在安静中等待着有缘人，一盏茶缩短了人与人之间的距离，品饮者虚怀若谷，怡然自得，人生如茶，浮浮沉沉，每个人总有不如意，芸芸众生，谁人不是沧海桑田？每个人都在修行的路上朝拜，若能看淡，便不会负累、拿起、放下。茶的氛围内没有孤独，只有或清香扑鼻，或果香四溢，或酽酽的茶汤，以及浓浓陈韵的香味，从来佳茗似佳人。每当被这些大自然的赐予所感动，总会情不自禁地轻声吟咏唐代诗人卢仝的《七碗茶诗》。

一碗喉吻润，二碗破孤闷，三碗搜枯肠，唯有文字五千卷，四碗发轻汗，平生不平事，尽向毛孔散，五碗肌骨清，六碗通仙灵，七碗喝不得也，唯觉两腋习习清风生。愿众生，不争、不急，将一壶茶喝到无味，将一卷书读到无字，将平淡的日子过到无悔，于悠悠岁月中，细品茶的清浅，心若懂得，茶定不负你。

"茶"字拆开来，即人在草木间，人生一世，草木一秋，几度冷暖，几许繁华。前有古人今有来者，被茶深深吸引，对大自然充满敬畏，更为寻求一泡好茶。有一年夏天带着简朴的茶具，古朴的红泥炭火炉，到了一座古老的深山中寻幽觅静，功夫不负有心人，一处小溪呈现在眼前，溪水清澈透明哗哗流淌，各种植物生机勃勃，不知名的野花、小草在石缝间顽强地生长着，太阳照在溪水里，岩石上，依然凉风习习，溪流中一块平坦的岩石，一汪清泉水从岩缝中渗出，这一草一树，一山一水仿佛是大自然赐予的天然茶席，身心完全融入了这世外桃源之中。当烧好的山泉水缓缓定点注入壶内，水唤醒了茶，茶又成就了水，茶因水而重生，水因茶而丰富。一壶茶饱含了人与自然的统一和谐，随意坐在一块岩石上，任双脚舒坦地泡在凉爽的溪水里，偶尔还顽皮地溅起水花，仿佛穿越回了童年的美好时光，已不知今夕是何年？呷一口茶汤，任清清浅浅的苦涩在舌尖荡漾，充溢齿喉，余香满唇，在那肺腑间蔓延开，当充满泉水甘甜味的茶汤静静地浸润内心的每一个角落时，涤尽了一切的疲惫与冷漠，脚上穿的拖鞋何时已被流淌的溪水冲走也浑然不知！此刻，溪水、泉水、山、草、树、石、竹，在眼中都充满了禅意，纵然是独饮也醉了。致敬吧，已经走过并即将走过的茶路历程！

（杨艳云，该文原载于2019年《雅风》合辑）

茶缘梦，梦圆桃源

多年来有一个梦：踏进青青茶园，过一把采茶瘾。

今日梦圆。

宅家两月余，终于可以奔向田园，得享脱笼之鹄的快乐，奔向我的世外桃源。

山路崎岖，水泥路蜿蜒盘旋，和风习习，蝶舞鸟鸣，轻车熟路，在苍翠的林间飘移，跳起了优美的华尔兹。

家乡的田园风光，早已华丽转身，层层梯田，稻秧满园的春光图，十多年前就被历史卷轴收藏。如今，退耕还林，满目苍翠，满山梯田嬗变为层层叠叠的茶园。森林碧波荡漾，儿时常见的香杉、冷杉、香樟……已参天。近些年漫山速生的竹子，巨桉树亦成材。20世纪全木结构的老屋，早已无迹。公路两旁，两楼一底的小洋房鳞次栉比。楼前屋后，野花家花，争相竞放。鸡鸣犬吠，好不悠然。

下得茶园，极目之处，高低起伏，绿茶满坡，清新明眸。茶田队伍整齐，绿意盎然，风起香动，怎不令人陶醉在琴有松风听古韵，茶无心念起真香的意境中。我迫不及待，先秀秀美景，田园旖旎风光尽收荧屏。再寻找茶芽丛簇之处，捋袖开摘。绿芽翠珠，活蹦乱跳，落入茶篼。家嫂告知，此为"九号茶"。我忙问："二嫂，我们家还有哪几种茶？""川茶、白茶、黄金茶……"二嫂如数家珍。"长见识了，有这么多品种。什么茶最贵？""这几天，白茶最贵。"二嫂充满自豪。"那好，明天我就去采白茶！"我狡黠地笑道，心里憧憬着走出白茶茶园，数钞票的情景。此刻的我完全游离在"读书消得泼茶香"之外的一种农耕情趣之中。

夕阳西下，清风徐来，不知不觉，我已采满了一篼，装着满满的成就感。其实快乐就是这么简单。在广阔的田野，无须戴令人窒息的口罩，更没有"新冠"的烦恼，几小时的劳作，也不觉得累。抻腰遥看群山，青山也回赠我暧昧的眼神。陡然间有茶起禅空香自在，琴鸣道妙韵自成的感觉，即兴赋诗一首：

峦山林黛吐柔芽，竹下风生蝶弄花。

闲赋新词无妙语，田垄寻句沐春茶。

空山鸟语，清幽静谧，花香袭人，一夜好梦。梦醒日出，漫步庭院，露满花重。触手可及的森林，让我的肺浸泡在天然氧吧里，令人神清气爽，灵感乍现，佳句自来，落墨成诗：

晨鸟轻歌惊碎梦，卷帘翠色染长屏。

余香绕枕舒罗袖，几树花明芳满庭。

朝阳被茶园山色陶醉，从林间探出脑袋，满脸红晕，迎接我早早踏入白茶茶园。白茶，白茶，果然名副其实，茶芽又白又嫩。嫂子边采边啧啧赞叹：这白茶太漂亮了，难怪那么贵，鲜茶叶卖80元一斤呢！我边享受这种难得的田园劳作，边品味嫂子的幸福生活："现在，农民生活好了，以前种水稻，很苦很累，却时常囊中羞涩。现在，哪家没钱花！今年你大姐家卖春茶已收入一万多了，我家也收入七八千了……退耕还林的政策就是好！"也是，政策好，只要勤劳，就能致富。昨天看到一大片葱葱茏茏的茶林，铺满山坡，整齐划一，绿肥枝壮。那里原是一片荒坡，是我儿时放牛的地方。如今被我大姐挥舞的锄头，描摹出如诗如画的图景，茶芽翠嫩，缀满枝头，采摘都忙不过来呢！

采茶梦已圆，惬意！

有幸，又圆一梦，看手工焙制茶叶。

之前，只知道家乡手工茶好喝，有一种特殊的香味，是那些机制茶无法媲美的。此次观看方知，原来手工炒茶煞费工夫，茶香之味来之不易。

二哥边炒边解说。

第一道工序：杀青。大火，爆炒，但又不能听到茶叶啪啪爆响声，所以，火候掌握很重要。最艰难的是，若用锅铲翻炒，翻炒面小，速度慢，且易燎，必须双手与滚烫的锅底亲密接触。二哥手戴白色线手套，从锅底捧起茶叶抖散，再从锅底翻出一捧抖散，循环往复。手被烫得疼痛难忍，也丝毫不敢放慢速度，鲜茶蒸腾起的热气熏蒸着二哥的眼睛，欲闭不能。每次炒茶后，二哥都会失眠，即便次日，眼睛依然胀痛。炒约10分钟后铲起来，放在簸箕里趁热揉捏，二哥的手不停地搓搓滚烫的茶叶，边揉边吹热气，满头大汗，直到叶片柔软而有韧性。把锅洗净，再爆炒，再揉捏。如此反复三次后，叶片收缩成一颗颗小米粒。

第二道工序：烘干。杀青，待叶收成型后，将茶叶放到锅里烘干。此工序费时，总计大约要两个小时，而且火候也很难把握，火不能大，也不能太小。二哥的手在锅里不断旋转，不停地指挥我，一会儿说火大了点，一会儿又说火小了点，把我这个烧火官搞得手忙脚乱。此道工序，也是三次，直到茶叶烘干烘脆，又不能烤糊。中途铲起来，洗两次锅，以防残留的茶叶碎末烤焦，影响茶香味儿，坏了茶汤色。

手工茶焙制完毕，已是深夜12点，一锅茶要花费六七个小时，腰酸腿疼的二哥总算大功告成！不知这是不是陆语前辈流传下来的焙制之法，太繁琐！手工茶特有的铁锅香味，原来是用特别的疼痛烘烤出来的。

清晨起床，头等大事，"且将新火试新茶"。沏上一杯昨晚的手工茶，看着黑珍珠般的小米粒在透明的玻璃杯中缓缓舒展、下沉、变绿、复活。慢慢啜饮，熟悉的清香味随缕缕热气氤氲在空气里。我神情恍惚，不知是在品茶，还是在品味人生：鲜叶在烈火烫锅中得以升华，香茗又在冷杯沸水里沉浮后逐渐归于平淡。人生如茶，在辗转中日渐宁静，历尽浮华后，向往返璞归真。此中有真意，欲辨已忘言。

忘情于世外桃源，也将情怀藏于诗，我诗写我心：

归桃源

尘世浮华又一秋，且随五柳驾轻舟。

芳庭帘卷晨妆懒，芙帐衾柔旧梦遊。

浅盏花枝桃粉醉，玉盘春笋雪香流。

空山明月窠巢暖，酒醒鸡喧日上头。

茶园，茶缘，梦缘，圆梦。梦缘茶园，圆梦桃源。

（张霞，该文原载于2020年《雅风》合辑）

贡茶末末

我的老家三宝盛产茶叶。保子山金花坪的贡茶，自大清朝道光年起近200年来，其名声长盛不衰。"银灰颗子"倾倒天下茶客，为洪雅之雅茶增色添彩。

听爷爷讲过，我家祖上曾经在青衣江水道营茶为生，精心收储、贩运保子山茶叶，以品质信誉行商，家业逐年兴旺，油酒山货铺面开了多间。祖上艰辛挣钱，供子孙读书求仕，爷爷的爷爷光绪年封授职郎，祖上先贤参加乡试会试，还出过两名贡生廪生，录有一份功名，1905年还出资创办新学堂教化一方，造福桑梓，泽被后人。不得不说，祖上发旺与茶叶诗书确有太多关联。三宝场镇百年前的钟、李、杨、董姓等望族，多与县邑名士有礼尚往来，送茶叶特产就传播了文化声誉，保子山金花坪贡茶全托邑中名人曾璧光之福。

曾璧光，字枢元，洪雅柳江人，道光三十年（1850年）中进士，曾在上书房行走，当过恭亲王奕䜣、醇郡王奕譞（光绪皇帝生父）的老师，出任过贵州巡抚，以80岁高龄辛于任所，光绪皇帝追赠太子太保衔，谥号"文诚"。洪雅县城曾建有堂皇的宫保府，以彰"天子门生，门生天子"显赫荣耀。据载，曾璧光出川上京和衣锦还乡，不管水道还是旱路，都要途经三宝，邑中士绅政要都会迎送。三宝有民谣："上至八字垴，下至春天壕，武官下马，文官下轿。"即描述了这种高规格礼遇。镇上大户争相款待曾大人，延请惠赠墨宝，李姓望族就保存了曾璧光题写的"濯李宗祠"匾额，笔力道劲。而与曾璧光同期入仕的七品县官保子山人唐启华，两人交谊甚笃。唐常以家乡金花坪极品炒青茶相赠，甚得曾大人及皇亲喜爱。遥想当年，曾枢元京师为官，供职翰林院，行走上书房，给皇亲国戚讲授天地君亲江山社稷，一杯家乡的清茶，一缕来自西南一隅的茶香，弥漫紫禁城的大院高墙，收获的是何等的宠幸，手眼通天，登峰造极，笼得了多少艳美和景仰。茶啊，神通广大。茶沾皇气，自当岁岁御供，遂得贡茶盛名。但凡中国各地的不少名茶大多因皇上厚爱而蜚声天下。保子山金花坪贡茶之名概莫能外，这也是有根有据，顺乎逻辑。

贡茶出了名，我家祖上营茶生意格外隆兴。据爷爷讲，炒青银灰颗子，极品进了宫廷，上品入了官府，中下品留民间。极品茶官办官收官道运送。包装极尽奢华，里三层外三层，青花细瓷坛密封，楠木箱子盛放，棉花充塞，油纸包裹，布袋套装，竹编外包，运途中可防潮避震保鲜。这与"一骑红尘妃子笑"大抵相当。上品之茶多用釉罐，普通茶牛皮纸袋火漆封口麻袋装运。那时保子山三个品级的茶产量几十斤、几百斤、几千斤，价格有天壤之别，五两纹银一斤与五两纹银一百斤分出了贵贱。我家祖上主要经营民间大路茶（除宫廷官府外的普通茶），储运得法，口碑甚佳。行商秘籍深谙保质要领，除湿防潮避光隔异味，让茶叶保持干燥恒温，最关键的是用巩子灰块（过火而未沾水的石灰块）或青杠柴木炭，宣纸包了，细布缝了和茶叶一起密封储存，能使春茶的汤色香头口味保鲜大半年。卖干茶的商户出于惜物省钱的目的，泡剩余的茶末儿成了专利，且吃出了茶叶的味中之味。这个习惯当是祖传。

据县志载，清中后期，洪雅引茶（炒青细茶）一度为蜀中之冠，保子山金花坪"银灰颗子"最为有名。其干茶银灰闪亮，条索紧蚰如钩似颗，冲泡芽叶匀展完整，汤色青碧微黄，香味浓郁，苦涩回甜。金花坪一带，海拔千米左右，自然生态禀赋极佳，山顶平地光照适中，四时朝雾流岚相伴，茶叶天生美质，再兼手工绝活地道，当然不同凡响。三宝，三县九乡商贸集散之地，水运发达，上雅安下乐山船只停靠老码头，帆樯林立，商贾络绎不绝。古镇前街后街茶幌酒旗飘扬，商铺鳞次栉比，繁华热闹。而今时过境迁，铅华褪尽。

百余年间，茶事多变。今天的保子山茶依然俏市。但昔年的老川茶，亦即曾文诚及门生天子品过的茶已寥寥无几。20世纪90年代中后期，老川茶被淘汰，零星弃置于林边地角，退耕还林还茶，茶园品改，唱主角的是云南大叶、福鼎大白、福建131等品种，因为这些品种产量高、收益不错而被大面积推广，三宝跨入了万亩茶乡之列。而手工制茶完全被机器代替。茶不再是曾经的老川茶，贡茶遁了影，实在是遗憾。吃不到早年的味道，心底的失落难以言说。近一二十年，天价一样的独芽、萌芽、明前青，吃得心痛，吃得心烦，冲泡两次就索然无味，寡淡如水，就像吃没有长醒的东西缺了劲道一样。更可怕的是农药化肥催出来的茶芽还贻害健康，这样的茶好看不好吃，徒有其表，哗众取宠，纯属花钱买冤枉，远不如老茶粗茶有滋有味，耐冲耐泡。山里人习惯"瓦壶山水老粗茶，青菜萝卜糙米饭"，粗茶淡饭，平常心态，安之若素，顺其自然。

记得孩提时，一放学回家就爱呼玩伴满坝疯耍，跑得满头大汗，口干舌燥，跑回家端起爷爷的搪瓷大茶缸，一仰脖子"咕噜咕噜"喝得一滴不剩。总是被爷爷点着额头说："不能把茶母子（底汤）都喝干。"我似听非听，脏手抹一把脸，眨巴眨巴双眼，舌头舔舔嘴唇，惬意回味，一点点苦涩滋生一丝丝甘爽，特别舒服。爷爷喜欢喝浓酽的茶，到了下午味淡下来正合我口味，茶好喝，这是我对茶的初始印象。后来，到外地读书，每期都要带包茶叶到校。再后来，参加工作喝茶上瘾，一日也离不得茶，同时对茶的见识也与日俱增。

茶之于国饮，人人爱之，上至皇亲国戚，下至布衣草根，无论达官政要，商贾名流，还是贩夫走卒，妇孺老幼，都爱之乐之品之饮之。茶，香茶，敬香茶；座，上座，请上座。茶也附会世间城府尊卑贵贱。茶道清、敬、和、廉，无茶不成礼，茶如人生，茶禅一味……中华茶文化精深博大。茶，最能映照国人心性。一口茶润嗓，龙门阵开闸，说七道八，七绕不开"柴米油盐酱醋茶"，八离不了"孝悌忠信礼义廉耻"，囊括物质生活和精神世界，演绎是非恩怨，消解市井惆怅。到处的茶馆喧嚣嘈杂，弥补着芸芸众生的内心需求。茶，祛郁气，驱睡气，养生气，利礼仁，表诚意，可行道，可养志。品茶悟道，是人生的最高境界，是中国茶的终极追求。茶之功用何其多也。茶史亦国史、乡史、家史，云烟浩繁，赞此观点者应在多数。

品三宝最好的茶，我沾了大哥不少的光。大哥结束山区插队生活后安排在供销社收购站工作，对茶叶品鉴算得上内行，一捏一闻便能说准茶的色香味形。当然喽，近水楼台，买点好茶，尤其是春茶稀有的茶面子、末末茶倒很容易。那个时期，三宝有6个村20多个生产队种茶，面积不足1000亩。每年统购干茶3000多斤。生产队交茶，收购站要按标准分等评级，称重前先过筛，粗筛细筛过一遍，细筛出来的茶末分开过秤。那碎米般的茶末在内行人眼里可是宝贝，细细碎碎的小颗粒，大半是干脆的芽头，量少货好，价廉物美，算炒青茶浓缩的精华，泡出来的味道甘苦相宜中正平和，芳香悠长。若与当今宾馆酒店小袋装茶面面相比，一个天上一个地下。即使是几大百元一斤的毛峰、竹叶青、碧螺春也难以企及。土地联产承包到户后，供销社不再统购统销茶叶，只随行就市零星收购一些。1984年后，我也没机会再买茶末末泡。然而那些时光影子和茶末末一起沉淀，在内心泛着光亮。

时代的大变革，在三中全会后，国运日昌，家境渐顺，挣脱"阶级斗争"樊笼，思想敞亮，心情舒畅。我们家撇开"破产地主"的晦气，爷爷80岁那年，扔掉他那个跳了瓷的斑驳茶缸，端起了钟爱的盖碗，喝孙儿们孝敬的银灰颗子贡茶末末，尽情享受天伦之乐。那个变化，其意义简直就是人文精神的回归。盖碗是川人发明的茶具，在陆羽的《茶经》24种茶具之外，却后来居上，风靡全国。爷爷喜爱盖碗是文人心性使然。盖碗造型雅致，设计精微，茶船、茶碗、茶盖三合一，天地人和融一体，茶盖上"心可以清"四字回环反复成趣，能妙悟茶道。爷爷喝盖碗茶颇有讲究，按冲、闭、拨、扣、吹、品套路一气呵成，一分钟不到，立马可饮。口诀："沸水冲干茶，茶盖闭茶碗，持盖拨茶水，扣盖留一线，左右横吹笛，就品一口鲜。"诗赞："凤凰三点头，乾坤两相合，妙手翻江海，山川藏峥嵘，气韵染空灵，一品六根清。"这是爷爷喝出的大雅境界和诗意人生，包括平淡却不平庸的满足。爷爷最好这口不冷不烫的香浓，"皇上的口味也不过如此",爷爷有他的洒脱和自在。受这样的濡染,我也偏爱盖碗,喜欢老川茶,钟情贡茶末末,珍藏起如金镶玉般神妙玄乎的感觉。

1983年清明后的一个周末,我第一次到保子山蓝田子采茶,看老茶农做手工茶。那天午后,我随在供销社工作的大哥徒步上山,走了两个多小时,一路爬坡上坎,气喘吁吁,走拢海拔千米的茶园甚是兴奋。春天的茶山很美,山峦起伏碧如锦缎,一环一环的茶树,萌发一簇簇鲜亮的芽叶,茶行间,肩挎竹篓的茶农双手翻飞采摘着鲜叶。视线推开,茶园四围林竹葱郁,鹅黄的新叶风中轻舞,山涧泉声清音悦耳,几树梨花花影迷眼,散落半坡的瓦屋炊烟袅升,山野村居仿若图画。跟着茶农学采茶,双手笨笨拙拙,左挑右选一点儿都不利索。采到暮霭轻笼,一个多小时只摘了不足一斤鲜叶。晚饭在队长家,饭后品新茶。山上的茶,山上的水,高山云芽,沐叶清泉,正宗手工,味道不一般,汤色滴翠,浓香爽滑,苦而回甘。青草香、花果香、瓜豆香、咖啡香混合着,氤氲在齿舌间,口感上好。边品茶边跟姓伍的大爷讨教茶事物语。"春茶适时讨,要不隔夜老。""三天之前是个宝,三天之后变成草。""春茶苦,夏茶涩,秋茶好吃无人摘。""三揉三炒出细茶""心不得慌,着不得急,火候不到不出锅"……听这些流传千年的茶谚农经,耳福不浅。随后,看伍大爷做茶,杀青、揉搓、摊凉、烘炒、煨锅,每道程序一丝不苟。炒茶时,烧锅的帮手按吩咐添减柴火,伍大爷扶着灶台,身体有节律晃动,双手在锅中按顺时针不停旋转,茶叶慢慢紧缩成型。做一斤干茶需四斤多鲜叶,炒一斤干茶得耗去三个多小时。长期做手工茶的伍大爷手掌大手指粗并不拢,但双手旋动时轻柔灵巧,把茶芽侍弄得服服帖帖。他的手工绝活深得前人真传,银灰颗子、一芽两叶鱼钩子做得炉火纯青。方圆百里,很多人喜欢买他的茶。名不虚传,人家祖上炒出过贡茶呢。保子山吕、唐、周、伍、郑、王诸姓做银灰颗子不乏能人,多靠祖传手艺养家。在金花坪或蓝田子品茶,即使不是上品之茶也能喝到上好之味。同样的茶,到了山下用河水井水泡,口感上总觉得差了那么一点点,河水井水比不上山泉水。老茶客都有这样的经验之见,茶好水好才是正宗之道。

时隔32年再到保子山蓝田子,小车从镇上出发半小时就到了。山区变化太大,满目青山,林竹绿荫拥道。满山茶树,层叠整齐,行行复行行,绿野中新楼罗列,透出现代时尚气息。年轻的村支书告诉我,保坪村正实施茶产业升级,以金花坪、蓝田子为有机茶核心区,花几年功夫,做大贡茶品牌,网上直卖。我很认同。现代农业加人文传承加乡村旅游加互联网,正在凸显市场魅力。保子山人已经意识到价值潜力和空间。

从保子山转回镇上,一帮茶研会的圈友畅快座谈,提出了光复川茶、振兴保子山贡茶的真知灼见,给镇村干部、专业大户支实招,点亮一盏照亮未来的灯——强化生态、绿色、有机理念,挖掘丰富贡茶文化,搜寻川茶老树桩集中建园,抢救传统手工技艺,培养"银灰颗子"传人,保护蓝田子水源和金花坪古井,将贡茶和山泉同步开发……好主意啊!物以稀为贵。在外来新品种饱和之时,老茶客期盼老川茶的回归。茶之本,洁也;泉乃茶之友,"山水上"。保子山金花坪贡茶老树将重发新芽。

与贡茶结缘,难分难解。溯古论今,养心为雅,大道至简。且信,皇上的味道,百姓的味道,爷爷的味道,不会变。

(古草,原载于2015年《在场》《百坡》《雅风》)

总岗川茶香

四十年前喝过的一杯老川茶,让我记住了一个地方,那就是总岗山麓的原汉王乡(今中山镇)谢岩村。

一九八二年的初秋,我刚参加工作。记得在汉王粮站任职的表哥捎给我一包茶叶,牛皮纸袋包装,好像就一捧,很坠手。稍后开包,乌黑油亮的茶颗形如米粒一般,紧紧实实、挨挨挤挤的。急于尝新的我随手捏起一撮扔进白瓷碗,"嚓嚓"的奇妙之声轻萦耳际,取水冲泡,茶颗旋转翻腾后便沉到碗底,慢慢膨胀舒展,一芽两叶如花绽放,还原摇曳的生机,仿佛在地时昂立枝头茁壮鲜嫩的模样。茶汤澄澈清亮,青碧中泛着鹅黄,一缕缕茶香氤氲开来,皱鼻一吸沁心入脾,端碗轻啜浅呷,浸润唇舌口齿,一分温柔入喉,顿生十分的惬意。茶味微苦然苦而回甘,口腔鼻腔充盈一种醇和馥郁的鲜爽。品此好茶,甚是难得,始于香、叹于形、终于韵,声色撩人,品质上上,实在难忘。听表哥说,这茶是总岗山麓谢岩村姓沈的远房亲戚送的,是当地最"拜得客"的顶级好货。表哥在汉王没干两年又调到了其他乡,汉王谢岩村米粒样的老川茶也就成了我饮茶人生的美好片段。

时光荏苒,日月飞梭,四十年光景悄然而过。嗜茶成瘾杯不离侧的我,这辈子品尝过的名茶不少,可总觉得还是洪雅的有机茶好喝,最最勾魂的还数谢岩村的珠形老川茶。流光抛入,人不忘茶,念念不忘,必有回响。这话把人的心思说到了极致。今年正月未完,还真是机缘巧合,一帮茶友相邀,我总算如愿以偿,走进了寻梦多年的地方——谢岩!

谢岩地处总岗山麓,距县城约40km,越野车出城一路向西,乡村路网通畅,从浅丘伸向深丘再盘曲而上,满山尽茶入眼葱绿,空气清新如滤。我在车上猜想,谢岩这地名料必与谢姓聚居的高山巨岩有关。在洪雅诸多地名中,以姓氏冠头以地貌压尾来命名的非常普遍,如赵钱孙李周吴郑王等姓与坪坝湾沟坎槽岩等形的组合定律古今约定俗成,谢岩的定名概莫能外。只是谢岩的岩自有特色,岩上的茶在总岗山一带名头响亮——老字号"沈茶坊",历300年传奇,标注茶马古道晚期的历史印记。

这些年我到过汉王多次,都没有登上总岗山高处,今到谢岩总算不留遗憾。初来乍到,一下车就好奇地前观后看左顾右盼,谢岩的模样竟如此清晰,风景竟如此壮观,巨磐垒叠，山势高峻，视野开阔，一脉总岗，群岭染黛，烟岚流白，山韵悠然。山下的汉王湖，水若明镜，湖中的山恰青螺玉盘，湖岸山间楼宇点缀绿野，山道牵引茶山漾开一层层一圈圈涟漪，让人百看不厌。"各位老师，请到客厅喝茶！"一句浑厚的男中音，一个壮实淳朴的山里汉子竭尽主人的热情。茶友依次入厅，茶杯瓜果摆放有序，大家相谈甚欢，以茶为题，茶史茶语交流十分愉快。在座谈中得知，主人沈卫超系"沈茶坊"在谢岩村的第十五代传人，在外承包工程打拼十多年，积攒实力回乡创业，有志于擦亮老字号品牌重振"沈茶坊"辉煌，连番出手承包集体茶园，成立茶叶专合社，新建茶厂，注册公司，大手笔高起点运作，文化挖掘不遗余力，确实气魄可嘉。品着山泉沏的毛峰，那醇和鲜爽苦甘适中的口感，勾动起似曾相识的味蕾记忆，想起当年的米粒茶来。眼前的毛峰毕竟是机制茶，明显不同于手工茶韵味。尽管茶山还在，老川茶还在，品质依然没变，但手工茶的温柔已品不出来。谢岩的茶好喝，它的独特之处何在？今日之行正好解谜揭秘。

座谈之后，主人安排了丰盛的午餐，石磨豆花、跑山土鸡、野生冷笋、年猪腊肉……正宗的生态美食巴适安逸，一饱口福之后，众茶友开始徒步参观。

老屋"沈茶坊"，县级文保，海拔800多米，居山中罕有的一台平地，宅基近2000平方米。曾经的四合头宽庭大院，如今尚存正房排列，天井中隐隐生出些青苔，老屋收拾得很整洁，七柱五列高架构，外廊宽敞，柱基石墩雕刻精美，木壁门窗古旧，窗沿上方木框镶嵌木雕图案，除了花鸟蝠鱼等吉祥物饰，更具匠心的是刻镂了一组生动的制茶流程，记录边茶产销故事，凸显出老宅深厚的文化价值。跨过尺寸宽厚的地脚枋入正厅，光线稍暗，平顺的楼板，发乌的板壁，使木质空间笼着些许静穆。遥想一百多年前，这客厅可是沈茶坊的尊贵之地，这个四合院可算藏在深山的豪宅，吸引过走南闯北的茶客。据沈家老辈介绍，300年前（清初），沈氏先人沈文佑为避乱从夹江麻柳沈沟迁徙洪雅花溪再到汉王谢岩落脚，迄今已历16代，是本地的第二大姓，现有300多人。沈家祖上秉承勤俭创业家训，拓荒种茶，精心做茶，以厚道实诚立信誉，口碑甚佳，所做边茶远销康藏，被藏民供奉寺庙（以最好的东西敬佛）。至清咸丰年间，"沈茶坊"盛极一时，为连接茶马古道，不惜重金凿山开路，留下了"五斗谷子一步梯"的历史佳话。

"沈茶坊除了做藏茶，还做细茶不？"我问沈家的老辈。"主要做藏茶，也还做细茶，做了细茶（炒青）接着做藏茶（茶叶老气，成熟度高），现在只做炒青，下一步恢复藏茶制作。"

"手工炒青，还有没有人会做米珠茶？"

"现在没几人做手工茶了，做米珠茶几乎找不到人了。"沈姓老辈淡然回答，让我顿生一分莫名的失落。同行的茶艺师说，手工珠茶那是门绝活，很考手艺的。采青选料要看准时候，叶芽标准划一，热锅杀青摊凉，揉搓捏拿用巧力，下锅翻炒手法讲究，顺着方向平旋，翻空旋，不紧不慢重复千回百转，火候掌控还要得当，叶芽卷曲收缩成团变得坚实，干脆不焦恰到好处方才出锅，纯靠手工一天也炒不出几斤。年轻人之所以不愿学，就是嫌太麻烦，现在用机器炒茶，省事省力很撇脱。原来如此啊，半分释然半分无奈。近些年，手工炒青技艺已列入非物质文化遗产，开始挖掘保护不至于断层，薪火不失，希望还在，好呢。

从沈茶坊出来，沿着山道，我们参观了一片保留完好的老川茶基地。山洼处，一架20多米的引水渡槽赫然入目，七座条石搭砌的基墩一字排开，托起长龙似的槽渠，石壁上斑驳的苔痕渲染出岁月沧桑，带路的沈大爷说，这渡槽是农业学大寨时修的，差不多就满一甲了。渡槽左侧，向南的山坡面是青青绿绿齐齐整整的茶园，一坎一环行行复行行，如阶梯诗句自下而上，茶地边稀稀落落的杉树呵护一旁，平添出朦胧的山韵。近看密匝的茶树，树桩约杯口粗，伞状枝条繁茂，顶层修剪平整，茶叶密织成绿色缎面，渐次铺开起伏如浪。这片老川茶和渡槽一样年岁，五六十年了，沈大爷不无感慨地说，年轻时当大队干部在这里苦干流汗，现在人都老喽。想当年，为发展山区集体经济，公社书记刘德生现场蹲点抓样板，晚上开会动员，宣传"以粮为纲，多种经营"的农业发展政策，研究实施方案。白天和群众一起撸袖挥汗、开荒垦地、点播茶果、移栽茶苗，硬是让荒山变新颜。刘书记讲过的三句话，"山顶戴帽子（林场），山腰拴带子（茶园），山下栽秧子（稻田）"，老辈人大都记得。谢岩的经验是因地制宜干出来的，茶园起来了，茶场建起了，率先成为县外贸公司茶叶收购点。集体经济有来源，群众得到实惠。"政声人去后，去留无意时"，茶园依在，生机盎然。多年过去，乡亲们还记得曾经的书记。

真是无巧不成书。谢岩群众挂念的刘书记竟是我的街坊邻居。他20世纪80年代初调回老家任党委书记，后来担任过县交通局领导，今已年届耄耋。他给我的印象，身材高大，为人朴实，干事务实，不拿架子。在谢岩，我对这位街坊邻居多了一份敬意，是茶也不仅仅是因为茶，平凡人干不平凡事，岁月总有回响。幸许，我四十年前喝过的好茶就出自这片山地，内心涌过一种一见如故的亲切。如今，很多地方茶大面积改良，能留下成片的老川茶已不多见。稀缺的东西更加珍贵，往往能触动人们怀旧的情愫。

看过川茶园，驱车土地垭。一段新修的水泥路盘到山巅，进入豁然开朗的佳境。脚踏磨儿顶，浑身上下仿佛充满通天达地的凌空侠气，东风带劲拂面生威，好大的一个垭口，沟沟峁峁青青葱葱蕴在磨盘之上。沿一条木板镶框卵石填充的游山步道拾级而行，转过一个又一个彼此独立又相互连缀的山包，与一台又一台一环又一环的茶地亲密絮语，枝叶间的芽苞已探头露脸，萌动饱满的精气神，沐浴春风欢天喜地，欲拼力张扬一场生命的蓬勃与茁壮，敞亮不负春天的豪情。川茶家族新品天府5号、6号，在这山塬之上展示出俏美的天生丽质。"像艺术品一样精雕细琢，建休闲体验的顶级观光茶园"，这正是沈总返乡创业的初衷，诠释着新型农民的现代理念。

谢岩村的土地垭落在总岗山脉的中段，海拔1024米的磨儿顶占尽风光，兀立30°神秘纬线，典型的丹霞地貌，昂首季风风口，气场超级宏大，气象特色鲜明，四季物候温润，降水充沛。土壤由风化砾石和腐化木叶经年累积，且土壤富硒高达0.078毫克/千克，是高端有机茶最佳适生环境。一日之中，风来雨去，雾起岚飞，云卷云舒，阳光时现时隐，气温或冷或热，叶芽有张有合，循环有序，濡染天地灵气，吮吸日月精华，云芽贝叶品相一流韧性十足。难怪谢岩的茶特别好喝，原本内敛了地道的本味真香。

磨儿顶五沟十六山，俨如偌大的棋盘，定格着人与自然的和谐。影友们说，这里航拍的大片才蔚为大观。冬春之间，皑皑白雪轻覆山峦，磨儿顶就像揭盖的大蒸笼，摆满热气腾腾的大白馒头。而春夏之交，日朗天青，螺髻似的山包横陈竖列，仿若上帝的棋局，留下造化神奇的地理标记。山不凡注定茶也非凡。立于此间，天高地远，旷美至极。沈总介绍，这里一脚踏三县（洪雅、名山、丹棱三县交界地），如果天气特别好，还可一眼巡五城（雅安、名山、洪雅、丹棱、蒲江），感受山川辽阔神采飞扬。一个悬念、一分诱惑、一种期待，登高览胜，我们一定会再来。

如果说蒙顶山是中国茶叶祖源之地，而与之毗邻相连的总岗山也称得上川茶的摇篮。千百年来，茶祖吴理真最早培植的茶树，历经岁岁繁育，生生不息，已遍布沃野绿满千山，使青衣江两岸成为川茶核心区，茶马古道的边茶主产地，国内名茶不可或缺的优质原料基地。方圆百里茶世界，茶乡康途乐尧天。单就一个洪雅，30万亩生态茶园，年产值突破50亿元，跃居全国茶业百强县前列。而居于总岗山麓的中山镇（原汉王乡和中山乡合并而成），以2万多人口拥有7万多亩茶园的绝对优势，书写着产业富民的时代鸿篇。蜀地之幸，茶史悠久，茶文化积淀深厚，给一个不老的民族绵续不竭的精神滋养，永远充满活力。历史连接未来，未来更将辉煌。茶养生也养心，喝茶更能活出行稳致远的从容淡定。

巍巍总岗，川茶弥香。青青谢岩，续我茶缘。

（古草）

爷爷的老鹰茶

我的老家位于四川省洪雅县总岗山南面的茨楸塂，毗邻茶之故乡雅安蒙顶山，直线距离仅十多公里，是唐代高僧悟达故里，也是千年茶马古道的重要分支。

老家的山有点高，海拔800多米，那里群峰竞秀、青山环抱，溪水潺潺、空气清新，翠竹挺秀、小路弯弯。那里白云恋蓝天、绿茶绕青峰，绿树红房落碧潭、百鸟脆鸣山更幽。老家四季风景如画：春天山花烂漫、夏日林涛阵阵、秋来田野金黄、冬季银装素裹。在那里，可清晰眺望峨眉、瓦屋二山云中飘浮，时隐时现；八面山威风凛凛，护卫着美丽的洪雅县城；俯观青衣江水白浪翻滚，川流不息；一条"黑龙"乐雅高速飞跨南北。景象着实蔚为壮观，让人心旷神怡、胸境一片晴空。

过去，老家有一种叫"老鹰茶"的树子，当地村民都喜欢把它树叶采下来晒干泡水当茶喝，很是止渴。关于"老鹰茶"名字的由来，民间有多种说法，最常见的是：由于老鹰特别喜欢食其种子及叶片用于消暑解渴，还用其枝叶来筑巢搭窝，利用这种枝叶所散发出刺激性很强的特殊香樟油气味，以驱赶蛇鼠之类，保护巢穴和幼仔的安全，故名"老鹰茶"，这种说法听起来似乎比较科学。还有一种说法：老鹰茶是用豹皮樟或毛豹皮樟树的嫩芽叶在开水里捞起来阴干而成，又叫"捞阴茶"。此外，笔者再给大家介绍一种稀有的说法：因为老鹰茶树长得很高，就像老鹰一样站得高高的，这是我家爷爷口传下来的另类说法。

记得小时候，老家楼上有一个大的竹背篼，里面放着许多老鹰茶，背篼底部还有好多比蚕沙颗粒还细小、似黑油菜籽粒样的红褐色虫虫屎，虫屎上面是一些被茶虫蛀得千疮百孔的黄白色老鹰茶干枯叶片；我和邻居小伙伴们玩耍口渴时，经常从木梯爬上楼去抓茶来泡水喝，特别是那虫屎泡出来的茶水真是太爽了：颜色鲜红发亮、晶莹剔透，可与欧洲红葡萄酒媲美，有过之而无不及；茶水喝起来更是鲜爽甘醇、香沁心脾，令人精神抖擞、回味无穷。我曾问过父亲老鹰茶是怎样做出来的，他说我的爷爷教他做过。

爷爷出生在清朝末年，如果还健在的话，大约有120岁，当然这只是说笑了，世上难找百岁人嘛。我没有见过我的爷爷，因为在我出生前3个月他就去世了，听父亲说爷爷个子不高，中等身材，国字脸、不胖不瘦、皮肤偏黑，操着满口的雅安口音，一副典型的传统中国农民形象。

爷爷不是本地人，他来自我国著名茶乡四川雅安名山的王家沟，按过去的话说，属于倒插门。爷爷为啥要倒插门，其中还有一段故事……

爷爷从小脾气很倔，他在12岁那年的某一天闯了大祸，在山上和村里一个地主的儿子打架，把地主儿子推下一道高坎摔断了腿。爷爷仗着胆子回家后，被他父亲（我的曾祖父）狠狠地暴打了一顿；第二天，爷爷孤身一人离家出走了，从此再也没有回去过他的家里。

12岁的小孩出去能干啥？流浪成了爷爷的主要生活方式。流浪的日子自然是很艰辛的，他在雅安城里要过饭，在乐山茶馆里掺过茶，还在峨眉山上当过和尚。为了不被人轻易欺负，爷爷在峨眉山当和尚期间，还从武功和尚那里偷学了几招防身术。

爷爷定力不够，不安心当和尚，趁一次下山买菜的机会偷偷溜跑了出来，在社会上帮人打杂干活，慢慢地又跟着一些生意人学会了做食盐和茶叶生意。就这样，东跑西混，爷爷后来发展到了拥有自己的一个马帮，手下有4个帮手、13匹马儿，常年奔走在川藏茶马古道上，爷爷脱贫致富的日子终于到来了。

马帮的生活，现代人想起来也许会觉得是多么的神秘而浪漫，谁知那是相当的艰苦，经常风餐露宿、日夜兼程，有的路段要很远才有一个驿站或幺店子。出行川藏古道有句俗语：四五六，淋破头；七八九，正好走。民国十八年七月间，爷爷的马帮从川藏茶马古道的雅安出发，一路风尘仆仆、响铃叮当地穿越了"吓死人的二郎山"，然后过泸定、走康定，一天下午，来到了"翻死人的折多山"。

折多山，顾名思义就是很多曲折弯路的山。此山乃康巴第一关，海拔近5000米，山高路弯，真可谓雄关漫道、蜿蜒崎岖，是入藏必须翻越的大山。爷爷这一趟生意货物可多了，13匹马儿驮载满满，有食盐、烟叶、边茶，还有两麻袋老鹰茶的虫茶，准备进藏运到拉萨去卖。尤其是那虫茶十分金贵，据说当时1斤虫茶要换10块大洋，因为虫茶除了具有解暑止渴、祛火清热、提神止乏等对人体非常有益的功效外，还有止拉肚子、打饮食（帮助消化）、撇臭味（除臭）等作用。因此，爷爷还专门单独包了一小袋虫茶（约半斤）揣在身上，以方便随时取下来泡水喝。他和手下马帮手们唱着山歌、抽着叶子烟，开心地赶着马儿，心想这桩生意可要赚好多银两了。

爷爷正想着美事，突然，山上冲下来十几个身强力壮的彪形大汉，手持砍刀棍棒，其中冲在最前面一个头儿模样的人高声喝道："留下东西，给老子滚！"

爷爷他们猝不及防，被这突如其来的场景惊呆了。爷爷见势不妙，一看寡不敌众，对马帮手们急声大喊："土匪人多，你们快跑！"他自己却冒着胆子留了下来，还希望土匪别把东西抢完，多少给他留点也好。

土匪们冲过来了，土匪头子一把死死抱住爷爷，一边吆喝众匪："把马儿全部牵走！"此时，爷爷才知道没有任何希望了，心想如果再不想法赶快逃跑，说不定连自身性命都难保住。于是，爷爷把脚后跟往后猛踏一下。"啊哟——！我的妈呀！痛死老子了……"土匪头子痛得直叫唤，赶紧松手去捂着受伤的脚背，爷爷趁机飞也似的落荒而逃。

爷爷的这一招正是当年在峨眉山偷学的防身术之一，爷爷他们马帮穿的都是那种走山路防滑带铁钉的"麻窝子"草鞋，谁承受得了这么厉害的一招啊？！

爷爷一路狂奔了不知多少里地，渴了就把虫茶取点来用山泉水浸泡后喝，遇到店子或人家，就抓些虫茶来和他们换取洋芋或苞谷粑吃。不知过了多少天，爷爷终于又到了他熟悉而又让他觉得非常酸楚的雅安城。爷爷的财产被抢光了，一下子从有钱人又变回了穷光蛋，开始了他的第二次流浪生涯。

爷爷在外到处给人帮工，东转西逛，大概是在红军长征时期来到了洪雅县中保乡，因为他说那年秋天割谷子季节，在路过雅安名山百丈场时，听到了激烈的枪炮声，那应该是1935年红四方面军南下时与国民党川军在百丈进行交战。

爷爷在中保场镇上一户经营土杂货的大户人家当长工。主人觉得爷爷很勤快、干事也踏实、对人非常诚恳，就给他介绍了中保山上一个寡妇（我的奶奶），希望爷爷能赶快成家，因为爷爷那时已经是40来岁的人了。

爷爷赤手空拳来到了我的老家，但他带来了两种手艺，一种是熬"麻糖"（饴糖），另一种就是做茶叶。当地人给我爷爷取了两个外号："麻糖匠""茶贩子"。说句不怕笑人的话，在我们老家，过去还流传着这样两句妇孺皆知的顺口溜："麻糖匠，捡柴烧火向；

茶贩子，天天吃虫屎。"以至于父亲小时候与他的伙伴们玩耍整生气时，对方常用这两句顺口溜来调侃我的父亲。

新中国成立初期的某一年，我的老家村里一个地主患病拉肚子，吃了很多民间药方都没止住，地主老头儿枯瘦如柴，眼看就要不行了。地主的老婆知道爷爷曾经长期在外漂泊多年、见多识广，便跑来问爷爷有没有好的办法，爷爷说家里还有斤把老鹰虫茶，可以泡水喝试一下。当时，父亲很不高兴爷爷把虫茶给了地主家，因为那个地主在新中国成立前伙同其他人讨债逼死过我奶奶的前夫。爷爷说："都过去的事了，救人要紧！"然后把自己精心制作并陈化了多年的老鹰虫茶送了半小碗给地主老婆。奇迹终于出现了，那地主老头服用两道茶水后，硬是止住了拉肚。原来老鹰虫茶还有如此之妙用，难怪十分金贵。地主老婆感恩不尽，在爷爷面前不知说了多少句谢谢之话，并捉了一只她家里还在生蛋的母鸡给爷爷，爷爷坚决不要，他说谁不遇到难处时都希望有人帮助下呢，再说自己还当过几天和尚，积德行善，是出家人应该做的。

爷爷不愧为来自茶的发源地，会做的茶种类可多了，什么炒青、烘青、蒸青等绿茶以及边茶（藏茶）都会做，当然，老鹰茶对他来说更是小菜一碟、拿手好戏。

从父亲那里根据爷爷对老鹰茶的描述，结合本人所掌握的茶叶专业知识，要真正做出正宗上好的老鹰茶，应把握好以下几个关键环节——

一是树种的选择。做老鹰茶的树子主要有三种，分别是豹皮樟、毛豹皮樟和润楠，都属于樟科植物。用这三种树的原料做出的茶叫法很多，各地不一，有老鹰茶、老阴茶、老荫茶、白茶、虫茶、老林茶、老岩茶、老人茶、老茶、大树茶、捞阴茶等十多种叫法，但还是以"老鹰茶"叫法最多；现在对老鹰茶有一个比较科学规范的称谓，统称"樟茶"。用豹皮樟和毛豹皮樟为原料制出的老鹰茶，其味道要比润楠树做出的味道更香浓、口感更舒爽，质量更好。

二是采摘的时间。采制老鹰茶的树叶要求适度的嫩枝嫩叶，一般在清明至立夏季节采摘。采摘过早，叶片太嫩，叶片内的氨基酸、矿质元素等营养物质和芳香油、维生素等药效成分含量还不高，味道较淡；采摘过迟，特别是立夏后采，叶片比较老，香味就差了。这和采制普通茶叶道理有点类似。

三是加工方法。老鹰茶最简单的制法就是直接将树叶采下来晒干，这是最普通、最大众的老鹰茶，人人都会做。要做稍微好一点的，就是将老鹰茶的嫩枝叶摘下来，放在开水锅里轻捞煮一下，程度掌握在"树叶下锅后，水重新沸腾起来"时，立即将叶片捞出，放在太阳下晒2~3个大太阳，直到晒干能用手指把叶片捻成碎片为止。还有一种食用老鹰茶的方法更加简单，就是用刀劈老鹰茶树干，将劈下来的木片放进锅里烧水煮，煮出来的老鹰茶水味道也很鲜浓，但这种原始古老的方法对老鹰茶树种资源破坏性强，尤其是现在老鹰茶树逐渐稀缺，此法不可取！

当然，高档的老鹰茶，加工方法就不像上面所说的那样简单了。一般采用两种方法，一种是仿炒青制法，另一种是蒸晒生虫法。仿炒青制法，顾名思义就是把老鹰茶树的嫩叶嫩芽当作炒青绿茶原料一样来进行制作，此法需要对老鹰茶树的幼嫩芽叶进行杀青、揉捻、烘干，制出来的老鹰茶卷曲自然、白毫显露，看起来蓬松松、毛茸茸、红白相间，别具特色。

蒸晒生虫法是最传统、最正宗的老鹰茶经典制作方法，也是老鹰茶最高级的制法，工艺相当考究，此法制出来的老鹰茶口感极佳、韵味甚浓、品位最高。

首先，要把采下来的嫩枝叶放入甑子里蒸；蒸过后装在白布口袋里揉；揉过后摊在竹晒垫上晒；晒干后将茶叶分层放入麻布大口袋，放一层茶叶撒一把大米（若用糯米生虫效果更佳）；装满袋后，将口袋放入竹背篼，敞开袋口。也可将蒸、揉、晒干后的叶片装进敞口大木桶，在茶叶中撒上大米；然后再放在通风、阴凉、干燥的地方，一般放在木楼上。大约经过2~3个月，口袋里自然会生长茶虫，茶虫蛀食茶叶并排泄虫粪，日积月累，虫粪越积越多，用竹筛把虫粪筛出来装好，最好用陶瓷罐子贮存，这就是正宗的老鹰虫茶。一般虫化1年以上的虫茶，质量已经相当不错；如果虫化2~3年，那就是老鹰茶的极品，称之为"陈化虫茶"，也有称之为"虫茶精"或"虫精"。虫茶精泡水喝起来比老鹰茶叶片泡出来的口味更醇和、药性更温和。

老鹰茶除具有止渴解暑这一普通饮料所具备的基本功能外，有着更为广泛的保健功效，医药巨典《本草纲目》中记载其能止咳、祛痰、平喘、消暑解渴。实践证明，老鹰茶还能祛火清热、提神除乏、消化止泻、降脂降压、驻颜美容等；其茶水色泽艳丽，令人赏心悦目；茶叶香气更是清香四溢，沁人心脾；茶之韵味醇爽浓浓、凉意悠悠、口感奇佳。并且老鹰茶的茶水隔夜不会发馊变味，实为难得之生态保健极品饮料！

我在老家最后一次喝正宗老鹰茶的时间，距今已过去40多年了，那还是20世纪70年代中期农村集体生产时。记得那是一个大太阳天，生产队里30多个社员在我家门外那片稻田干活，集体出工薅秧；田坎上放了一个大钢筋锅，盛满了父亲烧水泡好的鲜红色老鹰茶，钢筋锅旁放了个土斗碗，不时有人渴了就上田坎去舀茶水喝；当时我在那里放牛，也去舀来喝过，直到今天都还能想起那种味道。后来，我考上学校毕业后进县城工作，很多年没见到老鹰茶了，听乡亲们说老家的老鹰茶树基本都砍光了，连树根都被外地人挖去做根雕了。

现在，市面上也有一些老鹰茶卖，有时到餐馆也能免费喝到，但说实在的，怎么也品不出以前那么地道的老鹰茶韵味了。究其原因，我也曾做过一些分析：老鹰茶树砍伐过度，有许多生长过老鹰茶树的地方老鹰茶几乎绝迹，多用类似老鹰茶树的植物叶片来代替所作；另外，在加工方法上，现在人讲速成和现代化，没有采用过去传统的老鹰茶制作工艺来进行生产，或者对传统工艺技术掌握得不好，做出来的效果自然差了很多；有些地方虽然也规模化种植有老鹰茶，但没有采用生态措施来进行管理，要知道，当某种植物一旦群体规模化种植，其病虫害发生就会自然加重，同时对土壤中的营养消耗也加大，为了保证其产量，就常使用大量的农药和化肥，这就使其品质与以前原生态的老鹰茶相比，大打折扣。所以，如何科学开发利用老鹰茶树资源、研制出高品质的老鹰茶，仍是茶叶行业一个非常值得期待和重视的课题。

老鹰茶，爷爷的老鹰茶，一种古老的饮料，一种生态传统的家乡味道（图8-17），一种历经沧桑离我久远的野生茶，一种让我记住乡愁、在我心中芬芳永驻的好茶……

图8-17 洪雅茶人罗学平品老鹰茶

（罗学平，该文原载于《洪雅文史资料（第七辑）》）

四川洪雅：主题党日开到田间地头

天气渐暖，万物复苏。在四川洪雅县瓦屋山镇王坪村大山深处，一支寻找古茶树的"探险考古"队伍正在行进。这次寻觅之旅，也是洪雅县茶产业联合党支部开展的一次主题党日活动。

近日，洪雅县茶产业联合党支部利用暖春天气，邀请县茶叶产业服务中心、县茶文化研究学会的高级农艺师、茶文化专家，深入洪雅山区的乡镇村社，为茶农开展茶园春防管理和茶文化科普实践活动，开启"乡村振兴进田地、春暖花开抓学习"模式。

支部活动与中心工作和党员需求"两张皮"、活动形式单一，是有的地方党组织面临的难题。如何积极探索创新新时代主题党日活动形式与内容，使党内组织生活引领带动中心工作更加有力、党员干部作用发挥更加充分？洪雅县茶产业联合党支部的探索，是一种创新。

这天，来自县上的农技党员、茶学专家、文史学者一行7人，来到王坪村（原地名炳灵）考察。在村里91岁老茶农王卫国的指引下，考察团在位于海拔1700米的洪岩壁山林中，找到4棵野生大叶种古茶树，其中一棵茶树初步估算树龄在1000年左右，这与著名的英国旅行家、植物采集者和著述者威尔逊1908年9月8日在四川的考察日记里所描述的洪雅县瓦屋山炳灵茶园位置吻合。威尔逊在考察日记中写道："这里纸厂利用长度3~5米高、拇指粗、有暗绿色茎节的优质竹子生产的竹纸，特别坚韧，多被雅州府购买去，用以包装砖茶……炳灵栽培一定数量的茶叶，但不具有重要的商业价值。"

洪雅县农业农村局党员、高级农艺师、洪雅县茶文化研究学会名誉会长罗学平介绍："瓦屋山地处峨眉山、蒙顶山中心位置，是茶马古道的重要分支，该区域气候、土壤适宜茶树生长。在瓦屋山炳灵高寒深山发现的4棵野生大叶种古茶树，属野生型乔木古茶树，这个发现拓展了人们对洪雅野生茶生长区域的认识，填补了洪雅县古茶树考证的空白，具有重要的学术和科研价值。"为了对古茶树进行更好的管护，罗学平建议对这4棵古茶树进行相对环境的移栽保护，以免村民当普通杂树误砍损坏。同时，开展野生驯化种植，在保护中开发出古茶树的品种价值，继续加大对洪雅县区域古茶树的探寻与保护工作，助力洪雅茶产业发展。

据老茶农王卫国回忆：由于特殊的地理环境，这几棵古茶树现在只剩下直径约30cm、高20cm的树桩，而且经过至少四五次、几十上百年的区间砍伐。虽然他已经91岁了，但他从小时候懂事开始，就听村里的老人讲，这大山深处有很多古茶树，有几百上千年历史了。他们进山砍柴时也见过，春夏时节在大山深处的古茶树枝繁叶茂，有会制茶的村民上山采摘古茶树叶子制茶。

"二十世纪五六十年代，由于人为乱砍滥伐，不少古茶树被毁坏，只有很少一部分在崎岖的原始丛林中得以幸免；改革开放后，山里的青壮年开始外出南下打工，这些大山中的古茶树就更加无人问津；再后来，由于天然林保护工程和退耕还林等农林工程的影响，这些藏在大山深处的古茶树就完全淡出了人们的视线……如今，洪雅县茶叶种植面积达29.5万亩，孕育出雅雨露、屏羌、田锡状元红、西庙山、川草丛等绿色有机茶产品，还荣获'中国茶业百强县'称号。"洪雅县茶产业联合党支部委员、四川省茶叶流通协会副秘书长任建宏在参加主题党日活动时说，我们的产业支部，就是要让主题党日活动和形式贴民心、顺民意，让基层党员参与体验，增强乡村振兴工作的决心。

主题党日开到田间地头，让所有党员都能为主题建言献策、为产业发展描绘画卷。洪雅县茶产业联合党支部、县茶文化研究学会、县茶叶产业服务中心三个机构共同发声，将发现的这些野生大叶种古茶树暂命名为"洪雅三号"古茶树品种，并将开始一系列的保护与研究工作，包括野生驯化种植、植株长势观察、生物学特性观察、植株经济性状分析、茶叶内含物质检测分析、古茶树茶叶加工制作的工艺研究等课题。

（朱小根，该文2021年3月3日发表于《中国组织人事报》）

绿色茶园，经济摇篮

我的家，在川西南洪雅县的茶山里，一年四季都是绿。我们家三代人从解决温饱，到吃穿不愁，再到幸福小康，所有的经历都成了一段难忘的时代记忆。

祖辈那代人，种茶、制茶、卖茶，都是为了养家糊口解决温饱，过着传统而又守旧，忙碌而又艰辛的茶农生活，日子过得紧巴巴。

父辈那代人，除了延续上一代人留下来的茶园宅地，开始尝试着发展茶园经济，纷纷成立或加入合作社，或者将茶叶直接卖给茶企，一年的收入除了一家人开销，还有结余。

我们这代人，可是与时俱进的一代人，尤其是我们的基层党组织建在了产业链上，将各级党委政府的优惠政策直接面向三农；我们开始茶叶的精深加工和品牌打造，茶农纷纷建作坊、修工厂、成立茶业公司，将茶产品分类推向消费者，引领走向国际市场，我们成为新时代茶产业的受益者和奋斗者。

茶作为中国传统的待客之道和标志性文化符号，茶也被习近平总书记频频带到外交场合。据不完全统计，习近平总书记已经以茶叙的形式，招待过包括美国总统特朗普、英国首相特蕾莎·梅、越共中央总书记阮富仲在内的多位外国领导人。"茶叙、茶礼、茶文化"似乎正在成为中国外交的一道别样风景。

近年来，在党中央三农惠民政策的实施下，我家的茶园加入了新农村集体经济组织。产业要发展，委员来帮忙，通过和洪雅县两级政协对接，引进了种植优良奶白茶、洪雅三号和天府五号等茶树新品种，收取茶园承包租金、传承手工茶制作，既增加了茶叶新品种、又拓宽了销售新渠道，还采用线上直播的方式带动茶叶销量等模式；我们又将老房子改造成了茶园里的新民宿，发展乡村民宿旅游，茶旅相融、人文相融，我们家也走出了一条幸福的茶园小康路。

（朱小根，该文2022年8月11日发表于《方志四川》）

四、茶谚语

（一）产茶、种茶、采茶

名山出名茶，名茶在中华。

高山有好茶，低山有好花。

向阳好种茶，背阳好插杉。

茶叶最糊涂，喜露又喜雾。

高山云雾出好茶。

千茶万桐，一世不穷。

泉从石出情宜冽，茶自峰生味更圆。

山中种茶树，不愁吃穿住。

槐树不开花，种茶不还家。

茶地翻得深，黄土变成金。

若要茶树好，铺草不可少。

若要春茶好，春山开得早。

要想叶质嫩，阳光斜射多上粪。

茶叶是枝花，全靠肥当家。

茶叶要增产，关键在冬管。

冬管抓得早，增产效果好。

头茶荒,二茶光。

头茶不采,二茶不发。

稻时无破箩,茶时不太婆。

采茶半箩筐,手中留余香。

谷雨茶,满地抓。

要想茶叶长得好,三晴三雨最为妙。

前三日早,正三日宝,后三日草。

茶叶好比时辰草,日日采来夜夜炒。

采得茶来秧变草,插得秧来茶又老。

春茶香,夏茶涩,秋茶好吃无人摘。

(二)制茶、品茶、养生

整田看气候,制茶看火候。

烘青要看毫,炒青要看苗。

老叶要嫩杀,嫩叶要老杀。

茶叶学到老,茶名记不了。

好马配好鞍,茗茶配名水。

山水上,江水中,井水下。

茶三酒四,茶七酒八

一苦二甜三回味。

一道水,二道茶,三道四道是精华。

观其形,闻其香,品其味,领其韵。

烫茶伤五内,温茶保年岁。

酒头茶尾饭中间。

酒吃头杯,茶吃二盏。

姜茶治痢,糖茶和胃。

早茶一盅,一天威风。

午茶助精神,晚茶易失眠。

粮收万担,也要粗茶淡饭。

清茶一杯在手,能解疾病忧愁。

药为各病之药,茶为万病之药。

夏饮绿,冬饮红,春秋两季宜饮花。

不喝隔夜茶,不喝过量酒。

浓茶猛烟,少活十年。

茶水喝足,百病可除。

壶中日月，养生延年。

一杯清肺腑，入梦也留香。

饮茶一分钟解渴，饮茶一小时休闲；

饮茶一个月健康，饮茶一辈子长寿。

不是你容颜易老，而是你喝茶太少。

人体保鲜茶多酚，提神利器生物碱。

（三）敬茶、论茶、悟道

喜鹊喳喳，烧茶烧茶。

装烟泡茶有客来。

清茶一杯，亲密无间。

客从远方来，多以茶相待。

茶好客常来，待客茶为先。

客来敬茶，礼仪人家。

酒满敬人，茶满欺人。

新客到来，要换新茶。

先尊后卑，先老后少。

好茶敬上宾，次茶等常客。

人熟好办事，烟茶不分家。

当家才知茶米贵，养儿方知父母恩。

红尘万丈三杯酒，千秋大业一壶茶。

文可以两地传书，君不可一日无茶。

宁可一日无粮，不可一日无茶。

好茶不怕细品，好事不怕人论。

青山一壶春水浴，茗香万里入君怀。

看山看水看风景，品茶品味品人生。

琴棋书画诗酒茶，柴米油盐酱醋茶。

五、典故传说

（一）中国十大茶语典故

孙皓赐茶代酒

据《三国志·吴志·韦曜传》载：吴国的第四代国君孙皓，嗜好饮酒，每次设宴，来客至少饮酒7升。但是他对博学多闻而酒量不大的朝臣韦曜甚为器重，常常破例。每当韦曜难以下台时，他便"密赐茶荈以代酒"。这是"以茶代酒"的最早记载。

陆纳杖侄

晋人陆纳,曾任吴兴太守,累迁尚书令,有"恪勤贞固,始终勿渝"的口碑,是一个以俭德著称的人。有一次,卫将军谢安要去拜访陆纳,陆纳的侄子陆俶对叔父招待之品仅仅为茶果而不满,便自作主张,暗暗备下丰盛的菜肴。待谢安来了,陆俶便献上了这桌丰筵。客人走后,陆纳愤责陆俶"汝既不能光益叔父奈何秽吾素业"。并打了侄子四十大板,狠狠教训了一顿。事见陆羽《茶经》转引晋《中兴书》。

单道开饮茶苏

陆羽《茶经七之事》引《艺术传》曰:"敦煌人单道开,不畏寒暑,常服小石子,所服药有松、桂、蜜之气,所饮茶苏而已。"单道开,姓孟,晋代人。好隐栖,修行辟谷,7年后,他逐渐达到冬能自暖,夏能自凉,昼夜不卧,一日可行七百余里。后来移居河南临漳县昭德寺,设禅室坐禅,以饮茶驱睡。后入广东罗浮山百余岁而卒。

王蒙与"水厄"

王蒙是晋代人,官至司徒长史,他特别喜欢茶,不仅自己一日数次地喝茶,而且有客人来,便一定要客同饮。当时,士大夫中还多不习惯于饮茶。因此,去王蒙家时,大家总有些害怕,每次临行前,就戏称"今日有水厄"。事见《世说新语》:"王蒙好饮茶,人至辄命饮之,士大夫皆患之,每欲往候,必云'今日有水厄'。"

王肃与"酪奴"

北魏·杨炫之《洛阳伽蓝记》卷三载:"肃初入国,不食羊肉及酪浆等物,常饭鲫鱼羹,渴饮茗汁。京师士子见肃一饮一斗,号为漏,经数年以后,肃与高祖殿会,食羊肉酪粥甚多。高祖怪之,谓肃曰:"卿中国之味也,羊肉何如鱼羹,茗饮何如酪浆?"肃对曰:"羊者是陆产之最,鱼者乃水族之长,所好不同,并各称珍。以味言之,是有优劣,羊比齐鲁大邦,鱼比邾莒小国,惟茗不中与酪作奴。"

李德裕与惠山泉

李德裕,是唐武宗时的宰相,他善于鉴水别泉。尉迟偓的《中朝故事》中记述:李德裕居庙廊日,有亲知奉使说口(注今江苏镇江)。李曰:"还日,金山下扬子江中急水,取置一壶来"。其人忘之,舟上石头城,方忆及,汲一瓶归京献之。李饮后,叹讶非常,曰:"江南水味,有异于顷岁,此颇似建业石头城下水"。其人谢过,不敢隐。唐庚《斗茶记》载:"唐相李卫公,好饮惠山泉,置驿传送不远数千里"。这种送水的驿站称为"水递"。

时隔不久,有一位老僧拜见李德裕,说相公要饮惠泉水,不必到无锡去专递,只要取京城的昊天观后的水就行。李德裕大笑其荒唐，便暗地让人取一罐惠泉水和昊天观水一罐，做好记号，并与其他各种泉水一起送到老僧处请他品鉴，找出惠泉水来，老僧一一品赏之后，从中取出两罐。李德裕揭开记号一看，正是惠泉水和昊天观水，李德裕大为惊奇，不得不信。于是，再也不用"水递"来运输惠泉水了。

苦口师

苦口师是茶的别名。晚唐著名诗人皮日休之子皮光业（字文通），自幼聪慧，10岁能作诗文，颇有家风。皮光业容仪俊秀，善谈论，气质倜傥，如神仙中人。吴越天福二年（937年）拜丞相。有一天，皮光业的中表兄弟请他品赏新柑，并设宴款待。那天，朝廷显贵云集，筵席殊丰。皮光业一进门，对新鲜甘美的橙子视而不见，急呼要茶喝。于是，侍者只好捧上一大瓯茶汤，皮光业手持茶碗，即兴吟到："未见甘心氏，先迎苦口师"。此后，茶就有了"苦口师"的雅号。

谦师得茶三昧

元祐四年（1089年），苏东坡第二次来杭州上任，这年的十二月二十七日，他正游览西湖葛岭的寿星寺。南屏山麓净慈寺的谦师听到这个消息，便赶到北山，为苏东坡点茶。苏轼品尝谦师的茶后，感到非同一般，专门为之作诗一首，记述此事，诗的名称是《送南屏谦师》，诗中对谦师的茶艺给予了很高的评价：

道人晓出南屏山，来试点茶三昧手。

忽惊午盏兔毛斑，打作春瓮鹅儿酒。

天台乳花世不见，玉川凤液今安有。

先生有意续茶经，会使老谦名不朽。

谦师治茶，有独特之处，但他自己说，烹茶之事，"得之于心，应之于手，非可以言传学到者。"他的茶艺在宋代很有名气，不少诗人对此加以赞誉，如北宋的史学家刘攽有诗句曰："泻汤夺得茶三昧，觅句还窥诗一斑"是很妙的概括。后来，人们便把谦师称为"点茶三昧手"。

贡茶得官

北宋徽宗时期，宫廷里的斗茶活动非常盛行，上有所好，下必甚焉。为了满足皇帝大臣们的欲望，贡茶的征收名目越来越多，制作越来越"新奇"。据《苕溪渔隐丛话》等记载宣和二年（1120年），漕臣郑可简创制了一种以"银丝水芽"制成的"方寸新"。这种团茶色如白雪，故名为"龙园胜雪"。郑可简即因此而受到宠幸，官升至福建路转运使。

后来，郑可简又命他的侄子千里到各地山谷去搜集名茶奇品，千里后来发现了一种叫作"朱草"的名茶，郑可简便将"朱草"拿来让自己的儿子待问去进贡。于是，他的儿子待问也果然因贡茶有功而得了官职。当时有人讥讽说"父贵因茶白，儿荣为草朱"。郑可简等儿子荣归故里时，便大办宴席，热闹非凡，在宴会期间，郑可简得意地说"一门侥幸"。此时他的侄子千里，因为"朱草"被夺正愤愤不平，立即对上一句"千里埋怨"。

吃茶去

吃茶去，是很普通的一句话，但在佛教界，却是一句禅林法语。唐代赵州观音寺高僧从谂禅师，人称"赵州古佛"，他喜爱茶饮，到了唯茶是求的地步，因而也喜欢用茶作为机锋语。据《指月录》载："有僧到赵州，从谂禅师问"新近曾到此间吗？"曰："曾到"，师曰："吃茶去"。后院主问曰："为什么曾到也云吃茶去，不曾到也云吃茶去？"师召院主，主应诺，师曰："吃茶去。"

"吃茶去"是一句极平常的话，禅宗讲究顿悟，认为何时何地何物都能悟道，极平常的事物中蕴藏着真谛。茶对佛教徒来说，是平常的一种饮料，几乎每天必饮，因而，从谂禅师以"吃茶去"作为悟道的机锋语，对佛教徒来说，既平常又深奥，能否觉悟，则靠自己的灵性了。

（二）眉山茶典故传说

曾璧光送茶醇亲王

清朝咸丰年间，洪雅柳江镇人曾璧光是恭亲王奕䜣、醇亲王奕譞的老师。

其间，曾璧光回乡探亲访儿时好友唐启华（洪雅三宝镇人），唐启华以祖传手艺制作的金花茶待客，曾璧光品尝后对金花茶赞不绝口。

回京前，曾璧光向好友唐启华及其邻居购得一批茶叶，进京后送给了醇亲王奕譞，奕譞品后非常满意。

此后，曾璧光年年都要送金花茶给醇亲王奕譞。醇亲王之子光绪帝即位后，遂将金花茶纳为贡茶。

姜氏家族与"仁真杜吉"藏茶

拥有"仁真杜吉"品牌的姜氏家族，曾经是川藏茶马古道上的茶商巨子，鼎盛时期，姜家生产的藏茶占雅安边茶产业销售额的1/3以上。据《姜氏族谱》记载，清乾隆四十四年，姜氏第八代先祖从四川眉山洪雅来到雅安荥经，开始从事边茶产业。

由于荥经茶叶多运往西藏，因此勤劳智慧的姜家先祖研制出最适合西藏同胞饮用的藏茶配方。到了清嘉庆年间时（1820年），姜家九世祖姜荣华，在姜家茶叶老店成立华兴公司，到京城登记请引（相当于今天的茶叶营业执照）。

由于姜家茶叶原料精细，工艺精良，因此具有熬头好、味醇和、汤色红亮且带新茶香气的特点，颇受高僧贵族的赏识，在西藏各大寺庙饮购的雅茶中具有绝对垄断性，曾经被西藏三大寺（布达拉宫、哲蚌寺、扎什伦布寺）活佛联合颁发"仁真杜吉"铜板印章。"仁真杜吉"汉语译为"智慧金刚，佛座莲花"。当时销往藏区的每包"仁真杜吉"茶砖上都有金箔印的姜家茶牌标志图。

苏东坡与参寥子

元丰三年（1080年），苏东坡被贬黄州。有一天，苏东坡梦见好友僧人道潜（别号"参寥子"）携诗来访，两人唱和甚欢，参寥子带来了不少好诗。但苏东坡一觉醒来，只记得其中两句"寒食清明都过了，石泉槐火一时新"。梦中苏东坡问："火可以说新，但泉为什么也能称新呢？"参寥子回答："因为民间清明节有淘井的习俗，井淘过后，泉就是新的"。

元祐四年（1089年），苏东坡任杭州知州。此时，参寥子卜居孤山的智果精舍。苏东坡在寒食节那天去拜访他，只见智果精舍有一泉水从石缝间汩汩流出，是刚刚凿石而得到的。泉水清澈甘洌，参寥子便撷新茶，钻火煮泉，招待苏东坡。此情此景，不由得使苏东坡又想起了九年前的梦境及诗句。感慨之下，苏东坡作了一首《参廖泉铭》。

在天雨露，在地江湖。皆我四大，滋相所濡。

伴哉参寥，弹指八极。退守斯泉，一谦四益。

余晚闻道，梦幻是身。真即是梦，梦却是真。

石泉槐火，九年而信。夫求何信，实弊汝神。

六、茶歌曲

景美茶香茨楸垭

（洪雅县茨楸高山茶叶专业合作社社歌）

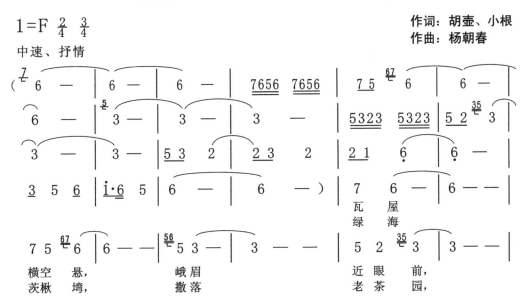

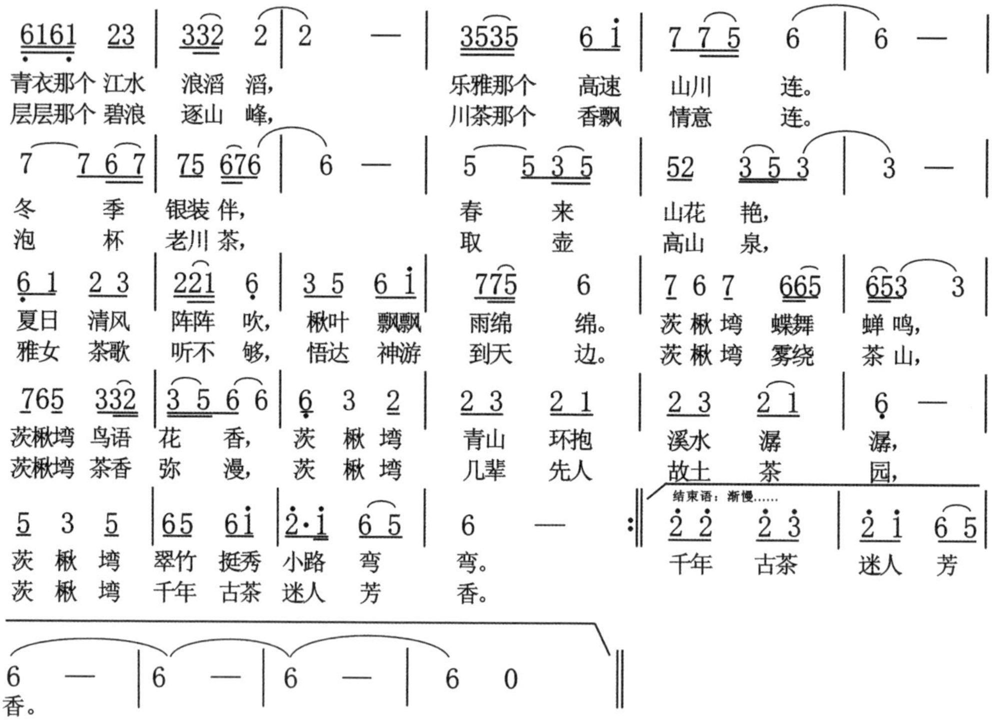

中国雅茶在这里

（原创茶歌）

作词：李雅丽 罗学平
作曲：李雅丽 罗学平

1=F $\frac{4}{4}$
优美 愉快地

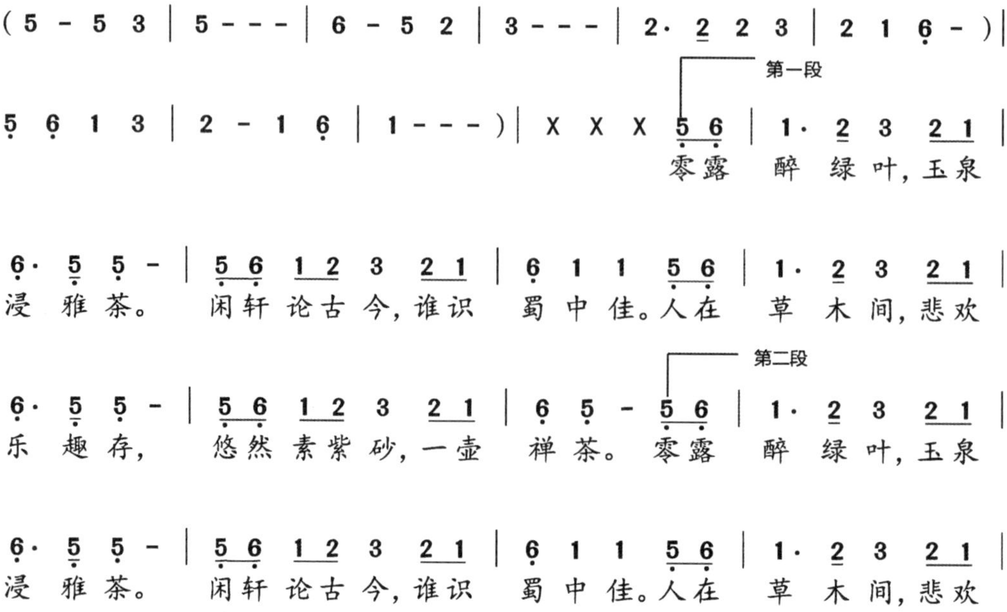

$\underline{6\cdot}\ \underline{\dot 5}\ 5\ -\ |\ \underline{5\ \dot 6}\ \underline{1\ 2}\ \underline{3\ 2\underline{1}}\ |\ \underline{\dot 6\cdot}\ \underline{1}\ 1\ -\ |\ 1\ -\ X\ X\ |\ 5\ -\ 5\ 3\ |$

乐 趣 存， 悠 然 素 紫 砂，一 壶 禅　 茶。　　　　　　中　 国 雅

$5\ -\ -\ -\ |\ 6\ -\ 5\ 2\ |\ 3\ -\ -\ -\ |\ \underline{2\cdot}\ \underline{\dot 2}\ 2\ 3\ |\ 2\ 1\ \dot 6\ -\ |\ \underline{\dot 5}\ \dot 6\ 1\ 3\ |$

茶，　　　　 中 国 雅 茶，　　　 从 来 雅 女 育 佳 茗， 洪 山 雅 水

第一段 ━━━━━━━━ （过门）

$2\ -\ 1\ \dot 6\ |\ 1\ -\ -\ -\ |\ 5\ -\ 5\ 3\ |\ 5\ -\ -\ -\ |\ 6\ -\ 5\ 2\ |\ \underline{3\ 2}\ 3\ -\ -\ |$

孕 雅　 茶。　　　　 中　 国 雅 茶，　　　 中　 国 雅 茶，

第二段 ━━━━━━━━

$\underline{2\cdot}\ \underline{\dot 2}\ 2\ 3\ |\ 2\ 1\ \dot 6\ -\ |\ \underline{\dot 5}\ \dot 6\ 1\ 3\ |\ 2\ -\ -\ -\ |\ 3\ -\ -\ -\ |\ \overset{12}{\frown}\ 1\ -\ -\ -\ |\ 1\ -\ -\ ‖$

从 来 雅 女 育 佳 茗， 洪 山 雅 水 孕　 雅　　 茶。

第八章 茶文化

第九章 茶旅相融

洪雅是国家生态县、国家生态文明建设示范县、中国最佳旅游目的地、天府旅游名县。洪雅山川秀美，茶园壮观，旅游资源十分丰富。茶叶既是经济作物，又是园艺植物，观赏性强，适宜体验，非常适合与旅游产业融合，实现茶旅相融，共促发展。

洪雅全县30万亩茶园，分布在坝、丘、山区不同海拔，形成了风格迥异的茶园景观。坝区茶园，横端竖直，条条成行，似仙女织成的绿色巨毯，镶嵌在广袤的洪州大地；丘区茶园，一个个馒头状的群山，从山脚一直翠绿到山顶，像一颗颗青螺，静静地散落人间；山区茶园山弯相连，绵延不绝，如一列列绿色的诗行。

当春暖花开之际，正值茶园春采大好光景，当你置身于洪雅一片片翠海，美丽的茶山姑娘、满山荡漾的茶山情歌、茶园里红白点缀的果树鲜花，伴着清新的缕缕山风，混合交织成一幅绚美壮丽的诗音画卷，定会让你，流连忘返，醉卧茶海不愿醒来。30万亩茶园是洪山雅水的旅游宝库，是游子思乡的绿色家园，是洪雅儿女的希望之光，是游客向往的梦想天堂，是高质量发展的基础大盘。亲爱的游客们，洪雅十万茶山儿女在30万亩茶园等您，欢迎你们共赴美好春天的约会。

第一节　名山胜水

古人云："自古名山出好茶""自古名山僧占多""水为茶之母""茶禅一味"。由此可见，山好、水好、有寺院的地方都产好茶。洪雅的几大名山、几大水域附近、几个寺院周围，也不例外，历来盛产好茶，并有许多动人美丽的传说。

一、著名茶山

（一）总岗山

又名"长丘山"，在四川省中部，北起新津县城南，向西沿彭山、眉山、蒲江、丹棱、洪雅、名山的西南部延伸，止于青衣江河谷，长约80km，宽约8~12km，东北—西南走向。由红色砂、页岩组成。北陡南缓。主峰天目寺海拔1142m。总岗山的森林、矿产资源丰富，是中国最早产茶的地方之一，尤以老川茶非常有名。面积达5000亩的最大个体茶园——汉王谢岩茶园就在此山洪雅境内，尚有著名的沈茶坊和通往雅安的茶马古道遗址。

总岗山的主体部分在西部，狭义上指东北起于丹棱县境内老峨山，西南至洪雅、雅安两县市间竹箐关。狭义总岗山呈东北—西南走向，长30km，宽5km，面积约150km^2。一般海拔600~900m，蜿蜒起伏，无明显孤峰，最高点老峨山海拔1149m。八面山，主要由白垩系砂岩、泥岩夹粉砂岩等构成。天目寺老峨山以东则以侏罗系砂泥岩和白垩系砂岩为主。气候湿润。多灌丛林型。森林覆盖率8%，以茶、桑、乌桕、油桐、香杉为主。

（二）八面山

"山开八面，视之如一"。八面山，位于四川省洪雅县东岳镇境内，全长20km，起源于原桃源乡鹰嘴山，止于原三宝镇宝子山。此山为洪雅县与夹江县接壤山脉，横亘于县内七里坪镇、柳江镇、东岳镇、将军镇南部，主峰海拔1463m，森林覆盖率达85%以上。

此山高山林间茶多，茶园多散落于柳杉森林中，茶叶生态、品质优良。八面山不仅盛产好茶叶，而且还盛产手工茶非遗传承人，著名的四川手工茶大师童云祥、抖音网红手工茶人曹茂琳以及残疾人雅女茶师龚瑶都出生于此山。

（三）玉屏山

玉屏山是瓦屋山国家森林公园的门户景区，平均海拔约千米，玉泉寺、宋朝买茶场、田锡读书楼遗址都在此山。其阳面东岳镇观音村又叫"观音山"，主产高山老川茶之岩茶。观音山岩茶面积上千亩，茶园内红砂岩石的丹霞地貌令人惊奇，成千上万个房屋般大小的岩石，像"茶园兵马俑"一样，守护着茶农祖先留下的茶树。20世纪70年代，四川炒青茶收购样板就出自此；21世纪初，曾经叱咤全省茶界的眉山著名茶企"道泉"和后来的"若水"茶叶基地也在此，至今遗迹尚存。

（四）瓦屋山

瓦屋山古称居山、蜀山、老君山，中国历史文化名山，位于四川盆地西缘的洪雅县境内，距成都180km，占地面积98.8万亩，最高海拔2830m。早在唐宋时期就与峨眉山并称"蜀中二绝"，系太上老君升天之地、道教发祥地、青羌民族最后留居之地。

瓦屋山被誉为"中国鸽子花的故乡""世界杜鹃花的王国"。目前已荣获全国最大国家森林公园、全国重点生态景区、全国森林公园十大标兵单位、全国文明森林公园等称号。清代诗人、书法家何绍基咏叹："巴蜀风光，峨眉十之三，瓦屋得六七。"

瓦屋山集"雄、奇、险、秀、幽、珍"于一身，充满原始、古朴、神奇。苏东坡曾有诗云"瓦屋寒堆春后雪，峨眉翠扫雨余天"，体现了洪雅茶叶区域公用品牌"瓦屋春雪"深厚的文化底蕴。瓦屋山复兴村老川茶园、皇甲山老川茶园是洪雅代表性的高山有机老川茶园。

二、著名山泉

好茶树需要好水源滋养，上述几大著名茶山中，就有很多山泉滋养着当地茶树。如用这些山泉来泡饮当地的茶叶，更是犹如江水煮江鱼，鲜上加鲜。

总岗山泉，水质上佳，当地人还利用起来，办了一个水厂，生意兴隆，供不应求。

八面山的山泉，还被当地林场工人用来做竹筒饭，清香无比，让每一个品尝过的人都十分留恋，久久难忘。

科甲山泉，特别是观音山的山泉已不再是普通的山泉，其矿质营养元素相当丰富，整个东岳镇居民饮水都用此水，令人艳羡不已。

瓦屋山泉就更多了，传说有72条瀑布，具体也没有人数清过。在巍峨的瓦屋山脚下，就平躺了一位令无数游客赞美不已的佳人——"雅女湖"，这是瓦屋山泉之结晶，也是大自然献给人类美好的礼物。

老峨山泉，出自丹棱县城西30km的张场镇峨山村，水质清冽甘甜，特别是用于泡茶，效果极佳，深受丹棱市民欢迎。

三、寺院碑刻

洪雅县总岗山水库，又名"汉王湖"，山水相依，风景优美。其南面佛祖岩有唐代颜真卿"逍遥"二字之真迹石刻与摩崖造像，字体入石三分，笔力千钧，字如其人，铮铮骨立；摩崖造像工艺精湛，栩栩如生，令人啧啧称奇。

八面山之苟王寨（图9-1）和尖峰寺（图9-2），留下了南宋时当地军民阻挡蒙古铁骑以及清末农民反清的英雄壮举。悬崖绝壁上的摩崖造像，数量之多让人难以置信，可惜在"文化大革命"期间遭受破坏，现多为断头像，也是历史的见证。

图9-1 八面山苟王寨摩崖造像

图9-2 八面山尖峰寺遗址

玉屏山观音村百果园的石佛禅院（图9-3），牌坊高大宏伟，上刻苍劲有力的"石佛禅林"四个大字，据说与蒙顶山之石佛禅院形状、大小和字体一模一样，如出一辙。也许冥冥之中，好茶好山总是在默默地遥相呼应。

图9-3 百果园石佛禅林

道教圣地瓦屋山留下的碑刻遗迹很多。如槽渔滩五斗观、槽渔滩白塔、柳江光明寺、阿吒山田锡书馆遗址科甲名山（图9-4）、花溪玉泉寺遗址、田锡水景公园（图9-5）、余坪修文塔（图9-6）、汉王总岗山（图9-7）等，碑刻石像众多，掩映在片片葱郁的茶园中。这些地方，政府相关部门都在加强保护并逐步修缮，是今后深度挖掘洪雅禅茶文化的宝贵资源。

图9-4 科甲名山宋代石刻

图9-5 洪雅田锡水景公园内田锡雕像和遗直书院

图9-6 洪雅县余坪镇修文塔　　　　图9-7 洪雅汉王总岗山逍遥石刻
　　　　　　　　　　　　　　　　　　　　（唐·颜真卿书）

四、三苏祠

三苏祠位于四川省西南中心城区纱縠行南街，分别距成都、乐山80km，是北宋著名文学家苏洵、苏轼、苏辙的故居，明代洪武元年改宅为祠，祭祀三苏，明末毁于兵燹，清康熙四年（1665年）在原址重建。现为占地104亩的古典园林（图9-8）。

图9-8 眉山三苏祠

三苏祠庭院一直是文人墨客和广大民众拜祭圣贤的聚集场所，经数百年的营造，周围红墙环抱，绿水萦绕，荷池相通，古木扶疏，小桥频架，堂馆亭榭掩映在翠竹浓荫之中，错落有致，形成"三分水，二分竹"的岛居特色。楼台亭榭，古朴典雅；匾额对联，词意隽永。

祠内有苏洵、苏轼、苏辙和程夫人、任采莲、苏八娘、王弗、王闰之、王朝云、史夫人及苏家六公子等十余人的塑像，还供奉有眉山始祖苏味道画像和列代先祖牌位。有木假山堂、古井、洗砚池、荔枝树等苏家遗迹，祠内珍藏和陈列有三苏父子的大量手迹、各种印版和拓版的诗文字画等文物和文献。启贤堂陈列着三苏手迹、拓片和遗物。两侧厢房中展示有三苏生平及宦游各地的遗迹图片与文字。

祠内有三苏祠沿革展、碑廊苏轼手迹刻石80多通，宋、明、清、民国碑约30通。除此而外，馆内还收藏有上万件有关三苏的文献资料和文物，是蜀中最负盛名的人文景观。清代宰相张鹏翮撰大门联赞三苏："一门父子三词客；千古文章四大家。"最为大雅。匾联、书画、盈室满堂，一些明清以来的书画名家文徵明、邹一桂、查士标、何绍基、张大千等的作品，也在此陈列供游人观赏。

如今，三苏祠周围茶馆林立，茶韵芬芳，以东坡茶文化为引领的三苏祠茶馆文化，文化氛围浓厚，独具特色，成为眉山人民喝茶休闲、谈天说地的市民文化中心，并带动了文化培训、艺术辅导、旅游产品等相关产业的发展。2022年6月8日上午，习近平总书记考察了三苏祠，了解历史文化遗产保护情况，又为三苏祠的文化底蕴添上了浓墨重彩的一笔，写下了历史性的一页。

五、中岩寺

中岩寺位于四川省青神县东南9km的瑞峰镇中岩村，傍岷江东岸，分上、中、下三寺，统称中岩寺（图9-9）。中岩寺区域面积26km²，游程10华里，顶峰慈姥岩海拔616m。

图9-9 青神县中岩寺

中岩寺始创于东晋，兴盛于唐、宋的古中岩，早期为著名佛教圣地，传说是十六罗汉之第五罗汉诺巨那尊者的道场，其佛法宏大，古与峨眉山齐名。"岩壑胜景，不减峨山"，有"先游中岩，后游峨山"之说。在诺巨那之前，中岩被称为慈姥山。明代僧人园睿《中岩山碑记》说：中岩在诺巨那开创之前，旧名玉泉岩，本为慈姥夫人显迹之地。所以又称慈姥山、慈姥岩或慈姥矶。作为尊者道场之后，始逐步形成今名。

千古中岩，钟灵毓秀，人文精粹。苏东坡年轻时曾经在此读过书，现存有东坡读书楼，宋时，范成大、陆游等来过此处，此处被范成大誉为"西川林泉最佳处"，陆游赞其为"川南第一山"，后来被人们称作"苏东坡初恋的地方"。

六、老峨山

老峨山是峨眉山的姊妹山（图9-10），位于丹棱县城西30km的张场镇峨山村境内，其主峰为总岗山脉的主峰，海拔1142m，总面积达11.8km²。突兀一峰独峙，雄踞于成都平原西南边缘，时有烟雾在半山飘浮，蔚为壮观。山形酷似峨眉，雄秀奇险幽，颇有峨眉山的架势。民间传说先有此山，后有峨眉山，故名"老峨山"。山中名胜古迹如金顶、舍身崖、九老洞、万年寺、伏鹤寺、一线天等，皆与峨眉山"同名同姓"。

据地方史志载，老峨山佛教盛行，香火旺盛，建寺于隋，兴盛于唐、宋、元、明、清，山中共建有72座寺庙，僧侣最多时竟达千人。唐代开元年间，道教传入老峨山，先后在山中建了36座庵堂，有近400名道士在山中修道。著名宋代政治家、文学家苏东坡，道教人物杜光庭，清代文学家彭端淑等名人雅士曾游览此山，留下许多赞美诗篇。民国时期，社会动乱，土匪长期啸聚山林，老峨山许多景观寺庙被破坏。

图 9-10 丹棱老峨山

七、彭祖山

彭祖山位于"长寿之乡"彭山区东北部,是中国传说中800岁寿星彭祖及其女儿修身之地,也是世界长寿文化和茶叶文化的发源地之一(图9-11)。

彭祖山四周群山环抱,中心孤峰耸立,山与山之间构成天然立体太极地貌,彭祖墓

图 9-11 彭祖山

就处在太极地的阳鱼鱼眼上。山上有中国气功鼻祖、寿星彭祖的墓冢、彭祖祠、彭祖炼丹洞等历史遗迹，有展示彭祖长寿三大秘诀的养生殿、采气场、雉羹馆。还有造型巧妙的齐山双佛，依山而建的齐山双佛一立一坐，造型巧妙。立佛释迦牟尼高28m，名列世界第八位；坐佛多宝如来高24m，始建于公元713年，是乐山大佛的蓝本，且比乐山大佛早建近百年。双佛并列之规模，乃全国独有。

彭祖山景区占地面积约30km²，景区内包含彭祖祠、仙女洞、彭祖仙室、齐山双佛、九九长寿梯、放生池、彭祖山林地、慧光禅院、采气场、养生殿、彭祖书院、璧山寺等景点。彭祖墓是彭祖文化的精神载体，文化意义十分重大。

第二节　精品线路

根据洪雅茶区布局并结合当地的旅游资源，洪雅茶旅融合产业因地制宜规划出3条不同风格特点的茶马古道经济圈旅游精品线路，以供游客根据需要选择。

一、茶客空间线路

（一）茶马古道经济圈1日游线路

以止戈青杠坪茶客空间为重点，起点为城北驿站，终点为城南驿站（幺麻子德元楼）。途经中山前锋、汉王谢岩、田锡故里（槽渔滩）、东岳天宫、止戈青杠坪、止戈五龙。

具体线路：城北驿站—中山前锋茶叶主题公园—汉王谢岩沈茶坊—田锡白茶园—天宫驿站—止戈青杠坪茶客空间（图9-12）—城南驿站。

图9-12　止戈青杠坪茶客空间

（二）茶客空间简介

洪雅县贯彻成渝地区双城经济圈发展战略，抓住成德眉资同城化发展机遇，立足生态，践行"两山"转化理论，规划建设以高端文旅产业为主的洪柳新区。新区位于大峨眉国际旅游环线核心区域，拥有二山一河（玉屏山、八面山、花溪河），是洪雅县推进"绿水青山"向"金山银山"转化的重大实践。

青杠坪茶客空间，位于洪柳新区北联区域，是洪柳新区首开项目。该项目以做好"一杯茶"为目标，大力发展茶文化旅游，以茶带旅、以旅促茶，实现茶旅融合。项目布局高端民宿、文化创意、研学体验等业态，是建设以种植、采摘、制作、品鉴、研学、观光体验为一体的茶旅融合示范区。项目借助"山水洪雅·中国养都"IP流量，推出以茶为景、以茶作艺、以茶评味、以茶鉴食的茶韵旅居生活方式，积极推动园区一二三产融合发展，为实现乡村振兴贡献洪雅模式。

青杠坪茶客空间项目地处洪雅县止戈镇青杠坪村，距洪雅主城区3.2km，大峨眉旅游西环线、乐雅高速环绕，交通便利。青杠坪村是茶叶"一村一品"专业示范村，全村茶叶在地面积达到1.05万亩，先后获得国家级生态示范家园、国家级文明村、省级乡村振兴示范村、四川省乡风文明村、四川省乡村治理示范村等称号。项目依托万亩茶园优势，推进以茶带旅、以旅促茶的茶旅融合发展新模式，不断完善"公司+村集体经济组织+群众"的共建共享共赢机制，打造集制茶、销茶、品茶、茶艺表演、茶叶论坛、茶叶主题酒店住宿等多功能布局于一体的茶主题商业综合体，实现旅游兴村、旅游富民，带动农民集体增收，助力乡村振兴。

青杠坪茶客空间主要由茶研学、茶体验、美墅、餐饮、会议、天洪茶铺、生命艺术馆、两山养研中心等项目组成，配套无边泳池、恒温汤池、旅游厕所等设施。二期则围绕茶文化、茶产业、茶科技、茶体验+打造，增加星空营地、两山茶话、天空茶界、七彩茶园、茶尖精灵、雅茶工坊等。三期则将建成茶客小镇。

项目结合当地文化，以"山、水、云、茶、文化"为背景，建设艺术+体验的茶空间旅游目的地，把茶客空间项目打造成融合商务接待、旅游度假、康养等功能的茶文化体验度假酒店综合体。设计上以一步一景为"景"，室内空间以新中式与原木风格营造"静"，整体高低起伏融入山水之间为"境"。民宿以传统川西民居为灵感，再融入现代元素为打造理念，地方特色与现代风的完美融合，兼顾实用与美观，为游客带来现代隐居的生活体验，以及人与自然和谐共处的美妙感受。

青杠坪茶客空间一期项目，于2021年9月开始接待游客。茶园纵横阡陌，茶海绵延，拔地而起的"盖碗茶"和"一叶一芽"造型建筑体镶嵌其间。项目整体建筑与茶山景观脉络和谐共生。精品民宿"藏"在茶园间，每一栋的外形都充满设计感。在这里，游客不仅可以进行采茶、手工制茶、茶艺、陶艺、花道等多重体验，同时也能满足住宿、餐饮、会议等需求。该项目正在积极推进茶旅体验项目落地，如茶文化研学、茶叶采摘及手工制作，陶艺、茶道、花道、高空观景、养生瑜伽等项目。

开发茶品牌：两山云雾茶、青杠坪573、八面云芽1073、桌山春雪1973、八面魁芽。其中茶品牌"八面魁芽"，获四川国际茶博会名优茶评选金奖。设计研学线路4条、研学主题若干项。原创研学表演《中国养都·两山云雾》茶艺表演、《康养洪雅·草木馨香》行香表演。创立康养洪雅三饮茶会、七碗行茶会、节气茶会若干。

开发宋代点茶、青杠坪烤茶两门研学课程，新增两天一夜研学、精品研学行程等。可承接30~50人小型研学精品团、200人中型拓展团、500人大型团。

2022年3月，青杠坪·茶客空间被批准为国家AAA级旅游景区，同年8月被评为2022年度四川省级研学旅行实践基地。

青杠坪茶客空间，是洪雅县茶旅融合的生动范例，是洪雅县建设天府旅游名县、再战全域旅游示范的一个缩影。

二、主题公园线路

（一）茶马古道经济圈2日游线路

以中山镇前锋茶叶主题公园为重点，起点为城北驿站，终点为城南驿站。

途经中山前锋、汉王谢岩、田锡故里、东岳观音、柳江祁山、柳江侯山、柳江皇甲山、东岳天宫、止戈青杠坪、止戈五龙。

具体线路：城北驿站—中山前锋茶叶主题公园—汉王谢岩沈茶坊—田锡白茶园—东岳观音山—柳江祁山—柳江侯山—柳江皇甲山—天宫驿站—止戈青杠坪茶客空间—城南驿站。

（二）线路主要景点前锋茶叶主题公园简介

2020年5月，洪雅县前锋茶叶主题公园被认定为四川省第二批省级示范农业主题公园，成为唯一的茶叶主题公园。该公园属四川省雅雨露茶业有限责任公司，位于洪雅县中山镇前锋村，面积2000多亩。雅雨露公司成立于2004年，主要从事有机茶种植、生产、销售（出口）及茶文化传播，其茶叶产品分别通过了要求严苛的欧盟、日本、美国及国内有机认证。

公司以中山镇前锋村茶叶基地为依托，打造茶叶主题公园。公园布局分为三大版块、五大片区，三大版块是茶叶与水果新品种示范园、智能现代化养殖场、茶园农家乐；五大片区分别为特色茶叶片区、优质水果片区、游客渔乐片区、茶家乐片区、现代养殖片区。特色茶叶片区，以从江浙和福建引进的梅占、黄观音、金牡丹、肉桂、黄玫瑰等特色茶叶品种为主，可供游客采茶体验。优质水果片区，种植了猕猴桃、葡萄、桑葚、橘子、李子等水果，特别是智能化草莓采摘园，非常适合儿童采摘；1km长的葡萄走廊，犹如一条白色巨龙"S"形贯穿整个茶园。游客渔乐片区配套了几口可供钓友渔乐和游客赏鱼水塘。茶家乐片区为客人提供餐饮和手工制茶体验服务。现代养殖场规模宏大，占地上百亩，养殖全程实现全智能化，年出栏肥猪10万头以上。此外，主题公园内还有多条彩色步道、健身器材、户外凳椅，方便游客及周边群众健身休闲。

洪雅县前锋茶叶主题公园以"有机茶叶+乡村旅游"为发展模式，以茶文化为旅游资源，以茶产品为旅游产品，茶旅文共融并与农耕文化有机结合，以茶产业带领茶农脱贫致富，助力乡村振兴，成为眉山探索茶旅发展的示范亮点。

三、山水茶园线路

（一）茶马古道经济圈3日游线路

以瓦屋山镇复兴村茶山为重点，起点为城北驿站，终点为城南驿站。途经中山前锋、汉王谢岩、田锡故里、东岳观音、柳江祁山、柳江侯山、柳江皇甲山、瓦屋山复兴、东岳天宫、将军清凉、止戈青杠坪、止戈五龙。

具体线路：城北驿站—中山前锋茶叶主题公园—汉王谢岩沈茶坊—田锡白茶园—东岳观音山—柳江祁山—柳江侯山—柳江皇甲山—瓦屋山复兴村—天宫驿站—将军八面山苟王寨—止戈青杠坪茶客空间—城南驿站。

（二）线路主要景点复兴村茶山简介

位于瓦屋山镇复兴村，海拔1200~1500m，面积近千亩，茶树品种为20世纪70年代种植的老川茶群体种，茶园为有机茶园。茶山处于世界道教圣山瓦屋山腰，与高山湖泊雅女湖紧紧相连。茶山周围森林茂盛，植被丰富，生态特优。

复兴村茶山被中国地理杂志评为中国100个最美景点之一，每年吸引成千上万的中外游客前来休闲观光，摄影爱好者更是趋之若鹜，复兴村茶山成为摄影家们欢乐的天堂。

当你气喘吁吁地从茶山脚底爬到山顶，长舒一口大气，有一种山高我为峰而舍我其谁之成就感——原始古朴神奇的瓦屋山相伴跟前，温柔静雅漂亮的雅女湖躺在身边；山间白云，朵朵悠闲，触手可摸；湖水碧波，荡漾万顷，蓝天摇曳。那层层的绿色诗行茶树啊，从山脚一直绕到山顶，把个复兴村茶山打扮得就像一颗螺髻大翡翠，让人惊赞不已，美到心痛。这是20世纪复兴村人民在毛泽东光辉思想指引下战天斗地的杰作，不禁感叹：劳动最美，劳动创造美，劳动让人醉美。

第三节　茶事活动

一、祭茶祖

洪雅与雅安都有一个共同的"雅"字，山水相连，一衣带水，尤其在茶叶上有许多共同的地方。唐末五代时毛文锡《茶谱》记载："眉州、洪雅、昌阖、丹棱，其茶如蒙顶制饼茶法，其散者，叶大而黄，味颇甘苦，亦片甲、蝉翼之次也。"众所周知，吴理真是世界植茶始祖，以前，洪雅在每年春茶开采时，首先要祭茶祖吴理真（图9-13），以求保佑全年风调雨顺让茶叶获得好收成，就像日本静冈县茶农一样，每年采茶前都要先到浙江径山寺祭他们的茶祖圆尔辨圆。由于各种历史原因，洪雅采茶祭茶祖这一习俗后来逐渐被淡化，很多地方采茶都没有这道程序了。

图9-13 洪雅槽渔滩端午茶会

靠山吃山，靠水吃水，茶山是茶农的衣食父母，养育了多少茶山儿女，茶农对大自然一定要有敬畏和报恩之心。2016年春季，洪雅县三宝镇政府组织茶农在保坪村茶山宝子山举办了一场别开生面的祭茶祖仪式，不少茶人远道从成都、重庆等地早早赶来参加。自此，祭茶祖的活动每年在洪雅都要举行，有的地方还增加了敲锣喊茶山等内容，久违的传统茶文化又回来了。

二、采茶节

21世纪初，采茶节活动在我国开始兴起。2010年以来，全国各地采茶节活动已十分频繁，各地都根据自己当地的文化特色，把采茶节办得风生水起，有声有色，加上主流新闻媒体和自媒体的大力宣传报道，采茶节被越来越多的人所喜爱。采茶节形式多样，内容丰富，一般以采茶比赛为主，配合制茶大赛、茶艺表演等，并结合当地的地方文化融入了民间艺术、山歌、书画摄影等，增加了节日气氛、文化氛围，对地方产业的发展起到了很好的宣传效果。

2011年，洪雅县人民政府在原中山乡首次举办比较大型的采茶节活动（图9-14），同时举办了洪雅县首届茶叶品评大赛，还把丹棱的民间艺术非遗唢呐队请来暖场助兴。此次采茶节邀请到了省厅领导以及外省茶商前来指导，给全县广大观众留下了至今难忘的深刻印象。

2017年，洪雅县农业和畜牧局牵头，又在止戈镇举办了洪雅县第二届采茶节活动（图9-15）。各镇都派出了采茶高手到青杠坪茶园进行采茶团体比赛和个人比赛，洪雅摄影家协会的摄影家们现场跟踪拍摄出了精彩激烈的比赛画面和航拍出了壮观的采茶场景。采摘的茶叶，又由手工茶师傅们现场制作，进行制茶大赛，然后经专家审评出获奖结果。

图 9-14 2011 年洪雅县首届采茶节开幕式

图 9-15 2017 年洪雅县第二届采茶节采茶比赛

图 9-16 青神采茶节采茶比赛

近年来,青神、东坡等区县也积极举办采茶比赛(图9-16)。

三、斗茶赛

斗茶,古代称"茗战",起源于宋代。宋代是中国茶文化鼎盛时期,当时各阶层无不以喜爱茶叶作为人生一项高雅欢乐之趣事,斗茶活动尤为盛行。斗茶爱好者随时都揣有一包好茶,常邀约一起在某时某地进行斗茶比赛,如果是比较大型的斗茶比赛,获胜者及其茶叶之名将会迅速传遍十里八村、街头巷尾,无不感到这是人生一大快事,荣耀之感油然而生,他们的斗茶故事会在茶叶江湖上将广为流传。

宋代所制茶叶主要为饼茶,其泡饮之法为点茶,因此斗茶都是用点茶方式进行。随着制茶工艺的发展,明朝开始普遍使用散茶,斗茶的方法也相应发生了变化,慢慢演变成今天的评茶,即茶叶审评。茶叶审评有系统完整的国家标准,不仅要干评茶叶的外观(包括干茶形状、原料嫩度、茶叶纯净度和完整度),还要湿评茶叶的内质(汤色、香气、滋味、叶底），且每一项都有明确的分值系数，非常科学合理。评茶目的就是要找准茶叶产品存在的差异，以便今后更好地改进，促进制茶工艺的革新与进步，让制茶人对产品做到精益求精，不断突破，创新发展。

由于斗茶历史悠久具传统性，现在很多茶区评茶也被称为斗茶，从字面上也能看出在发展的同时，我们没有忘了尊重传统文化。近年来，眉山本地进行的斗茶赛较少，一般多将本地茶叶产品带到省内外茶博会上进行评比。2022年7月，洪雅县茶叶中心和县茶叶流通协会共同举行了首届红茶斗茶大赛（图9-17），云中花岭、七里坪茶业等茶企提供的红茶产品获奖，在洪雅全县范围内引起了较多的关注。

图9-17 洪雅县首届斗茶赛

四、吃茶宴

此处所指茶宴，并非古代所说的茶宴（茶会品茶），而是特指在一些茶家乐地区的餐饮上专门用茶叶所做的菜品或添加了一些茶叶而富有特色的菜品。

目前，我国茶区的茶宴办得比较好的地方越来越多，让游客们大开眼界，味蕾有福，比较著名的茶宴有浙江杭州茶宴、四川名山茶宴、安徽黄山茶宴等。

洪雅县青杠坪茶客空间的茶宴，近年来也发展不错，很有特色。有用一芽二叶的茶叶原料蘸蛋浆油炸的，有把茶叶切细撒在豆花或蒸蛋表面上的，也有直接将茶叶捞开水后凉拌的等。这里给大家介绍一道最有地方文化特色的茶宴菜品——东坡茶香肘。

众所周知，东坡肘子是千古大文豪、世界文学巨人苏东坡在烹饪上的历史杰作，肥而不腻，香甜软糯，老少皆喜。东坡茶香肘，就是在原东坡肘子的基础上，进行巧妙地加花与创新，将明前春采无农药残留之茶叶嫩芽，经高温杀青后，均匀撒在东坡肘子上即可。此道菜品经成都锦江饭店国家特级大厨推出后很快得到消费者认可，普遍认为：茶叶嫩芽增加了东坡肘子的清香茶味，提高了东坡肘子的颜值，增强了人们的食欲，增加了美食文化内涵。

总之，东坡茶香肘的问世，赋予了东坡文化新的内容，丰富和发展了东坡文化，尤其是东坡茶文化与东坡美食文化。

五、茶研学

茶叶研学是一项综合的茶事活动（图9-18），包括了茶叶、科普、文化、旅游等多种内容，是多产业、多学科有机融合的典型模式。在当今产业融合日益推进的大好形势下，茶叶研学的茶事活动遍地开花，八面飘香。茶叶研学欣欣向荣正当时，勃勃生机处处晖。为了更好地进行茶叶研学，取得事半功倍的研学效果，应将普通茶园加以适当修饰规划，建议采取以下方法。

图9-18 学生在青杠坪研习茶叶

（一）茶园变花园

在茶园适当种植紫薇、银杏、柿树，增加茶园观赏性并提高经济效益。还可根据茶树叶片的色差，将绿茶、白茶、黄金芽、紫娟茶树，拼植成有趣的图案或文字，同时丰富了茶园的生物多样性。

（二）茶园变公园

在茶园修建供游客参观的休闲便道；设置采摘体验区，方便游客采摘体验与观光休闲，同时避免游客把茶园采"花"而给茶叶生产带来不必要的损耗；安置健身器材和凳椅；修山坪塘养鱼，既可抗旱又可垂钓。

（三）茶园变校园

把茶园打造成学生科普研习基地，在亭子走廊建茶知识、茶文化专栏；在茶园安置茶树品种介绍标牌，教学生茶叶知识和茶叶文化、如何认识茶树品种、茶叶产品以及怎样才能泡好一杯茶等。

（四）茶园变科技园

把最先进环保的茶园管理技术植入茶园，如采用中药农药控制茶树病虫、施用生物有机肥改良茶园土壤，增强茶树抗病虫、抗干旱、抗冷冻能力，控制茶叶农药残留，增加茶叶产量，提高茶叶品质。

洪雅县是茶叶产业与旅游产业并进发展之县，有不少风景优美的茶园，能给研究者带来美好向往之心情，非常适宜茶叶研学。下面列举部分适宜茶叶研学的地方，供选择参考。

1. 中山前锋茶叶主题公园

该公园以茶叶为主，兼种柑橘、桃李、葡萄等水果，全园茶叶面积2200亩，水果面积500亩，特别是葡萄走廊长约1km，非常壮观，园内有停车场、品茗厅、民宿，还有几个水塘和传说女皇武则天到过的山顶——凤凰顶。

2. 汉王谢岩沈茶坊

沈茶坊是洪雅解放前茶叶作坊的缩影，这里在20世纪50年代末就办过机械化茶厂，是洪雅最早的集体茶厂。沈茶坊还是洪雅到名山的著名茶马古道驿站，留下了许多动人的茶马传说。此处茶园较多，茶马古道遗址清晰可见，并可鸟瞰汉王湖全景。夜晚还可看到五彩斑斓的洪雅城夜景，青衣江大桥上的彩虹与明灯历历在目。

3. 田锡白茶园

有两个规模较大的茶园，其中一个是根据北宋文臣田锡来命名的状元红奶白茶园，面积1000亩；另一个是正容白茶园，面积500亩。两个茶园内均能清晰眺望峨眉山和青衣江，正容白茶园有停车场、品茗厅。

4. 东岳观音山茶园

这是一个典型的高山岩茶园，海拔1000m左右。园内有清晰可见的茶马古道遗址，还有几座无人居住的民房。站在茶园可遥望青衣江、总岗山、大雪山、峨眉山等名山大川，无比壮观。

5. 柳江祁山、皇甲山

柳江祁山海拔1100多米、皇甲山海拔1700多米，这里充满了原始生态茶园之美，并有一些茶马古道遗址。

6. 柳江侯家山、瓦屋山复兴村

柳江侯家山茶园散落在高山林间，在此可对望玉屏山森林，俯瞰美丽的柳江古镇和花溪河。复兴村茶园面积1000多亩，海拔1200多米，坐落在瓦屋山下、雅女湖畔，由于茶园景色奇美，有翡翠螺髻之美誉，是著名的网红打卡点。这两个地方是比较成熟的旅游景点，停车、品茗、餐饮、住宿等需求都可满足。

7. 将军八面山苟王寨

苟王寨为南宋抗蒙山城防御体系的鼻祖和蓝本，属省级文物保护单位，苟王寨还是四川手工茶大师童云祥的家乡。站在苟王寨可遥望总岗山、洪雅城、青衣江，苟王寨附近正在进行民宿打造。

8. 止戈青杠坪茶客空间

青杠坪是全县观景效果最佳的茶园，茶园规模2万多亩。可以遥看大雪山、峨眉山、八面山、瓦屋山、总岗山和青衣江等名山大川以及洪雅城，气势恢宏、壮观震撼。此处正在进行全方位打造，是一个集民俗、茶文化、旅游、研学等为一体的供游客体验的综合性旅游景点。运行两年来，已接待市内外游学团队60多个，反响很好。

9. 城南驿站

这里有中国最大的藤椒油生产厂和藤椒文化博物馆，是比较成熟的特色旅游景点。里面也陈列了一些历代茶具酒器，是研究茶叶历史文化的好素材，值得参观研学。

10. 茶叶智能加工园区

洪雅县茶叶智能加工园区，是在洪雅县委、县政府的领导下，由国有企业县农投公司承建成现代茶叶智能加工园区。园区占地近300亩，总投资5亿多元，年吞吐茶叶鲜叶100万kg，干茶产值近8亿元。

茶叶智能加工园区引进了目前全国最先进的高端绿茶智能加工生产线，茶叶加工时，制茶师傅只需根据茶叶的鲜活、老嫩程度与含水量，对茶叶加工设备进行茶叶加工技术参数科学设置，茶叶鲜叶便有序进入预定轨道传输带，经过洗涤、杀青、揉捻、理条、烘干、色选、分级、包装，全程实现智能化操作。

智能加工园区为保证和稳定"瓦屋春雪"的产品质量，提供了较为硬核的条件，通过智能化加工茶叶，能顺利实现茶叶区域公用品牌"瓦屋春雪"的规模化、标准化、现代化与智能化生产，彻底改变眉山茶叶的加工方式，结束眉山茶叶长期无品牌、无高端茶叶的历史，用品牌效应有力推进全市乡村振兴建设。

目前，入驻洪雅县茶叶智能加工园区的茶叶企业已有4家，分别是四川省瓦屋春雪茶业有限公司、眉山匠茗茶业有限责任公司、四川云中花岭茶业有限责任公司和四川蜀茶集团茶叶有限公司。

洪雅县茶叶智能加工园区，是眉山茶叶现代化加工生产的亮点，从传统的观念到现代的理念，从园区的规划到厂房的设计，从设备的精选到严密的安装，从道路的布局到绿化带配套，从生产加工到产品包装，从茶艺品饮到产品展示，从线上到线下的互动营销，每一个环节无不充满了科技含金量，无不代表了茶产业先进性，值得每一位爱茶人士认真参观，仔细研学。它为我们树立了一个茶叶生产加工集群、茶叶营销团队效应、茶叶产业发展未来的标杆与典范，代表了眉山茶叶从此梦想之地出发并走向全国、冲向世界的信心与决心。

参考文献

陈昌辉，2007.工艺名茶品评与鉴赏[M].北京：中国方正出版社.

陈伟群，2022.茶之最[M].北京：中国林业出版社.

陈宗懋，杨亚军，2013.中国茶叶词典[M].上海：上海文化出版社.

窦存芳，陈书谦，张勇，2018.茶马古道与藏茶文化探源[M].北京：中国农业出版社.

何勇，2015.青江水映明前茶：浅述雅茶与雅茶文化[J].中国茶叶（10），26.

何勇，2016.川藏茶马古道之姜氏边茶史话[J].中国茶叶（9），17.

何勇，2018.颗子茶溯源[J].中国茶叶（1），64-65.

贾大泉，陈一石，1989.四川茶业史[M].成都：巴蜀书社.

康斌，2015.古代洪雅茶探微[J].中国茶叶（7），38-39.

刘民乾，2011.优质茶叶生产实用技术[M].北京：中国农业科学技术出版社.

罗军，2013.中国茶品鉴图典[M].北京：中国纺织出版社.

罗学平，王仿生，罗大为，2017.洪雅老川茶与茶马古道的探研和保护[J].中国西部（7），12-14.

杨亚军，2009.评茶员培训教材[M].北京：金盾出版社.

俞永明，2009.说茶饮茶[M].北京：金盾出版社.

周重林，2024.和苏东坡吃茶[M].长沙：湖南美术出版社.

朱世英，2011.茶诗源流[M].北京：中国农业出版社.

附录一

大事记

西汉时，资中文学家王褒《僮约》中记载"烹茶尽具""武阳买茶"，这是全世界最早的"烹茶"和最早的"买茶"记载。武阳，即今彭山区江口镇，当年是犍为郡治，洪雅属犍为郡下的南安县地。

东晋时，史学家常璩在《华阳国志》中记述："南安、武阳皆出名茶。"南安、武阳都在长丘山区，长丘山又名峁幕山，即今天的总岗山，主产名茶。

唐朝中期，洪雅已开始形成买茶市场。

晚唐时期，进士毛文锡著《茶谱》记载："眉州洪雅、昌阖、丹棱，其茶如蒙顶制饼茶法，散者叶大而黄，味颇甘苦，亦片甲蝉翼之次也。"

宋代时，在洪雅县花溪，官府专门设有买茶场。

《荥经县志》记载："明万历年间，商人领南京户部引中茶。其中，边引者，有思经、龙兴之名。思经产雅州（今雅安），龙兴产洪雅。"

清初以来，有不少外籍客商来洪定居，经营茶叶生产，传播种茶技术和制茶方法，兴办了著名的花溪黄茶坊、汉王总岗山沈茶坊，对推动当时洪雅茶叶生产空前大发展，起到了很大作用。

清乾隆中期，姜氏一族姜荣华随季父姜琦从洪雅止戈街莲花坝迁居荥经，于嘉庆时创立"华兴号"老院生产边茶，行销康藏，逐渐成为雅安境内制茶行业的龙头，其茶品牌"仁真杜吉"享誉川藏茶界近200年。

清嘉庆年间，洪雅出现了玉屏山、宝子山的工夫茶（银灰颗子），为绿茶中上乘佳品。当时，洪雅茶叶生产发展处于高峰时期，年产细茶达6500多担，为全蜀之冠。清嘉庆《洪雅县志》记载："洪介山泽之间，因利乘便……其盐则取之犍为，茶则贩之他邑""茶出花溪、总岗。"

清道光年间，洪雅县茶叶的生产和销售，仍处于持续大发展的兴旺时期。茶叶的大发展，开辟了财源，当时茶叶的课税额是仅次田赋收入的一项重要税收来源，洪雅县年纳茶税银2737两，约占当时田赋银两的45%。

1951年清理登记，洪雅县茶园1050亩，产细茶342担，粗茶2406担。

1958年，四川省洪雅县供销合作社和洪雅县外贸公司以"沈茶坊"为基础，在洪雅县汉王公社谢岩大队建立了洪雅县第一个茶厂——东风茶厂。

1963年7月24日，四川省洪雅县供销合作社发布《关于收购个人出售茶叶奖售办法的通知》，对个人出售茶叶与集体出售茶叶，供销社给予同等标准的奖售。

1964年1月30日，洪雅县多种经营大会秘书处起草《关于恢复和发展茶叶生产的意见》，经时任县委书记杨家全同意，印发给到会的区、社长讨论。

1972年，新建公社观音山茶场制茶师傅余文贵，用一芽二叶制作的卷曲型、有毫手工炒青茶，汤色黄绿明亮、香气栗香浓郁、滋味鲜醇回甘，深得茶叶业界好评，被四川省供销社指定为四川省炒青茶收购的制作样板。

1976年，洪雅县供销合作社联合社抽出30%的职工，深入农村跑面，实行"五定责任制"（人员、大队、任务、时间、措施），因地制宜帮助社队搞好多种经营规划，开辟副业门路，解决所需的种子、种苗、技术、设备、资金等问题。

1976年，洪雅县供销合作社联合社下属的外贸公司，从福建省调进茶籽231974斤，是洪雅历年从外地调进茶籽最多的一年。

1979年底，洪雅县第一个公社集体茶厂——洪雅县汉王公社精制茶厂在汉王建成，由洪雅历史上第一个茶叶科班出身的杨国祥担任第一任厂长。

1981年，洪雅县农业局茶叶技术干部、全县茶叶技术总指导员刘定海因茶叶技术推广成绩突出，获乐山地区茶叶技术推广奖。

1981年3月11日，洪雅县人民政府发布《关于茶叶生产经营工作几个问题的通知》，这是洪雅历史上首次以县政府名义发布关于茶叶的文件。

1981年5月12日，新庙乡1980年蚕桑茶叶双增产，"经济作物间套种植"项目荣获乐山地区农业局科技推广四等奖。

1981年8月28日，洪雅县人民政府发布《关于加强茶叶工作的通知》。

1982年4月7日，洪雅县人民政府发布《关于大力发展茶叶生产搞好经营工作几个问题的通知》。

1982年，刘定海研制的卷曲型带毫名优绿茶产品，在四川省农业厅组织的全省100多个茶叶产品评选中脱颖而出，荣获第三名。

1983年3月12日，刘定海、白成华主持研究的"茶叶高产技术研究"项目，荣获1982年度乐山地区科学技术研究成果三等奖，这是新中国成立以来洪雅县在茶叶上首次获得地级以上重大科技研究成果奖。

1983年4月10日，洪雅县人民政府制定文件《洪雅县人民政府关于对汉王公社茶叶生产、加工、销售等问题的批复》。

1983年10月16日，洪雅县科学技术委员会发布简报《应用科技成果 茶叶产量亩增两百斤》。

1983年12月10日，洪雅县农业局整理《茶叶技术员刘定海同志先进事迹》，刘定海同志是当时洪雅县唯一的茶叶技术干部。

1984年5月13日，洪雅县中山烘青茶在四川省名茶审评会上被评为优质茶。

1984年7月2日，洪雅县科学技术委员会聘请名山县农业局李廷松、名山县茶厂杨天炯，兼任洪雅县茶叶生产技术指导。

1984年12月7日，洪雅县茶叶技术协会成立，这是洪雅历史上第一个茶叶社会组织。

1984年12月，洪雅县农业局在止戈农场建成洪雅县第一个国营茶厂——四川省洪雅县青衣江茶厂。

1984年底，洪雅县第一个群众自筹联办企业——专业户杨廷禄茶叶加工厂在罗坝乡（今槽渔滩镇）建成。

1985年7月，洪雅县农业局"推广试验茶毛虫核型多角体病毒防治茶毛虫"项目，荣获乐山地区农业局科技推广四等奖。

1986年10月，洪雅茶叶产品在四川省乡镇企业产品质量评比会上，荣获优质奖。

1987年5月20日，在四川省农牧厅组织的全省名优茶评展会上，洪雅炒青茶荣获地方优质奖。

1987年7月，由洪雅县茶叶技术协会牵头，青衣江茶厂与罗坝玉岚联办茶厂联营。

1987年，刘定海撰写的洪雅茶叶论文《青杠坪四组丰产茶园小结》经四川省茶叶学会学术讨论后，发表在《茶叶科技》1987年第1期，这是洪雅茶叶在国家正规刊物上发表的第一篇论文。

1988年3月29日，洪雅县人民政府批准成立洪雅县茶叶联营公司。

1988年4月21日，洪雅茶叶产品荣获四川省乡镇系统名优茶产品奖。

1988年10月15日，洪雅县农业局整理《茶叶专业户余子义的经验介绍》。

1989年9月22日，经省级鉴定，洪雅茶叶产品"玉岚春"正式成为洪雅现代茶叶第一个品牌。

1990年10月13日，刘定海承担的"'玉岚春'名茶的研制"项目，荣获1989年度乐山市农业局农牧业科学技术进步四等奖。

1998年，眉山地区最大的绿茶交易市场——洪雅县中山乡茶叶夜市开始兴起。

1999年8月31日，洪雅县人民政府发布《关于建设十万亩茶叶基地的实施意见》，要求2003年实现全县茶叶生产面积达10万亩的目标。

1999年12月，洪雅县农业局因茶叶推广成就显著，被评为全国农业技术推广先进单位。

1999年，洪雅县农业局在洪雅县符场乡建立了眉山地区第一个茶叶科技示范园——洪雅县符场茶叶示范园。

2000年3月28日，洪雅县质量技术监督局发布《关于严格控制茶叶农药残留量 加强茶叶质量监督管理的通知》。

2001年4月26日，洪雅县发布《绿色食品宣言》，当时全国尚属首例。

2001年，洪雅县农业局在止戈镇五龙村修建第一个标准化茶厂洪雅县道泉茶厂，并于当年12月31日正式注册洪雅道泉茶业有限公司。

2002年2月，洪雅县被四川省农业厅认定为四川省第一批优质茶叶基地。

2002年8月，第一个有机茶（包括基地、加工、产品、标识）通过中国农业科学院有机茶认证与发展中心认证，认证主体为四川省洪雅道泉茶业有限公司。

2003年2月，洪雅县农业局被中共洪雅县委、洪雅县人民政府评为2002年度绿色食品开发先进集体。

2003年3月，四川省洪雅道泉茶业有限公司成为眉山首家获得"有机茶企业"认证的茶叶企业。

2003年5月22日，洪雅县绿色食品茶叶协会成立，为全县绿色食品茶叶生产起到了推动作用。

2005年1月24日，洪雅县成功创建全国无公害农产品茶叶生产基地示范县。

2007年12月20日，洪雅县农业局制定《洪雅县20万亩无公害茶叶基地建设实施方案》，要求2010年实现全县20万亩无公害茶叶基地的目标。

2009年1月，洪雅县被四川省农业厅认定为四川省优势特色效益农业茶叶基地。

2009年6月，荥经姜氏茶业后人重返老家，到洪雅县止戈镇莲花坝寻根问祖。

2009年9月27日，中共洪雅县委制定文件《中共洪雅县委 洪雅县人民政府关于加快推进茶叶产业发展的意见》，这是中共洪雅县委关于茶叶产业发展的第一个文件。

2009年10月，洪雅县人民政府设立洪雅县有机茶产业园区管理委员会，负责全县有机茶产业的发展，包括有机茶的认证与有机茶生产管理技术指导等。

2010年11月，在第四届海峡两岸茶业博览会上，洪雅荣获"中国最佳生态茶园品牌"称号。

2010年12月，洪雅县被四川省人民政府命名为"现代农业产业基地（茶叶）强县"。

2011年3月，洪雅县在中山乡茶叶基地举办中国最佳生态茶园文化节，这是洪雅举办的第一届采茶节，也是洪雅第一个茶文化节。

2011年12月20日，农业部批准对"洪雅绿茶"实施农产品地理标志登记保护，保护面积14378hm^2。

2012年1月，洪雅县农业局因茶叶推广成效显著，荣获眉山市农业局颁发的"2011年度特色效益农业产业基地建设一等奖"。

2013年9月23日，雅自天成茶业有限公司在北京成功举办雅自天成有机茶北京品鉴会，这是眉山茶叶首次在北京举办品鉴会。

2014年12月，洪雅县人民政府设立洪雅县茶叶产业服务中心，负责全县茶叶种植、加工、销售以及茶文化的服务与指导。

2015年9月，四川省雅雨露茶业有限责任公司董事长付志洪创办的"中国（前锋）有机茶第一村·乡村旅游示范村"项目，最终在全国2000多个遴选项目中入围15强，成为北京中关村国家自主创新示范区展示中心（主会场）的重点展示项目，并在10月全国"双创"活动周启动仪式上做了专题交流汇报发言，付志洪受到李克强总理的亲自接见。

2016年5月15日，眉山三苏祠茗香轩茶业在中国首届星级茶馆授牌大会上被授予"中国四星级茶馆"称号，是目前为止眉山最高星级茶馆。

2017年7月26日，中共洪雅县委制定文件《中共洪雅县委关于专注绿色发展加大对外开放加快"一地三区"建设的决定》。

2017年12月4日，洪雅县农业和畜牧局制定文件《洪雅县有机产品认证示范县创建工作方案（2017—2018）》。

2017年12月，四川省雅雨露茶业有限责任公司董事长付志洪因茶叶产业成果突出，荣获人力资源社会保障部、农业部联合授予的"全国农业劳动模范"称号。

2018年11月6日，洪雅县人民政府制定《洪雅县人民政府创建四川省特色农产品（茶叶）优势区工作方案》。

2018年12月31日，眉山市人民政府办公室印发《"一杯茶"工程实施方案》通知。

2019年9月16日，眉山职业技术学院副教授李倩荣获"四川省农村手工艺大师（茶艺、茶叶制作类）"称号，是眉山第一个茶叶大师。

2019年10月22日，在第十五届中国茶业经济年会上，洪雅县荣获"2019中国十大生态产茶县""2019年度全国100强产茶县"两项殊荣。

2019年12月12日，洪雅县茶叶（有机茶）进入四川省第二批特色农产品优势区名单。

2019年底，四川省雅雨露茶业有限责任公司成为眉山首家获得"天府龙芽"地标使用的茶叶企业。

2020年5月，洪雅县前锋茶叶主题公园被认定为四川省第二批省级示范农业主题公园。

2020年7月，王柳琳荣获"四川省首届川茶金花"荣誉称号，当时荣获该荣誉的人四川省仅10名。

2020年9月9日，洪雅县川种雅茶制作非遗传承人童云祥荣获"四川省农村手工艺大师（茶艺类）"称号，为洪雅第一个茶叶大师。

2020年9月18日，中国工程院院士刘仲华莅临洪雅指导全县茶产业工作，是洪雅历史上首次迎来茶叶院士指导。

2020年10月9日，洪雅县农业农村局、洪雅县财政局联合印发《洪雅县农业产业扶持政策》的通知，对取得绿色食品茶叶、有机茶叶的基地与产品认证的企业，实行奖励和补助。

2020年12月，洪雅县农业农村局成功申报"洪雅县地理标志农产品生产设施及品牌建设"项目，围绕洪雅地理标志农产品"洪雅绿茶"进行系列建设。

2020年，眉山首个茶叶大师工作室——李倩茶艺技能大师工作室成立，眉山市委组织部等五部门联合授牌。

2021年2月23日，洪雅县人民政府与中国茶业商学院签约《洪雅县茶产业战略合作协议》，聘请刘仲华院士为洪雅县茶产业发展首席顾问。

2021年2月25日，四川省雅雨露茶业有限责任公司董事长、中共洪雅县中山镇前锋村党委书记付志洪，因带领村民种茶脱贫致富，被党中央、国务院授予"全国脱贫攻坚先进个人"光荣称号。

2021年2月28日，央视直播"约会春天"走进四川洪雅青杠坪茶客空间，洪雅茶人罗学平与央视记者互动直播洪雅茶叶，时长达25分钟。

2021年3月12日，眉山市首批茶树新品种天府5号、天府6号选育成功，品种由四川省农业科学院茶叶研究所、洪雅县农业农村局、洪雅县观音茶叶专业合作社联合选育，并获农业农村部登记颁证。

2021年3月29日，眉山市唯一的茶叶技术研究员罗学平向四川省委书记彭清华汇报眉山茶产业情况。

2021年4月，在四川省第四届"四川十大名茶"及"四川名茶"评审活动中，洪雅县碧雅仙茶业有限责任公司送评的"碧雅仙"牌奶白茶被评为"四川名茶"，实现了眉山在"四川名茶"上零的突破。

2021年8月12日，四川省政协副主席祝春秀一行莅临眉山，调研茶产业发展情况。

2021年9月23日，洪雅县发布由刘仲华院士团队策划的洪雅茶叶区域公用品牌——瓦屋春雪，"瓦屋春雪"成为眉山首个茶叶区域公用品牌。

2021年10月，丹棱茶人李朋博荣获"四川省农村手工艺大师"称号。

2021年11月19日，洪雅县茶叶产业服务中心（洪雅县茶产业发展领导小组办公室）组织启动洪雅茶叶区域公用品牌"瓦屋春雪"的标识和宣传语有奖征集活动，湖南女青年朱小菊以"山不凡·茶非凡"荣获宣传语10万元大奖。

2022年2月14日，丹棱县中高端绿茶出口乌兹别克斯坦发车仪式在丹棱县张场镇万年村举行，实现了四川省中高端绿茶出口零的突破。

2022年2月，洪雅县碧雅仙茶业有限责任公司董事长任建宏荣获"四川省茶业优秀工作者"称号。

2022年3月，"瓦屋春雪"茶叶首次进京成为全国"两会"四川代表团指定用茶。

2019—2022年，洪雅县连续4年荣获"中国茶业百强县"殊荣。

2020—2022年，洪雅县中山镇谢岩村返乡青年企业家沈卫超，流转5000亩山地建成眉山最大的高山茶园。

2022年3月，眉山第一部茶百科全书《中国茶全书·四川瓦屋春雪卷》编纂工作正式启动，市农业农村局副局长钟涛主持召开。

2022年4月28日，眉山茶艺大师、眉山职业技术学院副教授李倩，向全世界20多个国家和地区持续输出东坡茶文化，成果显著，荣获全国五一劳动奖章。

2022年4月，青杠坪茶客空间被批准为国家AAA级旅游景区，成为眉山第一个茶叶AAA级旅游景区。

2022年7月1日，洪雅县茶叶产业服务中心、洪雅县茶叶流通协会联合举办洪雅县首届红茶节评比大赛，这是洪雅首次举办茶叶评比大赛。

2022年7月7日，产自洪雅县的"瓦屋春雪"映雪系列高山绿茶、"碧雅仙"奶白茶等7种茶叶获第十一届四川国际茶业博览会金熊猫奖。

2022年8月25日，洪雅县茶叶流通协会正式成立，这是一支促进洪雅茶产业高质量发展的重要社会力量。

2022年10月，洪雅县碧雅仙茶业有限责任公司荣获"精制川茶市场开拓奖"。

2022年10月，四川省农业科学院茶叶研究所在洪雅县中山镇建立茶树品种天府5号、天府6号标准化种植示范园，从栽培到管理，全程实现标准化。

2022年11月21日，洪雅县中山镇进入2022年全国农业产业强镇创建名单。

2022年11月23日，四川省农业农村厅发布四川农业品牌目录，洪雅茶企洪雅县碧雅仙茶业有限责任公司的"碧雅仙"品牌入选。

2022年11月28日，洪雅县入选2022年度茶业科技助农示范县域名单，全国仅10个区县。

2022年11月29日，四川省雅雨露茶业有限责任公司被评为"中国茶业百强企业"，是眉山首家中国百强茶企。

2022年11月，"瓦屋春雪"首次组团进军四川国际茶博会，引起茶界关注反响。

2022年12月30日，眉山市市场监督管理局发布四川省（眉山市）地方标准《瓦屋春雪绿茶加工技术规程》（DB5114/T 41—2022），使瓦屋春雪产品有了统一的加工技术标准。

2022年12月，占地284亩、投资5.8亿元、年加工产值可达7.5亿元的洪雅县茶叶智能加工产业园区基本建成。

2023年5月，洪雅县止戈镇青杠坪荣获"四川十大最美茶乡"称号。

2023年5月，四川省洪雅瓦屋春雪茶业有限公司选送的"无峰（高山有机茶）"，荣获第十五届"天府名茶"金奖。

2023年6月，洪雅老川茶工匠班成立，这是四川省第一个老川茶工匠班。

2023年10月，四川瓦屋春雪老川茶茶园入选"中国大美茶山"2023年度推荐榜单。

2024年1月，洪雅老川茶制作技艺成功申报为眉山市市级非物质文化遗产代表性项目。

2024年5月，四川省洪雅瓦屋春雪茶业有限公司生产的"瓦屋春雪牌绿茶"荣获四川最具影响力茶叶单品。

附录二

茶产业发展重要文件

关于加强茶叶工作的通知[①]

各省、直辖市、自治区人民政府：

一九六三年以来，我国茶叶的生产和收购量均稳定上升，一九八〇年超额完成了计划，总的形势是好的。但是，在一些地方，有的生产单位不严格执行国家计划；不少单位插手收购茶叶，抬价抢购，与国家争货源。

今年茶叶收购已经开始。各产茶省、自治区必须加强对茶叶工作的领导，努力提高单产，提高质量，搞好收购，按质按量完成和超额完成国家计划。为此，除继续贯彻执行国发〔1980〕160号《国务院关于茶叶精制加工问题的通知》的规定外，特再作如下通知：

一、茶叶是二类商品，是国家重要的出口和内销物资，必须坚持计划收购，并同生产单位签订合同。国家要按照政策规定供应茶农口粮，切实兑现奖售政策，及时发放预购定金和供应茶叶生产所需的各项物资。所有茶叶生产单位（包括国营和集体单位）都必须按照国家的计划，按质按量完成向国家交售茶叶的任务。在完成国家计划以后，是否允许上市，由省、自治区人民政府决定。茶叶收购部门要坚持对样评茶，严格执行按质论价、好茶好价、次茶次价的政策，既不准压级压价，也不准提级提价。有调出和供应出口任务的省、自治区，必须保证完成国家下达的省间调拨和供应出口计划。

二、为了调动茶农的生产积极性，鼓励生产单位超额交售茶叶，凡是超过计划交售的毛茶（不包括红碎茶、边销茶），工商税税率由百分之四十减为百分之二十；减税金额全部给超交茶叶的生产单位。

三、茶叶的收购、精制加工、调拨、标准由全国供销合作总社归口管理，出口茶叶加工标准归外贸部管理。产茶省、自治区除现由外贸部门经营的以外，均归供销社茶叶主管部门统一经营，其他任何部门不得插手收购。机关、团体、部队、学校、工厂和企业事业单位一律不得到农村集体和国营的茶叶生产单位采购茶叶。

---

① 附录均为历史相关文件原稿，除修正明显错别字未对文字编辑加工。

四、凡按以上规定在完成国家计划任务以后由生产单位自销的茶叶，应照章缴纳采购环节和零售环节的工商税，销售价格不得高于当地规定的最高限价。产区或销区的供销社和商业系统，一律不准搞茶叶议购议销。

五、凡已经省计委批准新建的小精制茶厂，产品必须按规定纳入国家计划；未经批准的，由省计委进行研究处理。国家今后不再新建精制茶厂。

六、全国茶类生产布局，应保持相对稳定。省、自治区认为需要改变现有的茶类生产布局的，要征得国务院主管部门的同意。现有边销茶的生产基地必须巩固，不能因改产其他茶类而影响边销茶的生产。

七、为了安排好花茶的生产和供应，对国家扶持起来的重点产花社队要加强香花的管理。对茉莉、玉兰香花可比照二类商品的管理办法，实行计划收购。

国务院
一九八一年四月二十四日

关于加强茶叶工作的通知

各区公所、公社管委会：

为了加强茶叶工作，认真贯彻上级有关茶叶的各项政策规定，根据乐山地区行政公署乐署发（1981）100号文件《关于贯彻省人民政府加强茶叶工作的意见的通知》精神，结合我县实际情况，现就有关问题作如下通知：

一、凡今年集体生产单位超派购基数向外贸公司或供销社交售的细毛茶，工商税率由百分之四十减为百分之二十。减税金额全部付给超交售茶叶的生产单位，任何部门不得截留和挪用。未经外贸公司或供销社收购而自行销售的茶叶，一律照章纳税。

二、各社队的细茶派购任务，应以县政府洪府发（1981）82号文件下达的正式计划为准，既不能层层加码，也不能任意减少。派购任务必须落实到生产单位，由供销社据以签订合同，作为超交售减税的依据。派购任务不落实，没有签订合同的，不享受超交售减税。

三、超计划交售的细毛茶，享受百分之二十的减税后，不再同时执行百分之一十的含原价收购，但仍继续实行价外补贴和毛茶精制利润返还。计划内交售的细毛茶，仍享受按每批交售总额的百分之十以含税收购和价外补贴。

四、汉王公社精制茶厂加工的产品，一律按国家规定样价，调交售地供销社或县外贸公司。今后，各地未经批准，一律不得自办精制加工厂。

五、各社区要加强对茶叶经营工作的领导，要从全局出发，要保证国家计划和各项政策措施的落实。工商行政管理部门要同农业、财税、外贸、交通等有关部门密切配合，按照政策规定，加强市场管理，打击投机倒把活动，取缔非法交易。在全县没有完成国家收购任务前，茶叶不许上市，任何单位和个人都不得插手经营。未经县主管部门同意，自销外运的，运输部门不予承运，银行也不办理托收业务。

以上希即认真贯彻执行。

洪雅县人民政府
1981年8月28日

关于建设十万亩茶叶基地的实施意见

各工委，乡、镇人民政府，县级有关部门：

我县具有发展茶叶生产的自然优势和有利的社会条件，是"产好茶的地方"。发展茶叶生产、建设茶叶生产基地县，是我县种植业结构调整的重大项目。为及时完成茶叶生产基地建设任务，特提出以下实施意见：

一、基地建设规模与阶段目标

根据本县自然资源和生产基础条件及未来市场需求分析，规划全县茶叶基地生产规模为10万亩，其中良种面积达8万亩以上。进入全面采摘后，年产茶1万t，年产值3亿元以上。农村人平茶叶收入900~1000元。基地建设拟用五年时间分两步实施完成。第一阶段用二年（1999—2000年）时间，本着"一增二改"的原则，新发展良种茶园1.5万亩，使生产面积达到5万亩；改老茶园1.5万亩为良种茶园，使良种茶面积达到3万亩；同时建立种苗繁育体系，建成无性系繁育苗圃400亩，年育苗5000万株以上。第二阶段用三年（2001—2003年）时间，新发展良种茶5万亩，生产面积达10万亩，良种茶面积达80%以上。

二、建设重点

1. 科学规划，建设茶叶生产基地。本着"相对集中，成片成线，规模发展"的原则，集中在海拔1200m以下区域建立万亩乡镇三个，为：中山、止戈、汉王；4000亩乡（镇）七个，为：余坪、中保、天宫、柳新、柳江、桃源、高庙；2000亩乡镇五个，为：将军、三宝、罗坝、竹箐、花溪（详见茶叶生产面积发展规划表）。以不同的区域优势，形成多品种、多层次的茶叶基地。

2. 建立良种茶苗繁育体系，保证基地建设种苗需要。各茶区以"福鼎大白"为主推良种，同时可因地制宜搭配种植"名山131""福选9号""蜀永307"等优良品种。由农业局负责建立县级茶树良种母本园和良种繁育示范场；指导茶叶基地乡（镇）选择适宜品种和区域建立茶树良种无性系种苗繁育中心圃，面积不低于20亩，带动专业户育苗，形成三级茶树良种种苗繁育体系。确保2000—2002年全县年实有苗圃不低于400亩、年出苗5000万株以上，加上外调良种苗以满足前二年每年15000亩、后三年每年25000亩良种茶园建设用苗需要（见良种繁育圃发展规划）。

3. 狠抓高产高效示范片建设。县级由农业局负责，高起点、高标准建立起茶树优质高产高效中心示范片，以引导带动全县茶叶基地建设。各茶叶基地乡（镇）选择条件较好的村社，相对集中成片，高标准建立优质高产示范片100亩以上。

三、主要措施

1. 组建班子，加强领导。县上成立茶叶生产基地建设领导小组，由周述明任组长，李康、董望年、刘国祥任副组长，白灵贵、刘勇、徐学礼、张仕高、宿光辉等为成员；领导小组下设办公室，江帮富同志任办公室主任。负责基地建设组织指挥、政策制定、规划部署、资金筹集、部门协调和工作督导。茶叶基地乡（镇）也要组建相应班子，具体抓好本乡（镇）茶叶基地建设的实地规划和分社制图、分户建卡及督促检查。

2. 抓好宣传发动。县和基地乡（镇）共同采取措施，大力宣传我县发展茶叶生产所具有的独特的自然生态优势；宣传茶叶生产发展的主要方向、区域、品种、先进栽培技术；宣传茶叶加工工艺及品牌、名牌，共同唱好茶叶"重头戏"。

3. 建立目标责任制。县茶叶生产基地建设领导小组分别与基地乡（镇）签订年度目标责任书，实行责任抵押卡片管理。乡镇领导小组与规划区的村、社签订工作目标任务书，实行一园一图、一户一卡、建后消卡责任抵押管理。

4. 加大茶叶生产投入。广大茶农是投入的主体，应引导教育茶农积极增加茶叶生产投入。在茶叶生产基地建设期间，县农发资金每年安排10万元，川中项目实施区宜茶的，要将茶叶发展作为建设内容，促进茶叶生产发展。

5. 组建专业技术队伍。由农业部门集中技术力量18人（其中县级8人、乡镇10人）组成专业技术队伍，依靠科研院校，负责茶叶生产基地建设规划指导、优良品种引进、先进栽培技术推广和技术培训指导及其他配套服务。

四、项目奖励及验收标准

1. 茶树良种繁育苗圃

以乡镇为单位，10亩起奖，每亩以奖代补100元。验收标准：育苗品种系我县确定发展品种；穗条来源清楚（有合格证、检疫证）。苗圃管理规范，亩出苗13万株以上。

2. 新发展良种茶园或品种改良

以乡（镇）为单位，1000亩起奖，每亩一次性以奖代补5元。验收标准：相对集中成片；梯台位标准，定植沟深耕培肥；茶苗系推广良种，且来源清楚（有合格证、检疫证）、定植规范。

五、奖　惩

当年目标任务完成后，由乡（镇）申报请奖材料，经茶叶基地建设领导小组组织有关人员验收合格后，报县政府审批颁奖。未完成任务或不合格的，视其情况扣减责任抵押金。

对基地建设中的部门和科技人员，县委、县政府将视其贡献情况，进行奖惩。

洪雅县人民政府
一九九九年八月三十一日

茶叶生产面积规划表

单位：亩

地区	1999年面积	2001年面积	2003年面积
总计	36710	50100	102500
红星区	8530	15000	36200
罗坝区	15230	18800	37300
柳江区	12950	16300	29000
洪川	200	400	2000
中山	3500	5000	10000
止戈	2000	4000	10000
将军	900	1500	4000
三宝	950	1300	3200
金釜	200	400	500
余坪	500	1500	5000
符场	80	300	500
新庙	200	600	1000
罗坝	1800	2200	4200
竹箐	1200	1700	4200
汉王	10000	10000	10000
中保	400	1000	5000
联合	280	600	1700
天宫	500	1000	5000
柳新	700	1500	5000
东岳	350	800	2200
花溪	700	1200	3000
柳江	1000	2000	4000
赵河	650	800	2000
高庙	2000	2500	5000

续表

地区	1999年面积	2001年面积	2003年面积
吴河	500	800	2000
炳灵	2600	2700	3000
吴庄	2100	2300	3000
张村	1100	1300	2000
桃源	2300	2700	5000

茶叶良种繁育圃发展规划表

单位：亩

地区	2000年面积	2001年面积	2002年面积
总计	410	480	540
红星区	180	210	230
罗坝区	140	180	210
柳江区	80	80	90
洪川	20	20	20
中山	40	50	60
止戈	40	50	60
将军	20	20	20
金釜	20	20	20
余坪	20	30	30
符场	20	20	20
罗坝	10	15	20
竹箐	10	15	20
汉王	40	50	60
中保	20	30	30
联合	20	20	20
天宫	20	20	30
柳新	20	20	30
花溪	20	20	20
柳江	20	20	20
高庙	20	20	30
桃源	20	20	20
农业	10	10	10

洪雅县20万亩无公害茶叶基地建设实施方案

为全面贯彻落实农业部、国家发改委等八部委《关于加快发展农业产业化经营的意见》（农发〔2006〕6号）和省农业产业化工作会议精神，推进现代农业发展和社会主义新农村建设，进一步做大做强茶产业，确保农业增效、农民增收，按照县委、县政府关于社会主义新农村建设和发展农业产业化的战略部署，特制定本实施方案。

一、指导思想

以党的十七大精神为指导，牢固树立科学发展观，充分发挥我县自然资源优势，立足市场需求、优化产业布局、整合茶叶资源，继续推进种植业结构战略性调整，大力发展无公害茶叶基地，进一步做大做强茶产业，努力促进农民增收、农业增效。

二、建设目标

（一）基地建设

立足洪雅土地、温光资源，以中山、止戈、汉王、余坪、花溪、槽渔滩等乡镇为重点，在全县12个主要宜茶乡镇打造无公害茶叶基地20万亩，其中：2008—2010年新发展良种茶园6.13万亩，实施品改1.5万亩，改造低产茶园2.5万亩，提升巩固10万亩。使园区茶叶全部达到无公害茶叶质量标准，同时建成绿色食品茶叶基地5万亩，有机茶叶基地0.5万亩，出口茶生产基地2万亩；茶叶总产量达到1.6万t，茶叶总收入达到3.8亿元。

（二）龙头企业

重点支持帮扶四川尚林生物资源开发有限公司、雅雨露茶业、雅自天成茶业提高加工能力，到2010年，年加工茶叶分别达到8000t、3000t、2000t，出口突破2000t，带动农户1.2万户。鼓励县内其他茶叶加工企业增加投资，促进企业改善加工条件，引进加工新技术、新工艺、新设备，今年新增加工能力2000t以上，加工产品质量明显提高。

三、技术举措

（一）育 苗

按照"品种园、母本园、扦插园"要求，引进省内外选育的适合我县不同区域种植的福鼎大白、名山131等绿茶良种，建设无性系茶树苗圃，力争年建设苗圃200亩以上，以亩出苗15万株计，年繁育出圃无性系合格茶苗3000万株以上。繁育、引进的茶苗必须品种纯正，规格达到国家一级苗以上标准（苗高20cm以上、粗径2mm以上、纯度95%以上），入境茶苗必须经农业行政主管部门认定和植检部门检疫合格，《检疫证》《合格证》随调运车辆及繁育农户，提供茶苗的单位必须具有相应的经济赔偿能力。良种茶苗引进和繁育管理，分乡镇负责，农业及相关部门统一验收考核。

（二）建园

本着"科学发展、宜调则调、集中成片、规模发展"的原则，新发展的茶叶基地主要规划在以小土黄壤区为主的酸性土壤区，包括余坪、洪川、中山、汉王、东岳、槽渔滩、花溪、柳江等乡镇。宜茶区内坡薄地应改为台地，定植行应深翻；前作为水稻的，翻土深度应超过耕作层，将生土翻于地面，熟土回填，种植沟内施足基肥；栽植应规范、栽后离地20cm处剪平；种植行间应覆盖稻草等；园地四周和行间应按每亩20~25株间种银杏、板栗、柿子等遮阴树；栽后精心管理，勤除杂草（忌用除草剂），成活率达90%以上；面积以实际定植茶苗数，按5500株/亩折算。

（三）品改

茶树品改主要规划在茶园产量较低、抗病抗虫能力不强、品质差的老川茶和福选9号种植面积较大的区域。品改园的定植行应深翻，施足基肥，定植、管理技术与建园要求相同。

（四）低改

低产低效茶园改造主要规划在茶树树龄偏长、园相差、长势弱、产量低、效益差的茶区实施。对基础较好、长势差、发芽能力弱的茶园，采取深修剪、台刈等措施，剪去茶树地上部一半或枝条全部，重新培养茶树蓬面。对建园基础较差，但树势管理较好的低产低效茶园采取重施有机肥、复合肥、培肥土壤，修剪弱小病虫枝，加强树势管理，提高茶园产量、收入。

四、基地验收

每年建园结束后，各茶叶基地建设乡镇应及时以村、社为单位据实造户花名册，逐户、逐田块查验核实，分户达到5亩、30亩以上的单独造册，乡镇统一汇总上报（加盖公章），向县农业行政主管部门提出验收申请。县农业行政主管部门接到验收申请后，依据乡镇提供的育苗、建园、品改、低改到户花名册，组织验收组实地详查，核定补助面积。上报审批补助经费。到位经费由农业行政主管部门分别兑现到各实施乡镇，由乡镇统一签领并负责按验收核定面积兑现到农户。任何单位和个人不得截留、挪用补助资金。

五、保障措施

（一）组织领导

县上成立无公害茶叶基地建设领导小组，由县长任组长，分管农业的县领导任副组长，农业、扶贫、质监、科技、财政、工商、监察、审计等相关部门为成员单位，负责对产业发展的领导、监督和考核。县级相关部门要分工负责，密切配合，通力协作，形成合力，协调解决茶叶基地建设中出现的具体问题。茶产业发展任务纳入政府年度目标考核。

（二）质量标准

茶叶基地建设严格按照标准化生产要求，执行科学的生产加工技术、操作规程和质量安全技术规范，企业和茶农应加强自我约束，规范生产、运输、加工等行为。切实推广使用生物农药和生物肥料；推广应用农业、物理、生物防治技术，严禁使用高毒高残留农药；合理使用复合肥、配方肥和有机肥；农业、质监、工商等部门加大执法力度，加强对茶叶品种、茶苗、生产所需肥料、农药面源污染治理的监管，实现基地品种优质化、布局生态化、产品安全化；农业、质监部门加强茶叶质量、安全检验检测体系建设，强化对茶叶生产加工过程的监管，确保茶产品达到相关质量安全水平。

（三）资金投入

按照市场主导、政府引导、各方参与的原则，坚持以农民和企业投入为主体、财政投入为导向，加大信贷投入和招商引资力度，形成多形式、多渠道、多层次的投入机制。县级相关部门应积极争取项目扶持，精筛细选一批项目，纳入国家立项，将有限的资金整合使用，发挥好应有效益。县财政每年安排226万元，用于无公害茶叶基地建设补助、县茶叶质量安全检验检测体系建设补助、部门和茶叶基地建设乡镇工作经费。具体为：育苗每亩补助300元；建园每亩补助80元；茶叶质量安全检验检测体系建设每年40万元；部门和乡镇工作经费按每亩10元核拨。同时引导茶叶企业对茶叶购销坚持优质优价政策，调动茶农、业主大力发展优质茶产品的积极性，促进茶产业超常发展。

（四）宣传服务

充分利用电视、报纸、网络、《生态洪雅》杂志、农村文化阵地，加大对洪雅茶叶的宣传力度，形成有利于推进洪雅茶业发展的良好氛围；农业部门要积极引进新品种进行试验示范，制定配套的技术规程，开展基地茶农科技培训，指导农民严格按照技术规程组织生产，协助企业搞好相关认证服务，强化生产过程的抽样检测和监管。县级相关部门、各生产企业，要切实加强标准化生产技术培训，严格依法强化监督管理，奠定茶叶标准化生产的良好基础。

（五）龙头帮扶

充分发挥"全国生态农业建设先进县""全国无公害茶叶生产基地示范县"的独特优势，重点培育、壮大以四川尚林生物资源开发有限公司、雅雨露茶业、雅自天成茶业为主的龙头企业，整合茶叶初加工资源，打造省级、国家级龙头企业和知名品牌。帮助企业搞好无公害农产品、绿色食品、有机食品及国际质量、环境、安全认证。按照"政府引导、市场带动、多方参与、形式多样、互惠互利"的原则，采取"公司+协会+农户"等经营模式，加强与茶农合作，按照市场规律和相关法规，处理好多方利益关系，巩固延伸茶叶产业链条；帮扶重点龙头企业加强生产基地和加工基地建设，开拓国内外茶叶市场；进一步营造宽松的发展环境，切实推动茶产业又好又快发展。

二〇〇七年十二月二十日

关于加快推进茶叶产业发展的意见

各乡、镇党委和人民政府，瓦管委，县工业园区管委会，县级各部门，县属以上企事业单位：

洪雅是全省茶叶核心主产区之一，具有丰富的茶叶资源；是"全国（第二批）无公害茶叶生产示范基地县""四川省优势特色农业（茶叶）基地县"，茶产业是洪雅农村经济的重要支柱。为进一步深化农业结构调整、提高农业效益、增加农民收入，加快推进全县茶叶产业发展，特提出如下意见。

一、指导思想

以党的十七大精神为指导，深入贯彻落实科学发展观，充分发挥洪雅生态优势，坚持以市场为导向，以资源为依托，以科技为支撑，以效益为中心的原则，科学规划，合理布局，进一步壮大茶叶基地规模，强化茶叶质量监督检验，培植龙头企业，不断优化产品结构，进一步开发生产绿色食品茶、有机茶和儿茶素等深加工产品，努力开拓市场，实施精品名牌战略，全面提升茶产业综合效益，促进洪雅农业、农村经济可持续健康发展。

二、建设目标

通过6~7年的努力，我县茶叶产业实力进入全省前列。到2015年，我县茶叶生产基地面积达到20万亩以上，其中2009—2012年新建4万亩，低产改造6万亩，2013—2015年再新发展1万亩，低产改造1万亩。

三、建设标准

（一）基地建设条件

按照《绿色食品产地环境技术条件》标准选定建设茶叶生产基地。在空气清新、土质肥沃、水质纯净、周围林木繁茂、具有生物多样性的山区、丘陵或缓坡田地里，应选择黄壤、黄棕壤、紫色土、棕色森林土、冲积土并具备偏酸、土层深厚、通透性好、有机质含量较高的土壤条件发展新茶园，园区水、沟、渠、路、池、林配套，灌、排、蓄功能齐全。

（二）基地建设标准

全县茶叶基地总面积达20万亩以上，其中茶叶标准化生产基地占80%，达16万亩。

（三）核心示范区

以《洪雅县青衣江生态农业园区规划》中涉及将军、止戈、东岳、槽渔滩四个乡镇的22个村中20个村为建设重点，在现有4.2万亩茶园基础上再新发展茶园1万亩，建设止戈青杠坪片区1.2万亩茶叶安全高效核心示范基地，辐射带动园区建设5.2万亩示范基地。

四、主要措施

（一）加大政策支持力度，增加资金投入

1.增加茶叶产业发展专项资金。县财政每年安排相应资金，用于茶叶新品种、新技术引进推广，农残、重金属及有害生物检测、技术骨干培训等。

2.加大金融信贷支持力度。农行、农村信用社、邮政银行等金融部门要安排一定数量的贷款额度支持农户、茶叶专业合作社和茶叶企业建设茶叶标准化基地，支持企业搞好精深加工、品牌打造和产品营销。

3.争取农业综合开发、扶贫资金投入。农业结构调整资金要重点向茶叶生产基地建设倾斜，培育和壮大产业集群，县农业综合开发办要继续把茶产业发展纳入农业综合开发范畴，重点给予支持。县扶贫办在审核上报扶贫项目时，要向茶产业项目倾斜，重点支持茶叶基地建设项目。

4.增加以工代赈资金投入。要用足用好以工代赈资金，通过修建道路、改造水电、改善环境等，不断完善茶叶基地配套基础设施建设。

5.力争土地、林业、移民资金投入。适宜种茶的整理土地要规划种茶，巩固退耕还林成果后续产业新建茶园项目专项资金要保证用于退耕户建设茶叶生产基地，移民后续产业发展资金优先安排移民发展茶叶生产。

（二）加大招商引资力度，进一步激活民间资本

1.要通过招商引资，引进国际国内投资商、大财团以资金、技术入股或控股等形式，参与我县茶叶生产基地建设，参与茶叶销售、深加工和综合开发领域，引进新的管理理念，不断创新开发模式，进一步提高我县茶产业发展水平。

2.要进一步激活民间资本，解决大规模发展壮大茶叶生产基地资金"瓶颈"问题，不断创新体制机制，鼓励种茶大户和农民自筹资金发展新茶园，引导外出务工成功人士回归投资建设茶叶基地，通过土地流转、土地置换、合作社经营、股份合作等形式，促进民间资本积极参与茶叶生产基地建设。

（三）扶持龙头企业

带动基地发展走龙头带基地、基地促龙头的发展道路，扶优、扶强龙头企业，鼓励采取"公司+合作社+农户"等方式，加快茶产业发展步伐。充分发挥龙头企业在资金、技术和管理方面的优势，支持龙头企业积极参与基地建设。

（四）加大科技投入

实施科技兴茶要整合科技资源，稳定基层科技队伍，组建科技服务队，发挥茶叶专业技术人员作用。农业、科技等部门要抓好技术培训和技术指导工作，加大科技推广力度，严格按照相关技术标准，规范和指导基地建设工作。

（五）建立示范园区，推行标准化种茶

坚持典型引导，示范带动，通过县上建立1个1.2万亩安全高效标准化示范片，各乡镇分别建立1个1000亩示范园等形式，不断提高茶园栽培管理水平，引导带动全县茶叶基地向规模化、标准化方向发展。

（六）加强组织领导，实行目标管理

为切实加强对茶叶产业发展工作的领导，县上成立"洪雅县茶叶产业发展领导小组"，全面负责茶叶产业发展的组织领导工作，每年将茶叶产业发展的相关任务纳入年度目标考核，并加大检查和督查力度。县级有关部门和各乡镇要转变观念、加强协作，落实好部门责任和领导分工。农业部门要进一步深化认识，切实发挥好主力军作用，从基地规划、良种引进、生产加工技术推广、农业投入品管理、产地环境与产品质量监测、企业引进与帮扶等多方面做好服务；税务、工商部门要加强配合，落实兑现好各种扶持和优惠政策；金融部门要切实帮助茶农、茶叶专业合作社和加工企业解决好融资问题；农业、环保、质监、工商等行政执法部门要加强配合，依法抓好产地环境和茶叶产品质量监管。全县上下要齐心协力，全力改善茶叶发展软环境，切实为龙头企业、茶叶专业合作社和茶农等创造良好的发展空间，用一流的服务质量与效率整体推进全县茶叶产业健康可持续发展。

中共洪雅县委
洪雅县人民政府
2009年9月27日

创建四川省特色农产品（茶叶）优势区工作方案

按照省发展改革委、省农业厅、省林业厅《关于印发四川省特色农产品优势区建设实施规划（2018—2022年）的通知》（川发改农经〔2018〕318号）》文件精神，结合眉山市"一杯茶"工程，根据我县茶产业发展实际，拟创建四川省特色农产品优势区，特制定本工作方案。

一、总体要求

（一）总体思路

以创建促发展，着力提升产业形象；以龙头培育为重点，着力打造茶叶品牌；突出生态优势，着力打造全省有机茶第一县；加快融合发展，着力提升附加值。

（二）发展目标

培育或引进1个年产值10亿元的茶叶龙头企业；打造1个中国驰名商标的茶叶品牌；

建设绿色有机茶叶基地5万亩；建成1个茶叶产业园区；建成1个茶叶主题公园。

二、工作重点

（一）实施品牌培育行动

聘请专业公司，根据历史文化、风景名胜、茶叶特色等，策划、包装、宣传洪雅茶叶区域品牌，争创"国字号""省字号"知名品牌。加强区域品牌管理，促进洪雅茶叶统一标准生产、统一标准加工、统一品牌销售，提高整体绩效。培育茶叶协会等社会组织，不断引导、支持民间力量开展茶文化研究、宣传，不断丰富全县茶事活动，营造良好的茶文化氛围。

（二）实施龙头招育行动

大力培育本地企业的同时，大力开展招商引资，积极引入国内外有影响力的茶叶企业，整合现代农业发展等涉农项目和资金，培育1家高山有机茶叶龙头企业，招引1家国内外知名茶叶企业，实现年产值10亿元以上。支持企业等新型经营主体推行清洁生产，实施节能节水技改，降低综合能耗，开展茶叶废弃物等资源利用，发展茶产业循环经济。实施绿色有机行动。加快优质茶叶基地建设，大力发展绿色有机种植，推广"公司+基地+合作社+农户"的订单农业模式，打造专业化、标准化、规模化的茶叶生产基地，建成绿色有机茶园5万亩，打造全省有机茶生产第一县。立足洪雅县优越的生态环境条件和大面积高山茶叶基地，统一生态环境标准、统一生产技术规程、统一有机产品认证，突出海拔1000m以上的茶叶生产区域，建设最具竞争优势的高山茶园3万亩。支持发展茶园管理社会化服务，培育1家社会化服务公司。

（三）加工技艺升级行动

以农产品生产许可为要求，制定厂房面积、卫生、环境等标准，实现清洁化加工。严格落实食品安全管理制度，实行进货查验记录制度、茶叶检验及出厂销售记录制度、从业人员健康检查管理制度、生产过程控制管理制度。力争到2020年，全县50%茶叶加工坊办理生产许可证，80%茶叶加工坊实现清洁化加工、规范化管理，不断提高加工技艺，到2022年，实现加工坊全面达标。

（四）质量安全亮剑行动

强化茶叶质量安全监管，组建农业、食药监综合执法队伍，实行茶叶综合执法。强化质量检测，对茶叶抽检实行常态化管理，对抽检不合格的产品进行公示，并追究相关经营主体、乡镇、部门责任。设立举报电话，强化案件办理，抓典型案例，重点打击违规销售、使用高毒高残留农药行为。

（五）科技振兴服务行动

大力推广茶叶机械化管理力度，克服采茶工人紧缺等问题。与高校、科研院所合作，组建一个茶产业发展专家委员会，打造一支茶园统防统治的专业队伍，形成一套茶园管理、加工技术、包装储运、茶叶审评的技术规范，研发和培育一个洪雅特有茶叶品种。

（六）实施市场拓销行动

利用茶博会、川茶全国行、"眉山造眉山用"等展会，多层次、全方位宣传推介茶叶区域品牌和企业品牌。运用大数据和"互联网+"手段，加强与全国知名电商合作，拓展线上线下两个市场。强化与茶叶消费大市场对接，拓展与省内外交流合作，完善现代商品网上交易平台。开展市场规范整顿工作，查处假冒伪劣、不合格、不达标茶产品。

（七）实施融合发展行动

围绕止戈青杠坪、瓦屋山复兴、中山前锋等茶园，着力开展景观建设、基础设施改造，建成1个茶叶主题公园，开发一条徒步旅游线路。围绕青杠坪茶园，引导茶叶企业进入食品加工园区，配套完善冷链物流、冻库建设、配送服务等，建成1个茶叶产业园区。

三、保障措施

（一）加强组织领导

成立四川省特色农产品优势区创建领导小组，由县政府县长任组长，分管农业领导任副组长，县农牧局、县投促局、县发改局、县经信局、县财政局、县国土资源局、县商务局、县旅游发展中心、县食药监局、县工商质监局等单位为成员，办公室设在县农牧局，统筹负责本行动方案的组织实施。建立定期协调会商机制，研究工作进展情况，协调解决推进过程中遇到的问题，形成工作合力。

（二）加大政策扶持

加大财政资金对茶产业的扶持力度，每年县财政列支200万元成立茶叶发展资金，重点支持绿色有机茶基地建设、龙头企业培育、区域品牌建设、市场开拓等；积极争取省市级茶产业发展项目资金；充分发挥财政资金的撬动作用，对重大产业项目、重大招商引资项目实行"一事一议"进行扶持。

（三）强化要素保障

积极保障茶产业项目合理用地需求，加大对龙头企业建设用地保障力度。做好企业用电、用气保障，积极帮助企业基地建设、品牌打造、市场促销、科技研发、人才引育等。鼓励金融机构支持茶叶企业发展，用好应急周转资金、风险补偿基金等融资平台。落实"优才工程"人才激励办法，为茶产业技能人才开辟绿色通道，夯实产业发展人才基础。

洪雅县人民政府
2018年11月6日

关于印发眉山市"一杯茶"工程实施方案的通知

各县（区）人民政府，市级有关部门（单位）：

《眉山市"一杯茶"工程实施方案》已经市委、市政府领导同意，现印发给你们，请结合实际认真抓好组织实施。

眉山市人民政府办公室

2012年12月31日

眉山市"一杯茶"工程实施方案

为深入贯彻落实省委十一届三次全会"打造食品饮料万亿级支柱产业"的战略部署和市委、市政府发展"味在眉山香飘世界"千亿产业的要求，切实推进食品加工产业供给侧结构性改革，加快全市茶产业快速高效发展，打造"一杯茶"工程，特制定本实施方案。

一、总体要求

（一）总体思路

培育龙头企业，着力打造茶叶品牌；突出生态优势，着力将洪雅县打造成为全省有机茶第一县；重视文化宣传，着力提升产业形象；加快融合发展，着力提升附加值。

（二）发展目标

培育或引进一个年产值10亿元的茶叶龙头企业；打造一个中国驰名商标的茶叶品牌；建设绿色有机茶叶基地五万亩；建成一个茶叶产业园区；建成一个茶叶主题公园。

二、工作重点

（一）实施品牌培育行动

聘请专业公司，根据历史文化、风景名胜、茶叶特色等，策划、包装、宣传洪雅茶叶区域品牌，争创"国字号""省字号"知名品牌。加强区域品牌管理，促进洪雅茶叶统一标准生产、统一标准加工、统一品牌销售，提高整体绩效。培育市级茶叶协会等社会组织，不断引导、支持民间力量开展茶文化研究和宣传，不断丰富全市茶事活动。（责任单位：洪雅县人民政府，市工商局、市质监局、市农业局）

（二）实施龙头招育行动

在支持培育本地企业的同时，大力开展招商引资，积极引入国内外有影响力的茶叶企业，整合现代农业发展等涉农项目和资金，培育一家高山有机茶叶龙头企业，招引一家国内外知名茶叶企业，实现年产值10亿元以上。支持企业等新型经营主体推行清洁生产,实施节能节水技改,降低综合能耗,开展茶叶废弃物等资源利用,发展茶产业循环经济。(责任单位:市投促局、市科技局、市农业局,洪雅县人民政府)

(三)实施绿色有机行动

加快优质茶叶基地建设,大力发展绿色有机种植,推广"公司+基地+合作社+农户"的订单农业模式,打造专业化、标准化、规模化的茶叶生产基地,建成绿色有机茶园5万亩,将洪雅县打造成为全省有机茶生产第一县。立足洪雅县优越的生态环境条件和大面积高山茶叶基地,统一生态环境标准、统一生产技术规程、统一有机产品认证,突出海拔1000m以上的茶叶生产区域,建设最具竞争优势的高山茶园3万亩。支持发展茶园管理社会化服务,培育1家社会化服务公司。(责任单位:洪雅县人民政府,市农业局、市环境保护局、市经济和信息化委)

(四)实施市场拓销行动

利用茶博会、川茶全国行、农博会等展会,多层次、全方位宣传推介茶叶区域品牌和企业品牌。运用大数据和"互联网+"手段,加强与全国知名电商合作,拓展线上线下两个市场。强化与茶叶消费大市场对接,拓展与省内外交流合作,完善现代商品网上交易平台。开展市场规范整顿工作,查处假冒伪劣、不合格、不达标茶产品。(责任单位:洪雅县人民政府,市商务局、市经济和信息化委、市交通运输局、市食品药品监管局、市工商局)

(五)实施融合发展行动

围绕洪雅县止戈青杠坪、瓦屋山复兴、中山前锋等茶园,着力开展景观建设和基础设施改造,建成一个茶叶主题公园,开发一条徒步旅游线路。围绕青杠坪茶园,引导茶叶企业进入食品加工园区,配套完善冷链物流、冻库建设、配送服务等,建成一个茶叶产业园区。(责任单位:洪雅县人民政府,市农业局、市旅发委、市商务局)

三、保障措施

(一)加强组织领导

成立眉山市"一杯茶"工程推进领导小组,由市政府分管领导任组长,洪雅县政府和市农业局、市投促局、市发展改革委、市经济和信息化委、市财政局、市林业局、市科技局、市国土资源局、市商务局、市旅发委、市城乡规划局、市食品药品监管局、市工商局、市质监局等单位为成员,办公室设在洪雅县政府,统筹负责本行动方案的组织实施。建立定期协调会商机制,研究工作进展情况,协调解决推进过程中遇到的问题,形成工作合力。

(二)加大政策扶持

加大财政资金对茶产业的扶持力度,重点支持绿色有机茶基地建设、龙头企业培育、区域品牌建设、市场开拓等;市级农业发展资金向茶产业倾斜,积极争取省级茶产业发展项目资金;充分发挥财政资金的撬动作用,对重大产业项目、重大招商引资项目实行

"一事一议"进行扶持。整合各级各部门的相关项目资金，集中推进"一杯茶"工程发展。

（三）强化要素保障

全力保障茶产业项目合理用地需求，加大龙头企业建设用地保障力度。做好企业用电、用气保障，积极帮助企业基地建设、品牌打造、市场促销、科技研发和人才引育等。鼓励金融机构支持茶叶企业发展，用好应急周转资金、风险补偿基金等融资平台。落实"优才工程"人才激励办法，为茶产业技能人才开辟绿色通道，夯实产业发展人才基础。

关于印发《洪雅县农业产业扶持政策》的通知

各镇人民政府、县级相关单位：

为认真贯彻落实党中央、国务院、省、市关于现代农业产业发展的重大决策部署，加快我县农业产业集约化、标准化生产，扩大粮食生产面积，经报县分管领导同意，制定了《洪雅县农业产业扶持政策》，现印发你们。

洪雅县农业农村局 洪雅县财政局
2020年10月9日

洪雅县农业产业扶持政策

为加快我县农业产业集约化、标准化生产，扩大粮食生产面积，根据《中共四川省委四川省人民政府关于加快建设现代农业"10+3"产业体系推进农业大省向农业强省跨域的意见》（川委发〔2019〕21号）、《中共眉山市委眉山市人民政府关于加快构建"583"农业产业体系推进都市现代绿色农业强市的实施意见》（眉委发〔2020〕5号）、《中共眉山市委农村工作领导小组关于加强蝗虫灾害监测防控和稳定扩大粮食播种面积努力夺取全年粮食丰收的通知》文件精神，结合我县实际，制定本扶持政策。

一、茶 叶

区域：全域。

办法：

（一）支持开展绿色有机认证

对已取得绿色认证的茶叶基地按每三年实施奖补，每亩奖补50元；对已取得有机认证的茶叶基地连续奖补三年，每年每亩奖补100元；新开展绿色、有机认证的茶叶基地，分别一次性享受每亩奖补100元、200元；对新取得绿色、有机茶叶产品认证的茶叶经营主体，分别一次性给予每个产品2万元和3万元的奖励。

（二）支持新品种试验示范

培育一家企业引进新品种建高标准示范茶园，集中连片种植50亩以上的，县财政按每年每亩补助500元；建立选育新品种母本园5亩以上的，县财政按每年每亩补助1000元。

（三）支持开展品牌建设

每年安排500万元用于洪雅茶叶区域公用品牌打造，对取得国家"驰名商标"的茶叶企业，一次性给予100万元的补助。

（四）支持茶叶交易市场建设

根据业主投资、财政奖补方式，在东岳、止戈、中山等镇规范化建设适度规模干茶交易市场，根据投资情况，给予不高于投资额50%的奖补，最高不超过100万元；支持镇村组因地制宜建设相对集中鲜叶交易点，根据投资情况，给予不高于投资额50%的奖补，单个最高不超过10万元。

二、奶 牛

区域：洪川镇、止戈镇、将军镇、柳江镇、槽渔滩镇、余坪镇、东岳镇、中保镇、中山镇。

办法：

（一）鼓励现有场升级改造，扩群增量

升级改造后，粪污处理设施完善，从县外引进奶牛存栏达到100头且增养30头以上的，每增养1头奶牛一次性补贴3000元。

（二）支持龙头企业或引进业主新建奶牛场

新建并从县外引进奶牛存栏达到200头以上的规模奶牛场，完善土地、环保等相关手续并装牛正常养殖后，按每头奶牛一次性补贴5000元，每个场补贴总额不超过300万元。

（三）鼓励发展洪雅特色的品牌奶产品

对开发具有自主品牌，已投入批量生产，有固定场所、证照齐全，且上市交易的具有洪雅特色的奶产品，一个产品一次性奖补20万元。

三、生 猪

区域：全域。

办法：

（一）新增能繁母猪补贴

对2020年新增能繁母猪按300元/头予以一次性补贴。

（二）加快生猪养殖项目建设

对发展存栏50头母猪、年出栏1200头商品猪（一个单元）的生猪标准化规模养殖场提供一次性20万元融资支持，融资利息由县财政全额贴息。

（三）加大生猪保险支持力度

将能繁母猪保额从每头1000元提高到1500元，育肥猪保险保额从每头700元提高到800元。

四、藤　椒

区域：洪川镇、余坪镇、将军镇、中保镇、东岳镇。

办法：2020年以来规模流转100亩以上新种植藤椒的种植大户，县财政给予300元/亩/年补助，连续补三年。

五、中药材

（一）支持基地建设

1.将尖峰岭确定为中药材种植示范区。对示范区内成片规模新发展50亩以上的中药材种植大户给予300元/亩/年补助。

2.将瓦屋山镇、七里镇、高庙镇确定为雅连种植示范区。对示范区内新种植雅连5亩以上的种植大户给予1000元亩/年补助。

（二）支持新产品加工

支持开展中药材新产品研发，同时在县内加工生产，促进就业，增加地方税收，县上按照有关招商引资奖补政策，给予支持。

六、粮食作物

（一）水　稻

对2020年扩种水稻的种植户，除享受稻谷补贴外，给予300元/亩一次性补助。

（二）玉　米

将中保镇桐升社区、东岳镇东岳社区确定为玉米扩种示范区。对示范区内2020年扩种玉米50亩及以上的种植大户（含间种），给予200元/亩一次性补助。

（三）马铃薯

将中保镇平乐村确定马铃薯扩种示范区。对示范区内2020年扩种马铃薯100亩以上的种植大户（含间种），给予200元/亩一次性补助。

（四）大　豆

将中山镇前锋村确定为大豆扩种示范区。对示范区内2020年扩种大豆200亩以上的种植大户（含间种），给予100元/亩一次性补助。

七、附　则

本政策自发布之日起施行，有效期3年，有效期届满后自动失效。

关于印发《眉山市茶产业高质量发展三年提升行动方案（2023—2025年）》的通知

天府新区眉山党工委和各县（区）委农村工作领导小组，市级有关部门（单位）：

为贯彻落实《四川省人民政府办公厅关于推动精制川茶产业高质量发展促进富民增收的意见》（川办发〔2022〕78号）文件精神，结合我市实际，制定了《眉山市茶产业高质量发展三年提升行动方案（2023—2025年）》，现印发你们，请认真抓好贯彻落实。

中共眉山市委农村工作领导小组
2023年2月9日

眉山市茶产业高质量发展三年提升行动方案（2023—2025年）

为深入贯彻习近平总书记"要统筹做好茶文化、茶产业、茶科技这篇大文章"的重要指示精神，全面推动全市茶产业高质量发展，按照《四川省人民政府办公厅关于推动精制川茶产业高质量发展促进富民增收的意见》（川办发〔2022〕78号）精神，围绕"做强基地、做优加工、做响品牌、做大龙头、提升效益"的工作思路，大力实施"五大"提升行动，稳步提高全市茶产业质量效益，着力构建全市现代茶产业体系，为实现全市农业农村现代化提供有力支撑，特制定本行动方案。

一、主要目标

到2025年，全市茶叶种植面积稳定在40万亩左右，亩产值持续增加，毛茶产值达到40亿元，综合产值超过120亿元，带动全市15万茶农增收、10万从业人员就业。茶文化氛围更加浓厚，科技水平大幅提升，品牌影响力显著扩大，龙头企业发展引领能力明显增强，茶产业体系更加完善，茶农持续增收能力显著提升，茶产业高质量发展格局基本形成。到2030年，毛茶产值达到50亿元，综合产值超过150亿元，基本建成现代茶产业强市。

二、主要任务

（一）实施茶园提质行动

1. 优化产业布局。 全市突出一主（洪雅县）三辅（东坡区、丹棱县、青神县）茶叶种植区域格局，重点围绕四山（瓦屋山、总岗山、八面山、玉屏山）建立西南片区茶叶优势产区，同步建设青神县西龙镇—东坡区思蒙镇南部茶产业带。着力抓好洪雅县止戈镇青杠坪、东岳镇团结—观音村、瓦屋山复兴村、中山镇前锋村、谢岩村、柳江镇侯家山—祁山村、槽渔滩镇青江村、丹棱县老峨山、青神县西龙镇、东坡区思蒙镇十大万亩现代茶园示范区。紧紧依托成眉同城化和成渝双城经济圈发展战略，协同周边成都市蒲江县、雅安市名山区、乐山市峨眉山市、夹江县等茶产业优势区一体发展，共建共创川西南名优绿茶成都都市圈示范区。

2. 建设标准基地。 实施新建与改造相结合，高起点新发展一批、改造提升一批、逐步淘汰一批，建设规模化、现代化、良种化、标准化、安全化茶叶基地，到2025年每年改造低产低效茶园1万亩以上。加大机采、机修、机防、机耕等机械换人技术推广应用，建立标准化机采基地25万亩，标准化机采基地面积达到种植面积的60%以上。加强茶—粮、茶—药等间作模式研究与示范，优化改造立地条件好、标准化程度高、行间距较宽的茶园，间种玉米、大豆和中药材等作物，推动全市农业种植园地分类优化改造。不断完善茶园"田网、路网、水网、电网、讯网"基础配套，促进农机农艺深度融合，提高茶园管理智能化和采摘机械化水平。

3. 推进绿色发展。 大力推广农业防治、物理防治、生物防治，辅以高效低毒农药化学防治，茶园绿色防控率达60%以上。应用有机肥替代化肥等提高土壤有机质含量技术，提高茶园生态产出率。做好生产主体用药指导，严厉打击违法违规使用禁用农药、违禁生长调节剂和不严格执行安全间隔期等行为，加大经营主体自检、部门抽检、社会监督，确保茶叶质量安全抽检合格率达99%以上，到2025年力争建设有机茶基地3.3万亩。

（二）实施经营主体育强行动

4. 实施茶企引优育强。 支持茶企同业整合、兼并重组，鼓励国有资本和民营企业开展合作，整合资源打造一批竞争力强、市场占有率高的茶产业引领型龙头企业。重点抓好洪雅县瓦屋春雪茶业有限公司，联合匠茗、云中花岭等茶企，聚力打造装备设施全国领先，加工、销售、展示一体的瓦屋春雪智能加工园区。支持雅雨露、盛邦等茶企建立覆盖采摘、加工、冷链、运输、储藏、销售等环节的全产业链生产经营体系，按照食品生产规范改善生产环境。推动企业向数字化转型，提高茶企连续化、自动化、专业化加工能力和生产效率，提高中高端名优茶比重。指导产地初加工主体按照食品生产许可或食品生产加工小作坊备案要求，提档升级，转企升规，逐年提升持证（备案）率。加大茶产业招商引资，引育蜀茶集团、峨眉雪芽等市外优质企业在眉投资发展，促进优势互补，利益互惠，共同壮大。对茶叶生产加工用电执行农业生产用电价格优惠政策，加大茶叶加工机械购置补贴力度。到2025年，全市茶产业市级重点龙头企业达到18家以上，省级重点龙头企业达到3家以上。

5. 强化联农带农机制。 鼓励茶企围绕加工、精选、包装等生产环节，与农户建立稳定劳务合作机制，推动茶区农民就地就近就业。采用"订单农业""公司+基地+农民合作社+农户"等模式，建立保护价托底收购、以质定价分级收购等密切企业与农户利益联结方式，实现企业增效带动农民增收，让茶区农民分享增值收益，到2025年全市建立茶产业联合体5个以上。鼓励集体经济组织与农户建立"流转有租金、务工挣薪金、经营赚现金、按股金分红"的茶产业发展利益联结机制。支持村集体以土地资源、闲置资产、生产发展资金等为股本与茶企开展股份合作，推进农村集体资产增值增效，通过股权量化促进农民增收。

6. 增强社会化服务能力。 积极发展生产型社会化服务组织，培养一批育苗育种、统防统治、机采机收、市场营销等专业化、社会化、职业化新型经营主体，到2025年全市涉茶社会化服务组织达100个以上。积极引导农业专业服务公司、农民合作社、农村集体经济组织、专业服务户等经营主体，围绕茶叶产前、产中、产后各环节，提供农资供应、病虫害防控、施肥修剪、采摘加工等专业化的专项服务和全方位的综合服务。引导建好茶叶社团组织，以洪雅县茶叶流通协会为基础，筹备建立眉山市茶叶协会，搭建全市茶叶生产、加工、流通、经营、管理、科研教学和社会爱茶、好茶人士交流合作平台，聚智集力，促进资源整合、行业自律和发展能力提升。

（三）实施品牌提升行动

7. 构建品牌体系。 实施"区域公用品牌+企业品牌+产品品牌"多元品牌体系战略，以"瓦屋春雪"区域公用品牌统领全市茶叶品牌，制定《瓦屋春雪区域公用品牌标识使用管理办法》，规范品牌使用，保护和提升品牌价值。建立健全《瓦屋春雪绿茶加工技术规程》《瓦屋春雪绿茶》《茶叶生产加工技术规范》等标准体系，加大贯标、用标力度。支持企业依靠特色生态、特质品种、独特工艺创制特色产品，发展以名优绿茶为主，工夫红茶、康养白茶、优质黑茶为辅的传统优势产品体系。扶持做响雅雨露高山有机茶、碧雅仙奶白茶、云中花岭老川茶、"丹峨仙""素翁"生态绿茶、金兴白茶等企业品牌。支持茶叶生产加工企业申请茶叶商标，指导"瓦屋春雪"中国驰名商标认定和保护。

8. 做好品牌推介。 积极组织茶叶经营主体参加中国茶叶博览会、四川省国际茶业博览会等省内外重大茶事展会，充分利用好层次高、影响力大的农博会、文博会、旅博会等平台，组织开展"瓦屋春雪"品牌推介，宣传推广眉山茶品牌、茶产品。在新媒体、报纸杂志、高速路交通沿线、机场和高铁等口岸加大"瓦屋春雪"广告宣传。支持企业到浙江、上海等销区中心城市开展精准对接活动，帮助企业贴近市场寻找商机，开展合作，有序拓展省外市场。支持和鼓励老峨山、西庙山等茶叶企业深入研究和对接国际茶叶消费市场，借力"一带一路"，积极拓展海外市场，扩大中亚、非洲、俄罗斯等大宗茶和中高端茶出口，到2025年，建立出口茶备案基地6万亩，年出口量达8000t以上。

9. 加强品牌认证。 保护好"洪雅绿茶"国家农产品地理标志，发展好"洪雅绿茶"省级农产品特色优势区。支持茶区和茶企开展"绿色食品""有机农产品""农产品地理标志""低碳生态茶"和ISO（国际标准化组织）、HACCP（危害分析与关键控制体系）等质量管理体系认证，力争2025年全市茶叶绿色、有机认证保有量达66个。鼓励支持企业开展欧盟、日本、美国等国际标准认证,积极扩大国际市场。开展制茶工匠、制茶大师、川茶文化传承人等培育认定,积极推荐农村工匠、非遗代表性传承人评选。

（四）实施科技兴茶行动

10.**促进品种选育**。构建"1+2+1"良繁体系:在洪雅县止戈镇建设1个茶叶良繁母本园,在中山镇、东岳镇建设2个标准化良种繁育园,在柳江镇建设老川茶种质资源保护园。做好我市自主选育的天府5号、6号茶树品种培育和推广,引进试验一批品质优良、适制性强、适合机采的新品种,研究良种配套栽培管理技术,储备和发展一批主导品种种质资源,保障优质种苗有效供应。

11.**加大科研合作**。依托中国工程院刘仲华院士团队,省农科院、川农大等科研院校,在产业规划、平台共建、科技研发、成果转化、人才培育等方面加强战略合作。在洪雅县成立食品研究院茶叶研究所,开展茶叶生产技术创新应用和全产业链研究开发。推进茶叶精深加工,开发茶多酚、儿茶素、茶氨酸等内含物在天然药物、功能食品、日化用品等领域运用,生产茶饮料、茶糕点等多样化茶功能产品,提高茶叶经济利用价值。支持茶叶生产、科研机构加大对生物调节剂、杀虫剂和除草剂研究试验,促进茶叶增产增效、品质改善和病虫草害科学防控。

12.**增强人才培养**。从科研院所引进一批茶方面高水平专业人才,助推产业链高质量发展。依托国省举办的专业培训、高素质职业农民培训和眉州田园明星培育等,组织开展茶叶技能人才、管理人才、经营人才等培训,每年不低于100人次,培养一批有文化、懂技术、会管理的"土专家""田秀才",持续稳定产业发展所需人才队伍。引育一批茶叶营销职业经理人,开拓国内国际销售市场,提升眉山茶叶市场竞争力。加大茶叶传统工艺传承人、传承大师培养。

（五）实施产业功能拓展行动

13.**发展茶文化**。推进"东坡文化""彭祖养生文化"等地域特色文化与"茶文化"的有效衔接。重点建好一馆、编好一书、开好一系列会,即:在洪雅县建立展示眉山茶情、开展茶叶科普、宣传眉山茶史为一体的瓦屋春雪茶生活体验馆;聚焦记载眉山茶史、茶区、茶科技、茶品牌、茶文化等,编纂出版《中国茶全书·四川瓦屋春雪卷》,为眉山茶业留下一部记载茶情况、传播茶文化、查阅茶工艺一体的历史型、文化型、工具型茶叶全书。鼓励茶产区适时召开春茶开采、制茶大赛、高山生态绿茶论坛等会议活动。深入挖掘和弘扬茶文化,积淀茶底蕴,丰富茶内涵,讲好茶故事,鼓励茶文化进社区、进机关、进学校,培养饮茶、懂茶、爱茶的良好氛围。

14.**推进茶旅游**。按照"茶园变公园""茶区变景区"的发展理念,充分利用茶史古迹、生态优势和独特的地形地貌,融合旅游和茶文化元素,对茶产业基地进行景区化建设,结合当地自然风光、民族风情、民俗餐饮等,发展主题鲜明的家庭茶庄、休闲茶馆,为消费者设计茶旅游精品项目,推进"旅游+""生态+"等深度融合。重点打造洪雅县前锋村、青神县茶语原乡等茶旅融合主题公园（景区）。谋划举办观茶园、听茶曲、采茶芽、炒茶叶、品新茶、赏茶艺、购茶品、享茶疗等系列会节活动，发挥茶园观光、旅游、休闲、研学等作用，以茶兴旅，以旅促茶，推动茶消费，壮大茶经济。鼓励茶区农民开办"茶家乐"、特色民宿，提供茶事体验等服务，助民增收致富。

15. 培育多业态。 鼓励茶企与京东、淘宝、抖音等电商平台加强产销衔接，拓展直播、短视频等电商渠道，建立基地到消费终端的直供模式，促进线上线下融合发展。开展茶特色商贸区、特色街区、休闲体验区建设，建好"茶客空间"等集聚高端民宿、文化创意、研学体验、商务会议等一体的茶元素综合体。推进名优茶店建设，支持对茶馆、茶庄、茶叶营销店的改造升级，开展"茶馆名店"评定，推进茶馆行业连锁化、品牌化发展。建好交易市场，重点在洪雅县经开区建设集鲜叶交易、冷链仓储、商贸物流、市场分析等为一体的商贸物流中心。支持洪雅县中山镇、丹棱县张场镇等茶产地，建好用好一批鲜叶交易农村市场，促进茶叶集中交易，有序管理。

三、保障措施

（一）强化组织保障

成立以市政府分管领导为组长的茶产业高质量发展三年提升行动工作专班，统筹抓好茶产业整体规划、资源整合、生产指导、品牌打造、市场开拓和项目推进等工作。将茶产业发展情况纳入实施乡村振兴考核评价指标体系，推动相关项目和工作落地落实。

（二）强化政策保障

整合涉农专项资金，统筹推进茶产业基地建设、品牌打造、科技创新、成果转化、主体培育、市场建设、融合发展等。鼓励金融机构引入担保、贴息、保险、证券等多种金融工具，创新推出"茶叶贷""茶叶保""茶叶担"等金融产品。探索建立农业投资公司，引导和集聚信贷资金、社会资金投入茶产业发展。各相关县（区）要制定茶产业发展扶持政策，落实专项资金推进发展。

（三）强化工作机制

建立信息报送机制。聚焦方案落实、项目建设、特色亮点、重要事项"4个重点"，调度工作情况，强化进度跟踪。对亮点、特色、典型工作情况信息及时报送。建立工作会商机制。适时召集市级相关部门和县区、镇村，通过调研座谈、实地走访等方式，了解推进情况、分析研判问题、研究对策。建立现场推进机制。围绕专项工作、重点任务，开展现场推进、现场拉练、现场培训，突出目标导向、问题导向、结果导向，推动工作落地见效。建立总结推广机制。原则每半年进行一次工作总结，及时总结梳理产业发展经验，形成一批可复制可推广发展模式、典型案例，示范、引领全市茶产业高质量发展，促进乡村全面振兴。

关于印发《洪雅县茶产业高质量发展行动方案（2023—2025年）》的通知

各镇党委、人民政府，县级相关单位、部门：

为贯彻落实《四川省人民政府办公厅关于推动精制川茶产业高质量发展促进富民增收的意见》（川办发〔2022〕78号）、《中共眉山市委农村工作领导小组关于印发〈眉山市茶产业高质量发展三年提升行动方案（2023—2025年）〉的通知》（眉市委农领〔2023〕1号）文件精神，结合我县实际，制定了《洪雅县茶产业高质量发展行动方案（2023—2025年）》，现印发你们，请认真抓好贯彻落实。

中共洪雅县委农村工作领导小组
2023年4月10日

洪雅县茶产业高质量发展行动方案（2023—2025年）

洪雅是产茶大县，茶叶生产规模、茶产业综合实力居全省前列。为深化落实习近平总书记关于茶产业发展的重要指示精神，全面落实《四川省人民政府办公厅关于推动精制川茶产业高质量发展促进富民增收的意见》（川办发〔2022〕78号）文件精神，围绕"融城入圈、一县一区"总抓手，以提质增效和助农增收为核心，按照"做优基地、做精加工、做强品牌、做深融合"的工作思路，大力实施"五大提升"行动，推进洪雅茶产业高质量发展。到2025年，全县茶叶种植面积保持基本稳定，亩产值持续增加，毛茶产值达到50亿元，综合产值超过100亿元，带动全县10万茶农增收、3万从业人员就业，茶文化氛围更加浓厚，科技水平大幅提升，品牌影响力显著扩大，龙头企业发展引领能力明显增强，茶产业体系更加完善，茶农持续增收能力显著提升，茶产业高质量发展格局基本形成。

一、强化科技支撑，提升产业可持续发展能力

（一）加强院地创新合作

与中国茶业商学院、省农科院、川农大等省内外科研院校达成战略合作，在产业规划、平台共建、科技研发、成果转化、人才培育等方面加强战略合作，每年组织省外交流学习2次以上，为茶产业发展提供科技支撑。

（二）建设茶叶研究所

依托中国工程院刘仲华院士团队，建设食品研究院茶叶研究所，围绕品种、技术、加工、人才培训等短板，开展新品种选育基地、新技术示范推广基地、精深加工研发基地、人才培训中心建设，推进茶产业全产业链研发。到2025年，建成人才培训中心1个，

工程技术中心1个，检验检测中心1个，新技术示范推广基地1000亩。

（三）建设"1+2"良繁体系

在止戈镇建设1个县级母本园；在中山镇、东岳镇建设2个县级标准化良种繁育园，良繁园规划"一圃两园"（苗木繁育圃、母本园、展示园）。做好我县自主选育的瓦屋1号（天府5号）、瓦屋2号（天府6号）茶树新品种的培育推广，引进试验一批优质高产、适应性强、适制性好、适合机采的新品种，研究良种配套栽培管理技术，储备和发展一批主导品种种质资源，保障优质茶树品种有效供应。

二、打造现代茶业高地，提升优质茶叶生产能力

（四）优化布局产业基地

坚持因地制宜、突出重点，通过优势区域布局优势品种，按照省级现代农业园区标准打造总岗山、八面山、玉屏山、瓦屋山4大高山茶区，重点支持发展绿色、有机茶园。到2025年，全县绿色、有机茶园认证面积达到3万亩，创建省级现代农业园区1个、市级现代农业园区3个，县级现代农业园区5个，创建国省农业产业（茶叶）强镇2个。

（五）制定推广地方标准

宣贯《洪雅茶叶生产加工技术规范》《瓦屋春雪绿茶加工技术规程》2个地方标准及《瓦屋春雪绿茶》团体标准，制定其他茶类技术标准，细化鲜叶采摘标准和干茶分级标准，确保种植标准化、加工标准化、品质标准化。制定《茶园应对极端天气技术指南》，增强茶园应对高温干旱、冻害等极端自然灾害的抗风险能力。

（六）强化质量安全监管

严格执行生产技术标准规范，加大农产品质量安全监管力度，加强农产品质量安全宣传，引导茶农科学用药，查处违规使用农业化学投入品的不良现象，构建茶叶质量安全检验检测网络，定期和不定期开展产品抽检，实现从基地到茶杯的质量安全监控，确保产品品质一流、饮用安全，最大限度地体现优质优价。

（七）更新改造低效茶园

结合低产低效茶园改造，推广茶树新品种栽培、绿色生产、水肥一体、统防统治、名优茶机采、智慧茶园等先进技术，建设出口茶备案基地。到2025年，改造低产低效茶园3万亩，机采茶园占比达到70%，建设出口茶备案基地5万亩。

（八）培强新型经营主体

扶持壮大农业产业化龙头企业、农民专业合作社和家庭农场等带动能力强的新型主体，支持国有投资公司在创新发展上率先示范，提升生产和经营能力；推行"龙头企业+合作社+基地+农户"农业产业化联合体发展模式，提升联农带农能力；探索"农资+农机+农技"一体的社会化专业技术服务模式，提升茶叶生产规模化、机械化、标准化水平。到2025年，培育壮大省级以上农业产业化龙头企业3家以上，培育产业化联合体3个。

三、推进融合发展，提升茶产业综合效益

（九）规范发展初加工

指导产地初加工主体按照食品生产许可或食品生产加工小作坊备案要求，提档升级生产加工场所，规范开展茶叶生产加工，逐步淘汰不符合要求的加工主体，全面提升全县茶叶产地初加工水平。到2025年，持证和备案加工主体达到60%。

（十）加快发展精深加工

全面投用瓦屋春雪茶叶智能加工园区，引进全国领先的智能化精加工生产线，促进全县茶叶精加工水平和冷链仓储能力提档升级。积极引进加工企业围绕茶多酚、儿茶素、茶氨酸等功能性成分进行深加工研发，开发新式茶饮、保健品、茶点等产品，延伸加工产业链条，推进一二产业深度融合，提升茶产业经济附加值及抵御市场风险的能力。

（十一）建设商贸物流中心

改造利用闲置的村公所、学校等场所及现有的鲜叶（干茶）交易市场，建设集鲜叶交易、冷链仓储、商贸物流、市场分析等为一体的商贸物流中心，支持各镇建好用好一批鲜叶交易农村市场。到2025年，建设4个商贸物流中心及一批鲜叶交易农村市场。

（十二）打造茶旅示范园

结合乡村振兴示范村镇和国家全域旅游示范区创建，以茶为媒融入农耕文化、东坡文化、田锡文化，引进国际国内先进团队规划设计，推进茶园景区化和精品民宿建设，开展观光采摘、农事体验、科普教育等活动，发展休闲农业和乡村旅游。合理利用广场、公园等开放空间，适度发展具有地方特色的"坝坝茶"。到2025年，打造1条特色茶业商业街，形成3条茶叶精品旅游路线，建设2个省级茶叶主题公园、4个省级科普基地。

四、做强区域品牌，扩大"瓦屋春雪"影响能力

（十三）构建品牌体系

保护好"洪雅绿茶"国家农产品地理标志产品，发展好"洪雅绿茶"省级农产品特色优势区。整体打造和统一推广"瓦屋春雪"茶叶区域公用品牌，制定《"瓦屋春雪"区域公用品牌标识使用管理办法》，授权符合条件的经营主体使用，经营主体品牌作为"瓦屋春雪"子品牌推广，推动全县经营主体由"同质竞争"转变为"合作共赢"，提升品牌价值，力争"瓦屋春雪"创建全国驰名商标。支持鼓励经营主体认证注册"三品一标"，打造知名产品品牌。

（十四）丰富宣传方式

在机场、车站、码头等口岸，县域内旅游景点、交通枢纽、大型商超等投放"瓦屋春雪"宣传广告；在旅游景点、驿站、酒店等设立"瓦屋春雪"体验店，开发"瓦屋春雪"文创产品；充分利用微博、微信、抖音、网红等新媒体加强品牌宣传，宣传树立

"瓦屋春雪"高端生态茶叶形象，提升品牌知名度。

（十五）办好茶事活动

春季举办大型采茶活动1次；夏季组织茶企参加"茶博会""农博会""西博会"等重要商贸活动3次以上；秋季举办大型制茶、斗茶大赛1次；冬季举办茶产业高端论坛1次。上述活动均邀请省级以上媒体进行报道，扩大洪雅茶产业影响力。

（十六）拓展营销渠道

以成渝双城发展为契机，扶持培育营销龙头企业，实施"互联网+"行动，培育营销龙头企业和电商平台，推动重点茶企和重点园区与京东、淘宝等知名电商平台深度合作，建立基地到消费终端的直供模式，扶持茶叶出口基地和出口企业，整体提升"瓦屋春雪"的市场竞争力。

五、强化要素保障，提升工作推进能力

（十七）强化组织保障

县茶产业发展领导小组下设茶产业高质量发展三年行动工作专班，统筹抓好茶产业整体规划、资源整合、生产指导、品牌打造、市场开拓和项目推进工作，建立"年度考核、季度拉练"制度，推动项目和工作落地落实。

（十八）强化人才保障

依托人才引进计划，从科研院所引进一批茶叶方面高水平专业人才；依托高素质职业农民培训和洪雅田园之星培育计划，开展茶叶种植加工专业技术人才培训，培养一批有文化、懂技术、会经营的"土专家""田秀才""非遗传承人"等乡土人才，打通技术推广最后一公里；引进培育一批茶叶营销职业经理人推广品牌，开拓国际国内销售市场，提升"瓦屋春雪"市场竞争力。

（十九）强化政策保障

整合涉农专项资金，加大县级资金投入力度，鼓励支持新品种选育、新技术示范、新产品研发、新模式经营，重点奖补绿色有机认证、产业园区打造、经营主体培育、企业升级改造、知名品牌建设等。整合涉农项目资金，在基础设施、精深加工、新型主体、融合发展等方面给予扶持。探索创新"政、银、担、保"合作模式，创新金融支农政策和金融保险服务，进一步细化茶园应对极端天气保险机制，引导和集聚信贷资金、社会资金投入茶产业发展。出台用地、用水、用气、用电的优惠政策，为产业发展提供基本要素保障。

（二十）强化服务保障

加强洪雅县茶叶流通协会建设，充分发挥协会的人才、技术、信息、市场等优势，整合社会爱茶、好茶人士，搭建全县茶叶生产、加工、流通、经营、管理、科研和交流合作的综合服务平台，共塑公用品牌，提升行业自律和发展能力。

四川省洪雅瓦屋春雪茶业有限公司
2024—2025年发展计划

瓦屋春雪公司作为洪雅县茶叶区域公用品牌"瓦屋春雪"商标的持有者，一直致力于推动品牌影响力的提升与洪雅县茶产业的高质量发展。始终将品牌的宣推广作为第一要务，在县委、县政府的关心支持下，在公司领导班子和员工的通力配合下，各项工作全面铺开，"瓦屋春雪"品牌在市范围内得到了初步认可。总体上说，成绩较为喜人。为使得公司进一步取得实际经济效益，在新的年度，瓦屋春雪公司将转变工作重心，除做好品牌面上的宣传推广工作外，还将把茶叶园区、精加工生产线以及产品营销工作投入到市场运作中来，发展计划如下：

一、明确运营模式，资产收益变现

（一）资产对外租赁业务

由农投公司作为业主单位投资约7000万元的3万平方米标准化茶叶生产厂房，其中包含了一栋办公楼以及五个生产车间。目前4#厂房、5#厂房已承租给本地知名茶企生产加工用，办公楼中2楼、3楼也已吸引县茶业中心、县茶叶流通协会、玉旅公司入驻，预期每年可带来约120万元的租金收入。瓦屋春雪公司将积极对接其他优质茶企，努力营造良好的营商环境，力求将闲置厂房对外租赁，创收稳定的租金收入。

（二）精加工生产线投运

县委、县政府以及各级相关领导的大力支持和关心下，瓦屋春雪公司斥资约1400万元投资的"小罐茶2.0"版智能除杂线与外包装生产线，在建成投运后一是可凭借高效、优质、自动化的产业链，有效解决目前洪雅县内茶叶精加工资源空白的市场问题。二是瓦屋春雪公司能依靠茶叶内包充氮、AI智能除杂机器人、无痕覆膜热缩等技术，实现对外精加工，进一步为企业带来实际效益。

（三）产品销售收益

2024年是全面打开市场的一年，由瓦屋春雪公司牵头进行的"瓦屋春雪"品牌推广与市场营销工作，目前已在洪雅县内开设2家旗舰店，眉山开设1家线下直营店；下一步将在仁寿、成都等区域开设其他渠道店。同时，在结合本年度新概念茶叶包装的情况下，将销售终端落地，实现产品销售的收入。预计能产生约2000万元的产值，约500万元的零售销售额。

二、明确推广阶段，实行精准投入

瓦屋春雪公司作为"瓦屋春雪"品牌的直接持有者，主要要务就是做好品牌面上的营销宣传推广工作，期间需要承担大量的宣传费用，包括但不限于高速路广告投放、品牌宣传片拍摄、品牌官网的建立、标准基地的建设任务等，目前花费的营销费用300多万元。

从2024年开始，公司将一如既往做好品牌宣传工作，但要将钱花在"刃"上，实行"精准、一步到位"的宣传投放思路。结合品牌发展现阶段的实际情况，逐步精简广告投入的费用，力求花最有效的钱达到最大的广告效果，进一步控制费效比，为企业减少开支。

三、明确发展思路，向上争取政策

在中共眉山市委农村工作领导小组引发的《眉山市茶产业高质量发展三年提升行动方案（2023年—2025年）》中也明确了，"瓦屋春雪"品牌将作为眉山市推动的唯一茶叶区域公用品牌。多年以来，县委、县政府高度重视向上争取资金的工作。瓦屋春雪公司一是将立足于企业自身发展，由县茶业中心牵头，以县龙头企业做引领，积极向市龙头企业靠拢，争取龙头企业的资金支持。二是将抓紧政策机遇，全力配合县委、市委相关职能部门，积极向上争取"一杯茶"项目资金，力求实现品牌与企业自身的高速高效发展。

四、抓实工作重点，实现增产增效

一是聚焦"瓦屋春雪"品牌宣传推广工作，逐步完善瓦屋春雪销售点位布局，拓宽成都、仁寿等地经销渠道；二是提升新媒体平台宣传力度，挖掘品牌亮点，创新宣传内容与宣传方式；三是推动新品茶产品上市，完善中低端客户市场；四是加紧跟踪意向企业投资建厂工作，实现公司增质增效的高质量发展。

关于印发《瓦屋春雪商标标识使用管理办法（试行）》的通知

各镇党委、人民政府，县级相关单位、部门：

为加强对瓦屋春雪区域公用品牌的保护，规范瓦屋春雪商标标识的申请、使用和管理，结合我县实际，制定了《瓦屋春雪商 标标识使用管理办法（试行）》，现印发你们，请认真抓好贯彻落实。

洪雅县茶产业发展领导小组办公室
2023年5月6日

附录三

茶叶标准、规范及管理办法

洪雅茶叶生产加工技术规范（DB 5114/T 28—2020）

一、范围

本文件规定了茶叶生产的基本要求，包括术语和定义、基地建设、茶树种植、土壤管理、施肥、茶树修剪、病虫草害防治、鲜叶采摘、档案记录、加工要求、包装、储藏和运输等技术措施。

本文件适用于洪雅县茶叶生产加工。

二、规范性引用文件

下列文件中的内容通过文中的规范性引用而构成本文件必不可少的条款。其中，注日期的引用文件，仅该日期对应的版本适用于本文件；不注日期的引用文件，其最新版本（包括所有的修改单）适用于本文件。

GB/T 191 包装储运图示标志

GB 4285 农药安全使用标准

GB 5749 生活饮用水卫生标准

GB 7718 食品安全标准 预包装食品标签通则

GB/T 8321 农药合理使用准则（所有部分）

GB 11767 茶树种苗

GB 14881 食品安全标准 食品生产流通卫生规范

GB 15063 复混肥料（复合肥料）

GB 18877 有机–无机复混肥料

GB/T 20014.1 良好农业规范 第1部分：术语

GB/T 20014.12 良好农业规范 第12部分：茶叶控制点与符合性规范

GB/T 32744 茶叶加工技术良好规范

NY/T 225 机械化采茶技术规程

NY 227 微生物肥料

NY/T 391 绿色食品 产地环境技术条件

NY/T 393 绿色食品 农药使用准则

NY/T 394 绿色食品 肥料使用准则

NY 525 有机肥料

NY/T 1999 茶叶包装、运输和贮藏通则

NY/T 5018—2015 茶叶生产技术规程

三、术语和定义

GB/T 20014.1 界定的以及下列术语和定义适用于本文件。

台刈：割去衰老低产茶树树头。

四、基地建设

（一）茶园环境

基地应远离化工厂和有毒土壤、水质、气体等污染源，且环境条件应符合 NY/T 391 的规定。

基地与主干公路、荒山、林地和农田等的边界应设立缓冲带、隔离沟、林带或者物理障碍区。

（二）土壤条件

基地土壤应土层深厚，土壤耕层 50cm 以上，土质疏松，结构和理化性状好，pH 值应在 4~6.5 之间，有机质、全氮、有效磷、有效钾含量应达到 NY/T 391 规定的二级以上、海拔 1800m 以下的山地黄壤、台地小土黄泥、黄紫色冲积土。

（三）基地规划

1. 基地道路

根据基地规模、地形和地貌等条件进行合理规划，使主道、支道、步道和地头道组成合理的道路网，便于运输和茶园机械作业。大中型茶厂以总部为中心，与各区、片、块有道路相通、规模较小的茶场设置支道、步道和地头道。

2. 水利系统

根据基地地形地势合理布置沟、池、塘等设施，建立完善的水利系统，做到能蓄能排。宜建立茶园节水灌溉系统。

（四）茶园开垦

开垦深度宜在 50cm 以上，去除石块、草根，在此深度内有明显障碍层（如：网纹层

或犁底层）的土壤应破除障碍层。

平地和坡度15°以下的缓坡地等高开垦；坡度在15°以上时，山垭口或沟壑地带需要开挖50cm深排水沟。

（五）基地生态建设

基地四周或基地内不适合种茶的地方应植树造林。

集中连片的基地遮光率宜控制在25%左右。

断丛缺行严重、覆盖度低于50%的茶园，补植缺株，合理剪、采、养，提高基地覆盖率。树龄大、品种老化的基地应改植换种。

五、茶树种植

（一）品种选用

茶树种苗应选择适宜当地气候、土壤的茶树品种。

茶树种苗质量应符合GB11767中Ⅰ、Ⅱ级的规定。

（二）茶苗定植

1. 定植时间

春季定植宜在2月下旬至3月上旬，雨水至惊蛰期间。

秋季定植宜在9月下旬至10月上旬，秋分至霜降期间。

2. 茶行布置

采取双行错窝（丁字形）栽培，每窝1~2株，每亩定植茶苗3000~5000株。大行距1.60~1.80m、小行距35~40cm、窝距25~30cm。

3. 定植方法

将茶苗根系舒展定植，离底肥层10cm以上，覆疏松细土压实，浇透定根水。

六、土壤管理

定期监测土壤肥力水平和重金属元素含量。一般要求每3年检测一次。根据检测结果有针对性地采取土壤改良措施。

采用合理耕作、施用有机肥等方法改良土壤结构，提高土壤肥力。耕作时应考虑当地降水条件，防止水土流失。对土壤深厚、松软、肥沃，树冠覆盖度大，病虫草害少的茶园可实行减耕或免耕。

采用地面覆盖等措施提高茶园的保土保肥蓄水能力，植物源覆盖材料（杂草、枝叶和作物秸秆）应未受有毒有害物质污染。

土壤pH值低于4.0的茶园，宜施用白云石粉等物质调节土壤pH值至4.5~6.5范围。土壤pH值高于6.5的茶园应多选用生理酸性肥料调节pH值至适宜的范围。

土壤相对含水量低于70%时，茶园应节水灌溉。

在播种移栽前，结合做畦等均匀施入相应杀菌剂、杀虫剂。也可在7月下旬至8月上旬，用熏蒸剂处理土壤。

七、施　肥

（一）施肥方法

1. 基肥

茶园在施基肥时须做到"净、早、深、足"。"净"指施用的肥料符合卫生标准；"早"指使用时期要早，一般于当年秋季开沟深施；"深"指施肥要有一定深度，成龄茶园施肥深度20cm以上，幼龄茶园最浅不低于15cm；"足"指基肥量要足，基肥宜以有机肥为主。

2. 追肥

第一次追肥在每年农历十月下旬至11月中旬；第二次追肥在每年农历四月中旬，春茶采摘结束后，以补充春茶的营业消耗；第三次追肥在每年农历七月中旬。追肥后使用修剪的茶树枝叶在茶园均匀施洒、覆盖。

八、茶树修剪

（一）修剪时间

时间宜在春茶后5月上中旬、秋末10月下旬至11月中旬进行，秋剪利于翌年春茶早萌芽。

（二）第一次定型修剪

修剪标准为80%的茶苗达到茎粗（离地表5cm处测量）超过0.3cm，苗高达到30cm，有1~2个分支的树干要求，方可对该茶园进行第一次定型修剪。第一次定剪在高度离地15cm~20cm处剪去主枝，留下侧枝不剪。凡不符合第一次定型修剪标准的茶苗不剪，留待第二年达标后再剪。

（三）第二次定型修剪

一般在第一次定型修剪后的次年进行，此时树高达到40cm，剪口高度为25cm~30cm，第二次顶尖高度离地30cm~50cm或在上次剪口上提高10cm~15cm，剪平茶树蓬面。如果茶苗高度不够标准，适当推迟修剪时间。

（四）第三次定型修剪

一般在第二次定型修剪后的次年进行，第三次定剪高度离地45cm~50cm，修剪高度在上次剪口上提高10cm~15cm左右。茶树经三次定型修剪后，高度一般在50cm~60cm左右，树幅可达70cm~80cm。

（五）轻修剪

用篱剪减去树冠面3cm~5cm的枝叶，把冠面突出枝、晚秋新梢剪除，刺激茶芽萌发，平整冠面，控制树高，便于采摘。每年可进行1~2次，时间宜在春茶结束后，5月上中旬、秋末10月下旬至11月中旬进行，秋剪利于翌年春茶早萌芽。

（六）重修剪

用篱剪将冠面衰老鸡爪枝、细弱枝、干枯枝，减去茶树高的1/3~1/2，重新培育树冠，修剪的切口应光滑平整。一般在晚秋、早春或春茶后进行。

（七）台 刈

用台刈铗或者锋利柴刀将衰老茶树地上部分治疗在离地10cm以上部分全部刈去，重新全面塑造树冠，修剪的切口应光滑平整。一般在晚秋、早春或春茶后进行。

九、病虫草害防治

（一）防治原则

病虫草害防治应符合GB/T 20014.12的规定，遵循"预防为主，绿色防控，综合治理"方针，从茶园整个生态系统出发，综合运用农业防治、物理防治、生物防治、化学防治等各种防治措施，创造不利于病虫草等有害生物滋生和有利于各类天敌繁衍的环境条件，保持茶叶生态系统的平衡和生物的多样性，将有害生物控制在允许的经济阈值以下，将农药残留降低到规定的标准范围。

（二）防治措施

防治措施应按NY/T 5018—2015第6章病、虫、草害防治规定执行，茶园禁限止使用农药的规定参见附录A。

十、鲜叶采摘

（一）采摘原则

鲜叶采摘应根据茶树生长特性和成品茶对加工原料的要求，遵循采留结合、量质兼顾和因树制宜的原则，按标准适时采摘。

（二）采摘方法

手工采茶宜采用提手采，保持芽叶完整、新鲜、匀净，不捋采和抓采，不夹带鳞片、茶果与老枝叶。

机械采茶适用于发芽整齐，生长势强，采摘面平整的茶园。采茶机应使用无铅汽油，防止汽油、机油污染茶叶、茶树和土壤。机械采摘技术应符合NY/T 225的规定。

（三）鲜叶储运

鲜叶应采用清洁、通风性能良好的符合食品要求材质的竹篮或篓筐盛装，不得挤压，采下的茶叶应当日运抵茶厂，防止鲜叶变质和混入有毒、有害物质。

十一、档案记录

（一）农资投入品档案

建立农药、化肥等投入品采购、出入库、使用档案，包括投入品成分、来源、使用方法、使用量、使用日期、使用人、防治对象等信息。

（二）农事操作档案

建立农事是操作管理档案，包括植保措施、土肥管理、修剪、采摘等信息。

（三）档案记录保管

档案记录保持2年，内容准确、完整、清晰。

十二、加工要求

茶鲜叶加工过程应符合GB/T 32744的规定。

十三、包装、标志、标签、储藏和运输

（一）基本要求

茶叶包装、标志、标签、储藏和运输应符合GB/T 191、GB 7718和NY/T 1999的规定。

（二）包　装

提倡使用由木、竹、植物茎叶和纸制品制成的包装材料，可使用符合卫生要求的其他包装材料。

所有用于直接接触茶叶的包装材料必须是食品级的，考虑包装材料的生物降解和回收利用。

可使用二氧化碳或氮作为包装填充剂。

不适用含有合成杀菌剂、防腐剂和熏蒸剂的包装材料

（三）储　藏

储藏仓库（或冷库）应干净、无有害物质残留。严禁与有毒、有害、有异味、易污染的物品混放。仓库周围应无异气污染。

（四）运　输

运输工具应清洁、干燥；在运输过程中应避免受到污染。

茶园禁限止使用农药见表A.1。

表A.1　茶园禁限止使用农药

类别	名称
有机氯类	六六六，滴滴涕，三氯杀螨醇，毒杀芬，艾氏剂，狄氏剂，硫丹

续表

类别	名称
有机磷类	甲胺磷，甲基对硫磷，对硫磷，久效磷，磷胺，甲拌磷，甲基异柳磷，特丁硫磷，甲基硫环磷，治螟磷，内吸磷，灭线磷，硫环磷，蝇毒磷，地虫硫磷，氯唑磷，苯线磷
氨基甲酸酯类	克百威，涕灭威，灭多威
有机氮类	杀虫脒，敌枯双
拟除虫菊酯类	氰戊菊酯
除草剂类	除早醚
其他	二溴氯丙烷，二溴乙烷，汞制剂，砷类，铅类，氟乙酰胺，甘氟，鼠毒强，氟乙酸钠，毒鼠硅，氟虫腈

洪雅绿茶质量安全管理规范

一、产地要求

在基地建设过程中，应根据当地实际，以环保为前提，合理选择基地。选择远离生活污染和工业污染、空气清新、水质洁净、地理地势有利于洪雅绿茶生产的基地。

二、茶园管理

（一）增加茶园生物多样性

在茶园中适当种植一些经济作物，实践证明，种植银杏、柿树、桂花和一些果树，既能增加茶园的生物多样性，减轻控制病虫危害，同时又能增加经济收入。每亩茶地种植不超过6株。

（二）茶园病虫绿色防控

在茶园中安装太阳能诱虫灯、插粘虫黄板、释放捕食螨等，使用生物农药特别是中药农药来进行茶园病虫害防治，控制茶叶农残，提高茶叶质量，增加茶叶产量。

（三）茶园肥水管理

在施肥原则上，采取重施底肥、及时追肥；重施有机肥，配方施用无机肥。全年施肥次数达到标准4次，一基三追，秋冬季施基肥，2、5、8月份分别施追肥。加强水的管理，茶园做到能排能灌，保证茶叶生长水分需要。

（四）茶园机械修剪

大力提倡机械修剪，减少人工成本，保证修剪质量，提高修剪效率。成年茶园，冬季轻修剪，春夏之交，春茶采摘结束后进行重剪，并将剪下的枝条回留茶园，作有机肥使用，培肥土壤。

三、加工制作

茶叶采摘要选择在天气晴朗的早上，鲜叶要用竹制器具盛装，使用专用车辆及时运输符合绿色食品加工条件的加工厂加工，茶厂加工设备定期进行技术改造和升级，不使用重金属含量高的机械。茶厂质量管理制度健全，产品质量实施全程监控；加工人员要持健康合格证和上岗培训合格证上岗，原料进入车间后要实行人工拣除其中的杂质，按照分级标准进行分级摊青、杀青、揉捻、干燥。生产记录要求：荣成绿茶生产的全过程，要建立生产记录档案，必须准确、清晰、工整、完全。全面记载并妥善保存，以备查阅。

四、贮运包装

加工制作、包装、贮藏和运输均要严格按照无公害食品的有关要求，以防产品污染，使茶叶加工实现企业化管理，建章立制，实现了加工过程规范化，消除了卫生安全隐患，实现清洁化加工。

五、安全标准

根据加工产品质量安全等级的不同，采取相应的标准进行生产，无公害茶叶、绿色食品茶叶、有机茶叶均有其严格规范的生产标准。

六、质量追溯

洪雅绿茶必须进入国家农产品质量安全追溯平台，茶叶质量可追溯指按照从生产到销售的每一个环节可相互追查的原则，建立茶叶农事档案，记录茶叶产地、采摘日期、加工时间、茶树品种、投入品登记、源头检测记录、加工企业、从业人员、成品茶检测记录、包装时间、经销网点等内容。目前ISO9000（质量管理和质量保证体系）、ISO14000（环境管理和环境保证体系）和HACCP（危害分析与关键控制点体系）认证，无公害茶、绿色食品茶和有机茶的国内外认证都要求申报企业建立茶叶质量可追溯制度。消费者可以通过信息码查到茶叶的生产过程、基地认证情况以及具体生产责任人的姓名等。

七、两端检测

茶叶两端质量检测技术包括茶叶原料质量端检测和成品茶质量端检测。茶叶原料质量检测重点是茶叶源头检测体系的建设，对农药经营单位和农药田间使用情况进行监督检查，从源头上控制茶叶农药残留，建立茶园农残监测点，推广茶叶农残速测技术，定期或不定期对农残项目进行检测。并做到鲜叶进厂分级验收，毛茶收购源头检测。成品茶产品质量检测要求茶厂必须配备茶叶农药残留和卫生质量检测设备，完善产品出厂检测体系建设，有效降低和杜绝茶叶超标事件的发生。

洪雅绿茶质量控制技术规范

本质量控制规范规定了经中华人民共和国农业部登记的洪雅绿茶地域范围、自然生态环境、生产技术要求、产品典型品质特性和产品质量安全规定、产品等级等相关内容。

一、地域范围

洪雅绿茶产于四川盆地西南边缘洪雅县辖区内的止戈镇、中山镇、将军镇、柳江镇、槽渔滩镇、洪川镇、高庙镇、余坪镇、东岳镇、中保镇、瓦屋山镇、七里坪镇12个镇，地理坐标东经102°49′~103°32′，北纬29°24′~30°00′。全县辖区面积1896km²，洪雅绿茶保护面积14378hm²。

二、自然生态环境

自古佳境出好茶，茶区生态环境良好是形成茶叶优异天然品质的关键因素。一定的海拔高度、完好的植被覆盖、富含有机质的酸性山地土壤，共同营造出湿润多雾、光照短弱和土壤肥沃的宜茶环境，是生产好茶必备的自然条件。洪雅地域全国少有的丹霞地貌发育，造就了洪雅县雄、险、奇、秀、幽的大小山川、河谷。地形由西南向东北高低梯次变化为高山、中山、深丘、浅丘、台地、河谷。地貌以山地丘陵为主，河谷分布在青衣江、花溪河两岸。境内有大小河流330条，有林地200万亩、森林覆盖率70%，享有"绿海明珠之誉"。有海拔1000m以上高山（如八面山、玉屏山、总岗山、瓦屋山国家级森林公园等）500座；海拔高度800~1000m以上的中山1380多座；素有"七山、二水、一分地"之称。有机质含量3%以上（pH值4~6.5）的酸性至微酸性土地宜于种植茶树的面积达35万亩。年平均日照时数1080小时，年均太阳辐射总量338kJ/cm²，是全国和全省太阳辐射低值区。年均降水量1435mm，年均空气湿度达84%，系国内高湿地区之一。年均温16.8℃（其中1月平均气温6.6℃，七月平均气温25.7℃），符合茶树10℃开始萌芽生长的年积温5309.6℃，年平均无霜期307天。四季分明，冬无严寒、夏无酷暑，雨量充沛、雨热同步，适宜茶树自然生长。农历"九月微微冷，十月小阳春"的独特小气候使洪雅茶叶表现出"冬芽早秀"的标志性特点。相对低温、高湿度、低辐射和多云雾的气候特征和富含有机质的微酸性土质；不仅能抑制茶树芽叶纤维素的合成、维持新梢组织中高浓度的可溶性氮化物，保持芽叶柔嫩；而且增强茶园漫射光效应，有利于多种芳香物质合成。2000年来，先后被评为全国首批生态农业建设先进县、全国无公害绿茶基地县、全国十大生态产茶县、全国茶业百强县。

三、生产技术要求

（一）产地选择

中山镇、止戈镇、余坪镇、东岳镇、槽渔滩镇等12个镇，产地环境质量符合《无公害食品茶叶产地环境技术条件》的要求。

（二）品种选择

根据洪雅绿茶的风格特点，产量高、抗性强、适制性好、效益高的名山131、福选9号、福鼎大白等优良品种。

（三）茶园管理

生产洪雅绿茶茶园栽培管理必须严格按照《洪雅县无公害茶叶栽培技术规程》操作；必须符合《无公害肥料使用准则》和《无公害农药使用准则》。

（四）建厂及生产条件

厂区设计要求。厂区和建筑设计必须符合《中华人民共和国环境保护法》《中华人民共和国食品卫生法》《工业企业设计标准》等有关规定。茶厂应远离工业源、农业源的各种废渣、废水、废气污染，厂区及周围要绿化，道路应硬化，排水良好。

车间卫生。加工车间应建筑牢固、空气流通、光线明亮，场地宽敞，墙壁与地面应保持光洁，车间内应设有更衣间，防蝇、防鼠和防蟑螂的设施。在加工过程中及加工结束后，各种设备与场地应保持清洁卫生。加工厂必须建立一套完善的卫生管理与记录制度。加工人员进入车间前应搞好个人卫生，更换工作服。

制茶机械的选择。制茶机械要选择不含铅、铜等有污染物的金属制成的机械。在加工过程中应多采用机械加工，减少手工工序。

鲜叶采摘，运输器具。鲜叶在采摘与运输过程中应使用清洁，通风性能良好的竹编茶篮或篓筐，严禁使用布袋、塑料袋盛装。鲜叶在采摘与运输过程中应注意轻放、轻压，切忌紧压，日晒、雨淋，防止升温变质，避免被污染。

制茶能源。在茶叶加工过程中，利用远红外、电、液化气作为能源，达到低碳、无烟化生产。

成品茶的贮藏保管。一是禁止与化学合成及有毒、有害、有异味物品接触。二是贮藏环境必须低温、干燥，茶叶含水量须符合要求。三是保持仓库的卫生，搞好防鼠、防虫、防霉工作；严禁使用人工合成的杀虫剂、杀鼠剂。

生产记录要求。洪雅绿茶生产的全过程，要建立田间生产档案、加工制作档案，全面记载并妥善保存，以备查阅。

①鲜叶收获及制茶。洪雅绿茶芽叶立夏前采摘，特级标准为独芽；一级标准为一芽一叶初展，芽长于叶；二级标准为一芽一叶、一芽二叶初展，芽叶长度基本相等；三级标准为一芽二叶，叶长于芽。处理：鲜叶采收后，立即摊晾，使茶叶内含物质发生转化，失掉部分水分并软化便于加工。摊晾时间视温度而定，一般春季温度低时间长，6~8小时。

②杀青。茶叶鲜叶经适度摊晾后送入杀青机杀青，杀青温度200~220℃，时间因温度而定，一般在3~5分钟。切忌生青叶、焦点爆点。杀青叶应及时铺开摊晾冷却。

③揉捻。嫩叶宜冷揉、轻揉以保持黄绿明亮之汤色和嫩绿的叶底，老叶宜热揉以利于条索紧结，减少碎末。揉捻作业机械化，名优茶用小型揉捻机，普通绿茶用大型揉捻机。扁形和针形名优茶的揉捻称为理条。杀青叶经摊晾冷却后即可送入理条机理条，温

度60~90℃，时间因水分而定，也可分两次进行，中间摊晾冷却；理条至八九成干即可下机摊晾冷却回潮，时间5~8小时。

④干燥。干燥方法，有烘干、炒干或烘炒结合三种形式，扁形茶可炒干、针形茶可烘干。

四、产品典型品质特性和产品质量安全规定

（一）感官特征

洪雅绿茶外形芽头秀雅匀整、扁平光直、色泽绿润；汤色黄绿明亮，香气清香持久，滋味鲜醇爽口，叶底嫩绿匀亮。

（二）内在品质指标

内含物成分比例的理化指标。

（三）安全要求

洪雅绿茶执行《无公害食品 茶叶》（NY 5244—2004）标准。

五、产品分级标准

表1 干评

品名	级别	条索	色泽	嫩度	净度
洪雅绿茶	A	紧秀、微扁似眉、匀齐	嫩绿	细嫩、显毫	净
	B	紧秀、微扁、匀齐	嫩绿油润	细嫩带毫	净
	C	紧结、卷曲、重实	绿润	柔嫩显芽	尚净

表2 湿评

品名	级别	汤色	香气	滋味	叶底
洪雅绿茶	A	嫩绿明亮	嫩香清高	鲜爽甘醇	嫩绿鲜亮 细嫩多芽
	B	黄绿明亮	嫩香	清爽醇厚	翠绿明亮 细嫩显芽
	C	嫩绿明亮	香高持久	浓厚	芽叶较完整 黄绿明亮

表3 理化指标

品名	级别	单位	出厂水分	总灰分	水浸出物	粗纤维	粉末	非茶类物质	含花
洪雅绿茶	A	%	≤6.5	≤7.0	≥34.0	≤14.0	≤0.5		
	B	%	≤6.5	≤7.0	≥34.0	≤14.0	≤1.0		
	C	%	≤8.5	≤7.0	≥34.0	≤16.0	≤1.0		

茶叶销售包装标签应符合GB/T 6388的规定，标明产品名称、级别、净含量、生产单位名称和地址、生产日期、产品标准编号。

洪雅绿茶农产品地理标志使用管理规范

一、图案标识

洪雅绿茶

二、使用范围

（一）产地区域

洪雅县境内中山镇、将军镇、东岳镇、槽渔滩镇、止戈镇、余坪镇等12个镇100个村，产地环境质量符合《无公害食品茶叶产地环境技术条件》的要求。洪雅绿茶执行《无公害食品茶叶》（NY 5244—2004）标准。

（二）品种选择

根据洪雅绿茶的风格特点，选择产量高、抗性强、适制性好、效益高的，福鼎大白、四川中小叶群体种、梅占、福选9号等优良品种。

（三）产品类别

洪雅绿茶的产品类别应为六大茶类中的绿茶类，并按洪雅绿茶标准要求进行生产。

三、质量把控

（一）厂区标准

①茶厂选择远离工业源、农业源的各种废渣、废水、废气污染，厂区绿化美化，周边环境亮化，道路硬化，排水良好。

②按照《中华人民共和国环境保护法》《中华人民共和国食品卫生法》《工业企业设计标准》等有关规定，设计厂区和建筑。

③车间卫生。加工车间建筑牢固、空气流通、光线明亮，场地宽敞，保持墙壁与地面光洁，车间进门处增设有更衣间，设置了防蝇、防鼠和防蟑螂的设施。其他符合SC生产许可证要求。

（二）品质标准

①外形：洪雅绿茶外形芽头秀雅、扁平直、匀整、色泽绿光润。

②内质：香气清香持久，汤色黄绿明亮，滋味鲜醇爽口，叶底嫩绿匀亮，品质上乘。

四、管理办法

（一）使用条件

符合下列条件之一的生产（加工）企业、公司、专合社、农场或其他业主，可以向洪雅县茶业协会提出"洪雅绿茶"农产品地理标志使用申请：

①取得"三品"（无公害农产品、绿色食品、有机食品）农产品标志使用的茶叶产品；

②取得其他国际认证标志使用权的茶叶产品；

③纳入国家农产品质量安全追溯管理信息平台的生产经营主体的茶叶产品；

④生产过程符合相关技术规程、投入品使用记录资料完整，经洪雅县茶业协会审核同意的业主生产的茶叶产品。

（二）申报程序

①符合使用条件的单位，向洪雅县茶业协会提出申请；

②洪雅县茶业协会在5个工作日内受理申请完毕；

③对申请单位进行考核合格后，颁发使用"洪雅绿茶"使用证书。

（三）提交资料

①使用申请书；

②生产经营资质证明；

③生产经营计划和相应质量控制措施；

④规范使用农产品地理标志书面承诺；

⑤其他必要的证明文件和材料；

⑥使用协议。

（四）管理制度

通过审核后取得"洪雅绿茶"使用资格的企业，应当遵循以下使用原则及义务。

①"洪雅绿茶"地理标志产品必须按照"洪雅绿茶"生产标准进行生产；

②茶叶包装上"洪雅绿茶"标识的印制必须参照洪雅县茶业协会提供的设计样式进行印制；

③"洪雅绿茶"使用企业应定期向洪雅县茶业协会报送地理标志使用情况；

④洪雅县茶业协会有权对"洪雅绿茶"使用企业地理标志产品使用情况和质量安全进行不定期抽查；

⑤检查中发现有质量不符合"洪雅绿茶"标准的企业，洪雅县茶业协会将对其发出整改通知，要求企业限期整改；

⑥若企业未限期整改，洪雅县茶业协会有权收回企业的"洪雅绿茶"地理标志使用权。

瓦屋春雪绿茶加工技术规程（DB 5114/T 41—2022）

一、范围

本文件规定了瓦屋春雪绿茶加工的术语和定义、原料（鲜叶）要求、加工场所及卫生要求、加工工艺技术要求、标志、标签、包装、贮存和运输、生产记录管理。

本文件适用于瓦屋春雪绿茶的加工。

二、规范性引用文件

下列文件中的内容通过文中的规范性引用而构成本文件必不可少的条款。其中，注日期的引用文件，仅该日期对应的版本适用于本文件；不注日期的引用文件，其最新版本（包括所有的修改单）适用于本文件。

GB/T 191 包装储运图示标志

GB 4806.7 食品安全国家标准 食品接触用塑料材料及制品

GB 4806.8 食品安全国家标准 食品接触用纸和纸板材料及制品

GB 7718 食品安全国家标准 预包装食品标签通则

GB 9683 复合食品包装袋卫生标准

GB 14881 食品安全国家标准 食品生产通用卫生规范

GB/T 20014.12 良好农业规范 第12部分：茶叶控制点与符合性规范

GB/T 30375 茶叶贮存

GB/T 32744 茶叶加工良好规范

GB/T 40633 茶叶加工术语

GH/T 1070 茶叶包装通则

NY/T 391 绿色食品 产地环境条件

三、术语和定义

GB/T 40633 界定的以及下列术语和定义适用于本文件。

瓦屋春雪绿茶：指以瓦屋山区域（地理坐标为东经102°49′~103°32′，北纬29°24′~30°00′）范围内的鲜叶为原料加工生产，经该品牌管理机构审定，许可使用瓦屋春雪品牌标识的绿茶产品。

四、原料（鲜叶）要求

（一）产地环境要求

应符合NY/T 391的要求。

（二）鲜叶质量要求

为嫩、匀、鲜、净的正常芽叶，用于同批次加工的鲜叶，其嫩度、匀度、新鲜度、净度应基本一致。鲜叶质量分为特级、一级、二级，各级鲜叶质量应符合表1的规定。

表1 鲜叶质量要求等级

等级	要求
特级	单芽及一芽一叶初展
一级	一芽一叶
二级	一芽二叶初展

（三）鲜叶运输、贮存

应使用透气良好、光滑清洁的篓筐盛装鲜叶，运输时不得日晒雨淋，不得与有异味、有毒物质混运。鲜叶采摘后应及时运到加工厂。

五、加工场所及卫生要求

（一）加工场所基本条件

应符合GB/T 32744的要求。

（二）加工过程卫生要求

应符合GB 14881的要求。

六、加工工艺技术要求

（一）工艺流程

1. 手工加工工艺流程

鲜叶摊放→杀青→清风→揉捻→炒二青→复揉→理条→提毫→摊凉→足干

2. 机械加工工艺

鲜叶摊放→杀青→揉捻→初烘→复揉→理条→整形提毫→摊凉→烘焙

（二）加工技术

1. 手工加工技术

1）鲜叶摊放

鲜叶摊放应做到：

①设备使用萎凋槽或透气篾盘，鲜叶摊放厚度2~3cm，每2~3h轻翻一次，春茶通常需摊放6~12h。

②采取间隔式吹风，鼓风1h左右停止0.5~1h，摊放时间为3~6h。

2）杀青

采用电炒锅进行。锅温到达200~220℃时投放鲜叶，投放量为每锅0.5~0.6kg。

杀青时，双手翻抖，先闷后抖，抖闷结合。时间为3~4min，至叶色暗绿，叶质柔软，发出清香时为止，及时出锅。

3）清风

将出锅的杀青叶立即均匀散置于篾盘中，用风扇直接吹风，使叶温迅速降低。

4）揉捻

双手抓适量茶叶在洁净的篾盘或竹垫中来回推揉，来轻去重，中途解块2~3次，揉捻时间为2~3min，使茶叶初步成条。

5）炒二青

电炒锅锅温设置在85℃左右，以抖炒为主，时间为4~5min，炒至四成干出锅。出锅后，将茶坯快速摊凉。

6）复揉

用力较重，中途解块1~2次，时间4~5min，揉至茶条紧结。

7）理条

锅温控制在50℃，右手抓茶，向前方理直，动作要轻，待茶条基本理顺后，再拉条。理、拉、搓反复交替进行，炒至茶条有光滑感，茶条八成干，白毫隐现时转入下个工序。

8）提毫

锅温升至70℃左右，轻轻翻炒茶叶，边翻边理条，当茶条受热回软时，将茶条置于双手掌中，轻轻揉搓，时间1min左右，待白毫大量显露时，及时出锅。

9）摊凉

将茶坯摊在篾盘内，厚度不超过3cm，使水分分布均匀，时间30min左右。

10）足干

把冷却后的茶坯均匀撒在白棉布上，焙笼用的木炭必须燃烧无异味，烘焙温度在60℃左右。中间翻动2~3次，茶条水分含量到6%以下时即手指捏成粉末时下焙。

2. 机械加工技术

1）鲜叶摊放

鲜叶摊放与6.2.1.1一致。

2）杀青

选用50型或60型滚筒杀青机。杀青温度为投叶端20cm左右处内壁温度280℃~300℃。杀青时间1min30s。鲜叶失水30%左右、青草气消失、手握茶叶成团、松手即散、梗折弯曲不断为适度。

3）揉捻

选用45型或55型等中型揉茶机，轻揉。芽头揉捻时间5~8min；1芽1叶揉捻时间8~12min；1芽2叶揉捻时间12~15min；成条率达80%左右时下机，抖散。

4）初烘

采用链板式自动烘干机或单层烘干机初烘茶坯，温度120℃左右，当茶条含水30%左右时下机，摊凉。

5）复揉

用45型或55型等中型揉茶机，根据成条情况判断是否复揉，复揉要轻揉，时间控制约5~6min。

6）理条

用理条机理条，温度90~100℃，时间8~10min，达到条索圆、紧、直时，约七八成干时下机，摊凉。

7）整形提毫

采用整形平台，温度控制在80℃左右，轻轻翻动茶叶，边翻边理条，当茶条受热回软时，将茶条理直置于双手掌中，轻轻揉搓，时间1min左右，待白毫大量显露时，茶达八成半至九成干时下机。加工一、二级茶时可以不经整形平台提毫，理条机理条经摊凉后直接烘干。

8）摊凉

将茶坯摊在篾盘内，厚度不超过3cm，时间30min左右。

9）烘干

采用提香机或微型全自动烘干机上，温度控制在70℃左右，待茶条达足干即手捏茶条成粉末、含水量达6%以下时下机，摊凉后再密封保存。

七、标志、标签、包装、贮存和运输

（一）标志、标签

产品标签应符合GB 7718和《国家质量监督检验检疫总局关于修改〈食品标识管理规定〉的决定》的相关规定；运输包装箱的图示标志应符合GB/T191的要求。

（二）包　装

内包装材料应符合GB 4806.7、GB 4806.8和GB 9683的规定。产品包装应符合GH/T 1070的要求。

（三）贮　存

应符合GB/T 30375的要求。

（四）运　输

运输工具应清洁、干净、无异味、无污染。运输时应防雨、防潮、防暴晒。不得与其他物品混装、混运。

八、生产记录管理

按GB/T 20014.12的规定执行。

十、茶叶生产技术专利

截至目前，全市获得国家知识产权局颁布的茶叶生产技术专利有9项，分别用于黑茶加工生产和奶白茶茶苗培育、水肥供给、茶园修剪等，具体如下：

茶叶生产技术专利情况表

专利名称	发明人	专利号	专利权人
一种瓶式杀青机自动喂料系统	刘长彬	ZL 2016 2 0671802.X	洪雅县偏坡山茶叶专业合作社
一种喂料系统对接机构及杀青机自动喂料系统	刘长彬	ZL 2017 2 1324339.2	洪雅县偏坡山茶叶专业合作社
一种杀青机喂料系统推料机构及杀青机自动喂料系统	刘长彬	ZL 2017 2 1324452.0	洪雅县偏坡山茶叶专业合作社
杀青机自动喂料系统一级输送装置及杀青机自动喂料系统	刘长彬	ZL 2017 2 1324362.1	洪雅县偏坡山茶叶专业合作社
一种特色奶白茶种植用幼苗培育装置	任建宏	ZL 2021 2 2136190.8	洪雅县碧雅仙茶业有限责任公司
一种特色奶白茶种植用茶树苗支护结构	任建宏	ZL 2021 2 1935388.6	洪雅县碧雅仙茶业有限责任公司
一种用于奶白茶叶种植的茶园修剪装置	任建宏	ZL 2021 2 2136206.5	洪雅县碧雅仙茶业有限责任公司
一种奶白茶叶种植用地面水肥供给装置	任建宏	ZL 2021 2 1870615.1	洪雅县碧雅仙茶业有限责任公司
一种奶白茶种植用根茎精准施肥装置	任建宏	ZL 2021 2 1911978.5	洪雅县碧雅仙茶业有限责任公司

瓦屋春雪　绿茶（T/HYCY 001—2023）

一、范　围

本文件规定了瓦屋春雪绿茶的术语和定义、分级与实物标准样、产品要求、试验方法、检验规则、标志、标签、包装、贮存和运输。

本标准适用于瓦屋春雪绿茶。

二、规范性引用文件

下列文件中的内容通过文中的规范性引用而构成本文件必不可少的条款。其中，注日期的引用文件，仅该日期对应的版本适用于本文件；不注日期的引用文件，其最新版本（包括所有的修改单）适用于本文件。

NY/T 391绿色食品　产地环境质量

GB 2762食品安全国家标准　食品中污染物限量

GB 2763食品安全国家标准　食品中农药最大残留限量

GB 7718食品安全国家标准　预包装食品标签通则

GB 9683复合食品包装袋卫生标准

GB 23350限制商品过度包装要求　食品和化妆品

GB 5009.3食品安全国家标准　食品中水分的测定

GB 5009.4食品安全国家标准　食品中灰分的测定

GB 4806.7食品安全国家标准　食品接触用塑料材料及制品

GB 4806.8食品安全国家标准　食品接触用纸和纸板材料及制品

GB/T 8302茶取样

GB/T 8303茶磨碎试样的制备及其干物质含量测定

GB/T 8305茶水浸出物测定

GB/T 8309茶水溶性灰分碱度测定

GB/T 8310茶粗纤维测定

GB/T 8311茶粉末和碎茶含量测定

GB/T 8313茶叶中茶多酚和儿茶素类含量的检测方法

GB/T 14487茶叶感官评审术语

GB/T 18795茶叶标准样品制备技术条件

GB/T 23776茶叶感官审评方法

GB/T 191包装储运图示标志

GB/T 30375茶叶贮存

GH/T 1070茶叶包装通则

JJF 1070定量包装商品净含量计量检验规则

国家质量监督检验检疫总令〔2005〕第75号《定量包装商品计量监督管理办法》

国家质量监督检验检疫总局令〔2009〕第123号《国家质量监督检验检疫总局关于修改〈食品标识管理规定〉的决定》

三、术语和定义

GB/T 14487确定的及下列术语和定义适用于本文件。

瓦屋春雪绿茶：指以瓦屋山区域内（地理坐标为东经102°49'-103°32'，北纬29°24'-30°00'）的鲜叶为原料，按瓦屋春雪绿茶特定的加工工艺加工，经该品牌管理机构审定，许可使用瓦屋春雪品牌标识标志的绿茶产品。

四、分级与实物标准样

（一）分　级

按感官品质分为特级、一级、二级共三个等级。

（二）实物标准样

各等级产品设一个实物标准样，为品质的最低界限，样品每两年更换一次。实物标准样品的制备应符合GB/T 18795的规定。

五、产品要求

（一）产地环境

应符合NY/T 391的规定。

（二）鲜叶质量要求

为嫩、匀、鲜、净的正常芽叶，用于同批次加工的鲜叶，其嫩度、匀度、新鲜度、净度应基本一致。鲜叶质量分为特级、一级、二级，各级鲜叶质量应符合表1的规定。

表1　鲜叶质量要求

等级	要求
特级	单芽及一芽一叶初展
一级	一芽一叶
二级	一芽二叶初展

（三）基本要求

无劣变，无异味，无非茶类夹杂物、添加剂，具有正常的色、香、味、形。

（四）感官品质

感官品质应符合表2的规定。

表2 感官品质

等级	外形	内质			
		香气	滋味	汤色	叶底
特级	紧直匀整，显毫，色泽嫩绿	嫩香悠长	鲜爽	嫩绿明亮	嫩匀
一级	条索紧直，显毫，较匀整，色泽翠绿	嫩香持久	鲜醇	嫩绿较亮	较嫩匀
二级	条索较紧直，较匀整，略带毫，色泽绿润	香气高长	醇爽	黄绿明亮	尚嫩匀

（五）理化指标

理化指标应符合表3的规定。

表3 理化指标

项目		分级		
		特级	一级	二级
水分（质量分数）/%	≤	6.5	6.5	6.8
水浸出物（质量分数）/%	≥	38.0	36.0	35.0
总灰分（质量分数）/%	≤	6.5	6.5	7.0
碎茶（质量分数）/%	≤	1.5	1.8	2.0
粉末（质量分数）/%	≤	0.8	1.0	1.0
粗纤维（质量分数）/%	≤	14.5	15.0	15.5
儿茶素/%	≥	7.0		
茶多酚/%	≥	11.0		
水溶性灰分碱度（以KOH计）（质量分数）/%		≥ 1.0[a]；≤ 3.0[a]		
水溶性灰分，占总灰分（质量分数）/%	≥	45.0		
酸不溶性灰分（质量分数）/%	≤	1.0		

注：茶多酚、儿茶素、水溶性灰分、水溶性灰分碱度、酸不溶性灰分、粗纤维为参考指标。
[a] 指当以每100g磨碎样品的毫克当量表示水溶性灰分碱度时，其限量为：最小值17.8；最大值53.6。

（六）安全指标

污染物限量：铅含量限量应符合表4的规定，其他污染物限量应符合GB 2762的规定。

表4 铅含量限量指标

指标	限量（mg·kg^{-1}）
铅（以Pb计）≤	4.5

农药残留限量：应符合表5规定，其他农药残留限量应符合GB 2763的规定。

表5 农药残留限量指标

指标	限量（mg·kg^{-1}）
吡虫啉≤	0.2
草甘膦≤	0.5
虫螨腈≤	10.0
啶虫脒≤	2.0
联苯菊酯≤	2.0
茚虫威≤	2.0

（七）净含量

净含量的允许短缺量应符合国家质量监督检验检疫总局令〔2005〕第75号《定量包装商品计量监督管理办法》的规定。

六、试验方法

（一）感官评审

按GB/T 14487和GB/T 23776的规定执行。

（二）理化检验

试样制备按GB/T 8303规定的方法进行。

水分按GB 5009.3的规定执行。

总灰分按GB 5009.4的规定执行。

粉末和碎茶按GB/T 8311的规定执行。

水浸出物按GB/T 8305的规定执行。

粗纤维按GB/T 8310的规定执行。

茶多酚和儿茶素按GB/T 8313的规定执行。

水溶性灰分碱度按GB/T 8309的规定执行

酸不溶性灰分按GB 5009.4的规定执行。

水溶性灰分按GB 5009.4的规定执行。

（三）安全指标

污染物限量检验按GB 2762的规定执行。

农药残留限量检验按GB 2763的规定执行。

（四）净含量检验

按JJF 1070的规定执行。

七、检验规则

（一）组　批

以同一茶叶品种、同一批投料生产或同一批次加工过程中形成的独立数量的产品为一个批次。同批次产品的品质和规格应一致。

（二）取　样

按GB/T 8302的规定执行。

（三）检　验

1. 出厂检验

每批产品均应做出厂检验，经检验合格签发合格证后方可出厂。出厂检验的项目为感官品质、水分、碎茶、粉末、净含量。

2. 型式检验

型式检验项目为标准中5.2~5.7规定的项目。型式检验周期每年一次。有下列情况之一时，亦应进行型式检验。

①如原料有较大改变，可能影响产品质量时；

②出厂检验结果与上一次型式检验结果有较大出入时；

③国家法定质量监督机构提出型式检验要求时。

（四）判定规则

按第5章要求的项目，除参考指标除外的任一项不符合规定的产品均判为不合格产品。

（五）复　验

对检验结果有争议时，应对留存样或在同批产品中重新按GB/T 8302的规定加倍抽样进行不合格项目的复验，判定结果以复验结果为准。

八、标志、标签、包装、贮存和运输

（一）标志、标签

产品标签应符合GB 7718和《国家质量监督检验检疫总局关于修改〈食品标识管理规定〉的决定》的相关规定；运输包装箱的图标标志应符合GB/T 191的要求。

（二）包　装

内包装材料应符合GB 4806.7、GB 4806.8和GB 9683的要求。产品包装应符合GB 23350和GH/T 1070的要求。

（三）贮　存

应符合GB/T 30375的规定。

（四）运　输

运输工具应清洁、干燥、无异味、无污染。运输时应有防雨、防潮、防晒措施。不得与有毒、有害、有异味、易污染的物品混装、混运。

瓦屋春雪商标标识使用管理办法
（试行）

第一章 总则

第一条 为加强对瓦屋春雪区域公用品牌的保护，规范瓦屋春雪商标标识的申请、使用和管理，保证瓦屋春雪产品品质和特色，维护品牌声誉，提升洪雅茶业市场竞争力，根据《中华人民共和国农产品质量安全法》《中华人民共和国商标法》等相关规定，特制定本办法。

第二条 四川省洪雅瓦屋春雪茶业有限公司是瓦屋春雪商标标识权属人，负责对瓦屋春雪商标标识的使用进行指导；洪雅县茶叶流通协会（以下简称"协会"）负责瓦屋春雪商标标识的许可使用资格审查，配合相关部门进行日常监管；洪雅县茶产业发展领导小组办公室组织县农业农村局、县市场监管局、县商务和康养产业局、四川省洪雅瓦屋春雪茶业有限公司等相关部门定期召开联席会议授权瓦屋春雪商标标识的使用。被许可使用生产经营主体的法定代表人是执行本办法的具体责任人。

第三条 本办法所称瓦屋春雪茶产品，是指以瓦屋山区域（地理坐标为东经102°49'-103°32'，北纬29°24'-30°00'）范围内的鲜叶为原料加工生产，许可使用瓦屋春雪商标标识的茶产品。

第四条 使用瓦屋春雪商标标识的生产经营主体，应当自觉维护瓦屋春雪区域公用品牌形象。

第五条 本办法规定了瓦屋春雪商标标识申请、受理、审核及批准，使用和管理，保护和监督等内容。

第六条 瓦屋春雪商标标识遵循自愿申请、许可使用的原则。

第二章 申请流程

第七条 协会负责瓦屋春雪商标标识使用申请受理及资格审查工作。使用单位须向协会提出书面申请，经洪雅县茶产业发展领导小组办公室组织联席会议审核授权后使用。

第八条 凡申请使用瓦屋春雪商标标识的企业，应符合以下条件：

（一）依法登记的茶业生产经营主体；

（二）茶业生产主体应当取得食品生产许可证，茶业经营主体应当取得食品经营许可证，且在有效期内；

（三）具有稳定的生产基地（工厂）或经营场地；

（四）近三年内无征信、税务不良信息记录及行政处罚等；

（五）必须为协会会员；

（六）持有有效的商标注册证，持有人为申请单位；

（七）产品符合《瓦屋春雪绿茶加工技术规程》（DB5114/T 41—2022）、《瓦屋春

雪　　绿茶》（T/HYCY 001—2023）要求。

第九条 生产经营主体在申请使用瓦屋春雪商标标识时，应向协会提交以下书面资料（装订成册，一式三份），并保证材料的真实性：

（一）瓦屋春雪商标标识使用申请书；

（二）生产经营资质证明（食品生产许可证、食品经营许可证、法人证书、法人代表身份证，以上均提供复印件并加盖公章）；

（三）生产经营计划和相应质量控制措施；

（四）规范使用瓦屋春雪商标标识书面承诺；

（五）经营主体应提供委托生产方瓦屋春雪商标标识使用授权书。

除提交以上规定的申请材料外，宜补充以下材料：

（一）产品质量管理体系文件；

（二）产品质量安全追溯体系文件；

（三）绿色食品或有机农产品证书复印件，或授权使用农产品地理标志的证明文件；

（四）获得市级（含市级）以上表彰的荣誉证书。

第十条 协会在受理瓦屋春雪商标标识的使用申请后，应于10个工作日内，组织工作组对申请材料进行审查，必要时进行现场核查。

第十一条 对审查合格的生产经营主体，由协会报请洪雅县茶产业发展领导小组办公室进行审核，洪雅县茶产业发展领导小组办公室组织联席会议，开展审核工作，审核合格后，发放商标使用授权书。对审核不合格的企业，书面告知原因及结果。

第三章　　使用办法

第十二条 获准使用瓦屋春雪商标标识的生产经营主体，使用瓦屋春雪商标标识须符合《瓦屋春雪商标标识设计使用管理规范手册》的要求，任何企业和个人不得修改、伪造或冒用。

第十三条 获准使用瓦屋春雪商标标识的生产经营主体，有权在其产品的包装装潢、说明书、广告、经营和展销场所以及相关活动中使用瓦屋春雪商标标识，瓦屋春雪商标标识可根据《瓦屋春雪商标标识设计使用管理规范手册》按比例缩放。

第十四条 获准使用瓦屋春雪商标标识的生产经营主体，不得扩大瓦屋春雪商标标识的使用范围，不得将瓦屋春雪商标标识的使用权转让他人。

第十五条 获准使用瓦屋春雪商标标识的生产经营主体应做好瓦屋春雪区域公用品牌的市场推广，规范瓦屋春雪商标标识的运用与宣传，不得进行夸大、不实宣传。凡是运用在产品宣传册、官方网站、微博、微信、宣传视频、直播、电商平台等所有宣传推广窗口，以及各种广告媒体的宣传文案都应清晰明确。

第十六条 使用瓦屋春雪商标标识的生产经营主体，应当于每年1月31日前填报上年度瓦屋春雪商标标识使用情况，报商标权属人及协会备查。

第四章　保护和监督

第十七条 四川省洪雅瓦屋春雪茶业有限公司对规范使用瓦屋春雪商标标识的企业给予鼓励和支持。

第十八条 有下列行为之一的，按相关规定进行查处：

（一）未经许可，擅自使用瓦屋春雪商标标识的；

（二）使用与瓦屋春雪商标标识相近、易产生误解的名称或者标识，以及可能误导消费者的文字或者图案标志，混淆瓦屋春雪商标标识的；

（三）其他违反本办法规定的行为。

第十九条 有下列行为之一的，取消瓦屋春雪商标标识使用资格，涉嫌违法或造成较大不良社会影响的，移交相关部门处理：

（一）获准使用瓦屋春雪商标标识的生产经营主体，在2年内未在产品上使用瓦屋春雪商标标识的；

（二）产品在当地职能部门进行市场抽检过程中被抽查到不符合要求，需要整改而拒不改正的（在复查时仍存在相同问题即视为拒不改正）；

（三）产品不符合《瓦屋春雪绿茶加工技术规程》（DB5114/T 41—2022）、《瓦屋春雪　绿茶》（T/HYCY 001—2023）要求的；

（四）超范围使用拒不改正的。

第二十条 瓦屋春雪商标标识保护管理工作人员必须遵守以下规定：

（一）忠于职守，秉公办事；

（二）不得滥用职权，以权谋私，接受企业酬金，不得吃、拿、卡、要；

（三）不得泄露授权使用瓦屋春雪商标标识企业的技术和商业机密。

违反以上规定的，依纪依法给予处罚。

第五章　附则

第二十一条 本办法由洪雅县茶产业发展领导小组办公室负责解释。

第二十二条 本办法自公布之日起施行，有效期2年。

附件：

1.瓦屋春雪商标标识使用申请书

2.生产经营资质证明

3.生产经营计划和相应质量控制措施

4.规范使用瓦屋春雪商标标识书面承诺

5.瓦屋春雪商标使用授权书

附件1

瓦屋春雪商标标识使用申请书

洪雅县茶叶流通协会：

　　本单位生产的_____产品符合《瓦屋春雪绿茶加工技术规程》（DB5114/T 41—2022）、《瓦屋春雪　绿茶》（T/HYCY 001—2023）的要求，现申请使用瓦屋春雪商标标识，并承诺在使用过程中遵守《瓦屋春雪商标标识使用管理办法》和《瓦屋春雪商标标识设计使用管理规范手册》各项规定，请审定，望批准！

申请人：（公章）
年　　月　　日

附件2

生产经营资质证明

　　一、食品生产许可证（茶叶生产主体提供）

　　二、食品经营许可证（茶叶经营主体提供）

　　三、法人证书

　　四、法人代表身份证

附件3

生产经营计划和相应质量控制措施

　　_____年，我单位预计生产茶叶____吨，其中_____（级别、品类、名称）茶叶____吨、_____（级别、品类、名称）茶叶____吨，预计销售额将达到_____万元。在质量安全控制上，主要采取以下措施：

　　1.强化基地管理。基地全部按照_____标准管理，设立基地管理部门，配备专业人员，_____等。

　　2.开展专业检测。配备_____设备，开展原料快速检测，从原料上把好质量安全关。每_____（间隔）开展茶叶送检，检测茶叶内含物、农残等，对不合格产品采取召回、集中销毁等措施。

　　3.生产过程控制。采购合格的加工设备，定期清洗加工机具，做到生产车间通风透气、茶叶原料不落地、设备设施清洁无污染、车间工人身体健康、着装整洁等。

　　4.严格包装程序。采用符合包装规范要求的茶叶包装盒、袋，茶叶内袋采用充氮锁鲜技术，且残氧量3%以内。库存茶叶摆放有序、环境卫生，茶叶运输环节不受二次污染，并做到批次产品留样。

　　5.建设追溯体系。安装_____设备，开展农事记录，实现茶产品全程可追溯。

附件 4

规范使用瓦屋春雪商标标识书面承诺

为共同维护瓦屋春雪区域公用品牌的良好形象，推动洪雅茶产业健康稳定发展，特此承诺：

1. 主动维护、宣传瓦屋春雪区域公用品牌。
2. 积极参加地方党委、政府、主管部门组织的各项茶事活动。

特此承诺。

承诺主体：（盖章）
年　月　日

附件 5

经审核，你单位符合《瓦屋春雪商标标识使用管理办法》规定的使用条件，准许使用该商标，有效期　年　月　日至　年　月　日。

准用证编号：_____

授 权 人：洪雅县茶产业发展领导小组

颁证日期：　年　月　日

附录四

茶史研究文选

川藏线上的古道和重镇

"茶马古道"（图1）这一名称在历代文献中并不存在，是木霁弘、陈保亚、徐涌涛、王晓松、李旭、李林等六人于1990年7—10月步行考察滇藏川文化时首先使用的，并在《滇藏川"大三角"文化探秘》（1992年云南大学出版社出版）中进行了论证，引起一批学者及电视片制作人关注，并引申研究。李旭在《茶马古道》（2012年2月中国社会科学出版社出版）自序中定义茶马古道："它是连接横断山脉与喜马拉雅山脉两大民族文化带的走廊；它主要呈东西走向，并与西南丝绸之路形成十字交叉并有相当部分重合，同时与费孝通先生反复强调的藏彝走廊形成部分交汇和重合；它主要兴起于汉藏之间源远流长的茶马互市，以传统的背夫、马帮和牦牛作为运输交通载体；它萌发于唐，在宋元明

图1 花溪古茶场茶马古道

时期以茶马互市逐渐发展成型，在清代到达商贸互动的鼎盛时期，进入民国虽逐渐显示衰败之象，但到抗日战争时期它一度成为中国唯一的对外陆上通道，体现了罕见的繁盛和辉煌。它的使命和运作在20世纪50年代已基本结束。"同时也认为，较为成型也较为成熟的茶马古道由川藏线和滇藏线两条（另一种意见还有青藏线，沿当年文成公主进藏的唐蕃古道，但该道太过艰险，近现代以来，连陕西商人都由四川康定做藏区的生意）组成，不管是哪条线，都在西藏拉萨汇合，再由拉萨到日喀则、阿里地区穿越喜马拉雅山脉的一系列山口，与南亚的印度、不丹、尼泊尔等地相通。

茶马古道中最有影响力的是川藏线。川藏茶马古道由大路、小路、西路三条线组成，也有将大路和小路统称为南路，认为由南路和西路两条组成。大路集聚成都平原西缘产茶山区的边茶，出邛崃、名山、雅安、天全、荥经、汉源等地，翻大相岭，经清溪、泥头、翻飞越岭，过化林坪，经沈村、冷碛，在泸定过大渡河到达打箭炉（康定）。清康熙四十五年（1706年）前，也就是泸定桥未建之前，秦汉以来的茶马古道从荥经到汉源，翻飞越岭，过化林坪到大渡河边的沈村，从沈村坐船过渡，经磨西、木雅，翻雅家梗到打箭炉（康定）。泸定桥建成后，才改走冷碛、泸定、瓦斯沟到打箭炉（康定），路程缩短了1~2天。小路由雅安出发向西，从宋村渡青衣江，经天全、甘溪、仙人桥、紫石关、大人烟、两路口，翻越二郎山，在冷街汇合由化林坪过来的"大路"，再经泸定到打箭炉（康定）。因这条路山高路窄，开通时间较晚，流量规模相对较小，称为"小路"。大路和小路在西康汇合后，西去雅江、理塘、巴塘、察雅到昌都；或经泸定、打箭炉（康定）、道孚、炉霍、甘孜、德格，由竹巴笼过金沙江到岗拖、江达、妥坝到昌都；到昌都后再由恩达或至洛隆宗、边坝、嘉黎、工布江达、墨竹工卡、达孜到拉萨；或北上类乌齐、丁青、巴青、索县和藏北重镇那曲，再南下当雄、林周到拉萨。西路（其实南北走向）自古就是一条民族走廊，是费孝通先生毕生研究的"藏彝走廊"，它将北方的丝绸之路与"西南丝路"连接在一起，是西南地区连接汉中等中原地区重要通道之一。在灌县（今都江堰市）、大邑、彭州、什邡、平武、北川、安县、绵竹、茂县、汶川一带加工打包，溯岷江而上，运到松潘（古松洲），以松潘为行销中心，往四川阿坝和甘肃甘南，在甘南的临夏（古河州）、青海黄南的同仁等地，与唐蕃古道汇合，进入青藏线，在拉萨汇合。

如此一来，打箭炉（康定）就成为南路川藏线四川境内的重镇，它在茶马古道上的地位主要得益于两个方面：一是地理位置。打箭炉（康定）处于川康与康藏间锁钥地理位置，大渡河支流雅拉沟和折多河在此汇合，由西向东数十里都是深峡，只此一条独路，真正是川康交通的咽喉。二是四川边茶贸易决定。川藏之间的"茶马互市"最初建于唐代，不过量不大。宋神宗熙宁六年（1073年），朝廷四川产茶区设置买茶场，在黎雅（今汉源、雅安）等地开辟茶马互市的市场。绍兴二十四年（1154年），在碉门（今天全县）开茶马市场，使其成为元明时期汉藏杂居区交接上的要镇，市场也迅速发展起来。明永乐年（1403年）以后，藏族僧俗头领利用朝贡、纳赋机会，将藏区土特畜产品带到沿途市场，换取边茶、绸缎、布匹等，从而激发了沿途市场经济。康熙三十五年（1696年），康熙准"行打箭炉市，蕃人市茶贸易"，十年后，泸定铁索桥建成，汉藏间的交易市场西迁至藏族聚居的打箭炉（康定），开启了康定经济城市发展模式。

清朝和民国时期，康定茶商主要集中在茶店街（今康定西大街）和茶店后街（今建设路）及相邻的巷道。康定因茶叶聚集交易产生了缝茶业、皮房业和锅庄业三大特殊行业。其中锅庄与茶马古道互生互依，是20世纪50年代前康定特殊的商品贸易中介机构，兼具客房、货栈和批发点等功能，康定锅庄最多时有48家。锅庄主人凭借自己主人之便，精通藏汉语言，了解市场行情，熟悉各方面关系等优势，斡旋于买卖双方，促成交易成功，提取一定的佣金；同时，不管是藏商还是汉商，在锅庄住下后，吃喝拉撒住等用度全在锅庄，服务业就应运而生了。藏商在康定采购边茶后，改用骡马或牦牛将茶叶长途运送至藏区各地，原来包装边茶的篾篼不能经受长途折腾，须重新包装。新包装一般用整张生牛皮缝制成口袋状，重叠装入三包茶，然后将口袋口子缝制起来，这个行业就是缝茶业，而制作生牛皮的产业叫皮房业。因为康定禁止牦牛驮队和马帮直接进入城区，这些重新包装过的茶包由康定藏族妇女背运到牦牛驮队或马帮所在的城门口。据有关史料记载，清康熙三十三年（1693年），康定销售茶叶986万斤，泸定桥建成后，最多年份销售茶叶1230万斤，仅雅安、荥经、天全、邛崃、名山五县茶商在康定的店铺最多时达80多家，最少时也有30余家。

当然，康定除了茶以外，输入的还有丝织品、布匹，输出品除了赤金、麝香、鹿茸、虫草、贝母等康藏土特外，还有印度西部的藏红花、新疆葡萄、波斯等地的干果等，销售总价基本与茶叶相等。云集陕西、云南、北京、甘肃、青海等地商人，还有英印、尼泊尔、不丹、锡金等国家和地区的商人来往。到民国时期，康定有专营银钱调换的商号10余家，制作经销首饰的店铺四五家。

洪雅是古代四川12个边茶主产县之一，在明清《洪雅县志》的税赋中，没有边引记录，但民国十七年（1928年）《荥经县志》记载："明万历年间，商人领南京户部引中茶，其中，边引者有思经、龙兴之名。思经产雅州，龙兴产洪雅。"说明洪雅边茶主要以原庄茶的形态通过商业环节聚集雅安、名山、荥经销售，运载方式主要靠背夫运送。背夫运送灵活性较大，哪里路近就抄那里，哪里路况好就走那里。李旭认为，"茶马古道并没有一条完全固定的单一的线路，而是一个庞杂的陆上交通网络。"纵观洪雅历史文献记载，县境内有一驿三古道分别往西通往接壤边茶集聚区区县，其中驿道由夹江经木城、天池、三宝、将军到达洪雅县城，再由洪雅县城经中保、罗坝场镇，过竹箐关、水口、草坝到达雅安。三古道分别是洪雅到汉源、洪雅到名山、洪雅到雅安的古道。其中洪雅至汉源的路线为：从洪雅县城出南门过高岩渡经止戈、东岳、花溪、柳江、吴庄、回头转、核桃坪或大岩腔、梁山溪或大拐角至富林（汉源），或由张村经水桶山、皇木场、春平山与乐（山）西（昌）公路汇合到富林。洪雅至名山的线路为：由洪雅县城过马湖渡、回龙渡,经中保场镇、汉王寺至名山县城。洪雅到雅安线路:由柳江经双河口、晏场至雅安雨城区,或经双河口、严桥到雅安。围绕这四条古道,县境内又辐射散发出许多长短、宽窄不一的古道网络,如瓦屋山到雅安望鱼、荥经,张村到荥经,东岳观音到雅安、罗坝汪山到雅安等,有的路上至今还有脚马子的窝窝,稳子杵的凼凼,被踩凹进去的脚印子,马帮驼队的拴马桩……只因常年无人行走,树木成长,蕨草丛生,加上地情发生变化,古道断断续续,行人不能顺畅通过。

汉王谢岩茶马古道是洪雅到名山的古道,为川藏茶马古道大路延伸线。该古道从洪雅县洪川镇鸡鸣渡(马湖渡)、苦竹岗、丫雀嘴,进入中山镇杨庙子、西庙子、廖叶沟,进入原汉王乡建设村(原万祠村),到汉王湖畔的"四十八洞桥"(过桥不过沟),途经石公压石母、猴子岩、九倒拐、金砖崖、天鹅抱蛋湖、三峨山,翻总岗山与名山县的红岩乡连接。这条古道集聚洪雅、部分丹棱山区边茶,在雅安水口集聚,然后再运到雅安加工销往藏区。

据现年90岁的沈荣华回忆,20世纪40年代,古道上有冯店子、坟堂湾、李店子和邱店子4个茶店子(幺店子)。在今总岗山上的谢岩三岔桠,三峨山东北麓还有一段石板古道,长约600m,宽0.5~0.7m,阶坡上遗留"脚窝"深达0.06m,阶坡右侧遗留圆形"杵窝"(背夫拐把子杵的窝)深达0.05m、径0.05m,有口渴时饮水的取水凼,有当地沈、谢两家古茶坊运茶的交叉道口。这条茶马古道与三峨山文武庙庙会民俗相呼应,具有浓厚的茶文化历史。

(陈春秀)

颗子茶溯源——略谈洪雅制茶技艺的变迁

"蜀土茶称圣",茶以雅为美。得天独厚的自然条件与勤劳朴实的劳动人民,共同承载了四川洪雅自东晋《华阳国志》记载西汉南安,迄今2000多年的产茶历史。洪雅茶叶也简称"雅茶",位列洪雅物产"十雅"之一。玉屏山(花溪)和保子山(三宝)的颗子茶就是洪雅制茶技艺经过饼茶制法,蒸青制法到蒸青团茶,蒸青散茶再到炒青散茶,直至炒青绿茶历程后,精炼和遴选的上品雅茶之一。

一、饼茶制法(茶饼)

始于魏朝,先蒸青成饼烘干,后碾碎冲泡;该法经青衣县(今雅安市名山区)蒙顶传至洪雅,一直沿袭至唐朝。初步加工的茶饼,有很浓的青涩味,经茶人反复实践,唐代出现了完善的"蒸青法"。

二、蒸青制法(蒸青团茶、蒸青散茶)

利用蒸汽来破坏鲜叶中的酶活性,形成的干茶具有色泽深绿、茶汤浅绿、茶底青绿的"三绿"特征，香气带着一股青气，是一种具有真色、真香、真味的天然风味茶。茶圣陆羽在《茶经·三之造》一篇中记载："晴，采之。蒸之，捣之，拍之，焙之，穿之，封之，茶之干矣。""自采至于封，七经目。"就是说茶叶的制作，从采摘到封存，一共要经过采茶、蒸青、捣碎、拍压、焙干、串扎、包封7道流程。盛唐时期，饮茶风靡全国，洪雅茶业跻身于四川茶叶大宗商品发展市场，逐渐进入引跑序列，其制茶技术亦有相当提高。唐末五代时毛文锡《茶谱》记载："眉州、洪雅、昌阖、丹棱，其茶如蒙顶制饼茶法，其散者，叶大而黄，味颇甘苦，亦片甲、蝉翼之次也。"由此亦见，除了饼茶，洪雅在唐代已经开始出现散茶。

宋代饮茶风气不减，宋真宗初年出现团饼茶，誉满京华。由于宋朝皇室饮茶之风比唐代更盛，极大地刺激了贡茶的发展，当时制造龙凤团茶须经蒸茶、榨茶、研茶、造茶、过黄、烘茶6道工艺，广泛影响着民间蒸青团茶技术。蒸青团茶虽保持了茶的绿色，提高了茶质，终因其水浸和榨汁的做法损失了部分茶的真味和茶香，且耗时费工、难以除去苦味而渐次被蒸茶时不揉不压，直接烘干以保证自然茶香的蒸青散茶制法替代。基于此，饼茶、龙凤团茶和散茶在宋代同时并存。宋熙宁七年（1074年）至元丰八年（1085年），蜀道茶场41个，洪雅有买茶一场，花溪为洪雅第一茶市集散地，亦为蜀道主要茶市之一。当时，毗邻洪雅的眉山家乡人苏轼，平生生性豁达，虽出仕为官历经北宋仁宗、英宗、神宗、哲宗、徽宗5朝、堪称元老，但仕途起伏、颠沛流离，令人称奇的是，他除了是一代文豪、著名书画家，也是一位史载颇丰的茶叶鉴赏者，不仅受过皇家赐茶，擅长品茶、烹茶、种茶，对茶史、茶功颇有研究，还吟写了"想见青衣江畔路，白鱼紫笋不论钱""戏作小诗君莫笑，从来佳茗似佳人""休对故人思故国，且将新火试新茶"等脍炙人口、流芳千古的咏茶诗词。他在《寄蔡子华》诗中所述的紫笋，就是一种名茶，被《茶经》作者陆羽论为"茶中第一"，被历代文人誉为"茶中极品"。

三、炒青制法（炒青散茶）

洪雅茶叶后来经受南宋和元朝的战乱及自然灾害影响，日渐衰落。至明初，洪雅茶叶产量直线下降，全县课税茶叶仅300余斤。明洪武二十四年（1391年），朱元璋下旨废除团饼茶，改青蒸茶芽，即散茶。此后，洪雅茶叶产销开始缓慢复苏，出现了利用干热发挥茶叶优良香气的炒青散茶。炒青的具体步骤是高温杀青、揉捻、复炒、烘焙至干。同样是制作散茶，蒸青工艺与炒青技术比较，前者虽更好地保留了茶香，但后者的茶香更加浓郁。

四、蒸压制法（砖茶）

随着明代川藏茶马古道的正式形成和清乾隆时期颁布雅安、荥经、天全等地专销康藏边茶（亦称"边销茶""砖茶"）的规定实施，作为重要茶叶产地和茶马古道分支的洪雅茶业，因与茶马互市的雅安山水相连，开始搭载商机、批量生产砖茶。据《荥经县志》

记载："明万历年间，商人领南京户部引中茶。其中，边引者，有思经、龙兴之名。思经产雅州（今"雅安"），龙兴产洪雅。"顾名思义，砖茶，就是外形像砖一样的茶叶，是以茶叶、茶茎或配以茶末经高温高压蒸压制成的块状茶，又称蒸压茶，是紧压茶的一种。其主要工艺是用黑茶作原料，经过杀青、分梗、蒸香、发酵、煇锅等过程，粗加工为半成品（即"毛庄茶"）；再经过高温汽蒸渥堆等若干工序打压成砖型。

清乾隆中期，姜氏一族姜荣华随季父姜琦从洪雅止戈街莲花坝（现止戈镇莲花村）迁居荥经，传承洪雅勤奋兴家传统、白手起家，始以铸银为业、诚信经营，于清嘉庆时（1820年）创立"华兴号"老院、生产边茶，并在京立案请"引"（"一引"为5包，每包8~10千克，凭"引"销售和上税）行销康藏，生意日渐红火，逐渐成为雅安境内制茶行业的龙头，并以西藏三大寺院联合特制、相赠的铜版"仁真杜吉"（汉译"佛坐莲花台"）品牌享誉川藏茶界近200年。清光绪年初期，在姜氏茶业"华兴号"更名为"裕兴号"（"裕国兴家"寓意的匾额至今留存）的繁荣时期，洪雅西南部之茶也经雅安大河边、羊子岭古道（又称"荥洪路"）进入荥经；民国四年（1915年），"裕兴"茶店更名为"公兴"茶店时，姜氏茶业规模已达年产边茶四万余包，堪称商界巨子，其茶叶原料除以收购荥经本地为主，也在雅安望鱼、洪雅炳灵祠（亦称"炳灵寺"，即现瓦屋山镇前身炳灵乡所在地，原址因修建瓦屋山水电站蓄水于2007年4月淹没库底）收购，这部分由荥经沙坝河翻羊子岭到瓦屋山麓周公河（炳灵河）、铜厂沟一带"河沟"路线收购和运输的茶叶，当时也称"顺河茶"。

五、炒青绿茶（颗子茶）

"瓦屋寒堆春后雪"，青江水映明前茶。得益于洪山雅水的哺育与滋润，直到清朝，洪雅茶叶种植遍及全县、空前繁荣，历经清代康、雍、乾、嘉四世不衰，其制茶工艺也进一步提高。清嘉庆年间，洪雅茶叶（主指细茶）产销进入高峰时期，年产炒青细茶近33万kg，总产为"全蜀之冠"，成为全川最大的细茶输出市场。以玉屏山（花溪）、宝子山（三宝）的工夫茶（银灰颗子）为精品代表的炒青绿茶开始演绎和续写洪雅制茶技艺的辉煌篇章。

青衣江景美，颗子茶珍贵。1992年，杨廷凯先生在撰写《洪雅茶叶简史》中记述，至嘉庆时，洪雅出现了玉屏山（花溪）、保子山（三宝）的工夫茶（银灰颗子），为绿茶中上乘佳品。其制法是：红锅杀青，快速翻抖，炒焖结合，不焦不臭，不起鱼眼，杀匀杀透，直至发出茶香，出锅揉捻，紧裹成条索，抖散摊晾。然后用木炭明火猛攻，进行煇锅，谓之"火中取宝"，迅疾制成银灰闪光（火嫩则为蓝光）的"颗子茶"——因茶叶烘制成为人称"颗子"的卷曲状得名。泡之水青叶绿，茶香扑鼻，叶片舒展，味美回甘，是绿茶制作中的一种独特工艺。清嘉庆时期，洪雅由于制茶技艺的提高，成为川茶历史上又一朵绚丽的奇葩！

（何勇，该文原载于《中国茶叶》2018年第1期）

溯源沈茶坊　解码总岗山——探秘"瓦屋春雪"茶叶直供基地

"瓦屋寒堆春后雪,峨眉翠扫雨余天。"中国是孕育名茶的摇篮,不仅产茶山脉大多集中在南方,而且名茶总与所处的山脉相对应。"酒讲酒庄,茶论山头。"在国内茶界公认的概念中,西南茶区作为中国绿茶的主产区之一,既是世界茶的发源地,也是世界最古老的茶区,其代表产品既有蒙顶(山)甘露、峨眉山茶等绿茶,也兼有雅安藏茶、蒙顶黄芽等黑茶、黄茶,以及发源于邛崃山南段余脉总岗山(图1)、以大相岭东面瓦屋山为地理标志命名的区域公用品牌"瓦屋春雪"系列茶。

图1　总岗山茶园

"山不在高,有仙则名。"(唐·刘禹锡《陋室铭》)从东晋《华阳国志·蜀志》记载的"(西汉)南安茶"和唐代《茶经·茶之出》见载的"(眉州)剑南茶"推证,洪雅种茶历史远超千年。千百年来,环绕峨眉山、瓦屋山和蒙顶山"三山"鼎立、青衣江流域中段的洪山雅水,因得天独厚的生态环境和土壤条件,造就了洪雅县以总岗山、沈茶坊为杰出代表的茶叶特色经济产业。据清嘉庆(1813年)《洪雅县志》记载:"(洪雅)茶,出花溪、总岗二处""洪介山泽之间,因利乘便……其盐则取之犍为,茶则贩之他邑。"概括而言,总岗山主体位于四川省洪雅、丹棱与名山、蒲江四县(区)之间,因附近"诸山多自此山发脉"之说而得名,它作为四川西南眉山片区洪雅茶业的发源地,悠长茶史光辉灿烂,绿茶滋味鲜爽甘醇,颇有茶山"隐士大侠"风范。矗立山间上百年的木质青瓦结构"沈茶坊",也因曾是总岗山汉王场谢岩村的制茶老作坊,成为如今签约"瓦屋春雪"的注册商标和拟办茶博馆的优先选址地。

"山不凡，茶非凡。"具体地说，总岗山蜿蜒起伏，呈东北——西南走向，无明显孤峰，山脉主体基本海拔600~1100m，地势北陡南缓，地质系喜山早期运动形成，属雅安凹褶束压扭性断裂小背斜构造，主要由白垩系砂岩、泥岩夹粉砂岩等构成。明嘉靖《洪雅县志》载："总岗山自名山来，逆折而西至雅州与蔡蒙接，横亘百里诸山多自其山发脉，故称总岗山。"洪雅境内总岗山毗邻"茶祖"吴理真故里蒙顶山，以独特的空气、水源和土壤条件，厚植"千里连绵绿海，四时云雾缭绕"的生态环境，造就一方出产优质茶叶的风水宝地，其汉王场谢岩村西面的土地权，早在明代嘉靖时期洪雅县界全图中就有标注，既是与雅州名山（今雅安市名山区）的交接边界地块，也是沈茶坊历经百年兴废、屹立至今的地理坐标。

洪雅现存历史悠久的沈茶坊，最早是清代嘉定（今乐山市）夹江（县）华头（镇）的沈姓人家来到谢岩帮工种茶5年、得到谢家帮衬后迁居至此置业的制茶作坊，始初专门制作洪雅民间老茶，即现在所说的大茶（粗茶）、边茶（藏茶、黑茶、砖茶、茶包子），主要通过川藏茶马古道分支就近运送至雅州（今雅安）的名山、晏场、荥经等地集结，然后再由更大的茶商执引茶票组织马驮人背远销康藏，其间也不乏洪雅直销康藏的茶号。民国十七年（1928年）《荥经县志》记载："明万历年间，商人领南京户部引中茶。其中，边引者，有思经、龙兴之名。思经产雅州，龙兴产洪雅。"新中国成立初期，洪雅曾被列为四川省12个边茶生产重点县和两个炒青茶（俗称"细茶"）收购样品制作县之一。1958年，洪雅县以沈茶坊为基础，建立了全县第一个茶厂——东风茶厂，传承发扬手工制作老茶、细茶技艺，先有10余名茶工参加制茶，茶地面积增大时，茶工达数十人之多。几年后，迫于政策原因，沈茶坊入社、归集体所有。20世纪70年代末至80年代初，农村土地下户，沈茶坊重归沈家继续种茶制茶，规模较大时，就在汉王兴建了两家机制茶厂。沈茶坊从此停止了热闹百年的手工制茶，毅然携手构建在梁柱、石基、门窗上的文字、图案和雕花，相伴山间石板铺接的跋山古径（茶马古道、盐铁商道），见证着洪雅一个多世纪的茶业发展简史。

明末清初，洪雅茶叶种植由总岗山、花溪逐渐遍及全县，空前繁荣历经康、雍、乾、嘉四世不衰。清嘉庆年间，洪雅茶叶（主指细茶）产销进入高峰时期，年产炒青细茶达6500多担（1担=50千克），总产为"全蜀之冠"、位居全国第五，成为县域最主要的大宗输出商品；销售遍及全川，其中直达运销24个州、府、县，中转运销达23个州、府、县，稳居全川最大的细茶输出市场。至道光年间，洪雅茶产业持续兴旺发展，开辟了财源，当时茶叶税收仅次于田赋，全县曾经年纳茶税银2737两，约占当时田赋银两的45%；道光二十六年（1848年），洪雅县正堂（即知县）高里亨在汉王总岗山蔡丫口勒石晓谕，正面示令禁止偷割茶叶、偷砍树木，背面铭刻明断茶地纠纷诉讼的石碣，至今仍是洪雅茶马古道上极为珍稀的护茶碑证。新中国建立以来，洪雅从1966年开始年均收购细茶在

100担以下，1975年收购量开始上升，1979年、1984年分别达到1259担、2917担；1985年细茶产量达4550担，囿于外贸公司和供销社收购指标限量，其余茶叶皆由茶农集体销售或商贩运销。特别是1990年被列为全国首批生态农业试点县后，洪雅改良、引种和优化了老川茶、名山131、川农9号、福鼎大白等茶树品种，植区逐渐扩大，遍及全县祁山、侯山、天宫、柳新、汉王、中山等村镇。进入21世纪，洪雅总岗山上中山乡、汉王乡（2020年合并，称中山镇）的"雅雨露""西庙山""雅自天成"等洪雅本土茶企品牌相继涌现。据统计，2021年，洪雅12个镇均产茶，有万亩以上规模的茶乡10个，全县茶叶种植总面积突破30万亩、区县排名全省第二，认证有机茶基地2万亩、全省排名第一，鲜叶年产量14万t，综合产值50亿元。

"高山云雾出好茶"。总岗山是洪雅茶经济与茶文化的历史地理交汇点，"沈茶坊"茶类融入"瓦屋春雪"区域品牌深受广大茶客和消费者青睐，它们彰显的"天时、地利、人和"优势，从现代科学的角度进行地理、生态与人文的多重解析，可探寻隐藏在总岗山中的对应密码。

第一，洪雅总岗山与雅安名山区交界，紧邻世界茶叶发源地蒙顶山，山同脉、水同源的生态共同体和根深叶茂的地方茶文化交流，为两地共生优质茶叶提供了因果照应的生长物质基础和生产制作技艺。以制茶技法为例，古代洪雅始于魏朝的饼茶（茶饼）制法，就是先蒸青成饼烘干，之后碾碎冲泡，该法经青衣县（含今雅安市名山区）蒙顶传至洪雅，一直沿袭至唐朝；关于散茶，五代时毛文锡《茶谱》记载道："眉州、洪雅、昌阖、丹棱，其茶如蒙顶制饼茶法，其散者，叶大而黄，味颇甘苦，亦片甲、蝉翼之次也。"

第二，洪雅茶叶亦称"雅茶"，位列洪雅物产"十雅"之首，沈茶坊所在的总岗山脉是隐藏雅茶生态密码的富集区。一是地处奇特的地球北纬30°线，中国北纬的30°处于亚热带和温带的过渡地带，该地区山脉因气候温和，最适宜亚热带植物生长，是一条优质茶叶产业带，包括蒙顶甘露、西湖龙井、洞庭碧螺春、黄山毛峰等在内的10大传统名茶中，有9个就产生在这一纬度上。二是置身仅占中国国土面积0.26%的华西雨屏带。华西雨屏带因降水丰沛、日照最少、终年雨雾多的特殊气象条件，被誉为孕育生命的"秘密伊甸园"；雨量充沛、土质肥厚和常年云遮雾绕，正有利于茶树生长和茶叶富集有益物质。

第三，海拔高度和土壤物质影响茶树生长的适宜性和茶叶的口感品质。洪雅总岗山海拔适中，四季分明，冬无严寒、夏无酷暑，雨量充沛、雨热同步，是适宜茶树自然生长的典型代表。由于相对低温、高湿和多云雾、寡日照的气候特征和富含有机质的微酸性土质，有利于茶叶氨基酸的形成，芽叶柔嫩，滋味鲜爽，所以绿茶品质好。农历"九月微微冷，十月小阳春"的独特小气候让总岗山茶叶表现出"冬芽早秀"的标志性特点，并因多云雾增强茶园漫射光效应促进了茶叶多种芳香物质合成。专业机构检测报告表明：总岗山是富硒茶产地，土壤中铅、汞、砷、铬等重金属含量均远低于安全限值。"沈茶坊"

茶类分品种、分工艺精制，成茶外形美观匀称、色泽嫩绿、汤色黄绿清亮、茶味芳香甘醇，维生素、微量元素、氨基酸和矿物质等营养成分丰富，理化指标优良，特别是鲜叶茶硒含量指标高达0.087毫克/千克，更加有益于饮茶人的身体健康。

天润地涵，好茶漫长。茶产业是洪雅农业第一大支柱产业，源源不断地为茶农带来丰厚的综合效益。继2010年10月洪雅"雅茶"被授予"中国最佳生态茶园品牌"称号，2011年12月"洪雅绿茶"获国家农产品地理标志登记保护之后，如今"瓦屋春雪"茶叶品牌的签约企业正本着生态立业、产业富农的理念，发挥品牌优势、致力产业融合，勤奋守土创业、建功乡村振兴；深入发掘茶坊文化，传承古法制茶技艺，认真执行无公害、绿色、有机食品国家标准，坚持不懈打造总岗山茶叶精品，持之以恒供应优质高山有机茶原料，助推"瓦屋春雪"成为中国驰名商标，以融入县域百亿茶产业集群、跻身川茶抱团发展为目标，进而实现盛世兴邦、造福乡梓的理想抱负！

（何勇，该文原载于2022年7月7日中国环境App，题目有改动）

沈茶坊：茶马古道上的百年茶坊

洪雅县汉王乡总岗山与雅安名山接壤，地处偏远，海拔适中，是洪雅较早种茶制茶的地方，也是川藏茶马古道洪雅境内的主要路段。洪雅最早的茶坊——沈茶坊，就在总岗山茶马古道旁的谢岩。

沈茶坊位于三峨山半山，今天的汉王乡谢岩村5组。据73岁的茶坊主人沈云章介绍，沈家早年从夹江华头迁至汉王谢岩，谢岩村主要以沈姓和谢姓两大姓为主。沈云章的祖父年轻时以帮人为业，家中几分地租与人耕种。5年后，在主家的帮衬下，用做工的收入和田地的租金购买了旧房。受茶马古道上来往茶商的影响，沈家祖父开始种茶。家业稍好后，又建起茶坊，并逐渐加宽修饰，建成后来由正房、厢房和倒座屋组成的四合院结构。

沈家祖上先后娶过三房，共育有6个子女。第一房双目失明，第二房年纪轻轻即夭折。第三房旺夫，割茶赶场样样在行。沈家以做茶为业，渐渐家大业大。在当时乡人还穷得睡棕铺盖棕毯的年代，沈家寨谢岩可谓首屈一指，以至远近闻名。沈家茶坊不仅有气派的八字龙门，正房及厢房皆梁宽柱大，木壁门窗雕花精致，且牌匾、神龛大气。从时间上推算，沈茶坊至少有100多年历史。茶坊木壁上的雕刻，人物故事栩栩如生，或祭茶，或采茶，或卖完茶担着银圆回家，生动地记录了当时种茶卖茶的情景。可惜牌匾及神龛皆在破四旧时被损毁，正梁年久腐烂，已经更换，四合院也因沈家后代另外建房而拆去，只剩下现在看到的正房及右侧厢房。

洪雅民间早年制茶，都是做老茶，也称大茶，即藏茶，沈茶坊也一样。当年三峨山茶马古道的两旁，以及茶坊周围方圆两三里，都是茶地。茶地不规则，全是老川茶，与玉米套种。老茶叶子，必须是当年新发的枝叶，每年农历五至八月采摘，连杆带叶，几寸或尺把长，用专门的茶刀子割。白露过后即停止采摘，否则茶树次年发不好。割回的茶叶，先在锅里杀青，后晾晒，溜踩，再用木甑蒸，发酵，晒干，最后背去雅安草坝卖。从前制茶无机器，所有工序全靠人工操作。做茶用的木甑又高又大，以杉木做成，两侧系着棕索提耳；溜茶用的长条木板用桢南木拼成，又厚又长，要搭过一间半屋；压茶杆的方木，则是野樱桃木制成，坚实耐用；背茶的背篼，高出人一大截，汉子们光着上身背一两百斤茶叶，埋着头攀爬，硬生生在古道上踩出一个又一个深深的坑印。

早年的沈家茶坊，大掌柜死得早，主要由二掌柜和三掌柜，即沈怀兵和沈怀远掌门。每到茶季，割茶的，杀青的，溜踩的，忙得不亦乐乎。尤其是溜茶，极为原始，全靠人力。两个全劳力将装满茶叶的麻袋，提到斜绑在柱头上的木板上，从上往下用力溜踩。待茶袋被踩滚到地上，又提上去，再踩，直到茶叶柔软，叶与枝分离。年长日久，蒸茶的木甑变得乌黑，溜茶的木板被踩得油亮，连茶坊的壁头，也散发出老茶香。

1958年，县上以沈茶坊为基础，建立了洪雅第一个茶厂——东风茶厂，由李昌禄主管，曾启明任厂长，谢德宽、甘仕友等人负责技术，有茶工10余人。曾启明对做茶满怀信心，全身心投入，希望将种茶制茶技术推广开来。他曾说过只要鼻子还有点风，就还要立在茶地里。可惜茶厂只办了几年，便因运动等多种原因而关闭。后茶坊入社，归集体所有，茶地面积增大，茶工曾达到几十人。20世纪70年代末土地下户后，茶坊重归沈家，队有茶树也按棵数分到人头。沈家继续种茶制茶，除采摘自家茶叶，还大量收购鲜叶，规模较大。

随着机器制茶出现，汉王茶厂逐渐增多，且以制作青茶为主，沈家茶坊停止了手工做茶。沈家后代沈登代和沈登兵分别在汉王新建了机制茶厂。至此，跨越一个多世纪的百年茶坊，完成了使命，开始闲置。当年制茶的器具，也一一散失。唯有散发出陈年茶香的老屋，以及壁上精美的雕饰，收藏着茶坊所有的过往。

（何泽琼，据沈云章讲述后整理）

古代洪雅茶探微

四川洪雅古茶，历史悠长。可是湮没在史书文献中，没有被世人重视。

早在晋《华阳国志》中，就明确记载"汉有盐井，南安、武阳皆出茗茶"，那时洪雅既分属南安和严道。

中国乃至世界现存最早、最完整、最全面介绍茶的第一部专著陆羽《茶经》（公元780年撰），就茶叶产地与质量载有"剑南以彭州上，绵州、蜀州次，邛州次，雅州、泸州下，眉州、汉州又下"。原注有"雅州百丈山、名山""眉州丹棱县生铁山者"产地，而洪雅茶主产地总冈山正夹在两地之间，且古蜀时洪雅、丹棱本一县。因此洪雅茶历史久远，文献早有所载。不过我认为陆羽在此对质量所言有偏，因为唐人杨晔成书于856

年的《膳夫经手录》中说："始，蜀茶得名蒙顶也。元和以前，束帛不能易一斤先春蒙顶"，当时唐代雅州的蒙顶石花早已是驰誉全国的名茶。唐以后蒙顶名茶的品种繁多，如石花、雷鸣、露钟、谷芽、黄芽、甘露、万春银叶、玉叶长春等在史料中多有记载，洪雅总冈山紧邻蒙顶，产茶亦佳。

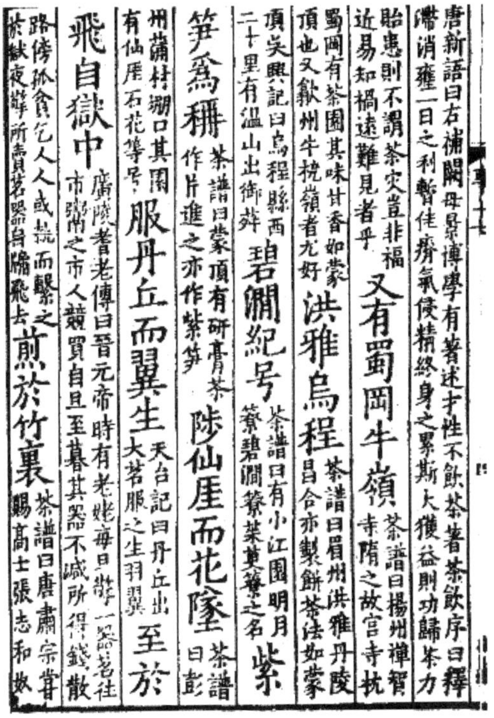
唐新語曰右補闕母炅博學有著述才性不飲茶著茶飲序曰釋滯消壅一日之利暫佳瘠氣侵精終身之累斯大獲益則功歸茶力貽患則不謂茶災豈非福近易知禍遠難見者乎又有蜀岡牛嶺茶譜曰揚州禪智寺隋之故宮寺枕蜀岡有茶園其味甘香如蒙頂也又歙州牛撫嶺者尤好洪雅烏程茶譜曰眉州洪雅丹陵昌合亦製餅茶法如蒙頂吳興記曰烏程縣西二十里有溫山出御荈碧澗紀号茶譜曰有小江園明月簝碧澗簝茱萸簝之名紫筍為稱茶譜曰蒙頂有研膏茶作片進之亦作紫筍陟仙厓而花墜茶譜曰彭州蒲村堋口其園有仙厓石花等号服丹丘而翼生天台記曰丹丘出大茗服之生羽翼至於飛自獄中廣陵耆老傳曰晉元帝時有老姥每日擕一器茗往市鬻之市人競買自旦至暮其器不減所得錢散路傍孤貧乞人人或執而繫之於獄夜擕所賣茗器自牖飛去煎於竹裏茶譜曰唐肅宗嘗賜高士張志和奴

图 1 宋吴淑撰《事类赋》中之《茶赋》

古代茶文献中最早出现洪雅，见于五代蜀人毛文锡的《茶谱》。虽然原书已佚，但《太平寰宇记》和《事类赋》中多处引用《茶谱》所述。宋吴淑撰《事类赋》中《茶赋》（图1）有"蜀冈牛岭，洪雅乌程"，原注"茶谱曰眉州洪雅、丹棱、昌合亦制饼，茶法如蒙顶。乌程是县"。另注：扬州蜀冈、歙（shè）州牛岭，茶铺茶味甘香如蒙顶。为什么把洪雅与那么远的地方相连呢？乌程也在浙江湖州。我认为这可能与他们所饮之茶有关吧，如蜀冈、牛岭也是茶铺名，其茶来自古蜀洪雅总冈山、牛仙山（这里自古就产"味甘香如蒙顶之茶"），那么蜀冈为古蜀洪雅总冈山、牛岭为牛仙山，它们自然与洪雅有关了。

洪雅古茶质优量丰，具有远销各地的特权，除名山外，附近几县不能与其相比。元丰《九域志》（1080年）载："丹棱：七乡，东馆、栅头、蟠鳌、青倚四镇，买茶一场。""洪雅：州西北一百三十里，一十四乡，永安、止戈、陇袁、回銮、安和五镇，买茶一场，有牛仙山、雅江。"，蒲江："火井一茶场"，卢山、荥经各"一茶场"，名山："名山、百丈二茶镇"。由此以后的史料记载洪雅县一直有买茶场，丹棱后来只有茶场而无买茶场。茶场和买茶场有很大区别，茶场有少量额度可到指定的县卖，其余茶不能出境；买茶场不仅有较大的出境额度，还有外地来此买茶的额度，这是古代茶法中榷茶制所决定的特权。

榷茶始于唐而兴于宋，起源于公元5世纪南北朝时期茶马互市，茶马互市是历史上中国西部汉藏民族间一种传统的以茶易马，或以马换茶为中心内容的贸易往来。历代推行茶马互市一是满足各朝统治对战马的需要；二是为了维护各朝的边疆安全，因为藏羌边民会积累铜钱来铸造兵器。榷，本义为独木桥，引申为专利、专卖、垄断。榷茶是中国唐以后各代所实行的一种茶叶专卖制度，茶榷为茶叶专卖税，茶引又称护票，是茶商缴纳茶税后，获得的茶叶买卖凭证。每年下发额度，分别有特定的买场和卖场，同时茶引也是定量特别通行证。明清时，还分腹引（内地）、边引（边疆）和土引（土司）三种。由此形成了"天下茶皆禁，唯川峡两广任民自卖，但禁其出境"的局面，走私和无证买卖茶叶被抓，定判重刑。

查雍正《四川通志》可知，成都县"于洪雅县大邑县灌县彭县等买茶至本县发卖"，华阳县"于大邑县洪雅县买茶至华阳县新都县双流县简州安岳县乐至县等州县发卖"，嘉定（乐山）"于洪雅县买茶至本州发卖"。另有"洪雅县原额腹引五百五十六张每张榷课银一钱二分五厘征税银二钱五分共征税银一百三十九两每张运茶一百斤随带附茶一十四斤共榷课银六十九两五钱于本县买茶至成都县华阳县犍为县叙州府内江县重庆府富顺县等府州县发卖"，其中可见具体定制，不仅要有定额榷引，还有指定的买地或卖地。清雍正时期，四川仅洪雅、大邑、灌县、彭县和什邡为买地，其他县只能本地买卖不得出境。或按定额到指定县卖，如雅安原额边引24926张、荥经原额边引19514张、名山原额边引663张，那么大的量都只能分别在本县买茶到打箭炉发卖。川西一带仅洪雅县具多种特权，说明这里过去是最大的茶叶买卖集散地，也说明洪雅古茶早已在全省多地饮用。腹引五百五十六张，每张一百斤共55600斤，加附茶则一共六万三千多斤，再加上成都、华阳、嘉定（乐山）几百张和本地的自用，还有官茶贡茶，全年产量则不可小视。

再从以下县志可得：

《洪雅县志》嘉庆十八年（1813年）："茶，出花溪、总冈二处。""杂著《茶经》：眉州、洪雅、昌阖、丹棱，其茶如蒙顶制饼茶法，散者叶大而黄，味颇甘苦，亦片甲、蝉翼之次也。按：县西南诸山皆产茶，界峨眉者，其茶色青味甘，如峨山所产，界荥经、雅安、名山，其茶色黄味苦，制皆成颗，无制饼法。"（其实五代时期已有制饼）

《丹棱县志》乾隆二十六年（1761年）："总冈山，县西五十里。崇峰峻岭，盘折蜿蜒数十里，相续不断。其首洪雅，其阴雅安、名山、蒲江，其阳为邑地，产茶。""附茶说茶具产西山，总冈至盘陀，蜿蜒数十里，民家僧舍，种植成园，用此致富。"

"蒙顶露芽，堪资卢仝七碗，青城雀舌，可入陆羽三篇"，雍正《四川通志》"峨眉之白芽雅安之蒙顶皆珍品也"，如今的蒙顶甘露与峨眉竹叶青亦是名冠四方。众人却不知，洪雅茶似蒙顶峨眉者皆有，现在每年开春即被外地客商抢购鲜叶，有冒峨眉竹叶青之名所用，也有替杭州龙井者，岂知四川洪雅古茶亦为名茶也。

《太平寰宇记》曰车冈山在洪雅县西南100里，《中国古今地名大词典》释车冈为洪雅县异名。为什么呢？车冈非名山，难代县名。为此我问了熟悉洪雅历史文化的王仿生等多人，均不知县异名的出处。现在我终于搞清楚了，应该是由茶而起，由茶而来也。可能洪雅车冈茶曾享誉各地，更可能是洪雅茶主要都从车冈（燕子岩）运出去，这段辉煌历史从没有被我们认识。乾隆时期，离洪雅县较远的南溪知县翁澍霖就说"南邑俱食洪雅茶"，并有诗为记：

蒙顶新芽未易栽，砖炉石铫（diào）为谁开。火前试就凉泉瀹（yuè），记自车冈运得来。

（康斌，该文原载于《中国茶叶》2015年第7期，内容略有增加）

洪雅老川茶研究及保护建议

摘要：洪雅老川茶是洪雅茶叶传统品种，也是四川茶叶代表性地方品种，因其香气好、滋味醇、口感爽，越来越受消费者喜爱。洪雅老川茶对研究茶叶历史、提供茶种资源和提升茶叶经济价值均有十分重要的意义。本论文对洪雅老川茶的发展历史、分布情况、品质特点以及经济价值进行了详细的研析，并提出了保护建议，为促进洪雅茶产业发展、加强洪雅茶叶区域公用品牌"瓦屋春雪"建设和推动全县乡村振兴，提供了参考依据。

关键词：洪雅老川茶　研究　保护建议

洪雅是国家级生态县，山川秀美、资源丰富、生态优异，被誉为"绿海明珠""天然氧吧"。茶叶是洪雅农业第一大产业，全县茶叶在地面积30万亩，是洪雅农民收入的重要来源。

洪雅种茶历史悠久，距今有2000多年。洪雅茶区位于峨眉山、瓦屋山、蒙顶山三座世界生态名山之怀抱，得天独厚的地理条件，决定了洪雅茶叶产地环境的生态优势。洪雅茶叶香气好、滋味醇、口感爽，深受全国各地消费者欢迎。

一、发展历史

（一）洪雅老川茶（图1）

起源于西汉我国最早的茶文化著作是西汉四川资阳人王褒所著的《僮约》，这是中国关于茶叶产地的最早记载。文中有"武阳买茶、杨氏担荷……烹茶尽具"等文字。文中所指武阳，即当时犍为郡之治所，其地在今彭山，其属县有南安。东晋常璩《华阳国志》："南安、武阳皆出名茶"。洪雅为汉代南安县区域之一，故洪雅之茶亦为名茶。

图1　调研洪雅老川茶

从王氏之文中可知，今境内，当时不仅生产大量茶叶，而且还有买卖茶叶的市场，这是当年其他任何地方不可比的。孙敬之先生《西南经济地理》中有这样的记述："南安茶主要产于洪雅、丹棱一带，宋代以前就设有买茶场"。

以上史料显而易见：西汉时，人们就开始饮用洪雅老川茶了，洪雅老川茶应有2000多年之历史。

（二）洪雅老川茶历代兴盛不衰

洪雅老川茶经历了大唐茶市的繁荣，见证了宋代品茗之巅峰，历代兴盛不衰。明朝万历年间，洪雅产龙兴边茶闻名；清朝初期，洪雅炒青细茶产量为"蜀中之冠"，历经康、雍、乾、嘉四世不衰。

到了晚清，洪雅老川茶首次进入宫廷。清咸丰年间，洪雅人曾璧光成为恭亲王奕䜣、醇亲王奕譞（光绪帝生父）的老师。其间，回乡探亲访儿时好友唐启华（洪雅三宝人），唐启华以祖传手艺制作的三宝金花茶待之，曾璧光品尝后对金花茶赞不绝口。回京前，曾向好友及其邻居购得一批茶叶，送给醇亲王奕譞，奕譞非常满意。后来，曾璧光年年都送金花茶给醇亲王奕譞。

新中国成立后，洪雅曾被四川省列为12个边茶生产重点县和2个炒青茶收购样品制作县之一，为满足康藏边区人民生活需要和搞好四川多种经营生产发展提供了大量茶叶。

20世纪六七十年代，农村大力发展多种经营，洪雅发展茶叶2万多亩。四大公社茶场遗址：新建公社茶场（观音山茶场）、汉王公社茶场（东风茶场）、花溪公社茶场（飞水岩茶场）、三宝公社茶场（保子山茶场），目前尚很清晰，基本保留了原有的老川茶。当时县供销社引进云南、福建、浙江一带的茶树种子进行实生繁育。几十年后，这些品种长期适应洪雅本地气候、土壤，逐渐形成了洪雅老川茶的独特韵味——香气好、滋味醇、口感爽，与本地古川茶树非常相似。洪雅老川茶品质优异，举两个典型案例即可说明。

1972年，新建公社观音山茶场制茶师傅余文贵，用一芽二叶制作的卷曲型、有毫手工炒青茶，汤色黄绿明亮、香气栗香浓郁、滋味鲜醇回甘，深得茶叶业界好评，被四川省供销社指定为全省炒青茶收购的制作样板。当时全省只有洪雅、屏山两个县被列为炒青茶收购的样板制作县。

1982年，止戈公社青杠坪茶场制茶师傅白成华，用一芽一二叶茶叶原料制作的微卷型、显毫手工茶，汤色嫩绿明亮、栗香悠长带花香、滋味鲜爽回甘，被当时洪雅县农业局茶叶技术员刘定海带到四川省农牧厅，参加来自全省100多个茶样的评比赛，荣获第三名。

二、分布情况

老川茶是以中小叶群体种为主的茶树混杂品种，是宝贵的茶树种质资源，四川的许多茶树新品种都是从老川茶中选育出来的。本地最新茶树品种天府5号、天府6号，就是从老川茶中经过多年单株优选培育而成。

（一）洪雅老川茶的种类

现在所见到的老川茶树品种，从时间轴上进行追溯，其种类大致可以分为三大类——

1. 本地纯自然野生的古川茶

20世纪50年代大量人工繁育茶苗之前的老川茶，即土生土长的本地老川茶，是最"正宗"的洪雅老川茶。本地老川茶现存数量极少，难以估计。这部分老川茶，散落分布于瓦屋山、玉屏山、总岗山、八面山的荒野山林中，树龄至少都在70年，有的甚至上百年或数百年，成了古茶树，故这部分老川茶亦可称之为"古川茶"，目前在原三宝镇的宝子山相对稍多些。

2．集体茶场遗留下来的老川茶

1）洪雅县供销社从云南引种的老川茶

1958年，人民公社大力兴办集体茶场，县供销社从云南调运回来茶籽（大、中叶群体种）在汉王公社等地进行播种繁育。这一时期，为了扩大茶树种植面积，茶场工人又在当地总岗山的荒山老林中采集野生茶树种子进行繁育。这部分老川茶，以汉王总岗山谢岩的东风茶场为代表。1969—1971年，县供销社又从云南引进了一批茶籽繁育，著名的醉美高山老川茶茶园—瓦屋山复兴村茶园，有一部分就是用的这批茶籽。

从云南引进的茶籽到洪雅繁育后，由于长期适应了本地土壤气候，其叶形、色泽等形态特征也随之发生了相应的变化。

2）洪雅县供销社从福建引种的老川茶

1959年，县供销社从福建调运回来茶籽（中、小叶群体种，品种混杂）在新建公社等地进行播种繁育。同时，茶场工人又在当地玉屏山中采集野生茶树种子进行繁育，扩大种植面积。这部分老川茶，以东岳的观音山茶场为代表。1973年，县供销社又从福建调运回来茶籽（中、小叶群体种，品种混杂）在止戈公社等地进行播种繁育。这部分老川茶，以止戈青杠坪茶场、瓦屋山复兴村茶场为代表。

3）洪雅县供销社从峨边、沐川引种的老川茶

1967—1968年，县供销社从乐山专区的峨边、沐川两县调进了一批老川茶籽到洪雅繁育。这部分老川茶，主要在原桃源公社、高庙公社等地种植（有待进一步考证）。

3．利用集体茶场的老川茶籽繁育的新川茶

进入21世纪以来，大力调整农业产业结构，洪雅茶叶种植发展迅猛，不少茶农利用以前集体茶场老川茶树的种子进行播种繁育，又新植了许多老川茶。这部分老川茶，以柳江赵河黄家山茶园为代表，由雅雨露茶业于2010年从峨眉黑宝山引进茶籽繁育。

（二）洪雅老川茶的分布

洪雅老川茶基本都分布在洪雅境内海拔800m以上的山区，目前全县老川茶面积大约2万亩。其中，成片有规模的老川茶面积近1万亩，尚有1万多亩的老川茶，分散种植于全县各镇丘山区（表1）。

表1 洪雅老川茶面积分布情况表

地点	面积（亩）	备注
汉王谢岩	600	沈卫超流转
汉王王沟	500	陈世文等流转
中保茨楸、塘山、大山老	100	茨楸50亩，李庚伦流转

续表

地点	面积（亩）	备注
花溪飞水岩	50	云中花岭流转
东岳柳新观音山	350	李君流转
东岳柳新百果园及周围	1500	相对成片的散户
瓦屋山复兴村	600	云中花岭流转
七里坪社区	1000	七里坪茶业流转
七里坪武陵村	50	农户流转
高庙丛林村	1000	荒野型，云岭茶厂流转
柳江赵河黄家山	1200	2010年新播，雅雨露流转
柳江侯家山	350	分到户，相对成片
柳江祁山	1350	分到户，相对成片
合计	8650	相对成片，有一定规模

三、品质特点

（一）茶树抗逆性强

由于洪雅老川茶均由种子实生繁育而成，根深叶茂，养分丰富，抗病虫、抗旱涝、抗霜冻等抗逆性强，尤其是抗病和抗干旱能力特强。近年来，洪雅县茶树上的茶饼病发生普遍严重，但老川茶却发生很轻；2022年严重的夏旱连伏旱，也未使老川茶受影响。

（二）制作工艺精湛

1．制作原料讲究

讲究三不采：雨水叶不采、病虫叶不采、夏秋叶不采。原料以春季一芽一二叶为最佳。独芽很少采用，因为采摘工夫费用太高、成本昂贵、消费人群少；加之独芽的营养物质和药效成分积累不够充分，制出的茶叶产品韵味不如一芽一二叶浓。

2．加工方法到位

一是摊青时间要到位。一般摊青5小时左右，当然还要视采摘时的天气温度和茶叶的水分含量具体而定。

二是杀青老嫩要到位。手工高温锅杀青，锅温在220℃以上才下叶。杀青不能过老，也不能太嫩；过老出现焦味，太嫩有青草气和苦涩味，影响茶叶品质。

三是揉炒程度要到位。揉炒过度，会使茶叶细胞壁破坏严重，茶汁流出太多易焦叶，泡时出汁过快苦涩味浓；反之则出味慢，味道淡。洪雅老川茶加工要求揉炒适度，实行炒揉结合、复炒复揉；提倡冷揉、轻揉、慢揉、长揉。

（三）产品富有特色

只有按照上述工艺要求进行制作，才能得到真正的洪雅老川茶佳茗来，才会充分表现出洪雅老川茶在色、香、味、形各方面所应有的优秀本质特征。

洪雅老川茶曲毫茶。原料为一芽一二叶。外形微卷紧结，白毫显露，翠绿油润；汤色清碧微黄，清香如兰悠长，滋味鲜爽回甘，叶底嫩黄匀整；高山茶韵浓。

洪雅老川茶炒珠茶。原料为一芽二叶。外形珠圆紧结，白毫点缀，翠绿油润；汤色黄绿明亮，栗香气浓悦鼻，滋味鲜醇回甘，叶底嫩绿较整；高山茶韵浓。

四、价值意义

洪雅老川茶是个宝贵的资源库，对研究茶叶历史文化、提供茶树种质资源以及提升茶叶经济价值，均具有十分重要的意义。

（一）研究茶叶历史文化

洪雅老川茶大多生长在以前茶马古道附近，而洪雅的茶马古道多隐没于高山丛林，有不少路段尚鲜为人知。将洪雅老川茶与茶马古道结合进行研究，能对洪雅过去的历史事件、民俗风情、地理植被、交通工具、村落民居、衣着服饰以及饮食文化等，提供可靠的历史依据。因此，洪雅老川茶具有很好的考古研究价值空间，是研究洪雅茶叶历史文化的重要内容。

（二）提供茶树种质资源

茶树种质资源非常珍贵，由于受到各种因素的影响，茶树种质资源和其他许多物种资源一样，愈来愈少。洪雅老川茶是四川中小叶群体种的典型代表，是茶树品种选育的天然宝库，茶树新品种天府5号、天府6号以及部分川字号系列的茶树新品种，就是从洪雅老川茶中经过筛选慢慢培育出来的，生产上综合性状表现优异。

（三）提升茶叶经济价值

洪雅老川茶品质优异，富含茶叶氨基酸、茶黄碱、茶多酚、维生素等多种对人体有益的营养元素和药效成分，且非常耐泡，比普通良种茶多泡2~3道；洪雅老川茶香气好、滋味醇、口感爽，解渴提神效果明显。所以，无论茶树良种怎么发展，洪雅老川茶依然生存下来，并且其市场价格逐年攀升。洪雅老川茶经济价值高，纵观近十年来的茶市行情，洪雅老川茶比普通良种茶价格高出30%左右，这正是洪雅老川茶最具价值之亮点。

五、保护建议

（一）宣传洪雅老川茶

洪雅老川茶是洪雅古老的名片，是洪雅人的记忆，是千年沧桑历史的印记，是乡愁文化的音符。建议媒体加大洪雅老川茶的宣传力度，使其家喻户晓，进一步扩大影响。

（二）打造洪雅老川茶基地

建议对老川茶产区实行项目倾斜，在洪雅瓦屋山、玉屏山、总岗山、八面山这四大山脉，集中打造出一批有规模的老川茶基地。加强茶园的交通、水利基础设施建设；配置先进的茶叶采摘、修剪、施肥等生产机具。为洪雅茶叶区域公用品牌"瓦屋春雪"提供优质的高端原料保证。

（三）洪雅老川茶与乡村旅游融合

建议充分发挥老川茶园的综合功能，将洪雅老川茶与乡村旅游深度融合，实现"一园变四园"。

茶园变花园。在茶园适当种植紫薇、银杏、柿树、桂花等，增加茶园观赏性并提高经济效益。

茶园变公园。在茶园修建供游客参观的休闲便道；设置采摘体验区；安置健身器材凳椅；修山坪塘养鱼，既可抗旱又可垂钓。

茶园变校园。把茶园打造成学生科普研习基地，在茶园适当位置建亭子走廊，在亭子廊内开辟茶叶知识与茶文化专栏；在茶园安置茶树品种介绍牌。

茶园变科技园。把最先进环保的茶园管理技术植入茶园，如中药农药防控茶树害虫，施用生物有机肥改良茶园土壤等。

综上所述，加强洪雅老川茶的研究与保护，对于促进洪雅茶产业发展、加强洪雅茶叶区域公用品牌"瓦屋春雪"建设和推动全县乡村振兴，具有切实可行的战略意义。

（罗学平）

话说洪雅古代茶叶

《神农本草经》："茗（茶叶）生益州（四川古称）川谷。"古代巴蜀人采茶、饮茶，并向周王朝进贡茶叶。《诗经·国风·谷风》："谁谓荼苦？其甘如荠。"荼即茶叶。

公元前316年，秦灭巴蜀，"自秦人取蜀而后，始有茗饮之事。"（顾炎武《日知录》卷七）饮茶习俗传到北方。

西汉学者胡安曾聚徒授教白鹤山，文学家司马相如"尝从胡安受经"（鲁迅《汉文学史纲要》）。据传司马相如在洪雅等地就品尝过茶叶，在所写的《凡将篇》中，把茶叶称为"荈诧"。

汉宣帝时，资中文学家王褒《僮约》中有"烹茶尽具""武阳买茶"。四川大学教授袁庭栋指出，这是全世界最早的"烹茶"和最早的"买茶"记载。"武阳"即今彭山的江口，当年是犍为郡治，洪雅属犍为郡下的南安县地。四川大学教授刘琳也认为，这是中国最早关于茶叶产地的记录，至今已两千多年。

西汉末年，郫县文学家、思想家扬雄来洪雅向学者林翁儒求学，品尝茶叶后在《方言》中写道："蜀西南人谓茶曰蔎。"杨雄在《蜀都赋》中描写："百华（花）投春，隆隐芬芳，蔓著荧郁，翠紫青黄。"这是他在洪雅观赏的春天美景。

晋代时，常璩在《华阳国志》中记述："南安、武阳皆出名茶"。南安、武阳都在长秋山区，长秋山区主产名茶。长秋山又名峃幕山，即今天的总岗山。

汉晋时，茶叶从长秋山区的武阳、南安销售到成都，"蜀妪作茶粥卖之"（傅咸《司隶教》）。"芳茶冠六清，溢味播九州。"（张载《登成都白菟楼》）。由此可见，长秋山茶是汉晋时的"名茶"。

中唐时，毗邻洪雅县的名山县蒙顶茶崛起。著名诗人白居易《琴茶》记载："琴里知闻惟绿水，茶中故旧是蒙山。"唐文宗开成五年（840年），日本慈觉大师圆仁回国，唐文宗特赐蒙顶茶2斤。

蒙顶山离洪雅县境不过几十公里，蒙顶茶的崛起，带动了八面山、玉屏山、总岗山（长秋山南段）茶叶种植。"蜀山饶芳丛"（孟郊《凭周况先辈于朝贤乞茶》诗），可见当时长秋山区已普遍种植茶树。

晚唐五代，洪雅产名茶。晚唐进士毛文锡著有《茶谱》一书。毛文锡在《茶谱》中写道："洪雅花溪有买茶场""眉州洪雅、昌阖、丹棱，其茶如蒙顶制饼茶法，散者叶大而黄，味颇甘苦，亦片甲蝉翼之次也。案，县西南诸山皆产茶，界峨眉县者，其茶色清，味甘，如峨眉民产。界荥经、雅安、名山，其茶色黄，味苦，皆制成颗。无制饼法"。

这是历史上最早关于洪雅茶的详细记载，至今已有一千余年。能将洪雅茶与名山蒙顶茶相提并论，可见洪雅茶是不同凡响的；此记载又见于明张可述《嘉靖洪雅县志·方物》和清嘉庆十八年（1813年）《洪雅县志·特产》上。而两部县志上均沿袭了毛文锡之"花溪有买茶场"之说。

四川省社科院研究员孙晓芬女士在《湖广填四川》一书中，将洪雅茶在清代四川的经济地位与犍乐盐场相提并论，有"与犍乐盐场相侔"之说。众所周知，古代犍为、乐山的盐业是四川官方主要税收来源；明清两代洪雅的赋税是以农业税为第一大宗的国家收入主要来源，那么茶叶税则是仅次于农业税的第二位税收。

（王仿生）

漫谈南方丝绸之路与茶马古道

3000多年前的商代，四川与印度进行贸易往来的南方丝绸之路就已经形成，并在2000多年前的汉朝成为官道。1000多年前的唐宋，汉藏与其他少数民族之间贸易往来的茶马古道正式形成。

天府之国不是浪得虚名，丝绸、茶叶的生意做到了海内外。贸易往来频繁的古蜀道中，南方丝绸之路与茶马古道，常常被大家混为一谈。其实，这两条古道区别很大，作用不一样，方向也不一样，连命运都有很大的不同。不过，两道在四川境内确实有那么一小段重合。

一、时间路线各不同

个人认为,这条世界上海拔最高的文明古道称"茶马古道"比称"南方丝绸之路"更为准确,因为有个重要依据:此古道上,茶叶的交易数量远远超过丝绸交易量。

南方丝绸之路和茶马古道,可以"融合"吗?不行,因为是两条不同的道路。南方丝绸之路有西、中、东路三条,起点在成都。其中最主要一条是通往印度的"蜀身毒道",从成都出发,向南分为东、西两路:西路从成都、雅安、荥经、汉源、西昌、大姚到大理;东路从成都、乐山、宜宾、昭通、曲靖、昆明、楚雄到大理,两道在大理会合。

凑巧的是,茶马古道也分三条,其中川藏茶马古道起点在雅安,经过荥经、汉源、泸定到康定。在康定又分南、北两条支线:北线是从康定向北,经道孚、炉霍、甘孜、德格、江达,抵达昌都;南线则是从康定向南,经雅江、理塘、巴塘、芒康、左贡,至昌都,两线在昌都会合。

南方丝绸之路开通的时代,早在商代即初步开通形成,而川藏茶马古道始于唐代,两者诞生的时间不同;起点也不同,南丝路起点在成都,茶马古道起点在雅安。

不过,两者还是有"交集"的。它们都经过了雅安、荥经、汉源;但从汉源开始,南丝路则南下至石棉,而茶马古道则往西达泸定。

二、命运起伏有差异

中国最早的茶马古道为川甘茶马古道、川青茶马古道。唐代时期,"安史之乱"让昌盛的唐朝经济突然衰退,朝廷感到岌岌可危。在平乱中,唐朝廷曾两次向回纥借兵,为了酬谢回纥,从唐至德二年(757年)起,朝廷每年送给回纥2万匹绢,作为谢礼;而回纥赠送朝廷2万马匹,这便是最初的马匹与丝绸的交换。

宋代时期,宋朝廷与辽、西夏、金、蒙古多处交火,朝廷想到了用茶叶换回马匹,而马源正是西北地区。到宋乾德五年(967年),朝廷在原(甘肃镇原)、渭(甘肃平凉)、德顺(甘肃天水、静宁)3个地方,用蜀茶换了7万多匹马,用于作战。川甘、川青茶马古道上,茶包数量大,路途长,全靠马帮一袋一袋驮。马帮属于官茶的由护兵押送,属于商茶的则由行商配数个骑马的火枪手保镖,整个行程一般需要2~3个月。

当时运去西北换马的茶叶,每年在4万驮左右,每驮约100斤,一年可达400万斤。买马支付的物品,并非全是茶叶,还有相当一部分是绢、帛、银等。后来,宋朝廷为了能增加换马数量,调整了茶马贸易政策,直接用茶叶换马匹,从而形成了宋朝兴盛的"茶马古道"。

一般来说,南方丝绸之路上的沿途村寨,马帮很受欢迎,因为村民不仅可以买到生产生活用品,还可以听到外界消息。每逢马帮快来,在老远还只能听见山间铃响的时候,村民就奔走相告,像赶集一样。马帮一到,村民夹道欢迎。马帮和当地村民交易,多采用以物易物方式，他们带来了老百姓所必需的盐、铁、茶等物品。

洪雅与雅安毗邻，一江相连（青衣江），自古双方交往甚密。在《中国古今地名大辞典》中之"罗坝"条中有如此记载："（罗坝）在洪雅县西五十里，为一军事要地，为入藏之孔道"。

"罗坝"即今洪雅县槽渔滩镇，在成雅高速公路未开通前，从成都进藏的车辆大多经过此地。

明代状元杨慎，曾去洪雅访故人杨子石，也走过竹箐关。

嘉靖五年，杨慎回乡探望生病的父亲杨廷和后，于次年春夏之交，从新都经成都、新津、彭山、眉山、丹棱进入洪雅，访问回乡省亲的杨仲琼，杨仲琼陪着他从洪雅县城出发，往西行30里，从高凤山下渡口坐船进入竹箐关到雅安的官道，杨慎留下《由高凤、竹箐入雅安》："束马悬车地，升猱隐狖形。俯窥愁净绿，仰睇失空春。雨过苔垣湿，风来箐雾腥。天将限夷夏，何用皋坤云。"

高凤山下原有乡墟名"迎凤场"，早年已废止；竹箐关在高凤山以5km，均为去雅安的必经之路，它是古代川人去西域的交通关道。由此可见竹箐关的重要历史地位。

清代洪雅止戈迁居荥经的大茶商姜氏，正是因为贩卖川茶而发家的，其销售地主要为康藏地区，至今犹可从旧居窥见其当年之盛况。

综上所述可见，洪雅是南方丝绸之路和茶马古道的重要分支，与雅安一衣带水，山水相连，在民族团结和对外经济文化交流中，起着积极重要的作用。

（王仿生）

蜀茶史上的一朵奇葩——洪雅茶叶简史

洪雅茶叶，从唐《茶经》最初有记载起，迄今已有1200多年历史。清嘉庆年间，洪雅茶叶生产的发展处于高峰时期，年产细茶达6500多担，为全蜀之冠！

一、清代以前茶史简介

洪雅具有得天独厚的自然条件，发展茶叶生产，历史悠久。汉时洪雅属南安，当时南安与武阳（今彭山）皆为名茶产地。洪雅茶叶，多由商人运往武阳销售。这条产销流通渠道，保持了较长时间，直到明清两代。彭山还常有商贾结队来洪雅主要产茶的中保、罗坝、竹箐、东岳、柳新、花溪、柳江、赵河、吴庄、张村、炳灵等乡购运茶叶。

到隋文帝开皇十三年（593年）洪雅建县时，茶叶生产已有一定发展规模。由于地域上与青衣县（今名山）蒙顶毗邻，洪雅县历史上茶叶制法，颇受其影响。进入盛唐，饮茶风行全国，四川茶叶发展成为有相当规模的大宗商品，洪雅是发展茶叶最快县份之一，制茶技术亦有相当的提高。据唐陆羽《茶经》记载："眉州、洪雅、昌阖、丹棱，其茶如蒙顶制饼茶法，其散者，叶大而黄，味颇甘苦，亦片甲蝉翼之次也。"饼茶制法，先蒸青制饼烘干，后碾碎冲泡。此法始于魏朝，经青衣县蒙顶传至洪雅县，一直沿袭到唐朝。随着茶叶生产的发展，到唐中期洪雅开始形成买茶市场。到宋朝，熙宁七年（1074年），洪雅、丹棱都设有买茶场。

二、清嘉庆时期洪雅茶史谱新篇

到了清朝，经历了康、雍、乾、嘉四代盛世，洪雅县茶叶发展十分迅速。据公元1813年，清嘉庆《洪雅县志》记载："洪介山泽之间，因利乘便……其盐则取之犍为，茶则贩之他邑""茶出花溪、总岗。"茶叶种植普及全县，已成为洪雅县最主要大宗输出商品。清初以来，有不少外籍客商来洪定居，经营茶叶生产，传播种茶技术和制茶方法，兴办了著名的花溪"黄茶坊"、汉王总岗山的"沈茶坊"，对推动当时洪雅茶叶生产的空前大发展，起到了很大的作用。当时洪雅茶叶年产细茶6500余担，达到了洪雅茶史上产茶最高最好的水平，为洪雅茶史谱下了新的篇章。清嘉庆时期，洪雅茶叶总产量（主要是细茶）居全省第五位，细茶销售遍及全川，其中直达运销达24个州、府、县，中转运销达23个州、府、县，成为全川最大的细茶输出市场，销售的细茶为全省之冠，是蜀茶史上一朵绚丽的奇葩！直到清道光年间，洪雅县茶叶的生产和销售，仍处于持续大发展的兴旺时期。茶叶的大发展，开辟了财源，当时茶叶的课税额仅次田赋收入的一项重要税收来源，全县年纳茶税银2737两，约占当时田赋银两的45%。

制茶技艺，有相当的提高。洪雅县制茶经过饼茶制法，蒸青制法到蒸青团茶，蒸青散茶再到炒青散茶，炒青绿茶。至嘉庆时，出现了玉屏山（花溪）、宝子山（三宝）的工夫茶（银灰颗子），为绿茶中上乘佳品。其制法是：红锅杀青，快速翻抖，炒焖结合，不焦臭，不起鱼眼，杀匀杀透，直至发出茶香，出锅揉捻，紧裹成条索，抖散摊凉。然后用木炭明火猛攻，进行煇锅，谓之"火中取宝"，迅即制成银灰闪光（火嫩则为蓝光）的颗子茶。由于茶叶烘制成后为卷曲状，人称颗子。泡之水青叶绿，茶香扑鼻，汤色不变，叶片还原，味美甘苦，是绿茶制作中的一种独特工艺。清嘉庆时期洪雅县制茶技艺的提高，是洪雅县茶史上又一朵绚丽的奇葩！

清康熙至道光时期，洪雅县茶叶之所以能得到迅猛发展，特别是嘉庆时期，洪雅县的茶叶更出现了空前的大发展，并持续到道光年间。究其原因，据有关史料记载。概述如下：

洪雅有得天独厚的自然条件，具有宜于种茶的优势。由于有这个最基本的因素，清初以来，吸引不少外省精于茶道的客商来洪定居，从事茶叶的种植、制造和贸易。这不仅充分发挥了洪雅县宜于种茶的优势，而且传播了种茶、制茶的技术，发展了茶叶的贸易流通。这对洪雅县当时茶叶的发展，无疑是起了重要的促进作用。

清朝统治者，从康熙二十五年至嘉庆八年的110多年中，处于盛世，人心安定，田赋稳定，并实行蠲贷政策，均有利于洪雅县人民致力于发展茶叶生产。加之清政府较重视茶叶生产，县级地方政府常采取不同形式，明令公布一些保护茶叶生产的规定，昭示广大群众严格遵守。至今汉王总岗山蔡丫口，还有清道光二十六年（1848年）七月十六日洪雅县正堂高理亨禁止偷割茶叶、偷砍树木的石碣，石碣的另一面，还刻有明断有关茶地纠纷的诉讼案一件，勒石晓谕，保护茶树。类似这样县正堂的护茶碑碣还有多处。

县内有历史悠久茶叶市场的推动。有史料可考，花溪一直是洪雅县历史悠久的买茶市场。花溪茶商控制和掌握了全县大部茶地所有权，成为洪雅县历史上茶叶贸易中心。每到茶叶生产季节，各路茶商纷纷汇集于此，从事茶叶购销，对推动洪雅县茶叶的发展、贸易和外销，起了很大的促进作用。

当时洪雅县茶叶的迅猛发展，茶市贸易的兴旺繁荣，无疑与当时我国茶叶的外贸出口息息相关。当时我国茶叶输出量占世界首位，输出额占全部海关出口总值的45%。这大大刺激了国内市场的茶叶价格，每百斤售银高达20两。由于当时大量茶叶的外贸出口，打开了茶叶的销路，茶价也令人向往。这不仅起到大大刺激了国内茶农、茶商种茶和经营茶叶的积极性，同时也直接或间接地刺激了洪雅县茶农、茶商种茶和经营茶叶的积极性，促进了洪雅县茶叶生产的大发展，茶市的兴旺繁荣。

三、清末洪雅县茶叶的衰落及民国时期茶叶的简况

嘉庆后，道光、咸丰时期，洪雅县茶叶还持续兴旺了一段时间，但自鸦片战争后，特别是19世纪70年代起，由于印度、锡兰（今斯里兰卡）和日本机制茶的兴起和竞争，以及英国茶叶的输入改由印度、锡兰进口，我国外贸出口茶叶便开始锐减，茶价下跌，每百斤售银8.9两。当时我国茶叶在外贸出口遭受严重打击下，促使出口茶叶转内销，但国内市场严峻，销路不畅，使洪雅茶叶的生产和销售也受到沉重打击！加之清廷日趋腐败，丧权辱国，赔偿巨款，把严重财政困难转给老百姓，茶税加重，仅厘税即占茶价的25%。与此同时，国内战争频繁，盗匪蜂起，在社会动荡不安的严重影响下，洪雅县茶农便开始纷纷放弃种茶。光绪十年（1884年）的《洪雅县续志》，已无茶叶的记载。据宣统二年（1910年），洪雅参加成都第五次劝业会赛品册记载，茶叶产地只剩高庙乡了。茶叶价格也很低廉，每斤仅值200文。（仅及茶史上最高价格的四十分之一）。由于细茶销路不佳，价格低廉，洪雅县茶农除产少量细茶运销"内地下江"外，主要转产边茶（粗茶），运销西藏。花溪、汉王总岗山历史上著名的茶叶基地和全县各乡一些茶园，大都荡然无存，而享誉县内外的著名买茶场，更早已渺无踪迹！

民国时期，洪雅县茶叶主销西藏地区，以生产剪刀粗茶为主，细茶为辅。但由于军阀和国民党横征暴敛，搜刮民财，不重视茶叶生产，因而洪雅县的粗细茶产量都不高，据资料记载，1946年产绿茶（细茶）45担，1947年绿茶180担，1949年绿茶202担，粗茶1627担。

四、新中国成立后洪雅县茶叶有新的发展

新中国成立后,党和政府重视茶叶生产,恢复极快。1951年清理登记,全县茶园1050亩,产细茶342担,粗茶2406担。1957年细茶达507担,粗茶5008担。此后由于"大跃进"和"文化大革命"的影响,洪雅县茶叶发展缓慢。1966—1975年,细茶年产量降到百担以下,粗茶一直低于1957年水平。直到党的十一届三中全会后,农村改革,调动了全县广大茶农的积极性,洪雅县茶叶发展才出现新的局面,1984年细茶产量突破4500担(225t),粗茶达14000担(7000t),1985年细茶达4700担(235t)、粗茶达14700担(7350t),创造了清末民初以来70多年中最高水平,但细茶产量仍低于清嘉庆时期2000余担。因此,要使洪雅县细茶达到并超过历史最高水平,尚需洪雅县广大茶农、茶叶科学工作者和主管部门做艰苦的努力。

图1 洪雅历史文化老师、本文作者杨廷楷先生(中)

【杨廷楷(图1),原载于《洪雅文史资料》第一辑】

附录五

茶产业相关统计表

表1 洪雅茶叶历年面积产量表(1949—2023)

年度	面积(hm²)	干茶产量(t)
1949年	70	91.5
1950年	70	95.5
1951年	70	110.3
1952年	85.33	131.8
1953年	85.33	196.1
1954年	85.33	200.9
1955年	85.33	216.8
1956年	85.33	218.1
1957年	120	250.4
1958年	120	168.0
1959年	136.67	243.8
1960年	136.67	112.6
1961年	136.67	50.0
1962年	136.67	109.9
1963年	136.67	120.5
1964年	136.67	123.9
1965年	159.87	152.5
1966年	180	141.1
1967年	216.67	180.3
1968年	233.33	187.8

续表

年度	面积（hm²）	干茶产量（t）
1969年	278	196.8
1970年	387.13	222.3
1971年	393.67	236.5
1972年	466.67	261.4
1973年	666.67	281.5
1974年	1066.67	288.1
1975年	1400	299.6
1976年	1400	318.4
1977年	1000	295.0
1978年	1200	306.7
1979年	1200	238.5
1980年	1266.67	355.4
1981年	1133.33	444.0
1982年	1133.33	461.6
1983年	1133.33	527.5
1984年	1133.33	702.5
1985年	1066.67	737.5
1986年	1133.33	680.0
1987年	1133.33	700.5
1988年	1133.33	611.0
1989年	1133.33	659.5
1990年	1133.33	795.5
1991年	1133.33	870.5
1992年	1133.33	702
1993年	1133.33	800
1994年	1166.67	803
1995年	1173.33	815
1996年	1180	830

续表

年度	面积（hm²）	干茶产量（t）
1997 年	1200	846
1998 年	1863.33	1314
1999 年	2133.33	1500
2000 年	2700	1600
2001 年	3006.67	1800
2002 年	3880	2150
2003 年	4772	2646
2004 年	5840	3423
2005 年	6866.67	5300
2006 年	8911.07	7669
2007 年	9017.53	8954
2008 年	9631.93	10025
2009 年	11011.93	10993
2010 年	13967.47	12388
2011 年	14942.47	13095
2012 年	16612.2	14692
2013 年	17682.4	15861
2014 年	17735	16359
2015 年	18066.67	19500
2016 年	18333.33	20250
2017 年	18666.67	20750
2018 年	19000	21000
2019 年	19000	24000
2020 年	19666.67	26500
2021 年	20213.33	35300
2022 年	20000	36000
2023 年	20000	38000

表2 洪雅县2008—2010年茶叶基地发展目标任务分解表

乡镇	2007年末乡镇上报面积	三年规划发展面积	其中			2010年茶园达到面积	低产茶园改造面积	其中			换种改植面积	其中		
			2008年发展面积	2009年发展面积	2010年发展面积			2008年改造面积	2009年改造面积	2010年改造面积		2008年改植面积	2009年改植面积	2010年改植面积
合计	138700	61300	20100	20200	21000	200000	25000	8500	8490	8010	15000	5070	5070	4860
洪川	905	9100	3000	3000	3100	10005	100	50	50	0	100	50	50	0
中山	18975	4400	1400	1400	1600	23375	5000	1700	1700	1600	2200	750	750	700
止戈	11499	900	300	300	300	12399	1200	400	400	400	1800	600	600	600
将军	4996	2500	800	800	900	7496	500	200	200	100	600	200	200	200
三宝	1600	2000	650	650	700	3600	500	150	150	200	300	100	100	100
余坪	13490	12000	4000	4000	4000	25490	600	200	200	200	1600	500	500	600
槽渔滩	13506	6200	2000	2100	2100	19706	2200	700	700	800	1800	600	600	600
中保	3683	4000	1300	1300	1400	7683	200	80	70	50	300	100	100	100
汉王	22513	3500	1200	1200	1100	26013	6800	2300	2300	2200	2100	700	700	700
东岳	16037	5500	1800	1800	1900	21537	1000	350	350	300	1100	400	400	300
柳江	8335	3000	1000	1000	1000	11335	1200	400	400	400	600	200	200	200
花溪	2216	3500	1100	1100	1300	5716	200	70	70	60	200	70	70	60
瓦屋山	2410	1200	4000	400	400	3610	2000	700	700	600	600	200	200	200
高庙	11573	2000	650	650	700	13573	1500	500	500	500	1100	400	400	300
桃源	6962	1500	500	500	500	8462	2000	700	700	600	600	200	200	200

表3 洪雅县历年调种数量记载（1967—1992年）

年度	进种地名	茶种数量（斤）	年度	进种地名	茶种数量（斤）
1967年	峨边、沐川两县	11000	1977年	福建	62520
1968年	专区内	5000	1978年	夹江	25000
1969年	云南昆明	13400	1979年	夹江、洪雅	15000
1970年	云南、峨边、洪雅	34000	1981年	云南、夹江	600
1971年	云南	36000	1982年	福建、洪雅	41000
1972年	福建	85400	1987年	洪雅	15000
1973年	福建	115997	1989年	洪雅	3200
1974年	福建	198877	1990年	洪雅	4400
1975年	福建	194100	1991年	洪雅	7500
1976年	福建	231974	1992年	洪雅	8500

注：摘抄自刘定海笔记原始记录。

表4 眉州茶人统计表

姓名	性别	出生年月	职业/职称	所在地点
杨福松	男	1976.12	种植大户、制茶师	洪雅将军镇
任建宏	男	1981.05	种植大户、制茶师、一级评茶技师	洪雅槽渔滩镇
任志宏	男	1970.01	种植大户、制茶师	洪雅槽渔滩镇
殷尚勤	男	1982.06	种植大户、高级评茶师	丹棱张场镇
刘广祥	男	1970.04	种植大户、制茶师、高级评茶员	洪雅东岳镇
唐倩	女	1980.02	种植大户、高级茶艺师	洪雅洪川镇
赵敏	男	1984.03	种植大户、茶艺师	洪雅槽渔滩镇
费立	男	1955.12	种植大户、制茶师	洪雅柳江镇
陈平	男	1981.10	种植大户、制茶师	洪雅中山镇
王有林	女	1972.09	种植大户、制茶师	洪雅槽渔滩镇
李君	男	1970.04	种植大户、制茶师	洪雅槽渔滩镇
李应涛	男	1971.09	种植大户、制茶师	洪雅中山镇
任仲军	男	1972.09	种植大户、制茶师	洪雅东岳镇
沈卫超	男	1977.04	种植大户、制茶师	洪雅中山镇
彭昌明	男	1965.11	种植大户	洪雅柳江镇
李进军	男	1988.07	种植大户	洪雅中保镇
付志洪	男	1977.04	种植大户	洪雅中山镇
吴洪飞	男	1973.06	种植大户	洪雅中保镇

续表

姓名	性别	出生年月	职业/职称	所在地点
莫永松	男	1970.05	种植大户	洪雅中保镇
张亚鸿	男	1974.09	种植大户	洪雅东岳镇
何玉琪	男	1971.09	国家一级评茶技师、中级茶艺师	三苏祠
李福祥	男	1978.12	种植大户、制茶师	洪雅七里坪镇
王丽	女	1981.09	种植大户、制茶师	洪雅七里坪镇
王山友	男	1964.07	种植大户、制茶师	洪雅七里坪镇
陈世文	男	1955.05	种植大户、制茶师	洪雅中山镇
沈其军	男	1985.05	种植大户、制茶师	洪雅柳江镇
杨魁全	男	1968.10	种植大户	洪雅东岳镇
祈均	男	1966.09	种植大户、制茶师	洪雅柳江镇
刘华	男	1977.12	种植大户、制茶师	洪雅高庙镇
唐尚发	男	1974.10	种植大户	洪雅将军镇
王河清	男	1990.04	种植大户	洪雅将军镇
童云祥	男	1971.09	四川手工茶大师	将军镇清凉村
龚瑶	女	1993.12	手工制茶师	洪雅东岳镇
吴晓军	男	1963.03	手工制茶师	洪雅洪川镇
胡玲	女	1965.04	手工制茶师	洪雅洪川镇
文家元	男	1966.03	手工制茶师、茶商	洪雅洪川镇
李倩	女	1984.03	一级茶艺技师、一级评茶技师、茶艺大师	眉山职业技术学院
段厚磊	男	1986.10	手工制茶师	洪雅洪川镇
余敏	男	1975.08	制茶师	洪雅洪川镇
杨巍	男	1993.07	茶艺师	洪雅洪川镇
李时贵	男	1967.10	洪雅手工茶大师	洪雅止戈镇
李启荣	男	1949.06	手工制茶师	洪雅止戈镇
朱义军	男	1981.08	手工制茶师	洪雅将军镇
曹茂琳	女	1998.12	手工制茶师	洪雅柳江镇
丁晓玲	女	1988.02	手工制茶师	洪雅东岳镇
龚绍洪	男	1970.01	手工制茶师	洪雅东岳镇
曾小丹	女	1980.08	手工制茶师、二级评茶技师、高级茶艺师	洪雅柳江镇
王明贵	男	1964.08	手工制茶师	洪雅止戈镇
李洪珍	女	1972.07	手工制茶师、茶商	洪雅洪川镇

续表

姓名	性别	出生年月	职业/职称	所在地点
谢贵祥	男	1964.09	手工制茶师	洪雅中山镇
谢荣昌	男	1965.05	手工制茶师	洪雅中山镇
沈卫平	男	1972.01	手工制茶师	洪雅中山镇
李华勇	男	1985.08	制茶师、茶艺师	洪雅止戈镇
宋家才	男	1966.07	制茶师	洪雅洪川镇
刘长彬	男	1972.06	制茶师、茶艺师、评茶员	雅余坪镇
彭建军	男	1972.05	制茶师	洪雅止戈镇
杨建康	男	1969.08	制茶师	洪雅止戈镇
曹波	男	1987.12	制茶师	洪雅中山镇
徐勇	男	1982.12	制茶师	洪雅将军镇
周雅洪	男	1972.02	制茶师	洪雅槽渔滩镇
董伟	男	1984.08	制茶师	洪雅中山镇
向志高	男	1963.03	制茶师	洪雅止戈镇
王世海	男	1973.11	制茶师	洪雅止戈镇
蒋成磊	男	1990.01	制茶师	洪雅中山镇
黄文祥	男	1974.06	制茶师	洪雅柳江镇
尹伯林	男	1962.05	制茶师	洪雅柳江镇
侯泽培	男	1971.07	制茶师	洪雅柳江镇
丁俊霞	女	1987.07	制茶师、高级评茶员、高级茶艺师	洪雅止戈镇
丁明福	男	1964.04	制茶师	洪雅止戈镇
赵星亚	男	1994.10	制茶师	洪雅东岳镇
成国志	男	1969.06	制茶师	洪雅中山镇
曹德权	男	1968.11	制茶师	洪雅中山镇
王志刚	男	1983.04	制茶师	洪雅止戈镇
王金华	男	1960.04	制茶师	洪雅止戈镇
杨忠	男	1988.08	制茶师	洪雅余坪镇
王小波	男	1983.10	制茶师、茶商	洪雅止戈镇
张祥	男	1972.12	制茶师	洪雅槽渔滩镇
解发伟	男	1984.06	制茶师	洪雅中山镇
白林	男	1982.05	制茶师	洪雅止戈镇
王贵冬	男	1974.09	制茶师	洪雅将军镇

续表

姓名	性别	出生年月	职业/职称	所在地点
伍纪勇	男	1987.06	制茶师	洪雅将军镇
罗学平	男	1968.03	推广研究员、二级评茶技师	洪雅洪川镇
王柳琳	女	1987.11	二级茶艺技师、二级评茶技师	洪雅洪川镇
袁聆	女	1991.04	高级评茶员、高级茶艺师	洪雅洪川镇
刘伟	男	1987.09	高级评茶员	洪雅洪川镇
李业超	女	1986.07	高级评茶员	洪雅洪川镇
沈萍	女	1985.09	高级评茶员	洪雅洪川镇
缪丹丹	女	1994.05	高级评茶员	洪雅洪川镇
李群	女	1981.04	高级茶艺师	洪雅洪川镇
邬艾利	女	1970.02	茶艺师	洪雅洪川镇
刘燕琼	女	1981.12	茶艺师	洪雅将军镇
廖旭	女	1981.11	茶艺师	洪雅洪川镇
杨霞	女	1984.04	茶艺师	洪雅中保镇
廖晓蓉	女	1989.11	茶艺师	洪雅中山镇
黎萍	女	1982.07	茶艺师	洪雅中保镇
罗霞	女	1985.10	茶艺师	洪雅中山镇
刘开莉	女	1985.09	茶艺师、茶商	洪雅止戈镇
李世洪	男	1965.05	高级农艺师	洪雅洪川镇
夏蓉	女	1964.12	高级农艺师	洪雅洪川镇
胡江棱	男	1965.05	农艺师	洪雅洪川镇
朱小根	男	1978.04	茶业媒体人	洪雅洪川镇
杨茗	男	1965.12	茶商	洪雅槽渔滩镇
成国枢	男	1968.11	茶商	洪雅中山镇
鲜富军	男	1992.03	茶商	洪雅柳江镇
宋加祥	男	1976.04	茶商	洪雅余坪镇
钟富洪	男	1975.04	茶商	洪雅洪川镇
宋生良	男	1970.09	茶商	洪雅洪川镇
陈启	男	1986.07	茶商	洪雅洪川镇
何志华	男	1969.10	茶商	洪雅洪川镇
罗洪	男	1962.03	茶叶技术员	洪雅洪川镇
杨国祥	男	1944.04	茶叶技术员	洪雅中山镇
李朋博	男	1992.02	四川手工茶大师	丹棱张场镇

表5 眉州茶企统计表

茶企名称	所在地点
四川省洪雅瓦屋春雪茶业有限公司	洪雅止戈镇
雅自天成茶业有限公司	洪雅中山镇
四川省雅雨露茶业有限责任公司	洪雅中山镇
四川碧雅仙茶业有限责任公司	洪雅槽渔滩镇
洪雅县西庙山农业开发有限责任公司	洪雅中山镇
四川云中花岭茶业有限公司	洪雅洪川镇
洪雅县正容农业发展有限责任公司	洪雅槽渔滩镇
洪雅县平羌农产品有限责任公司	洪雅柳江镇
洪雅茗青源茶叶有限公司	洪雅东岳镇
洪雅川府春芽茶业有限公司	洪雅中山镇
洪雅县匠茗茶叶有限公司	洪雅槽渔滩镇
洪雅县七里坪茶叶有限公司	洪雅七里坪镇
洪雅县天开农业发展有限公司	洪雅中山镇
洪雅中汉茶业有限公司	洪雅中山镇
洪雅峨眉雪芽茶业有限公司	洪雅生态食品园区
洪雅县绿都茶业有限公司	洪雅生态食品园区
洪雅县雅芦茶业有限公司	洪雅柳江镇
洪雅山韵茶业有限公司	洪雅中山镇
眉山青衣文旅发展有限公司	洪雅止戈镇
四川老峨山茶业有限公司	丹棱张场镇
四川省洪雅县松潘民族茶厂	洪雅生态食品园区
洪雅县云岭茶厂	洪雅高庙镇
洪雅县沁园春茶厂	洪雅中山镇
洪雅县华林茶厂	洪雅中山镇
洪雅县茗扬茶厂	洪雅中山镇
成国志茶厂	洪雅中山镇
燕子顶茶厂	洪雅止戈镇
鸿源茶叶加工厂	洪雅止戈镇
洪雅县三兄弟茶叶加工厂	洪雅止戈镇
眉山好味道茶业	洪雅东岳镇

续表

茶企名称	所在地点
洪雅县绿茂茶叶经营部	洪雅槽渔滩镇
洪雅县家春茶厂	洪雅槽渔滩镇
洪雅县雨溪茶叶加工厂	洪雅槽渔滩镇
洪雅县雅绿茶厂	洪雅槽渔滩镇
洪雅县槽渔滩镇一叶香茶厂	洪雅槽渔滩镇
洪雅县中保镇鸿达茶叶加工厂	洪雅中保镇
洪雅县刘坝茶叶加工作坊	洪雅槽渔滩镇
洪雅县春雨茶厂	洪雅洪川镇
洪雅县中山乡刘国兵茶厂	洪雅中山镇
洪雅县何勇茶厂	洪雅中山镇
洪雅县丛林山绿茶厂	洪雅中山镇
洪雅县罗德军茶厂	洪雅中山镇
洪雅县雅明珠茶叶加工厂	洪雅中山镇
洪雅县成三茶厂	洪雅中山镇
洪雅县中山乡兄弟茶厂	洪雅中山镇
洪雅县艺茗茶叶加工厂	洪雅中山镇
洪雅县迎鑫茶叶加工厂	洪雅中山镇
洪雅县中山乡共发茶叶加工厂	洪雅中山镇
洪雅县杨良权茶厂	洪雅中山镇
洪雅县付光群茶叶加工厂	洪雅中山镇
洪雅县黄中云茶叶加工厂	洪雅中山镇
洪雅县鹏发茶叶加工厂	洪雅中山镇
洪雅县茶香满园茶叶加工作坊	洪雅中山镇
洪雅县中山镇秀丽茶叶加工作坊	洪雅中山镇
洪雅县民友茶厂	洪雅中山镇
洪雅县福荣茶叶加工厂	洪雅中山镇
洪雅县云雾茶叶种植园	洪雅中山镇
洪雅县云飞茶叶加工厂	洪雅中山镇
洪雅县曹秋平茶叶加工厂	洪雅中山镇

续表

茶企名称	所在地点
洪雅县兵华茶厂	洪雅中山镇
洪雅县阿雅朗茶厂	洪雅中山镇
洪雅县成英茶厂	洪雅中山镇
洪雅县天府露芽茶叶加工厂	洪雅中山镇
洪雅县君陈茶叶加工厂	洪雅中山镇
洪雅县张山顶茶叶加工厂	洪雅中山镇
洪雅县艳语茶厂	洪雅中山镇
洪雅县总岗文皓茶叶加工厂	洪雅中山镇
洪雅县芽蕊茶厂	洪雅中山镇
洪雅县总岗山茶叶厂	洪雅中山镇
洪雅县余坪镇溪水家庭农场	洪雅余坪镇
洪雅县兵兵茶厂	洪雅止戈镇
洪雅县黑七龙闷茶叶加工厂	洪雅止戈镇
洪雅县向志洪茶厂	洪雅止戈镇
洪雅县余坪镇绿芽茶厂	洪雅余坪镇
洪雅县启良茶厂	洪雅止戈镇
洪雅县锦艺茶叶加工厂	洪雅止戈镇
洪雅县靓靓茶厂	洪雅止戈镇
茗香轩茶文化发展有限公司	三苏祠
洪雅县止戈镇刘开云茶叶加工厂	洪雅止戈镇
洪雅县浩晨扬茗茶叶经营部	洪雅将军镇
洪雅县国兴茶厂	洪雅止戈镇
洪雅县张开苹茶叶加工厂	洪雅止戈镇
洪雅县止戈镇白云茶厂	洪雅止戈镇
洪雅县方志燕农产品经营部	洪雅将军镇
洪雅县刘氏茶叶加工厂	洪雅余坪镇
洪雅县龚德志茶叶加工坊	洪雅止戈镇
洪雅县丁凯茶厂	洪雅将军镇
洪雅县王四茶厂	洪雅将军镇

续表

茶企名称	所在地点
洪雅县丁述平茶叶加工厂	洪雅止戈镇
洪雅县朱继茶厂	洪雅将军镇
洪雅县鸿运茶厂	洪雅余坪镇
洪雅县贵兰八面山茶厂	洪雅将军镇
洪雅县晏氏茶叶加工厂	洪雅余坪镇
洪雅县春露茶厂	洪雅余坪镇
洪雅县全红茶厂	洪雅将军镇
洪雅县豪洋茶厂	洪雅余坪镇
洪雅县贺涛茶叶加工小作坊	洪雅将军镇
洪雅县雅慧茶叶加工厂	洪雅止戈镇
洪雅县晨鑫茶叶加工厂	洪雅余坪镇
洪雅县雅佩茶厂	洪雅余坪镇
洪雅县雅韵茶厂	洪雅余坪镇
洪雅县凤茗茶厂	洪雅余坪镇
洪雅县丁木匠茶厂	洪雅止戈镇
洪雅县永俐茶叶加工厂	洪雅余坪镇
洪雅县童浩茶叶加工坊	洪雅将军镇
洪雅县梓山茶厂	洪雅余坪镇
洪雅县江坪山茶厂	洪雅余坪镇
洪雅县祥远茶叶加工厂	洪雅止戈镇
洪雅县雅翠峰茗茶厂	洪雅余坪镇
洪雅县杨建茶厂	洪雅将军镇
洪雅县君香茶叶加工厂	洪雅余坪镇
洪雅县若昔茶厂	洪雅将军镇
洪雅县彬彬茶厂	洪雅将军镇
洪雅县鸿鸣茶厂	洪雅止戈镇
洪雅县一杯茶茶厂	洪雅止戈镇
洪雅县将军乡学君茶叶加工厂	洪雅将军镇
洪雅县雅苑茶叶加工坊	洪雅止戈镇

续表

茶企名称	所在地点
洪雅县徐婷茶厂	洪雅余坪镇
洪雅县余坪镇李爱红茶叶经营部	洪雅余坪镇
洪雅县美沟茶厂	洪雅余坪镇
洪雅县琦雨茶厂	洪雅余坪镇
洪雅县林泉茶叶加工厂	洪雅止戈镇
洪雅县恒源茶叶加工厂	洪雅止戈镇
洪雅县志刚茶厂	洪雅止戈镇
洪雅县攀越茶叶加工厂	洪雅止戈镇
洪雅县东升茶叶加工厂	洪雅余坪镇
李倩（茶艺师）技能大师工作室	眉山职业技术学院
洪雅县川露茶厂	洪雅余坪镇
洪雅县敏望茶厂	洪雅将军镇
洪雅县刘联富茶叶加工厂	洪雅止戈镇
洪雅县联兴茶叶加工厂	洪雅止戈镇
洪雅县茗源茶叶加工坊	洪雅七里坪镇
洪雅县香花茶叶加工小作坊	洪雅高庙镇
洪雅县万坝茶叶加工厂	洪雅七里坪镇
洪雅县孔令松茶叶加工厂	洪雅柳江镇
洪雅县余沟茶厂	洪雅柳江镇
洪雅县龚瑶手工茶叶加工坊	洪雅东岳镇
洪雅县杰成茶叶加工作坊	洪雅东岳镇
洪雅县坤仪茶厂	洪雅东岳镇
洪雅县晓容茶叶加工厂	洪雅东岳镇
东岳镇星业茶叶加工作坊	洪雅东岳镇
白林茶叶加工坊	洪雅止戈镇
轩林茶叶加工坊	洪雅止戈镇
望茶亭茶叶加工作坊	洪雅止戈镇
洪雅县文家园茶业经营部	洪雅洪川镇
郑少洪茶叶经营部	洪雅余坪镇

续表

茶企名称	所在地点
竹尖香茗茶叶经营部	洪雅洪川镇
柳江泽培茶叶	洪雅柳江镇
桃源高山茶叶专卖店	洪雅洪川镇
洪雅县雅天茶叶专业合作社	洪雅东岳镇
洪雅县偏坡山茶叶专业合作社	洪雅余坪镇
洪雅县田锡茶叶专业合作社	洪雅槽渔滩镇
洪雅县童老幺茶叶专业合作社	洪雅将军镇
洪雅县雅溪茶叶种植专业合作社	洪雅余坪镇
洪雅县雅源茶叶专业合作社	洪雅中山镇
洪雅县百果园茶业专业合作社	洪雅东岳镇
洪雅县山园茶业专业合作社	洪雅柳江镇
洪雅县观音茶叶专业合作社	洪雅东岳镇
洪雅县侯家山寨茶叶专业合作社	洪雅柳江镇
洪雅县华平茶叶专业合作社	洪雅槽渔滩镇
洪雅县桃源乡龙翔茶叶专业合作社	洪雅七里坪镇
洪雅县雅馨茶叶专业合作社	洪雅余坪镇
洪雅县兴源茶叶专业合作社	洪雅中山镇
洪雅县瑞益白茶病虫害防控专业合作社	洪雅槽渔滩镇
洪雅县止戈镇丁沟鲜山顶茶叶专业合作社	洪雅止戈镇
洪雅县花溪镇古溪茶叶专业合作社	洪雅柳江镇
洪雅县长宏茶叶专业合作社	洪雅将军镇
洪雅县景红茶叶专业合作社	洪雅止戈镇
洪雅县苟王寨茶叶专业合作社	洪雅将军镇
洪雅县茨楸高山茶叶专业合作社	洪雅中保镇
洪雅县天露茶叶专业合作社	洪雅余坪镇
洪雅县香水槽茶叶专业合作社	洪雅高庙镇
洪雅县老农民茶叶种植专业合作社	洪雅止戈镇
洪雅县茗望茶业专业合作社	洪雅止戈镇
洪雅县中山镇春来茶业专业合作社	洪雅中山镇

续表

茶企名称	所在地点
洪雅县盛邦种养专业合作社	洪雅中山镇
洪雅县茂春芽茶叶专业合作社	洪雅中山镇
洪雅县云尖茶业种植专业合作社	洪雅中山镇
洪雅县乡缘农民专业合作社	洪雅中山镇
洪雅县进源种植专业合作社	洪雅止戈镇
洪雅县瓦峨贡茶种植专业合作社	洪雅柳江镇
洪雅县金花坪茶业专业合作社	洪雅将军镇
洪雅县桃源乡武陵茶叶专业合作社	洪雅七里坪镇
洪雅县胡氏高山茶叶专业合作社	洪雅将军镇
洪雅通香茶叶种植专业合作社	洪雅将军镇
洪雅县河清茶业专业合作社	洪雅将军镇
洪雅春白夏青茶叶专业合作社	洪雅槽渔滩镇
洪雅县高庙镇二峨山茶叶专业合作社	洪雅高庙镇
洪雅县坪山茶叶专业合作社	洪雅余坪镇
洪雅县中保大山人家种植专业合作社	洪雅中保镇
洪雅县冒春芽茶叶专业合作社	洪雅中山镇
四川省金兴食品有限责任公司	青神西龙镇
洪雅县青岗山家庭农场	洪雅止戈镇
洪雅县张家家庭农场	洪雅东岳镇
洪雅县大堰坎家庭农场	洪雅东岳镇
洪雅县星园家庭农场	洪雅东岳镇

表6　眉州知名茶楼

名称	地址	经营项目
凤凰台茶楼	东坡区岷江大道西段389号玫瑰小镇5栋2层57-6号	品茗、棋牌
玉瓯茶楼	东坡区迎春北街573号	品茗、棋牌
花屿茶楼	东坡区领地花屿小区4栋2-28号	品茗、棋牌
唯多利亚茶楼	东坡区岷江大道西段98号阳光·维多利亚A1栋2层2号	品茗、棋牌
维多莉娅茶楼	东坡区岷江大道西段98号阳光·维多利亚A1（栋）3层1号	品茗、棋牌

续表

名称	地址	经营项目
紫光春天茶楼	东坡区东坡印象商业水街1号楼3层	品茗、棋牌
花水湾茶楼	东坡区兰溪八期12栋B区2楼1号2号	品茗、棋牌
南山悦茶楼	东坡区东坡湖广场三期二层3A、3B 五层1号、2号	品茗、棋牌
春熙茶楼	东坡区同运口8号	品茗、棋牌
同欣和天下茶楼	东坡区岷江大道中段136号3栋1单元2层1号	品茗、棋牌
金湖湾茶楼	东坡区杭州北路96号阳光音乐家园	品茗、棋牌
品天下山水人间茶楼	东坡区岷江大道139号东方银座5号楼2层4号	品茗、棋牌
信合茶府	东坡区一环北路219号信和一号汇5栋4层1-13号	品茗、棋牌
南泓苑茶楼	东坡区一环南路南湖别院C区3栋1-18号	品茗、棋牌
花锦地茶楼	东坡区珠市东街二段202号10幢1~2层	品茗、棋牌
半壶青纱茶楼	东坡区东坡大道南一段69号11幢2层8号	品茗、棋牌
清樾怡茶楼	东坡区阜成路东三段16号恒大悦府1栋2层201-216号	品茗、棋牌
上锦茶楼	东坡区阜成路东四段168号33栋2楼3号	品茗、棋牌
碟中谍茶楼	东坡区岷江生活广场1栋3楼	品茗、棋牌
茗仁茶楼	东坡区文安西一段18号英伦蓝岸2幢1单元1~2层	品茗、棋牌
云中花岭茶生活馆	洪雅县商业街汇金天地4栋2层6号	品茗、棋牌、茶艺
雅林茶轩园林酒店	洪雅县止戈镇洪瓦路五龙村生态食品加工产业园内	餐饮、品茗、茶艺、住宿
洪州驿站	洪雅县九州大道三段辅路与九胜大道交叉口	品茗、茶艺
道一茶楼	洪雅县玉皇观街11号	品茗、棋牌
慕缘茶楼	洪雅县洪川镇洪州大道208号西城水郡21号楼1~2层	品茗、棋牌
谜尚茶楼	洪雅县禾森山水家园招呼站背后	品茗、棋牌
金领茶楼	洪雅县洪川镇洪州大道（广-18）	品茗、棋牌
高峰茶道	洪雅县青衣路134号	品茗、棋牌
云锦茶坊	洪雅县公园一号116号	品茗、棋牌
飞鹰茶楼	洪雅县西城家园	品茗、棋牌
聚茗苑茶府	洪雅县洪川镇洪州大道新村路90号	品茗、棋牌
爱尚茶楼	洪雅县雅风北巷39号	品茗、棋牌
金岳茶楼	洪雅县洪州大道158号金域蓝湾前门	品茗、棋牌
雅康茶楼	洪雅县雅康世纪广场售楼部二楼	品茗、棋牌
雅枫茶楼	洪雅县洪川镇雅风南巷60号1栋202号	品茗、棋牌

名称	地址	经营项目
近水楼台茶苑	洪雅县洪川镇瓦屋山大道北段118号	品茗、棋牌
茶言月色	洪雅县洪川镇洪州大道31-3-1号	品茗、棋牌
一品苑茶楼	洪雅县洪川镇雅风小区（临-3）	品茗、棋牌
益品道茶楼	洪雅县洪川镇雅风西巷34号6栋202号	品茗、棋牌
茗雅茶楼	洪雅县洪川镇雅风西巷63-1号	品茗、棋牌
引领茶尚	洪雅县洪川镇洪川大道159号6栋2层1号	品茗、棋牌
恒和茶楼	洪雅县洪川镇中山南路6栋119号附202号	品茗、棋牌
御茗源茶楼	洪雅县洪川镇洪州大道125号	品茗、棋牌
金领茶楼	洪雅县洪川镇洪州大道（广-18）	品茗、棋牌
圆梦园茶楼	洪雅县洪川镇广场南路	品茗、棋牌
轩雨阁	洪雅县洪川镇洪州大道时代帝景小区10号楼	品茗、棋牌
茶客空间	洪雅县青杠坪茶客空间天洪茶铺	品茗、茶艺
神木园	青神县外南街73号	餐饮、住宿、品茗、棋牌
康苑世纪会所	青神县青衣大道与振兴路交会处	棋牌、茶道、私房菜、西餐、咖啡、下午茶
茗扬阁茶楼	青神县民生路104号	品茗、棋牌
唤鱼茶馆	青神县一环路东段60号	品茗、棋牌
张记茶馆	青神县一环路东段90号	品茗、棋牌
青衣茶庄	青神县青城镇半边街199号	品茗、棋牌
茶马古道茶楼	青神县半边街147~149号	品茗、棋牌
黄桷树茶庄	青神县一环路北段132号1~2层	品茗、棋牌
铜雀台茶府	青神县青衣大道248号2栋1单元3层302号	品茗、棋牌
雨花石茶楼	青神县簧门街7号	品茗、棋牌
一品阁茶楼	青神县青竹街道建设路二巷15号	品茗、棋牌
竹乡人果茶经营部	青神县青城镇育艺街A区32号	品茗、茶叶销售
木子茶府	青神县和平巷32-33号	品茗、棋牌
和谐休闲茶庄	青神县青竹街道外北街22号	品茗、棋牌
茶语饭后茶楼服务部	青神县锦绣街二巷23号	品茗、棋牌
家语茶园	青神县中岩小区1-1-10、11	品茗、棋牌
茗楼茶庄	青神县青城镇建设路9号	品茗、棋牌

后 记

《中国茶全书·四川瓦屋春雪卷》构思于2021年下半年，成书于2024年，历时3年完成。

编纂此书过程中，编写组查阅大量的历史档案，收集和整理了相关部门众多的涉茶数据，调研和走访了不同时期从事茶产业的老茶人，编写了大量的茶文艺作品。原始素材收集量是成书量的5倍以上，实属不易。一切的努力和付出都是为了尽量还原眉州茶史的本来面目，让茶文化得以赓续弘扬，让当今茶业的发展更有底气，让眉州茶业未来可期。

本书收录了较多的眉州茶人，他们都是眉州茶史不同历史时期的优秀代表。从他们身上，既能了解茶叶发展历史，又能学习到精湛不凡的制茶技艺，最重要的是让新一代茶人感悟和收获到"东坡茶人精神"这一宝贵的精神财富，为把眉州茶叶发展得更好，注入永恒不竭的动力。

本书收录的茶文艺作品也比较多，各个作品的作者多为县级以上作家协会会员，其中不乏中国作家协会会员、四川省作家协会会员、中国散文学会会员等，作品质量高，欣赏性强。从众多的优秀茶文学作品中，让人领略到洪雅山水秀美的风光，眉州儿女真挚的茶叶情怀，还有那悠悠不绝、留恋绵绵的茶香，从文学的角度，把茶产业进行了艺术升华，给读者留下美好的眉州茶叶印象。

本书收录的茶园风景图片也很多，这也体现了国家生态县洪雅县的真实风貌。这些茶园或壮美，或秀雅，或神奇，或古老，总能给人一种心向神往之感。

为了增强本书的实用性，编纂中对当前比较先进的茶叶科技，特别是茶叶栽培技术进行了系统的收集整理，并占了较大的篇幅，也是此书的一大亮点。

编纂本书的过程就是一个学习体会与感悟的过程，本书的编纂也是对编纂水平的一次提高，对编纂人员心灵的一次净化与洗涤。我们的宗旨就是：用力、用心、用情编纂，写出眉州人民满意的茶书。

最后，还是要说明，由于编纂本书时间确实较短，内容又多，肯定还有一些比较优秀的茶人或茶企等被遗漏，书中也会存在缺点和错误，再次敬请读者谅解。希望此书的出版，能为读者提供丰富和有价值的资料和参考。

书香茶香，雅韵芬芳。感谢大家对此书的关注与阅读，谢谢大家共同分享。

《中国茶全书·四川瓦屋春雪卷》编委会

2024年5月